Brehms Tierleben

Die schönsten

Fischer Taschenbuch Verlag

Ausgewählt von Lea Katharina Ostmann

Veröffentlicht im Fischer Taschenbuch Verlag,
einem Unternehmen der S. Fischer Verlag GmbH,
Frankfurt am Main, November 2009

Für diese Ausgabe:

Satz: MedienTeam Berger, Ellwangen
Druck und Bindung: CPI – Clausen & Bosse, Leck
Printed in Germany
ISBN 978-3-596-90223-1

Unsere Adressen im Internet:
www.fischerverlage.de
www.fischer-klassik.de

Inhalt

SÄUGETHIERE

VÖGEL

FISCHE

INSEKTEN

NIEDERE THIERE

SÄUGETHIERE

Die Affen

Die erste Ordnung der Primaten lehrt uns Menschen unseren nächsten Verwandten kennen: die Affen. Wagler nennt die Affen »umgewandelte Menschen« und wiederholt damit die uralte und doch immer neue Ansicht aller Völker, welche mit diesen fratzenhaften Wesen verkehrt haben und verkehren; das Gegentheil seines Ausspruches würde heutzutage gültigen Anschauungen entsprochen haben. Nicht die Affen sind umgewandelte Menschen, sondern diese vollkommener entwickelte Affen oder, falls ein solcher Ausdruck anstoßen sollte, höher stehende Handthiere.

Von den alten Völkern scheinen nur die Egypter und Inder eine gewisse Zuneigung für die Affen gezeigt zu haben. Die alten Egypter, auf deren Affenwürdigung ich zurückkommen werde, gruben ihre Bildnisse in den unvergänglichen Porphyr ein und schufen nach ihnen die Abbilder ihrer Götter; die alten Inder erbauten ihnen, wie ihre Nachkommen es heute noch thun, Häuser und Tempel. Salomo ließ sich zwar ebenfalls Affen aus Ophir kommen, und die Römer hielten solche zu ihrem Vergnügen, studirten, ihren Leib zergliedernd, an ihnen den inneren Bau des Menschen, freuten sich der drolligen Nachahmungssucht der Thiere, ließen sie wohl auch mit Raubthieren kämpfen, befreundeten sich aber nie recht mit ihnen und verkannten, ebensowenig wie Salomo, das »Thier« in ihnen. Die Araber gehen noch weiter; denn sie sehen in ihnen Söhne, Enkel, Urenkel und Nachkommen des Ungerechten, denen nichts heilig, nichts achtbar, nichts zu gut und nichts zu schlecht ist, welche keine Freundschaft halten mit anderen Geschöpfen des Herrn und verflucht sind seit dem Tage, an welchem sie durch das Strafgericht des Gerechten aus Menschen zu Affen verwandelt wurden, von Allah Verdammte, welche jetzt das Bild des Teufels und des Adamssohnes in wunderlicher Vereinigung zur Schau tragen.

Wir denken nicht viel anders als die Araber. Anstatt unserer nächsten Verwandten und vielleicht Vorgänger wollen auch wir kaum mehr in ihnen erkennen als Zerrbilder unserer selbst und schleudern das Urtheil der Verdammnis auf sie. Daraus erklärt sich mindestens theilweise der mit gelindem Entsetzen gemischte Abscheu aller nicht naturwissenschaftlich Gebildeten oder Verbildeten vor den Folgerungen, zu denen Darwins Lehre Veranlassung gegeben hat. Der Mensch, leiblich ein veredelter Affe, geistig ein Halbgott, will nur das letztere sein und versucht mit kindischer Ängstlichkeit seine nächsten Verwandten von sich abzustoßen, als könne er durch sie irgendwie beeinträchtigt werden.

Unser Widerwille gegen die Affen begründet sich ebensowohl auf deren leibliche wie geistige Begabungen. Sie ähneln dem Menschen zu viel und zu wenig. In der Gestalt des Menschen zeigt sich das vollendete Ebenmaß, in der Affengestalt gibt sich oft widerliche Fratzenhaftigkeit kund. Es ist unrichtig, die Affen als mißgebildete Geschöpfe zu bezeichnen, wie gewöhnlich zu geschehen pflegt und auch von mir selbst geschehen ist. Es gibt bildschöne, und es gibt sehr häßliche Affen; mit dem Menschen aber ist dies nicht im geringsten anders. An und für sich sind die Affen sehr wohl ausgestattete Thiere; mit dem höchststehenden Menschen verglichen, erscheinen sie als Zerrbilder des vollendeteren Wesens. Doch hüte man sich vor aller Überschwenglichkeit; denn der Affenmensch spiegelt sich selbst in den Augen des salbadernden Menschenverherrlichers als Bruder des Menschenaffen.

Die Leibesgröße der Affen spielt in weiten Grenzen: der Gorilla kommt einem starken Manne, das Seidenäffchen einem Eichhorne gleich. Auch der Bau des Leibes ist sehr verschieden, wie die im allgemeinen richtigen Bezeichnungen »Menschen-, Hund- und Eichhornaffe« besser als lange Beschreibungen darthun. Einige sind massig, andere schlank, diese plump, jene zierlich gebaut; die einen haben stämmige, die anderen schmächtige Gliedmaßen, die meisten lange, einige kurze, einzelne gar keine

Schwänze. Ebenso verhält es sich mit der Behaarung: bei diesen deckt ein spärliches Haarkleid, bei jenen ein ziemlich dichter Pelz den Leib. Die Farben des Felles, im ganzen düster, können doch zuweilen lebhaft und ansprechend sein, während die der nackten Theile oft geradezu grell, für unser Auge abstoßend erscheinen.

Die Übereinstimmung des inneren Leibesbaues der Affen ist größer als man, von ihrer äußeren Erscheinung folgernd, vermuthen möchte. Das Geripp enthält 12 bis 16 Brustwirbel, 4 bis 9 Lendenwirbel, 2 bis 5 Kreuzbein- und 3 bis 33 Schwanzwirbel; die Unterarmknochen sind getrennt und sehr beweglich, die Handwurzelknochen gestreckt. Der Schädel ist sehr verschieden gestaltet, je nachdem der Schnauzentheil vor- oder zurücktritt und der Hirnkasten sich erweitert. Das Gebiß enthält alle Zahnarten in ununterbrochenen Reihen, d. h. ohne Lücken zwischen den verschiedenen Zähnen: vier Schneidezähne, zwei oft außerordentlich und wie bei Raubthieren entwickelte Eckzähne, zwei oder drei Lück- und drei Mahlzähne in jedem Kiefer pflegen es zu bilden. Unter den Muskeln verdienen die der Hände unsere Beachtung, weil sie im Vergleiche zu denen der Menschenhand außerordentlich vereinfacht erscheinen. Der Kehlkopf befähigt nicht zu einer Sprache im menschlichen Sinne; die sackartigen Erweiterungen der Luftröhre dagegen begünstigen gellende, heulende Laute. Besonderer Erwähnung werth sind die Backentaschen, welche einige Affensippen besitzen: Ausbuchtungen der Mundhöhlenwände, welche durch eine hinter dem Mundwinkel gelegene Öffnung mit der Mundhöhle in Verbindung stehen und zur zeitweiligen Aufspeicherung der Nahrung dienen.

Man nennt die Affen oft auch Vierhänder und stellt ihnen die Zweihänder oder Menschen wegen des abweichenden Hand- und Fußbaues als grundverschiedene Thiere gegenüber. Beides ist falsch: die Affen sind keine Vierhänder, und die Zweihänder unterscheiden sich durch ihren Hand- und Fußbau wohl merklich, aber nicht grundsätzlich.

Oken beschreibt die Affen im Vergleiche zu dem Menschen

mit folgenden Worten: »Die Affen sind dem Menschen ähnlich in allen Unsitten und Unarten. Sie sind boshaft, falsch, tückisch, diebisch und unanständig, sie lernen eine Menge Possen, sind aber ungehorsam und verderben oft den Spaß mitten im Spiele, indem sie dazwischen einen Streich machen wie ein tölpelhafter Hanswurst. Es gibt keine einzige Tugend, welche man einem Affen zuschreiben könnte, und noch viel weniger irgend einen Nutzen, den sie für den Menschen hätten. Wachestehen, Aufwarten, verschiedene Dinge holen, thun sie bloß so lange, bis sie die Narrheit anwandelt. Sie sind nur die schlechte Seite des Menschen, sowohl in leiblicher wie in sittlicher Hinsicht.«

Es läßt sich nicht leugnen, daß diese Schilderung im wesentlichen nicht unrichtig ist. Wir wollen jedoch auch gegen die Affen gerecht sein und dürfen deshalb wirklich gute Seiten derselben nicht vergessen. Über ihre geistigen Eigenschaften in Einem abzuurtheilen, ist nicht gerade leicht, weil die ganze Sippschaft zu viele sich widersprechende Eigenthümlichkeiten zeigt. Man muß freilich anerkennen, daß die Affen boshaft, listig, tückisch, zornig oder wüthend, rachsüchtig, sinnlich in jeder Hinsicht, zänkisch, herrsch- und raufsüchtig, reizbar und grämlich, kurz leidenschaftlich sind, darf aber auch die Klugheit und Munterkeit, die Sanftheit und Milde, die Freundlichkeit und Zutraulichkeit gegen den Menschen, ihre Unterhaltungsgaben, ihre erheiternde Ernsthaftigkeit, ihre Geselligkeit, ihren Muth und ihr Einstehen für das Wohl der Gesammtheit, ihr kräftiges Vertheidigen der Gesellschaft, welcher sie angehören, selbst gegen ihnen überlegene Feinde, und ihre oft sehr unschuldige Lust an Spielereien und Neckereien nicht vergessen. Und in einem Punkte sind sie alle groß: in ihrer Liebe gegen ihre Kinder, in dem Mitleiden gegen Schwache und Unmündige nicht allein ihrer Art und Familie, sondern selbst anderer Ordnungen, ja sogar anderer Klassen des Thierreichs. Der Affe in seiner sinnlichen Liebe ist ein Scheusal; er kann aber in seiner sittlichen Liebe manchem Menschen ein Vorbild sein!

Die geistige Ausbildung, welche die Affen erreichen können,

erhebt sie zwar nicht so hoch über die übrigen Säugethiere, mit Ausschluß des Menschen, stellt sie aber auch nicht so tief unter den Menschen, als von der einen Seite angenommen, von der anderen behauptet worden ist. Die Hand, welche der Affe besitzt, gewährt ihm vor anderen Thieren so große Vorzüge, daß seine Leistungen theilweise größer erscheinen, als sie sind. Er ist gelehrig, und der Nachahmungstrieb, welchen viele seines Geschlechtes besitzen, erleichtert es ihm, irgend eine Kunst oder Fertigkeit zu erlernen. Deshalb eignet er sich nach kurzer Übung die verschiedenartigsten Kunststücke an, welche einem Hunde z. B. nur mit großer Mühe gelingen. Allein man darf nie verkennen, daß er das ihm Gelehrte immer nur mit einem gewissen Widerstreben, niemals aber mit Freude und Bewußtsein ausführt. Es hält nicht schwer, einen Affen daran zu gewöhnen, mit Messer und Gabel zu essen, aus Gläsern zu trinken, Kleider anzuziehen, ihn zum Drehen des Bratspießes oder zum Wasserholen usw. abzurichten; allein er wird solches nie mit derselben Sorgfalt, ich möchte sagen Gewissenhaftigkeit, thun wie ein wohlerzogener Hund. Dafür haben wir den Hund aber auch Jahrtausende hindurch gepflegt, gelehrt, unterrichtet und ein ganz anderes Geschöpf aus ihm gebildet als er war, während der Affe keine Gelegenheit hatte, mit dem Menschen in nähere Verbindung zu kommen. Was Affen leisten können, wird aus dem nachfolgenden hervorgehen und damit der Beweis geliefert werden, daß man Recht hat, sie zu den klügsten aller Thiere zu zählen. Ein hoher Grad von Überlegung ist ihnen nicht abzusprechen. Sie besitzen ein vortreffliches Gedächtnis und wissen ihre Erfahrungen verständig zu benutzen, mit wirklicher Schlauheit und List ihre Vortheile immer wahrzunehmen, bekunden überraschendes Geschick in der Verstellung und lassen es sich oft nicht merken, welche heillose Absicht sie in ihrem Gehirne ausbrüten, wissen sich Gefahren gewandt zu entziehen und finden trefflich die Mittel auf, gegen sie sich zu wahren. Auch Gemüth muß ihnen zuerkannt werden. Sie sind der Liebe und Zuneigung fähig, besitzen Dankbarkeit und äußern ihr Wohlwollen gegen diejenigen, welche ihnen Gutes thaten. Ein Pavian, welchen ich besaß, bewahrte mir unter allen Umständen seine unverbrüchliche Zuneigung, obgleich er leicht mit jedermann Freundschaft schloß. Sein Herz schien jedoch bloß für die Liebe zu mir Raum zu haben; denn er biß seinen eben gewonnenen Freund, sobald ich mich ihm und diesem nahte. Eine ähnliche Engherzigkeit habe ich bei allen Arten der Ordnung, welche ich beobachten konnte, wahrgenommen. Die Liebe, welche alle Affen gegen ihresgleichen bethätigen, spricht ebenfalls für ein tiefes Gemüth. Sehr viele Thiere verlassen die Kranken ihres Verbandes, einige tödten, andere fressen sie sogar: die Affen versuchen selbst ihre Todten wegzuschleppen. Doch ist ihre Zuneigung oder Liebe im allgemeinen ebenso wetterwendisch, wie sie selbst es sind. Man braucht bloß das Affengesicht zu studiren, um sich hierüber klar zu werden. Seine Beweglichkeit ist unglaublich groß. In ebenso rascher wie unregelmäßiger Folge durchlaufen es alle nur denkbaren Ausdrücke: Freundlichkeit und Wuth, Ehrlichkeit und Tücke, Lüsternheit, Genußsucht und andere Eigenschaften und Leidenschaften mehr. Und noch will es scheinen, als könne das Gesicht den Kreuz- und Quersprüngen des Affengeistes kaum folgen.

Hervorgehoben zu werden verdient, daß alle Affen, trotz ihres Verstandes, auf die albernste Weise überlistet und getäuscht werden. Ihre Leidenschaften tragen häufig einen vollständigen Sieg über ihre Klugheit davon. Sind jene rege geworden, so achten sie auch die plumpeste Falle nicht mehr und vergessen ihre Sicherheit gänzlich über der Absicht, ihrer Gier zu fröhnen. Die Malaien höhlen harte Kürbisse durch eine kleine Öffnung aus und füllen sie mit Stücken von Nahrung, namentlich mit Zucker oder mit Früchten, welche die Affen gern fressen. Diese zwängen, um zu ihrer Lieblingsspeise zu gelangen, ihre Hände durch die enge Öffnung und erfassen eins der Stücke mit solcher Gier, daß sie sich lieber fangen als das einmal Erfaßte wieder loslassen. In solcher Weise beherrschen die Leidenschaften auch die klügsten Affen – just wie so manche Menschen. Ob man deshalb berechtigt ist, ihren Verstand zu unterschätzen, möchte zu bezweifeln sein.

Die Affen waren in früheren Schöpfungsabschnitten über einen größeren Theil der Erde verbreitet als gegenwärtig; denn sie hausten im südlichen Europa, in Frankreich und England. Gegenwärtig beschränkt sich ihr Vaterland auf die warmen Theile der Erde. Gleichmäßige Wärme scheint Lebensbedingung für sie zu sein. Einige Paviane steigen zwar ziemlich hoch im Gebirge empor und ertragen geringere Wärmegrade, als man vermuthen möchte; fast alle übrigen Affen aber sind gegen Kälte höchst empfindlich. Jeder Erdtheil besitzt seine eigenen Arten, Asien mit Afrika wenigstens eine gemeinschaftlich. In Europa kommt nur eine Art vor, und zwar in einem einzigen Trupp, welcher an den Felsenwänden Gibraltars unter dem Schutze der Besatzung dieser Festung lebt.

Die Mehrzahl der Affen gehört dem Walde an; nur ein kleiner Theil lebt auf felsigen Gebirgen. Ihre Ausrüstung weist sie auf das Klettern hin: Bäume bilden daher ihren Lieblingsaufenthalt. Alle Felsenaffen bewegen sich auf diesen ungeschickt, besteigen sie auch bloß im Nothfalle.

Die Affen gehören unstreitig zu den lebendigsten und beweglichsten Säugethieren. So lange sie auf Nahrungserwerb ausgehen, sind sie nicht einen Augenblick lang ruhig. Schon die Mannigfaltigkeit ihrer Nahrung bedingt dies. Ihnen ist alles Genießbare recht. Früchte, Zwiebeln, Knollen, Wurzeln, Sämereien, Nüsse, Knospen, Blätter und saftige Pflanzenstengel bilden den Hauptheil ihrer Mahlzeiten; ein Kerbthier aber wird auch nicht verschmäht, und Eier, junge Vögelchen usw. sind Leckerbissen. Da gibt es nun immer etwas zu begucken, zu erhaschen oder abzupflücken, zu beriechen und zu kosten, um es entweder zu genießen oder auch wegzuwerfen. Solche Untersuchungen erfordern viel Bewegung; deshalb ist die ganze Bande niemals ruhig. Die Sorge um das liebe Futter scheint groß zu sein: sogar der gewaltige Elefant soll seine Prügel bekommen, wenn er so dreist ist, an der Affentafel – und das ist der ganze, große Wald

– schmausen zu wollen. Von Eigenthum haben die Schelme äußerst mangelhafte Begriffe: »Wir säen, aber die Affen ernten«, sagen die Araber Ost-Sudâns. Felder und Gärten werden von allen Affen als höchst erquickliche Orte angesehen und nach Möglichkeit gebrandschatzt. Jeder einzelne Affe verwüstet, wenn er dies thun kann, zehnmal mehr, als er frißt. Gegen solche Spitzbuben hilft weder Schloß noch Riegel, weder Hag noch Mauer; sie öffnen Schlösser und steigen über Mauern hinweg, und was nicht gefressen werden kann, wird wenigstens mitgenommen, Gold und Edelsteine auch. Man muß eine Affenherde selbst gesehen haben, wenn sie auf Raub auszieht, um begreifen zu können, daß ein Landwirt sich halb todt über sie ärgern kann. Für den Unbetheiligten ist die Beobachtung der sich während des Raubzuges in ihrer ganzen Regsamkeit zeigenden Geschöpfe freilich ein höchst unterhaltendes Schauspiel. Alle Künste gelten. Es wird gelaufen, gesprungen, geklettert, gegaukelt, im Nothfalle auch geschwommen. Die Künsteleien auf dem Gezweige übersteigen allen Glauben. Nur die Menschenaffen und Paviane sind schwerfällig, die übrigen vollendete Gaukler: sie scheinen fliegen zu können. Sätze von sechs bis acht Meter Sprungweite sind ihnen Spaß; von dem Wipfel eines Baumes springen sie zehn Meter tief hernieder auf das Ende eines Astes, beugen denselben durch den Stoß tief herab und geben sich, während der Ast zurückschnellt, noch einen mächtigen Schwung, strecken Schwanz oder Hinterbeine als Steuer lang aus, und durchfliegen wie ein Pfeil die Luft. Sofort nach glücklicher Ankunft geht es weiter, auch durch die fürchterlichsten Dornen, als wandele man auf getäfeltem Fußboden. Eine Schlingpflanze ist eine höchst bequeme Treppe für die Affen, ein Baumstamm ein gebahnter Weg. Sie klettern vor- und rückwärts, oben auf einem Aste hin oder unten an ihm weg; wenn man sie in einen Baumwipfel wirft, erfassen sie mit einer Hand ein Zweiglein und hängen an ihm geduldig, bis der Ast zur Ruhe kommt, steigen dann an ihm empor und so unbefangen weiter, als hätten sie sich stets auf ebenem Boden befunden. Bricht der Zweig, so fassen sie im Fallen einen zweiten, hält dieser auch nicht, so thut es doch ein dritter, und im Nothfalle bringt sie ein Sturz auch nicht außer Fassung. Was sie mit der Vorderhand nicht ergreifen können, fassen sie mit der Hinterhand oder die neuweltlichen Arten mit dem Schwanze. Dieser wird von allen als Steuer angewandt, wenn weite Sprünge ausgeführt werden sollen, dient auch sonst noch zu den verschiedensten Zwekken, sei es selbst als eine Leiter für den nächsten. An ihm hängt sich der ganze Affe auf und wiegt und schaukelt sich nach Belieben; mit ihm holt er sich Nahrung aus Spalten und Ritzen; ihn benutzt er als Treppe für sich selbst; er dient anstatt der Hängematte, wenn sein Eigner Mittagsruhe halten will.

Die Leichtigkeit und Zierlichkeit ihrer Bewegungen zeigt sich übrigens nur beim Klettern. In dieser Beziehung leisten selbst die Menschenaffen erkleckliches, obgleich sie, wenigstens die höher begabten, mehr nach Art eines Menschen als nach Art anderer Ordnungsverwandten klettern. Der Gang der Affen ist immer mehr oder weniger plump und schwerfällig. Meerkatzen, Makaken, Roll und Krallenaffen gehen noch am besten, schon die Paviane aber humpeln in spaßhafter Weise dahin und bewegen ihren dicken Hintern dabei so ausdrucksvoll, daß es aussieht, als wollten sie einen deutschen Bauerntanz aufführen. Der Gang der Menschenaffen ist kaum noch Gang zu nennen. Während jene mit der ganzen Sohle auftreten, stützen diese sich auf die eingeschlagenen Knöchel der Finger ihrer Hände und werfen den Leib schwerfällig vorwärts, so daß die Füße zwischen die Hände zu stehen kommen. Einige Sippen der Ordnung schwimmen vortrefflich, andere gehen im Wasser unter wie Blei. Zu ersteren gehören die Meerkatzen, von denen ich einige mit der größten Schnelligkeit und Sicherheit über den Blauen Nil schwimmen sah, zu den letzteren die Paviane und vielleicht auch die Brüllaffen; von jenen ertrank uns einer, als wir ihn baden wollten. Die Schwimmunkundigen scheuen das Wasser in hohem Grade: man hat eine fast verhungerte Familie von Brüllaffen auf einem Baume gefunden, dessen Fuß durch Überschwemmung unter Wasser gesetzt worden war, ohne daß die Affen es gewagt hätten, nach anderen, kaum sechzig Schritte entfernten Bäumen sich zu retten. Ulloa, welcher über brasilianische Thiere schrieb, hat daher für die armen, schwimmunkundigen Thiere eine hübsche Brücke erfunden, welche gewiß sehr gute Dienste leisten würde – wenn die Affen sie benutzen wollten. Er erzählt, daß je ein Brüllaffe mit seinen Händen den Schwanz eines anderen packe, und daß in dieser Weise die ganze Gesellschaft eine lange Kette aus lauter Affengliedern bilde, welche vermittels des Schwanzes des Endgliedaffen am Wipfel eines Unterbaumes befestigt und hierauf durch vereinigte Kraft aller Glieder in Schwingungen gesetzt werde, bis das Vorderglied den Zweig eines Baumes des jenseitigen Ufers erfassen und sich dort festhalten könne. Auf der solchergestalt hergerichteten Brücke sollen nun zuerst die Jungen und Schwächeren auf das andere Ufer übersetzen, dann aber der Vorderaffe die ganze Kette, deren Endglied seine Klammer löst, zu sich hinüberziehen. Prinz von Wied, ein sehr gewissenhafter Beobachter, nennt diese Erzählung bei ihrem rechten Namen: »eine spaßhafte Fabel«.

Alle Affen sind außerordentlich starkgliedrig und heben Lasten, welche verhältnismäßig für unsere schwachen Arme zu schwer sein würden: ein Pavian, den ich besaß, hing sich viele Minuten lang an einem Arme auf und hob seinen dicken Leib daran in die Höhe, so hoch es der Arm zuließ.

Das gesellige Leben der Affen ist ein für den Beobachter sehr anziehendes. Wenige Arten leben einsiedlerisch, die meisten schlagen sich in Banden zusammen. Von diesen erwählt sich jede einzelne ihren festen Wohnsitz, welcher größeren oder geringeren Umfang haben kann. Die Wahl fällt regelmäßig auf Gegenden, welche in jeder Hinsicht günstig scheinen. Etwas zu knakken und zu beißen muß es geben, sonst wandert die Bande aus. Waldungen in der Nähe menschlicher Ansiedelungen sind Paradiese: der verbotene Baum in ihnen kümmert die Affen nicht, wenn nur die Äpfel auf ihm gut sind. Mais- und Zuckerrohrfelder, Obst-, Melonen-, Bananen- und Pisanganpflanzungen gehen über alles andere; Dorfschaften, in denen jeder, welcher die unverschämten Spitzbuben züchtigt, den Aberglauben der Bewohner zu fürchten hat, sind auch nicht übel. Wenn sich die Bande erst über den Wohnort geeinigt hat, beginnt das wahre Affenleben mit all seiner Lust und Freude, seinem Kampf und Streit, seiner Noth und Sorge. Das stärkste oder älteste, also befähigtste männliche Mitglied einer Herde schwingt sich zum Zugführer oder Leitaffen auf. Diese Würde wird ihm nicht durch das allgemeine Stimmrecht übertragen, sondern erst nach sehr hartnäckigem Kampfe und Streite mit anderen Bewerbern, d. h. mit sämmtlichen übrigen alten Männchen, zuertheilt. Die längsten Zähne und die stärksten Arme entscheiden. Wer sich nicht gutwillig unterordnen will, wird durch Bisse und Püffe gemaßregelt, bis er Vernunft annimmt. Dem Starken gebührt die Krone: in seinen Zähnen liegt seine Weisheit. Der Leitaffe verlangt und genießt unbedingten Gehorsam und zwar in jeder Hinsicht. Ritterliche Artigkeit gegen das schwächere Geschlecht übt er nicht: im Sturme erringt er der Minne Sold. Das jus primae noctis gilt ihm heute noch. Er wird Stammvater eines Volkes, und sein Geschlecht mehrt sich, gleich dem Abrahams, Isaaks und Jakobs, »wie der Sand am Meere«. Kein weibliches Glied der Bande darf sich einer albernen Liebschaft mit irgend welchem Grünschnabel hingeben. Seine Augen sind scharf, und seine Zucht ist streng; er versteht in Liebessachen keinen Spaß. Auch die Äffinnen, welche sich oder besser ihn vergessen sollten, werden gemaulschellt und zerzaust, daß ihnen der Umgang mit anderen Helden der Bande gewiß verleidet wird; der betreffende Affenjüngling, welcher die Harêmsgesetze des auf sein Recht stolzen Sultâns verletzt, kommt noch schlimmer weg. Die Eifersucht macht diesen furchtbar. Es ist auch thöricht von einer Äffin, solche Eifersucht heraufzubeschwören; denn der Leitaffe ist Manns genug für sämmtliche Äffinnen seiner Herde. Wird diese zu groß, dann sondert sich unter der Führung eines inzwischen stark genug gewordenen Mitbruders ein Theil vom Haupttrupp ab und beginnt nun für sich den Kampf und den Streit um die Oberherrschaft in der Leitung der Herde und in der Liebe. Kampf findet immer statt, wo mehrere nach gleichem Ziele streben; bei den Affen vergeht aber sicher kein Tag ohne Streit und Zank. Man braucht eine Herde nur kurze Zeit zu beobachten und wird gewiß bald den Streit in ihrer Mitte und seine wahre Ursache kennen lernen.

Im übrigen übt der Leitaffe sein Amt mit Würde aus. Schon die Achtung, welche er genießt, verleiht ihm Sicherheit und Selbständigkeit, welche seinen Untergebenen fehlt; auch wird ihm von diesen in jeder Weise geschmeichelt. So sieht man, daß selbst die Äffinnen sich bemühen, ihm die höchste Gunst, welche ein Affe gewähren oder nehmen kann, zu theil werden zu lassen. Sie beeifern sich, sein Haarkleid stets von den lästigen Schmarotzern möglichst rein zu halten, und er läßt sich diese Huldigung mit dem Anstande eines Pascha's gefallen, welchem eine Lieblingssklavin die Füße kraut. Dafür sorgt auch er treulich für die Sicherheit seiner Bande und ist deshalb in beständiger Unruhe. Nach allen Seiten hin sendet er seine Blicke, keinem Wesen traut er, und so entdeckt er auch fast immer rechtzeitig eine etwaige Gefahr.

Die Affensprache darf ziemlich reichhaltig genannt werden; wenigstens verfügt jeder Affe über sehr wechselnde Laute für verschiedenartige Erregungen. Auch der Mensch erkennt bald die Bedeutung dieser Laute. Der Ausruf des Entsetzens, welcher stets die Mahnung zur Flucht in sich schließt, ist besonders bezeichnend. Sobald dieser Warnungston laut wird, nimmt die Herde eiligst die Flucht. Die Mütter rufen ihre Kinder zusammen; diese hängen im Nu an ihr fest, und mit der süßen Bürde beladen, eilen sie so schnell als möglich nach dem nächsten Baume oder Felsen. Der alte Affe zieht voran und bezeichnet den Weg, welcher stets in der kühnsten Weise ausgeführt wird. Erst wenn er sich ruhig zeigt, sammelt sich die Herde und beginnt dann nach kurzer Zeit den Rückweg, um die unterbrochene Plünderung wieder aufzunehmen.

Jedoch nicht alle Affen flüchten vor Feinden; die stärkeren stellen sich vielmehr selbst furchtbaren Raubthieren und dem noch gefährlicheren Menschen kühn zur Wehre und lassen sich auf Kämpfe ein, deren Ausgang für den Angreifer mindestens zweifelhaft ist. Alle größeren Affen, namentlich Menschenaffen und Paviane, besitzen in ihren Zähnen so furchtbare Waffen, daß sie es mit einem Feinde wohl aufnehmen können, zumal sie im Kampfe außerordentlich treu und fest zusammenhalten. Weibliche Affen lassen sich nur, wenn sie sich ihrer Haut wehren oder ihr Junges vertheidigen müssen, in Streit ein, bethätigen dann aber ebenso große Tapferkeit wie die Männchen. Die meisten Arten kämpfen mit Händen und Zähnen: sie kratzen und beißen; allein es wird von vielen Seiten einstimmig versichert, daß sie auch mit abgebrochenen Baumästen sich vertheidigen, und es ist gewiß, daß sie Steine, Früchte, Holzstücke und dergleichen von oben herab auf ihre Gegner schleudern. Schon mit dem Pavian beginnt ohne Feuergewehr kein Eingeborener Kampf und Streit; dem Gorilla gegenüber wird er nicht einmal durch das Feuergewehr in allen Fällen zum überlegenen Gegner. Jedenfalls ist die beispielslose Wuth der Affen, welche deren Stärke noch bedeutend steigert, sehr zu fürchten, und die Gewandtheit, welche sie alle besitzen, nimmt ihrem Feinde nur zu häufig die Gelegenheit, ihnen einen entscheidenden Schlag beizubringen.

In der Gefangenschaft halten fast alle Affenarten gute Freundschaft; doch bildet sich bald ein ähnliches Herrschafts- und Abhängigkeitsverhältnis wie unter einer freilebenden Bande. Der Stärkste erringt auch hier die Oberherrschaft und knechtet und peinigt den Schwächeren so lange, bis dieser sich fügt. Zarte Rücksicht zu nehmen, ist nicht der Affen Art; Übermuth macht sich jederzeit geltend, selbst inniggeliebten Pfleglingen gegenüber. Größere Arten, und zwar die Männchen ebensowohl wie die Weibchen, nehmen sich der kleineren, hülfloseren regelmäßig an; starke Äffinnen zeigen selbst Gelüste nach kleinen Menschenkindern oder allerlei jungen Thieren, welche sich tragen lassen. So abscheulich der Affe sonst gegen Thiere ist, so liebenswürdig beträgt er sich gegen Thierjunge oder Kinder, am liebenswürdigsten natürlich gegen die eigenen, und daher ist die Affenliebe sprichwörtlich geworden.

Die Affen gebären ein Junges, wenige Arten zwei. Dies ist regelmäßig ein kleines, häßliches Geschöpf, ausgestattet mit doppelt so lang erscheinenden Gliedmaßen, wie seine Eltern sie besitzen, und einem Gesichte, welches, seiner Falten und Runzeln halber, dem eines Greises ähnlicher sieht als dem eines Kindes. Dieser Wechselbalg ist aber der Liebling der Mutter, und sie hätschelt und pflegt ihn in rührender oder – lächerlicher Weise; denn die Liebe streift, mindestens in unseren Augen, an das lächerliche. Das Kind hängt sich bald nach seiner Geburt mit beiden Vorderhänden an dem Halse, mit beiden Hinterhänden aber an den Weichen der Mutter fest, in der geeignetsten Lage, die laufende Mutter nicht zu behelligen und ungestört zu saugen. Ältere Affenkinder springen bei Gefahr auch wohl auf Schulter und Rücken ihrer Eltern.

Anfangs ist der Affensäugling gefühl- und theilnahmslos, um so zärtlicher aber die Mutter. Sie hat ohne Unterlaß mit ihm zu thun; bald leckt sie ihn, bald laust sie ihn wieder, bald drückt sie ihn an sich, bald nimmt sie ihn in beide Hände, als wolle sie sich an seinem Anblicke weiden, bald legt sie ihn an die Brust, bald schaukelt sie ihn hin und her, als wolle sie ihn einwiegen. Plinius versichert ernsthaft, daß Äffinnen ihre Jungen aus Liebe zu Tode drücken; in der Neuzeit ist dies niemals beobachtet worden. Nach einiger Zeit beginnt der junge Affe mehr oder weniger selbständig zu werden, verlangt namentlich ab und zu ein wenig Freiheit. Diese wird ihm gewährt. Die Alte läßt ihn aus ihren Armen, und er darf mit anderen Affenkindern scherzen und spielen; sie aber verwendet keinen Blick von ihm und hält ihn in beständiger Aufsicht, geht ihm übrigens willig auf allen Schritten nach und erlaubt ihm, was sie gewähren kann. Bei der geringsten Gefahr stürzt sie auf ihn zu, läßt einen eigenthümlichen Ton hören und ladet ihn durch denselben ein, sich an ihre Brust zu flüchten. Etwaigen Ungehorsam bestraft sie mit Kniffen und Püffen, oft mit förmlichen Ohrfeigen. Doch kommt es selten dazu, denn das Affenkind ist so gehorsam, daß es manchem Menschenkinde zum Vorbilde dienen könnte, und gewöhnlich genügt ihm der erste Befehl seiner Mutter. In der Gefangenschaft theilt sie, wie ich mehrfach beobachtet habe, jeden Bissen treulich mit ihrem Sprößlinge und zeigt an seinem Geschicke einen solchen Antheil, daß man sich oft der Rührung nicht erwehren kann. Der Tod eines Kindes hat in vielen Fällen das Hinscheiden der gefangenen Mutter zur Folge. Stirbt eine Äffin, so nimmt das erste beste Mitglied der Bande die Waise an Kindesstatt an, und die Zärtlichkeit gegen ein Pflegekind der eigenen Art ist kaum geringer als die, welche dem eigenen Kinde zu theil wird. Bei anderartigen Pfleglingen ist dies anders: hier zeigt sich der Affe oft als unerklärliches Räthsel. Er pflegt seinen angenommenen Liebling nach Möglichkeit, drückt ihn an sich, reinigt ihn, behält ihn unter steter Aufsicht usw., gibt ihm aber gewöhnlich nichts zu fressen, sondern nimmt das für das Pflegekind bestimmte Futter ohne Gewissensbisse zu sich, hält jenes auch, während er frißt, sorgsam vom Napfe weg. So habe ich es an Pavianen beobachtet, wenn sie junge Hunde oder Katzen zu Pfleglingen erkoren hatten.

Ich weiß nicht, ob ich irgend einen Affen als Hausgenossen anrathen darf. Die munteren Gesellen bereiten viel Vergnügen, verursachen aber noch weit mehr Ärger. Auf lose Streiche aller Art darf man gefaßt sein, und wenn man eben nicht die Geisteskräfte des Affen studiren will, bekommt man jene doch bald gründlich satt. Die größeren Arten werden auch mitunter gefährlich; denn sie beißen und kratzen fürchterlich. Als frei herumgehendes Hausthier ist der Affe nicht zu dulden, weil sein ewig regsamer Geist beständig Beschäftigung verlangt. Wenn sein Herr solche ihm nicht gewährt, schafft er sic sich selbst und dann regelmäßig nicht eben zum Vortheile des Menschen. Einige Arten sind schon wegen ihrer Unanständigkeit nicht zu ertragen; sie beleidigen jedes sittliche Gefühl fortwährend in der abscheulichsten Weise. In Anbetracht der Untugenden, welche der Affe zeigt, der Tollheiten, welche er verübt, verschwindet der geringe Nutzen, welchen er gewährt.

Bei der außerordentlichen Wichtigkeit, welche die Erforschung der Affen und ihrer Beziehungen zum Menschen neuerdings gewonnen hat, darf ein nochmaliger Rückblick auf ein vergangenes Volk und seine Anschauungen über unsere nächsten Verwandten als der beste Schluß des vorstehenden erachtet werden. Ich verdanke das folgende meinem verehrten Freunde Dümichen, einem der kenntnisreichsten unserer Alterthumsforscher, welcher die Güte gehabt hat, mir in kurzer Zusammenfassung mitzutheilen, was die Denkmäler der Pharaonenzeit in Bezug auf die den alten Egyptern bekannt gewesenen und von ihnen zur Darstellung gebrachten Thiere uns berichten.

»Unter den lebensvollen Bildern, welche, überall an den Wänden egyptischer Grabkapellen uns entgegentretend, von einer in nebelhafter Ferne hinter uns liegenden Vergangenheit uns erzählen, nehmen fast immer einen hervorragenden Platz die in mannigfachster Abwechselung dargestellten Scenen aus dem Thierleben ein. In den Wandgemälden der Grabkapellen, welche dem Todtenacker des alten Memphis angehören, in den Felsengräbern von Beni-Hassan, in der thebanischen Nekropolis und anderen Grabdenkmälern begegnen uns Darstellungen des Mantelpavian, ebenso auf Tempelwänden. Doch sehen wir hier fast immer nur das Männchen, dessen Bedeutung hier stets eine mythologische ist und zwar meistens in Beziehung zum Monde steht, natürlich abgesehen davon, wo das Bild desselben in den Inschriften der Tempel als einfaches Schriftzeichen von mancherlei Bedeutung erscheint. Ganz allerliebst, mitunter geradezu meisterhaft ausgeführt sind die kleinen aus verschiedenen Steinen geschnittenen Figuren, einen sitzenden Hamadryas darstellend, von denen man in allen ägyptischen Museen Europas mehrfache Stücke findet. Da weder der Hamadryas noch der Babuin in Egypten heimisch sind, und ebensowenig die beiden Meerkatzen der Thierwelt des unteren Nillandes angehören, sind wir durch das Vorkommen derselben schon auf solchen Denkmälern zu dem Schlusse berechtigt, daß bereits in jenen Urzeiten der Geschichte, ein Verkehr zwischen Egypten und dem Heimatslande unserer vier Affenarten bestanden haben muß.

Das Vorkommen unseres Affen auf den ältesten egyptischen Denkmälern liefert also den Beweis von einer uralten Verbindung Egyptens mit dem fernen Süden und Südosten und von einer vielleicht schon im dritten Jahrtausend vor unserer Zeitrechnung stattgehabten Schiffahrt auf dem Rothen Meere. Bemerkenswerth ist, daß in der späteren Zeit unter der Ptolemäerherrschaft, wo man sich mit den Bilderschriftzeichen allerlei Schreibspielereien erlaubte, in den Inschriften zuweilen geradezu das Bild eines sitzenden Mantelpavians, welcher den Griffel oder die Rohrfeder in der rechten Hand hält, für das Wort Schreiben, Schreiber, Schrift, eintritt. Die alten Egypter versäumten es selten, ihre Wandgemälde durch hieroglyphische Beischriften noch besonders zu erläutern; so finden wir denn auch eben zur Seite der Schiffe eine Erklärung, in welcher uns unter anderem ein sorgfältiges Verzeichnis der Schiffsladungen gegeben wird. Diese Inschrift lautet in wörtlicher Übersetzung: Das Belasten der Schiffe mit einer großen Menge von Kostbarkeiten des Landes Arabien, allerlei wohlriechenden Hölzern, Haufen von Weihrauchharz, mit grünenden Weihrauchbäumen (man sieht, wie dieselben, in Holzkübel gepflanzt, von je sechs Männern auf die Schiffe getragen werden), mit Ebenholz, mit reinem Elfenbein, mit Gold und Silber aus dem Lande der Hirten, mit dem kostbaren Taschepholze und Kassiarinde, mit Ahemweihrauch und Mestemschminke, mit Ananaffen (Hamadryas), Kafuaffen (Babuin) und Tasemthieren (Wüstenluchsen), mit Fellen von Panthern des Südens, mit Weibern und ihren Kindern. Niemals ist eine Zufuhr gemacht worden gleich dieser von irgend einem Könige seit Erschaffung der Welt.

Die meisterhafte Vollendung in der Ausführung dieser Wandskulpturen und die überraschende treue Nachbildung der beiden Affen, welche den Worten ›Anan‹ und ›Kafu‹ hier nachgesetzt sind, stellen es außer Zweifel, daß wir in dem Anan den Hamadryas und in dem Kafu den Babuin vor uns haben.

In den astronomischen Darstellungen, welche zumeist an den Decken der Tempel angebracht sind, wird der Mantelpavian in deutlichste Beziehung zum Monde gesetzt. Bald tritt er zur Bezeichnung des Mondes selbst ein, bald erscheint er in aufrechter Stellung mit erhobenen Händen, in freudiger Erregung den aufgehenden Mond begrüßend, und ebenso wird das Bild eines sitzenden Hamadryas zur Bezeichnung der Tag- und Nachtgleichen gebraucht. Wie weit nun diesen Auffassungen eine richtige Naturbeobachtung von Seiten der alten Egypter zu Grunde liegt, was es mit dem Einflusse des Mondes auf den Hamadryas, mit der Freude über dessen Wiedererscheinung, mit der Trauer des Männchens und seinem Verstecken, wenn er des Mondlichtes beraubt ist, mit dem Blutflusse des Weibchens zu eben jener Zeit, mit dem häufigen und regelmäßigen Wasserabschlagen dieser Affenarten, was es mit alledem für eine Bewandnis habe: darauf zu antworten, kommt nicht der Alterthums-, sondern der Naturkunde zu.

Während der Mantelpavian, wie wir sahen, vorzugsweise in mythologischer Auffassung auf egyptischen Denkmälern uns entgegentritt, treffen wir die anderen drei Arten seiner Ordnung, den Babuin und beide Meerkatzen, im altegyptischen Hause an. Musik und Tanz, Zwerge, Hunde und Affen bildeten die ergötzliche Unterhaltung in dem Hause des vornehmen Egypters; und so finden wir denn in Darstellungen, welche uns derartige Scenen vorführen, ziemlich häufig eins von letzteren lustigen Äffchen abgebildet, wie es, an dem Lehnstuhle seines Herrn angebunden, diesen durch seine komischen Sprünge und Grimassen erheitert.

›Der Affe gar possirlich ist,
Zumal, wenn er vom Apfel frißt.‹

Auch dieser gewiß wahre Ausspruch ist bereits auf den altegyptischen Denkmälern wiederholt bildlich dargestellt, nur mit dem Unterschiede, daß es dort nicht Äpfel, sondern Feigen sind, deren Vertilgung der bald auf, bald unter dem Baume sitzende Affe sich angelegen sein läßt.«

Die Flughunde

Noch ehe bei uns an schönen Sommertagen die Sonne zur Rüste gegangen ist, beginnt eine der merkwürdigsten Ordnungen unserer Klasse ihr eigenthümliches Leben. Aus allen Ritzen, Höhlen und Löchern hervor kriecht eine düstere, nächtige Schar, welche sich bei Tage scheu zurückgezogen hatte, als dürfte sie sich im Lichte der Sonne nicht zeigen, und rüstet sich zu ihrem nächtlichen Werke. Je mehr die Dämmerung hereinbricht, um so größer wird die Anzahl dieser dunklen Gesellen, bis mit eintretender Nacht alle munter geworden sind und nun ihr Wesen treiben. Halb Säugethier, halb Vogel, stellen sie ein Bindeglied zwischen einer Klasse zur anderen dar, und dieser Halbheit entspricht auch ihr Leibesbau und ihre Lebensweise. Sie sind eben weder das eine noch das andere ganz: sie, die Fledermäuse, sind gleichsam ein Zerrbild der vollendeten Fluggestalt des Vogels, aber auch ein Zerrbild des Säugethiers. Unser Vaterland liegt an der Grenze ihres Verbreitungskreises und beherbergt bloß noch kleine, zarte, schwächliche Arten. Im Süden ist es anders.

Unter allen Merkmalen die ein Flatterthier besitzt, ist die Entwickelung der Haut das merkwürdigste, weil sie nicht nur die ganze Körpergestaltung, sondern namentlich auch den Gesichtsausdruck bedingt und somit die Ursache wird, daß viele Fledermaus- also auch Flughundgesichter ein geradezu ungeheuerliches Aussehen haben. Die breit geöffnete Schnauze trägt allerdings auch mit bei, daß der Gesichtsausdruck ein ganz eigenthümlicher wird: die Hautwucherung an den Ohren und der Nase aber ist es, welche dem Gesichte sein absonderliches Gepräge und – nach der Ansicht der Meisten wenigstens – seine Häßlichkeit gibt. Die Flughaut verdient eine eingehendere Betrachtung. Sie ist die Fortsetzung der Oberhaut, der Pigmentschichten und der Lederhaut beider Leibesseiten. Außer diesen beiden Platten enthält die Flatterhaut noch eine neue, elastische Haut und zwei Muskelfaserschichten, welche zwischen den äußeren Theilen liegen. Die erst vor kurzem aufgefundene, in hohem Grade dehnbare oder besser zusammenziehbare elastische Haut zeigt bei etwa dreihundertmaliger Vergrößerung ein filzartiges Gewebe und ist für die ganze Flughaut von größter Wichtigkeit, weil durch sie die Ernährung derselben geschieht. Außerdem aber reibt das Flatterthier die äußere Flughaut auch noch mit einer schmierigen, öligen, starkriechenden Flüssigkeit besonders ein. Diese Schmiere wird von gelben, plattgedrückten Drüsen abgesondert. Jedesmal nach dem Erwachen und unmittelbar vor dem Flattern erhält sie es so geschmeidig und fettig.

Wahrscheinlich steht der Geschmackssinn auf der tiefsten Stufe; doch ist auch er keineswegs stumpf zu nennen. Man hat Versuche gemacht, welche die Schärfe des Sinnes beweisen. Wenn man nämlich schlafenden, selbst halb erstarrten Fledermäusen einen Tropfen Wasser in die geöffnete Schnauze flößt, nehmen sie denselben ohne weiteres an und schlucken ihn hinter. Gibt man ihnen dagegen Branntwein oder sonst eine übelschmeckende Flüssigkeit, so wird alles regelmäßig zurückgewiesen. Nicht minder ausgebildet ist das Auge. Im Verhältnis zur Größe des Körpers muß man es klein nennen; doch ist der Stern einer bedeutenden Erweiterung fähig. Einige Sippen haben besonders kleine Augen und diese stehen, wie Koch hervorhebt, mitunter so in den dichten Gesichtshaaren versteckt, daß sie unmöglich dem Zwecke des Sehens entsprechen können. Allein das Auge kann gänzlich außer Thätigkeit gesetzt werden, ohne daß sie eine bemerkliche Beeinträchtigung dadurch erleiden. Der Gesichtssinn wird überhaupt durch Geruch, Gehör und Gefühl wesentlich unterstützt. Man hat mehrfach den Versuch gemacht, Fledermäuse zu blenden, indem man ihnen einfach ein Stückchen englisches Pflaster über die Augen klebte: sie flogen hierauf trotz ihrer Blindheit noch genau ebenso geschickt im Zimmer umher als sehend, und verstanden es meisterhaft, allen möglichen Hindernissen, z. B. vielen, in verschiedenen Richtungen durch das Zimmer gezogenen Fäden, auszuweichen. Der Sinn des Gefühls mag wohl größtentheils in der Flatterhaut liegen; wenigstens scheint dies aus allen Beobachtungen hervorzugehen.

Die geistigen Fähigkeiten der Flatterthiere sind keineswegs so gering, als man gern annehmen möchte, und strafen den auf ziemliche Geistesarmut hindeutenden Gesichtsausdruck Lügen. Ihr Gehirn ist groß und besitzt Windungen. Hierdurch ist schon angedeutet, daß ihr Verstand kein geringer sein kann. Alle Flatterthiere zeichnen sich durch einen ziemlich hohen Grad von Gedächtnis und einige sogar durch verständige Überlegung aus. Daß sie nach dem Flattern stets dieselben Orte wieder aufsuchen und für den Winterschlaf sich immer äußerst zweckmäßige Orte wählen: dies allein schon beweist, daß sie nicht so dumm sind, als sie aussehen. Mit der bequemen Ausflucht gläubiger und denkfauler Naturerklärer, daß der sogenannte Instinkt die maßgebende geistige Kraft der Fledermäuse sei, kommt man bei genauerer Beobachtung der Thiere nicht aus. Auch ihre Feinde kennen sie sehr gut und verstehen, ihnen schlau zu begegnen, wie sie ihrerseits wieder die kleineren Thiere, denen sie nachstellen, zu überlisten wissen. So erzählt Kolenati, daß eine Fledermaus, welche in einer Lindenallee jagte, das Weibchen eines Schmetterlings verschonte, weil sie bemerkt hatte, daß dieses viele Männchen heranlockte, welche sie nun nach und nach wegschnappen konnte. Wenn man Schmetterlinge an Angeln hängt, um Fledermäuse damit zu fangen, wird man sich stets vergeblich bemühen. Sie kommen heran, untersuchen das schwebende Kerbthier, bemerken aber auch sehr bald das feine Roßhaar, an welches die Angel befestigt ist, und lassen alles vorsichtig unberührt, selbst wenn sie wenig Futter haben sollten.

Mit Eintritt der Kälte fallen alle Fledermäuse, welche in höheren Breiten leben, in einen mehr oder weniger tiefen Winterschlaf von längerer oder kürzerer Dauer, entsprechend dem strengeren oder milderen Klima ihrer Heimat. Mit Beginn der rauhen Jahreszeit suchen sie Kellergewölbe, warme Dächer, Dachsparren und dergleichen auf. Diejenigen Arten, welche noch am wenigsten empfindlich gegen Kälte sind, unterbrechen den Winterschlaf bisweilen, erwachen und fliegen in ihren geschützten Schlupfwinkeln hin und her, anscheinend weniger um Beute als um sich Bewegung zu machen. Einzelne kommen wohl auch ins Freie und flattern eine Zeitlang über der schneebedeckten Erde umher; die Mehrzahl aber schläft ununterbrochen. Schon wenige Wochen nach dem Ausfliegen macht die Liebe sich geltend. Nachdem die Fledermäuse ihren Winteraufenthalt verlassen haben, locken die verschiedenen Geschlechter, laut Koch, sich durch einen eigenthümlichen Ruf, welcher von dem ärgerlichen Bellen, Angriffen gegenüber, wesentlich verschieden ist. In warmen Ländern sollen die großen Arten so laut werden, daß sie lästig fallen können. Bei der Liebeswerbung jagen und necken die Männchen die Weibchen, stürzen sich mit ihnen aus der Luft herab und treiben allerlei Kurzweil; doch geht dieses Schwärmen und Paaren nicht bei allen Arten der Fledermäuse der Begattung voraus – letztere erfolgt vielmehr bei einzelnen auffallend frühzeitig im Jahre. Wenige Wochen nach der Begattung (man nimmt an, nach fünf bis sechs) werden die Jungen geboren. Das kreisende Weibchen hängt sich, laut Blasius und Kolenati, gegen seine Gewohnheit mit der scharfen Kralle beider Daumen der Hände auf, krümmt den Schwanz mit seiner Flatterhaut gegen den Bauch und bildet somit einen Sack oder ein Becken, in welches das zu Tage kommende Junge fällt. Sogleich nach der Geburt beißt die Alte den Nabelstrang durch, und das Junge häkelt sich, nachdem es von der Mutter abgeleckt worden ist, an der Brust fest und saugt. Die blattnasigen Fledermausweibchen haben in der Nähe der Schamtheile zwei kurze, zitzenartige Anhängsel von drüsiger Beschaffenheit, an welche sich die Jungen während der Geburt sofort ansaugen, um nicht auf die Erde zu fallen, weil diese Fledermäuse während des Gebärens ihren Schwanz zwischen den beiden eng an einander gehaltenen Beinen zurück auf den Rücken schlagen und keine Tasche für das an das Licht tretende Junge bilden. Später kriechen auch diese Jungen zu den Brustzitzen hinauf und saugen sich dort fest.

Eine noch ungeborene Fledermaus hat ein sehr merkwürdiges Ansehen. Wenn sie so weit ausgebildet ist, daß man ihre Glieder erkennen, die Flughaut aber noch nicht wahrnehmen kann, hat sie mit einem ungeborenen Menschenkinde eine gewisse Ähnlichkeit. Die Hinterfüße sind noch viel kleiner als die vorderen, und die vortretende Schnauze zeigt das Thierische; aber der Bau des Leibes, der kurze, auf dem Brustkorbe sitzende Hals, die breite Brust, die ganze Gestalt der Schulterblätter und besonders die Beschaffenheit der Vorderfüße, welche mit ihren noch kurzen Fingern halbe Hände bilden, erinnert lebhaft an den menschlichen Keimling im ersten Zustande seiner Entwickelung.

Betrachten wir endlich die Flughunde oder fruchtfressenden Fledermäuse (Pteropina). Alle zu dieser Gruppe gehörigen Flatterthiere bewohnen ausschließlich die wärmeren Gegenden der alten Welt, namentlich Südasien und seine Inseln, Mittel- und Südafrika, Australien und Oceanien. Ihrer Größe wegen sind sie seit den ältesten Zeiten als wahre Ungeheuer verschrien worden. Sie, die harmlosen und gemüthlichen Thiere, hat man als scheußliche Harpyien und furchtbare Vampire angesehen; unter ihnen suchte man die greulichen Wesen der Einbildung, welche sich auf schlafende Menschen setzen und ihnen das Herzblut aussaugen sollten; in ihnen sah man die zur ewigen Verdammnis verurtheilten Geister Verworfener, welche durch ihren Biß unschuldige Lebende ebenfalls wieder zu Verworfenen verwandeln könnten. Kurz, der blühendste Aberglaube beschäftigte sich mit wahrem Behagen mit diesen Säugethieren, welche weiter nichts verschuldet haben, als etwas eigenthümlich gebildet zu sein, und in ihrer Ordnung einige kleine und eben wegen ihrer geringen Größe ziemlich unschädliche Mitglieder zu besitzen, welche sich des Frevels der Blutaussaugung allerdings schuldig machen.

Die Naturwissenschaft kann die abergläubischen Leute – denn heute noch gibt es gerade genug der Natur vollkommen entfremdete Unwissende, welche in unseren Thieren scheußliche Vampire zu sehen glauben – besser über die fruchtfressenden Fledermäuse oder Flughunde belehren. Sie haben so ziemlich die

Fledermausgestalt, aber eine viel bedeutendere Größe und einen gemüthlichen Hunde- oder Fuchskopf, welcher ihnen den Namen Flughunde oder fliegende Füchse verschafft hat. Die Flatterhaut, und deshalb auch die Gliederung der Arme und Beine ist der anderer Fledermäuse ähnlich; der Nase fehlt der Hautansatz, und die Ohren sind niemals mit einer Klappe versehen. Hierdurch kennzeichnen sie sich also leicht von den übrigen Fledermäusen. Sie bewohnen am liebsten dunkle Waldungen und bedecken bei Tage oft in unzählbarer Menge die Bäume, an deren Ästen sie, Kopf und Leib mit den Flügeln umhüllt, reihenweise sich anhängen. In hohlen Bäumen findet man sie wohl auch, und zwar zuweilen in einer Anzahl von mehreren hundert Stücken. In düsteren Urwäldern fliegen sie manchmal auch bei Tage umher; ihr eigentliches Leben beginnt aber, wie das aller Flatterthiere, erst mit der Dämmerung. Ihr scharfes Gesicht und ihre vortreffliche Spürnase lassen sie die Bäume ausfindig machen, welche gerade saftige und reife Früchte besitzen; zu diesem kommen sie einzeln, sammeln sich bald in große Scharen und sind im Stande, einen solchen Baum vollkommen kahl zu fressen. In Weinbergen erscheinen sie ebenfalls nicht selten in bedeutender Anzahl und richten dann großen Schaden an; denn sie nehmen bloß die reifen und süßen Früchte: die anderen überlassen sie den übrigen Fruchtfressern. Die Früchte saugen sie mehr aus, als sie dieselben fressen; den Faserstoff speien sie aus. Süße und duftige Früchte werden anderen entschieden vorgezogen, und deshalb bilden Bananen, Feigen und dergleichen, ebenso auch wohlschmeckende Beeren, zumal Trauben, ihre Lieblingsnahrung. Wenn sie einmal in einem Fruchtgarten eingefallen sind, fressen sie die ganze Nacht hindurch und verursachen dabei ein Geräusch, daß man sie schon aus weiter Entfernung vernehmen kann. Durch Schüsse und dergleichen lassen sie sich nicht vertreiben; denn so geschreckt fliegen sie höchstens von einem Baume auf den anderen und setzen dort ihre Mahlzeit fort.

Bei Tage sind sie sehr furchtsam und ergreifen die Flucht, sobald sie etwas Verdächtiges bemerken. Ein Raubvogel bringt sie in Aufregung, ein heftiger Donnerschlag geradezu in Verzweiflung. Sie stürzen ohne weiteres von oben zur Erde herab, rennen hier im tollsten Eifer aus einander, klettern an allen erhabenen Gegenständen, selbst an Pferden und Menschen, gewandt in die Höhe, ohne sich beirren zu lassen, hängen sich fest, breiten die Flügel, thun einige Schläge und fliegen dahin, um sich ein anderweitiges Versteck zu suchen. Ihr Flug ist rasch und lebhaft, aber nicht eben hoch; doch treibt sie ihre Furchtsamkeit bei Tage ausnahmsweise in eine Höhe von über hundert Meter empor. Sie können nur von erhabenen Gegenständen, nicht aber von der Erde abfliegen, sind jedoch ganz geschickt auf dieser und laufen wie die Ratten umher. Sie schreien viel, auch wenn sie ruhig an Bäumen hängen, und zwar eigenthümlich knarrend und kreischend, lassen zuweilen auch ein Zischen vernehmen wie Gänse.

Das Weibchen bringt einmal im Jahre ein oder zwei Junge zur Welt, welche sich an der Brust festhalten und von der Mutter längere Zeit umhergetragen, sehr geliebt und sorgfältig rein gehalten werden.

In der Gefangenschaft werden sie nach geraumer Zeit zahm, gewöhnen sich auch einigermaßen an die Personen, welche sie pflegen, zeigen sogar eine gewisse Anhänglichkeit an solche. Sie nehmen ihnen bald das Futter aus der Hand und versuchen weder zu beißen noch zu kratzen. Anders ist es, wenn man sie flügellahm geschossen hat oder sie plötzlich fängt: dann wehren sie sich heftig und beißen ziemlich derb. Man nährt sie in der Gefangenschaft mit gekochtem Reis, allerlei frischen oder getrockneten Früchten, dem Marke des Zuckerrohrs und dergleichen.

Es ist anziehend und unterhaltend, die Ansichten verschiedener Völker über diese Thiere kennen zu lernen. Schon Herodot spricht von großen Fledermäusen in Arabien, welche auf der in Sümpfen wachsenden Pflanze Casia sich aufhalten, sehr stark sind und fürchterlich schwirren. Die Leute, welche die Casia sammeln, bedecken ihren ganzen Leib und das Gesicht bis auf die Augen mit Leder, um sie hierdurch von ihren Gesichtern abzuhalten, und können dann erst Ernte halten. Strabo erzählt, daß es in Mesopotamien, in der Nähe des Euphrat, eine ungeheuere Menge Fledermäuse gäbe, welche viel größer wären als an anderen Orten, gefangen und gegessen würden. Der Schwede Köping erwähnt zuerst, daß die Flatterhunde des Nachts in ganzen Herden hervorkämen, sehr viel Palmensaft tränken, davon berauscht würden und dann wie todt auf den Boden fielen. Er selbst habe einen solchen gefangen und an die Wand genagelt; das Thier aber habe die Nägel benagt und sie so rund gemacht, als wenn man sie befeilt hätte. Jeder unkundige Europäer, namentlich die weibliche Hälfte der Menschheit, erblickt in den Flederhunden entsetzliche Vampire und fürchtet sich fast vor den Ungeheuern. Die Hindus dagegen sehen in ihnen heilige Wesen. Als sich Hügel bei Nurpur befand und abends durch die Straßen ging, sah er über sich ein Thier fliegen, schoß mit seiner Doppelflinte nach ihm und erlegte eine Fledermaus von der Größe eines Marders. Augenblicklich rotteten sich die Leute zusammen, erhoben furchtbares Geschrei und wüthendes Geheul und hielten ihm das gellende, kreischende Thier vor. Er sicherte sich dadurch, daß er sich mit dem Rücken an die Wand lehnte und die Flinte vorstreckte, konnte aber den Aufruhr nur durch eine Unwahrheit beschwichtigen, indem er sagte, er habe das Thier für eine Eule gehalten. Man glaubt vielfach, daß die Flughunde Begleiter und Träger der bösen Geister seien. Ein junger, gebildeter Spanier behauptete mit aller Zuversicht, gehört zu haben, daß sie fluchen, wenn sie mit einem brennenden Span gereizt werden. Dergleichen Wunderlichkeiten kann man mehr hören, wenn man sich mit dem weniger gebildeten Volke über die allerdings eigenthümlich gestalteten Hautflügler unterhält. Wo Fledermäuse gereizt wurden, haben wir auch schon gehört, daß geflucht wurde, nicht aber von der Fledermaus, sondern von dem, welcher seinen Muthwillen an derselben auslassen wollte; denn namentlich die großen Arten verstehen keinen Spaß: wenn sie gefangen werden, beißen sie kräftig zu, und ihr Gebiß wie ihre Krallen sind scharf, und einige von ihnen können tiefe Wunden beibringen. Wenn sie nicht mehr im Stande sind, ihren Nachstellern zu entgehen, werden sie zornig und mitunter muthig und wissen ihre natürlichen Waffen sehr gewandt zu gebrauchen; aus freien Stücken greifen sie aber niemals an und zeigen sich in ihrem ganzen Wesen als äußerst harmlose Geschöpfe.

Der Löwe

Ein einziger Blick auf den Leib des Löwen, auf den Ausdruck seines Gesichtes genügt, um der uralten Auffassung aller Völker, welche das königliche Thier kennen lernten, vom Grunde des Herzens beizustimmen. Der Löwe ist der König der vierfüßigen Räuber, der Herrscher im Reiche der Säugethiere. Und wenn auch der ordnende Thierkundige diese königliche Würde eben nicht achten will und in dem Löwen nur eine Katze von besonders kräftigem Baue erkennen muß: der Gesammteindruck, welchen das herrliche Thier macht, wird auch den Forscher zwingen, ihm unter allen seinen Verwandten die höchste Stelle einzuräumen.

Die Löwen (Leo) sind leicht von sämmtlichen übrigen Katzen zu unterscheiden. Ihre Hauptkennzeichen liegen in dem stark gebauten, kräftigen Leibe mit der kurzen, glatt anliegenden, einfarbigen Behaarung, in dem breiten, kleinäugigen Gesichte, in dem Herrschermantel, welcher sich um ihre Schultern schlägt, und in der Quaste, welche ihre Schwanzspitze ziert. Beim Vergleiche mit anderen Katzen erscheint der Rumpf der Löwen kurz, der Bauch eingezogen, und der ganze Körper deshalb sehr kräftig, nicht aber plump. An der Spitze des Schwanzes, in der Quaste verborgen, steckt ein horniger Nagel, den schon Aristoteles beachtete, aber viele der neueren Naturforscher leugneten. Die Augen sind klein und haben einen runden Stern, die Schnurren ordnen sich in sechs bis acht Reihen. Vor allem ist es die Mähne, welche die männlichen Löwen auszeichnet und ihnen das stolze, königliche Ansehen verleiht.

»Ein Königsmantel, dicht und schön,
Umwallt des Löwen Brust und Mähn',
Eine Königskrone wunderbar,
Sträubt sich der Stirne straffes Haar.«

Diese Mähne bekleidet in vollster Ausbildung den Hals und die Vorderbrust, ändert aber so verschieden ab, daß man aus ihr allein die Heimat des Löwen erkennen kann, und daß man nach ihr, ob mit Recht oder Unrecht bleibe dahingestellt, mehrere Arten des Thieres unterschieden hat. Für unseren Zweck darf die vielfach beregte Frage als ziemlich bedeutungslos erscheinen, da im wesentlichen alle Löwen in ihrer Lebensweise sich gleichen.

Die Zeiten, in denen man sechshundert Löwen zum Kampfe in der Arena zusammenbringen konnte, liegen um Jahrtausende hinter uns. Seitdem hat sich der König der Thiere vor dem Herrn der Erde stetig mehr und mehr zurückgezogen. Aristoteles gibt die Flüsse Ressus und Acheolus als die Grenze des Löwengebietes in Europa an und sagt ausdrücklich, daß es in Europa nirgends weiter als hier Löwen gäbe. Wann diese in unserem Erdtheile ausgerottet wurden, läßt sich nicht feststellen; sicherlich aber ist mehr als ein Jahrtausend seitdem vergangen. Daß der Löwe, und zwar unzweifelhaft die persische Spielart, vormals in Syrien und Palästina lebte, wissen wir durch die Bibel; über die Zeit der Ausrottung in dem heiligen Lande aber haben wir keine Kunde. Wie hier oder dort ergeht es dem gefährlichen Feinde der Herden allerorten: der Mensch tritt überall nach besten Kräften gegen ihn in die Schranken und wird ihn ebenso stetig wie bisher zurückdrängen und endlich vernichten. Auch der dunkelfarbige Mensch drängt den Löwen mehr und mehr zurück. Demungeachtet beherbergen die weiten Steppenländer Innerafrika's noch Löwen in ungezählter Menge und werden sie behalten, so lange neben den zahmen noch die wilden Herden, neben Hunderttausenden von Rindern noch Millionen von Antilopen jene weiten Gebiete durchstreifen.

Der Löwe lebt einzeln, und nur während der Brunstzeit hält er sich zu seinem Weibchen. Außer der Paarzeit bewohnt jeder Löwe sein eigenes Gebiet, ohne jedoch der Nahrung wegen mit anderen seiner Art in Streit zu gerathen. Vielmehr kommt es häufig vor, daß sich zu größeren Jagdzügen mehrere Löwen vereinigen. Nach Livingstone, dessen Berichte durchaus den Stempel der Wahrheit tragen, schweifen Trupps von sechs bis acht Stükken, wahrscheinlich zwei Löwinnen mit ihren Jungen, gemeinschaftlich jagend umher; Heuglins Leute sahen eines Morgens ihrer sechs oder sieben bei einander. Unter außergewöhnlichen Umständen gesellen sich, zumal im Süden Afrika's, noch zahlreichere Trupps. »Wenn die trockene Jahreszeit vorschreitet«, schreibt mir Eduard Mohr, »also in den Monaten Mai bis September, verlassen zahllose Antilopen- und Quaggaherden die trockenen Einöden der Kalaharisteppe oder die einsamen Hochebenen des Transvaal und suchen jene weiten Grasebenen auf, welche um Lucia-Bai sich ausbreiten, unterwegs oder hier zu unschätzbaren Scharen anwachsend. Solchen Wildherden folgt der Löwe mitunter in förmlichen Rudeln. Der mir innig befreundete Jäger John Dunn traf, wie er mir berichtete, mit seinem Gefährten Oswell im Jahre 1861 in der Anatonga-Einöde eine wandernde Blaugnuherde, vermischt mit Quaggas und Impallah-Antilopen, welche nach seiner Schätzung in einer Breite von dreiviertel Meilen (englisch) dahinzog und fünfunddreißig Minuten zum Vorübertraben gebrauchte. Dieser Herde folgten einige zwanzig große und kleine, zu einem Rudel vereinigte Löwen.« Da auch Anderson von Löwenherden spricht, müssen wir zunächst wohl an die Wahrheit dieser Angaben glauben.

Während der Paarzeit bejagen Löwe und Löwin, nach der Brunstzeit gewöhnlich ihrer zwei oder drei, gemeinschaftlich ein je nach dem Wildstande mehr oder weniger ausgedehntes Gebiet, welches sie verlassen, wenn sie ihre Beute zu sehr gelichtet oder vertrieben haben. Jeder Löwe bedarf so viele Nahrung, daß eine größere Anzahl Seinesgleichen in einer Gegend nicht lange sich ernähren können würde. Breite waldige Thäler an Flüssen sind Lieblingsorte des Löwen; im Gebirge scheint es ihm weniger zu behagen; doch steigt er nach eigenen Erfahrungen immerhin bis zu 1500 Meter an den Bergen empor.

An irgend einem geschützten Orte, im Sudân gerne in den Gebüschen, im Süden Afrika's mit Vorliebe in den breiten Gürteln hochstengeliger Schilfgräser, welche die Betten der zeitweilig fließenden Ströme begrenzen, wählt sich der Löwe eine flache Vertiefung zu seinem Lager und ruht hier einen oder mehrere Tage lang, je nachdem die Gegend arm oder reich, unruhig oder ruhig ist. In den größeren Waldungen bewohnt er oft lange ein und denselben Platz und verläßt ihn erst dann, wenn er hier seinen Wildstand gar zu sehr gemindert hat. Auf der Wanderung bleibt er liegen, wo ihn bei seinen Streifzügen der Morgen überrascht, immer aber in den verborgensten Theilen des Dickichts.

Im ganzen ähneln seine Gewohnheiten denen anderer Katzen; doch weicht er in vielen Stücken nicht unwesentlich von denselben ab. Er ist träger als alle übrigen Mitglieder seiner Familie und liebt größere Streifzüge durchaus nicht, sondern sucht es sich so bequem zu machen, als irgend möglich. Deshalb folgt er z. B. im Ostsudân regelmäßig den Nomaden, sie mögen sich wenden, wohin sie wollen. Er zieht mit ihnen in die Steppe hinaus und kehrt mit ihnen nach dem Walde zurück; er betrachtet sie als seine steuerpflichtigen Unterthanen und erhebt von ihnen in der That die drückendsten aller Abgaben.

Seine Lebensweise ist eine rein nächtliche; denn nur gezwungen verläßt er am Tage sein Lager. Bei Tage begegnet man ihm äußerst selten, im Walde kaum zufällig, sondern erst dann, wenn man ihn ordnungsmäßig aufsucht und durch Hunde von seinem Lager auftreiben läßt. Die Araber behaupten, daß er um die Mittagszeit entsetzlich vom kalten Fieber gepeinigt werde und deshalb so faul sei. Wolle man ihn jagen, so müsse man ihn vorher durch Steinwürfe auftreiben; er selbst rühre sich nicht. So arg ist es freilich nicht, eine große Trägheit aber kann ihm nicht abgesprochen werden, wenigstens so lange, als die Sonne am Himmel steht. Wie mich meine letzte Reise nach Habesch belehrte, kommt es doch vor, daß man ihn auch bei Tage im Dickicht umherschleichen oder ruhig und still auf einem erhabenen Punkte sitzen sieht, von wo aus er das Treiben der Thiere seines Jagdgebietes beobachten will. So brachte mir einer unserer Leute die Nachricht, daß er in der Mittagsstunde einen Löwen in dem von Mensah nach dem Ain-Saba abfallenden Thale habe sitzen sehen.

Der Löwe betrachtete ihn und sein Kamel mit großer Theilnahme, ließ aber beide ungefährdet ihres Weges ziehen. Man hat dieses Umschauhalten, welches schon von Levaillant beobachtet und von späteren Reisenden wiederholt berichtet wurde, für unwahr gehalten; allein auch wir haben uns davon überzeugt. Denn ein anderer Löwe, welchen wir in der Samchara auf der Spitze eines nackten, kiesbedeckten Hügels liegen sahen, konnte offenbar nur die eine Absicht haben, sein Jagdgebiet zu überschauen, um den Ort zu ermitteln, welcher ihm bei dem abendlichen Ausgange am ehesten Beute liefern könne.

In die Nähe der Dörfer kommt er nicht vor der dritten Nachtstunde. »Drei Mal«, so sagen die Araber, »zeigt er durch Brüllen seinen Aufbruch an und warnt hierdurch alle Thiere, ihm aus dem Wege zu gehen.« Diese gute Meinung ruht leider auf schwachen Füßen; denn ebenso oft, als ich das Brüllen des Löwen vernahm, habe ich in Erfahrung gebracht, daß er lautlos zum Dorfe herangeschlichen war und irgend ein Stück Vieh weggenommen hatte. Ein Löwe, welcher kurz vor unserer ersten Ankunft in Mensah vier Nächte hinter einander das Dorf betreten hatte, war einzig und allein daran erkannt worden, daß er beim versuchten Durchbruch einer Umzäunung einige seiner Mähnenhaare verloren hatte. Es wurde als sehr wahrscheinlich angenommen, daß er auch in den ersten Nächten unseres Aufenthaltes das Dorf umschlich; dennoch vernahmen wir sein Gebrüll nur zweimal und zwar in weiter Ferne, während ich dasselbe früher in Kordofân nicht allein vor dem Dorfe, sondern mitten in demselben ertönen gehört hatte. Auch andere Beobachter erzählen, daß der Löwe sehr oft lautlos herbeigeschlichen kommt, »wie ein Dieb in der Nacht«.

Und doch sagen die Araber nicht die Unwahrheit; sie deuten das Thatsächliche nur falsch. Fritsch hörte drei Löwen in nächster Nähe seines Wagens, an welchem die Zugochsen angebunden waren, bald brüllen, bald grunzen; ich selbst vernahm in Kordofân und in den Urwaldungen am Blauen Flusse den Donner aus des Löwen Brust bald nach Einbruch der Nacht mehr als hundert Male, habe in diesem Gebrülle aber nicht eine Warnung an die Beutethiere erkennen gelernt, bin vielmehr zu der Meinung geführt worden, daß es bezwecken soll, das Jagdgebiet aufzuregen, die Thiere zur Flucht zu veranlassen und dadurch einem oder dem anderen Löwen, wenn nicht dem brüllenden, so vielleicht dem gemeinschaftlich mit ihm jagenden, irgendwo auf der Lauer liegenden Gefährten ein Wild zuzuführen. Daß der Löwe angesichts eines Viehgeheges, heiße dasselbe nun Krâl oder Serîba, in der Absicht brüllt, das eingepferchte Vieh womöglich zum furchtblinden Ausbrechen zu verleiten, glaube ich mit Bestimmtheit annehmen zu dürfen. Ich will versuchen, den Überfall eines solchen Geheges durch den Löwen aus eigener Erfahrung zu schildern.

Mit Sonnenuntergang hat der Nomade seine Herde in der sicheren Serîba eingehürdet, in jenem bis drei Meter hohen und etwa einem Meter dicken, äußerst dichten, aus den stachlichsten Ästen der Mimosen geflochtenen Zaune, dem sichersten Schutzwalle, welchen er bilden kann. Dunkel senkt sich die Nacht auf das geräuschvolle Lager herab. Die Schafe blöken nach ihren Jungen, die Rinder, welche bereits gemolken wurden, haben sich niedergethan. Eine Meute wachsamer Hunde hält die Wacht. Mit einem Male läutet hell sie auf; im Nu ist sie versammelt und stürmt nach einer Richtung in die Nacht hinaus. Man hört den Lärm eines kurzen Kampfes, wüthend bellende Laute und grimmig heiseres Gebrüll, sodann Siegesgeläut: eine Hiäne umschlich das Lager, mußte aber vor den muthigen Wächtern der Herden nach kurzer Gegenwehr die Flucht ergreifen. Einem Leoparden würde es kaum besser ergangen sein. Es wird stiller und ruhiger; der Lärm verstummt; der Frieden der Nacht senkt sich auf das Lager herab. Weib und Kind des Herdenbesitzers haben in dem einen Zelte die Ruhe gesucht und gefunden. Die Männer haben ihre letzten Geschäfte abgethan und wenden sich ebenfalls ihrem Lager zu. Von den nächsten Bäumen herab spinnen die stufenschwänzigen Ziegenmelker ihren Nachtgesang oder tragen fliegend ihre Federschleppe durch die Lüfte, nähern sich oft und gern der Serîba und huschen wie Geister über die schlafende Herde hinweg. Sonst ist alles still und ruhig. Selbst die kläffenden Hunde sind verstummt, nicht aber auch lässig oder schlaff geworden in ihrem treuen Dienste.

Urplötzlich scheint die Erde zu dröhnen: in nächster Nähe brüllt ein Löwe! Jetzt bewährt er seinen Namen »Essed«, d. i. der Aufruhrerregende; denn ein wirklicher Aufruhr und die größte Bestürzung zeigt sich in der Serîba. Die Schafe rennen wie unsinnig gegen die Dornhecken an, die Ziegen schreien laut, die Rinder rotten sich mit lautem Angstgestöhn zu wirren Haufen zusammen, das Kamel sucht, weil es gern entfliehen möchte, alle Fesseln zu zersprengen, und die muthigen Hunde, welche Leoparden und Hiänen bekämpften, heulen laut und kläglich und flüchten sich jammernd in den Schutz ihres Herrn, welcher selbst rath- und thatlos, an seiner eigenen Stärke verzweifelnd, sie der ihm übermächtigen Gewalt unterordnend, in seinem Zelte zittert, es nicht wagt, nur mit seiner Lanze bewaffnet einem so furchtbaren Feinde gegenüberzutreten, und es geschehen lassen muß, daß der Löwe näher und näher herankommt, daß die leuchtenden Augen zu dem Schrecken der Stimme noch einen neuen fügen, der es geschehen lassen muß, daß das Raubthier auch noch einen zweiten seiner arabischen Namen »Sabaa«, d. i. »Würger der Herden«, bethätigt.

Mit gewaltigem Satze überspringt der Mächtige die Dornenmauer, um sich ein Opfer auszuwählen. Ein einziger Schlag seiner furchtbaren Pranken fällt ein zweijähriges Rind; das kräftige Gebiß zerbricht dem widerstandslosen Thiere die Wirbelknochen des Halses. Dumpfgrollend liegt der Räuber auf seiner Beute; die lebhaften Augen funkeln hell vor Siegeslust und Raubbegier; mit dem Schwanze peitscht er die Luft. Er läßt das verendende Thier auf Augenblicke los und faßt es mit seinem zermalmenden Gebisse von neuem, bis es sich endlich nicht mehr regt. Dann tritt er seinen Rückzug an. Er muß zurück über die hohe Umzäunung und will auch seine Beute nicht lassen. Seine ganze ungeheuere Kraft ist erforderlich, um mit dem Rinde im Rachen den Rücksprung auszuführen. Aber er gelingt: ich selbst habe eine fast drei Meter hohe Serîba gesehen, über welche der Löwe mit einem zweijährigen Rinde im Rachen hinweggesetzt war; ich selbst habe den Eindruck wahrgenommen, welchen die schwere Last auf der Firste des Zaunes bewirkt hatte, und auf der anderen Seite die Vertiefung im Sande bemerkt, welche das herabstürzende Rind zurückließ, bevor es der Löwe weiter schleppte. Mit Leichtigkeit trägt er eine solche Last seinem Lager zu, und man sieht die Furche, welche ein so geschleiftes Thier im Sande zog, oft mit der größten Deutlichkeit bis zum Platze, an welchem es zerrissen wurde.

Erst nach Abzug des Löwen athmet alles Lebende in dem Lager freier auf; denn es schien geradezu durch die Furcht gebannt zu sein. Der Hirte ergibt sich gefaßt in sein Schicksal: er weiß, daß er in dem Löwen einen König erkennen muß, welcher ihn fast ebenso arg brandschatzt als der Menschenkönig, unter dessen Botmäßigkeit er steht.

Man begreift, daß alle Thiere, welche diesen fürchterlichen Räuber kennen, vor Entsetzen fast die Besinnung verlieren, sobald sie ihn nur brüllen horen. Dieses Gebrüll ist bezeichnend für das Thier selbst. Man könnte es einen Ausdruck seiner Kraft nennen: es ist einzig in seiner Art und wird von keiner Stimme eines anderen lebenden Wesens übertroffen. Die Araber haben ein sehr bezeichnendes Wort dafür: »raad«, d. h. donnern. Beschreiben läßt sich das Löwengebrüll nicht. Tief aus der Brust scheint es hervorzukommen und diese zersprengen zu wollen. Es ist schwer, die Richtung zu erkennen, von woher es erschallt; denn der Löwe brüllt gegen die Erde hin, und auf dieser pflanzt sich der Schall wirklich wie Donner fort. Das Gebrüll selbst besteht aus Lauten, welche zwischen O und U in der Mitte liegen und überaus kräftig sind. In der Regel beginnt es mit drei oder vier langsam hervorgestoßenen Lauten, welche fast wie ein Stöhnen klingen; dann folgen diese einzelnen Laute immer schneller und schneller; gegen das Ende hin aber werden sie wieder langsamer und dabei nehmen sie auch mehr und mehr an Stärke ab, so daß die letzten eigentlich mehr einem Geknurr gleichen. Sobald ein Löwe seine gewaltige Stimme erhebt, fallen alle übrigen, welche es hören, mit ein, und so kommt es, daß man im Urwalde zuweilen eine wirklich großartige Musik vernehmen kann.

Unbeschreiblich ist die Wirkung, welche des Königs Stimme unter seinen Unterthanen hervorruft. Die heulende Hiäne verstummt, wenn auch nur auf Augenblikke; der Leopard hört auf, zu grunzen; die Affen beginnen laut zu gurgeln und steigen angsterfüllt zu den höchsten Zweigen empor; die Antilopen brechen in rasender Flucht durchs Gezweige; die blökende Herde wird todtenstill; das beladene Kamel zittert, gehorcht keinem Zurufe seines Treibers mehr, wirft seine Lasten, seinen Reiter ab und sucht sein Heil in eiliger Flucht; das Pferd bäumt sich, schnauft, bläst die Nüstern auf und stürzt rückwärts; der nicht zur Jagd gewöhnte Hund sucht winselnd Schutz bei seinem Herrn – kurz, zur vollen Wahrheit wird Freiligraths Schilderung:

»Dem Panther starrt das Rosenfell,
Erzitternd flüchtet die Gazell',
Es lauscht Kamel und Krokodil
Des Königs zürnendem Gebrüll«.

Und selbst der Mann, in dessen Ohr zum ersten Male diese Stimme schlägt in der Nacht des Urwaldes, selbst er fragt sich, ob er auch Held genug ist dem gegenüber, welcher diesen Donner hervorruft. Livingstone freilich meint, daß das Geschrei des Straußes nicht minder laut sei als das Gebrüll des Löwen und doch Niemanden Furcht einflöße, und daß sich das Löwengebrüll von einem sicheren Hause oder vom Wagen aus recht gut anhöre, ist aber doch so ehrlich zuzugestehen, daß sich die Verhältnisse wesentlich ändern, wenn es sich gesellt zu dem furchtbaren Donner eines Gewitters Innerafrika's, dessen Blitze die dunkle Nacht nur noch schwärzer erscheinen lassen und dessen Regen das Feuer auslöscht, oder aber, wenn man sich einem Löwen gegenüber waffen- und wehrlos fühlt. Ich darf versichern, daß auch ich den Donner aus des Löwen Brust, welcher anfänglich einen gewaltigen Eindruck auf mich machte, später gern zu hören und als großartig schauerliche Nachtmusik des Urwaldes zu würdigen gelernt, daß ich aber doch gerade im Urwalde muthige Türken, welche Kugeln und Speeren ihrer Feinde ruhig entgegengetreten waren, vor diesen gewaltigen Lauten erbleichen gesehen habe.

Dasselbe Angstgefühl, welches das Löwengebrüll hervorruft, bemächtigt sich der Thiere, wenn sie den Löwen durch einen anderen Sinn wahrnehmen, schon, wenn sie ihn bloß wittern, ohne ihn zu sehen: sie wissen alle, daß seine Gegenwart für sie Tod bedeutet.

Wo es der Löwe haben kann, siedelt er sich in der Nähe der Dörfer an und richtet seine Streifzüge einzig und allein nach diesen hin. Er ist ein unangenehmer Gast und läßt sich nicht so leicht vertreiben, umsoweniger als er bei seinen Überfällen einen nicht unbedeutenden Grad von Schlauheit zeigt. »Wenn der Löwe zu alt wird, um auf die Jagd nach Wild zu gehen«, meint Livingstone, »so kommt er in die Dörfer nach Ziegen, und wenn ihm hierbei ein Weib oder Kind in den Weg tritt, wird es ebenfalls seine Beute. Die Löwen, welche Menschen angreifen, sind immer alte, und die Eingeborenen sagen, wenn einer der gefährlichen Räuber erst einmal im Dorfe eingebrochen ist und Ziegen weggeholt hat: seine Zähne sind abgenutzt; er wird nun bald einen Menschen tödten.« Auch ich glaube, daß nur alte, erfahrene Löwen in die Dörfer kommen, bin aber der Ansicht, daß ihre Zähne dann noch in vortrefflichem Stande sind. Der Mensch ist häufig genug der alleinige Ernährer des Löwen, und wenn dieser erst einmal die ihm innewohnende Scheu vor menschlichen Niederlassungen verloren und erprobt hat, wie leicht gerade hier sich Beute erlangen läßt, wird er immer dreister und kühner. Dann siedelt er sich in möglichster Nähe des Dorfes an und betreibt von hier aus seine Jagd so lange, als der Mensch ihm es gestattet. Einzelne werden, nach glaubwürdigen Mittheilungen, so kühn, daß sie auch bei Tage sich zeigen; ja, sie sollen, wie wiederholt behauptet worden ist, unter Umständen nicht einmal durch die Lagerfeuer sich zurückhalten lassen. Gegen diese Angabe spricht die feste Überzeugung aller Innerafrikaner, mit denen ich verkehrt habe, von der erwünschten Wirksamkeit des Feuers. Sie versichern, daß letzteres stets genüge, den Löwen abzuhalten, und wissen kein Beispiel zu erzählen, daß das Raubthier ein durch sorgsam unterhaltene Wachtfeuer geschütztes Lager überfallen habe. Vom Leoparden erzählen sie das Gegentheil.

Ganz anders, als bei Angriffen auf zahme Thiere, benimmt sich der Löwe, wenn er es mit Wild zu thun hat. Er weiß, daß dieses ihn auf ziemliche Entfernung hin wittert und schnellfüßig genug ist, ihm zu entkommen. Deshalb lauert er auf die wildlebenden Thiere oder schleicht sich, oft in Gesellschaft mit anderen seiner Art, äußerst vorsichtig unter dem Winde an sie heran, und zwar keineswegs nur zur Nachtzeit, sondern auch angesichts der Sonne. »Eine kleine Herde von Zebras«, so erzählt ein englischer Löwenjäger, »weidete ruhig und unbesorgt in einer Ebene, nicht ahnend, daß ein Löwenpaar mit seinen Jungen lautlos mehr und mehr sich näherte. Der Löwe und die Löwin hatten einen ordentlichen Schlachtplan entworfen und stahlen sich so sacht und unbemerklich durch das hohe Gras, daß sie der scharfen Aufmerksamkeit der Thiere entgingen. So krochen sie heran, bis sie fast zum Sprunge nahe waren; da bemerkte das Wachtthier plötzlich den fürchterlichen Feind und gab das Zeichen zur Flucht. Aber es war zu spät. Mit einem einzigen Sprunge setzte der männliche Löwe über Gras und Büsche hinweg und fiel mit der ganzen Wucht seines Leibes auf das eine Zebra, welches augenblicklich unter ihm zusammenbrach. Die anderen stiebten angsterfüllt in alle Winde.«

Diese Angabe stimmt mit dem, was ich im Sudân und in Habesch erfuhr, recht gut überein. Trotzdem bilden solche Tagjagden immer Ausnahmen von der Regel. Gewöhnlich wartet der Löwe wenigstens die Dämmerung ab, bevor er an seine Jagd denkt. Wie dem zahmen Vieh zieht er den wilden Herden nach, und wie andere Katzen legt er sich in der Nähe der begangensten Wechsel auf die Lauer. Wasserplätze in den Steppen z. B., zu denen die Thiere der Wildnis kommen, um zu trinken, werden auch von ihm aufgesucht, in der Absicht, Beute zu machen.

Wenn der heiße Tag vorüber ist und die kühle Nacht sich allmählich herabsenkt, eilt die zierliche Antilope oder die mildäugige Girafe, das gestreifte Zebra oder der gewaltige Büffel, um die lechzende Zunge zu erfrischen. Vorsichtig nahen sie sich alle der Quelle oder der Lache; denn sie wissen, daß gerade diejenigen Orte, welche ihnen die meiste Labung bieten sollen, für sie die gefährlichsten sind. Ohne Unterlaß witternd und lauschend, scharf in die dunkle Nacht äugend, schreitet das Leitthier der Antilopenherde dahin. Keinen Schritt thut es, ohne sich zu versichern, daß alles still und ruhig sei. Die Antilopen sind meistens schlau genug, ebenfalls unter dem Winde an die Quelle zu gehen, und so bekommt das Leitthier die Witterung oft noch zur rechten Zeit. Es stutzt, es lauscht, es äugt, es wittert – noch einen Augenblick – und plötzlich wirft es sich herum und jagt in eiliger Flucht dahin. Die anderen folgen; weitaus greifen die zierlichen Hufe, hochauf schnellen die federnden Läufe der anmuthigen Thiere. Über Busch und Grasbüschel setzen die Behenden dahin und sind gerettet. So naht sich auch das kluge Zebra, so naht sich die Girafe: aber wehe ihnen, wenn sie diese Vorsicht versäumen. Wehe der Girafe, wenn sie mit dem Winde zur umbuschten Lache schreitet; wehe ihr, wenn sie über der Begierde, die heiße, schlaffe Zunge zu kühlen, ihre Sicherheit auch nur einen Augenblick vergißt! Dann wird Freiligraths hochdichterische Beschreibung fast zur vollen Wahrheit:

»Plötzlich regt es sich im Rohre; mit Gebrüll auf ihren Nacken
Springt der Löwe. Welch ein Reitpferd! Sah man reichere
  Schabracken
In den Marstallkammern einer königlichen Hofburg liegen,
Als das bunte Fell des Renners, den der Thiere Fürst bestiegen?

In die Muskeln des Genickes schlägt er gierig seine Zähne,
Um den Bug des Riesenpferdes weht des Reiters gelbe Mähne.

Mit dem dumpfen Schrei des Schmerzes springt es auf und flieht
gepeinigt;
Sieh, wie Schnelle des Kameles es mit Pardelhaut vereinigt!

Sieh, die mondbestrahlte Fläche schlägt es mit den leichten
Füßen!
Starr aus ihrer Höhlung treten seine Augen; rieselnd fließen
An dem braun gefleckten Halse nieder schwarzen Blutes
Tropfen,
Und das Herz des flücht'gen Thieres hört die stille Wüste
klopfen.

Ihrem Zuge folgt der Geier; krächzend schwirrt er durch die
Lüfte;
Ihrer Spur folgt die Hiäne, die Entweiherin der Grüfte;
Folgt der Panther, der des Kaplands Hürden räuberisch
verheerte;
Blut und Schweiß bezeichnen ihres Königs grausenvolle Fährte.

Zagend auf lebend'gem Throne sehn sie den Gebieter sitzen,
Und mit scharfer Klaue seines Sitzes bunte Polster ritzen.
Rastlos, bis die Kraft ihr schwindet, muß ihn die Girafe tragen;
Gegen einen solchen Reiter hilft kein Bäumen und kein
Schlagen.«

Ich sage, diese Beschreibung enthält fast die volle Wahrheit! Den Geier muß der Forscher aus ihr streichen; denn er folgt dem Löwen nicht zur Nacht, sondern kommt bloß bei Tage, um die Überreste der königlichen Tafel zu beanspruchen. Im übrigen hat der Dichter schwerlich wesentlich übertrieben. Livingstone behauptet freilich, daß es dem Löwen nicht möglich sei, auf den Rücken einer Girafe zu springen oder einen Büffel niederzureißen und unterstützt seine Angabe durch die Erzählung zweier Löwenjäger, welche sahen, wie sich drei Löwen längere Zeit vergeblich abmüheten, einen verwundeten Kafferbüffel niederzureißen: ich aber habe auf dem Aase eines Kameles, welches ein Löwe in der vorhergehenden Nacht niedergeschlagen, Geier erlegt und sehe nicht ein, warum der gewaltige Räuber seine Kraft und Gewandtheit nicht auch an einer Girafe versuchen sollte. Ob es ihm öfters möglich wird, ein solches »Reitpferd zu besteigen«, ist allerdings eine andere Frage.

Gewöhnlich erliegt ein von dem Löwen erfaßtes Thier schon dem ersten Angriffe. Die gewaltige Last, welche plötzlich auf seine Schultern fällt, die Todesangst, welche es erfaßt, und die Wunden, welche es im nächsten Augenblicke erhält, verhindern es, noch weit zu laufen. Kraft- und muthlos bricht es zusammen; ein Biß des Löwen genügt, die Halswirbelknochen zu zermalmen, den Nerv des Lebens abzuschneiden. Und der Räuber liegt nun auf seiner Beute, wie ich es schon oben beschrieb, grollend, mit dem Schwanze peitschend, die Augen starr auf sie geheftet, jede Bewegung verfolgend und durch neue Bisse noch das letzte Zucken beendend. Mislingt aber der Sprung, so verfolgt er seinen Raub nicht, sondern kehrt, als echte Katze, fast wie beschämt nach seinem Hinterhalte zurück, Schritt für Schritt, als ob er die rechte Länge abmessen wolle, bei welcher ihm der Sprung gelungen wäre. Nach Livingstone packt er seine Beute gewöhnlich am Halse, sonst aber auch in den Weichen, wo er am liebsten zu fressen beginnt. »Zuweilen trifft man auf eine Elandantilope, welche er vollständig ausgeweidet hat.«

Ein erbeutetes Thier wird, wenn dies angeht, einem Verstecke zugeschleppt und erst dort gefressen. Die ungeheuere Kraft des königlichen Thieres zeigt sich wohl am besten gerade bei diesem Fortschaffen der Beute. Wenn man bedenkt, was dazu gehören will, mit einem Rinde im Rachen über einen breiten Graben oder über einen hohen Zaun zu setzen, kann man einen richtigen Schluß auf die unglaubliche Stärke des Löwen machen. Erwachsene Büffel und Kamele fortzuschleppen, ist er nicht im Stande, und die Behauptung, daß er fähig wäre, einen Elefanten durch die Gewalt seines Sprunges niederzuwerfen, gehört in das Bereich der Fabel.

Der Löwe zieht größere Thiere den kleineren unbedingt vor, obgleich er diese, wenn er sie haben kann, auch nicht verschmäht. Soll er doch, wie bestimmt versichert wird, bisweilen sogar mit Heuschrecken sich begnügen. Nach Livingstone soll er sich, alt oder krank geworden, auf die Jagd von Mäusen und anderen kleinen Nagern legen. Dies würde als seltene Ausnahme zu betrachten sein; er erscheint auch kaum geeignet, so kleines Wild zu erbeuten. Seine Jagd richtet sich auf große Beute, wie am besten daraus hervorgeht, daß er da am häufigsten auftritt, wo es viel Wild oder zahlreiches Großvieh gibt. Alle Herdenthiere des Menschen, die wilden Zebras, sämmtliche Antilopen sowie die Wildschweine sind und bleiben seine Hauptnahrung. Gewöhnlich frißt dieser bloß selbsterlegte Beute; unter Umständen verschmäht er jedoch auch Aas nicht. Zu selbsterlegter Beute kehrt der Löwe in der nächstfolgenden Nacht, nicht aber ebenso in der dritten Nacht zurück, würde dann wohl auch vergeblich sich bemühen. Denn gewöhnlich finden sich schon in der Nacht, in welcher die Beute gemacht wurde, eine namhafte Anzahl von Schmarotzern ein, welche die günstige Gelegenheit wahrnehmen, um von des Königs Tafel zu schmausen. Die faule und feige Hiäne und alle eigentlichen Hundearten erachten es für sehr bequem, einen anderen für sich Beute machen zu lassen, und fressen, sobald der Löwe das Mahl verläßt, sich daran toll und voll. Freilich duldet sie der König nicht immer an seinem Tische; es kommen vielmehr, wie bestimmt erwiesen, zuweilen ernste Raufereien vor. So feig auch die Hiänen dem Löwen ausweichen, wenn sie ihm begegnen, so tolldreist werden sie, wenn ihnen ein leckeres Mahl winkt. Einer meiner Jäger im Ostsudân beobachtete einmal bei hellem Tage zwischen einem Löwen und drei Hiänen einen Kampf, welchem eine derartige Ursache zu Grunde liegen mochte. Der Löwe saß nach Hundeart an einer Waldlichtung hart am Flußufer und erwartete mit der größten Seelenruhe drei gefleckte Hiänen, welche knurrend und kläffend ihm mehr und mehr sich näherten. Nach und nach wurden sie immer unverschämter und gingen näher und näher an den Gewaltigen heran. Endlich fiel es einer von ihnen ein, ihm beißend nach der Brust zu fahren. In demselben Augenblicke bekam sie einen Schlag mit der linken Pranke, daß sie augenblicklich auf den Rücken stürzte und wie leblos liegen blieb; die übrigen zogen sich in das Dickicht des Waldes zurück. Mohr ist zu der Ansicht gekommen, daß Hiänen und Schakals dem Löwen ebenso oft nützen als beeinträchtigen. Obgleich ursprünglich Schmarotzer, verhelfen sie ihm durch Aufnehmen und Verfolgen der Spur verwundeten Wildes wiederum zu mancher Beute. Daß der Löwe ihnen deshalb nicht Dank weiß, braucht besonders nicht erwähnt zu werden.

Den Menschen greift der Löwe äußerst selten an. Die hohe Gestalt eines Mannes scheint ihm Ehrfurcht einzuflößen. Im Sudân wenigstens, wo der »Aufruhrerregende« in manchen Gegenden häufig auftritt, sind so gut wie keine Fälle bekannt, daß ein Mensch von einem Löwen gefressen worden wäre. Dort fallen den Krokodilen und selbst den Hiänen mehr Menschen zum Opfer als dem Löwen. In Südafrika soll es anders sein; doch fügt man auch hinzu, daß die Kaffern daran hauptsächlich selbst schuld wären. Bei den beständigen Kriegen dieser Völkerschaften geschieht es regelmäßig, daß die oft genug heimtückisch erschlagenen Feinde mitten im Walde liegen bleiben, da, wo sie das tödtliche Geschoß ereilte. Kommt nun der Löwe des Nachts an einen solchen Leichnam, so lange dieser noch frisch ist, so findet er es erklärlicher Weise bequem, an ihm seinen Hunger zu stillen; hat er aber einmal Menschenfleisch gekostet, so erfährt er, daß dasselbe dem anderen doch vorzuziehen sei, und nunmehr wird er ein »Mannesser«, wie die Kaffern sich auszudrücken pflegen. Diese sind es, welche versichern, daß solche menschenfressende Löwen mitten zwischen die Lagerfeuer stürzen und einen der schlafenden Männer mit sich nehmen. Unter Eingeborenen wie unter Ansiedlern herrscht der Glaube, daß dunkelfarbige Menschen mehr seinen Angriffen ausgesetzt seien als der Weiße.

Man behauptet, der Löwe morde, während er alle von ihm angefallenen Thiere augenblicklich tödte, den Menschen, welchen er überwältigt und unter sich in seinen Krallen hat, nicht alsogleich, sondern versetze ihm erst später und zwar unter fürchterlichem Gebrüll den tödtlichen Schlag mit der Tatze auf die Brust.

Fritsch erzählt: »Ein von einem Löwen furchtbar zerfleischter Bakalahari«, wegen dessen man sich die ärztliche Hülfe unseres Reisenden erbat, »war mit mehreren anderen durch das Gebüsch gegangen, als plötzlich zwei Löwen über ihn herfielen, von denen jeder eine Schulter erfaßte; der Mann wurde zu Boden geworfen, während die Kameraden davonliefen. Auf sein erbärmliches Geschrei ließen ihn die feigen Raubthiere los und zogen sich etwas zurück. Thörichter Weise versuchte das Opfer sich aufzurichten und zu entfliehen, infolge dessen die Löwen sofort wieder auf ihn einstürzten und ihn aufs neue zu Boden rissen, wo er besinnungslos liegen blieb und endlich von den herankommenden Gefährten aufgenommen wurde.« Als Fritsch den Verunglückten sah, waren bereits mehrere Wochen vergangen und die zahlreichen Wunden (gegen dreißig), welche die Zähne und Klauen gerissen hatten, befanden sich in verhältnismäßig gutem Zustande.

Ich habe nach allen im Sudân erhaltenen Nachrichten Ursache, daran zu zweifeln, daß sich der Löwe jedesmal vor seinem Angriffe in einer Entfernung von etwa drei oder vier Meter niederlege, um den Sprung abzumessen. Die Araber jener Gegenden versichern, daß der Mensch, welcher einen ruhenden Löwen treffe, denselben durch einen einzigen Steinwurf verscheuchen könne, falls er Muth genug habe, auf ihn loszugehen. Wer dagegen entfliehe, sei unrettbar verloren. »Zweimal«, so sagen sie, »weicht jeder Löwe dem Manne aus, weil er weiß, daß dieser das Ebenbild Gottes des Allbarmherzigen ist, den auch er, als ein gerechtes Thier, in Demuth anerkennt. Frevelt jedoch der Mensch gegen die Gebote des Erhaltenden, welche bestimmen, daß Niemand sein Leben tollkühn wage, und geht er dem Löwen zum dritten Male entgegen, so muß er sein Leben lassen.«

Daß die Löwen vor dem Menschen wirklich zurückweichen, sagen fast alle glaubwürdigen Beobachter. Man behauptet, daß er selbst dann, nachdem er schon zum Sprunge sich niedergelegt, nicht wage, denselben auszuführen, wenn ihm der Mensch unbeweglich ins Auge sieht. Falls er den leichten Kampf mit einem Manne nicht schon einmal versucht hat, flößt ihm die hohe Gestalt desselben Furcht und Mißtrauen in seine eigene Stärke ein, und eine ruhige Haltung des Körpers, ein muthiges Auge kräftigt diesen Eindruck mit jedem Augenblicke. Seine Flucht vor dem ruhig dastehenden Menschen ist ein Beweis, daß er ebenso sich gefürchtet hat wie jener sich vor ihm.

Anders ist es freilich, wenn der Löwe schon mehrmals mit Menschen gekämpft hat, oder wenn er sehr hungrig ist. Es kommt wirklich vor, daß er einen Menschen mit großer Hartnäckigkeit verfolgt. »Am Kamiesberge im Lande der Namaken«, erzählt Barrow, »wollte ein Hottentott eine Herde Rindvieh zum Wasser treiben, als er einen Löwen erblickte. Er floh mitten durch die Herde, in der Hoffnung, daß der Löwe eher ein Stück Vieh ergreifen als ihm nacheilen würde. Doch er irrte. Der Löwe brach durch die Herde und folgte dem Hottentotten, welcher jedoch noch so glücklich war, auf einen Aloëbaum zu klettern und sich hier hinter einen Haufen Nester des Sidelsperlings (Philetaerus socius) zu verstecken. Der Löwe that einen Sprung nach ihm hinauf, verfehlte jedoch, sank zurück und fiel zu Boden. In mürrischem Schweigen ging er um den Baum, warf dann und wann einen schrecklichen Blick hinauf, legte sich endlich nieder und ging nun vierundzwanzig Stunden nicht von der Stelle. Endlich kehrte er zur Quelle zurück, um seinen Durst zu stillen. Der Hottentott stieg herunter und lief nach seinem Hause, welches nur eine Viertelmeile entfernt war. Der Löwe folgte ihm aber und kehrte erst dreihundert Schritte vor dem Hause um.«

Unter allen Umständen bleibt es mißlich, vor dem Löwen zu fliehen, denn er ist schnell genug zu Fuße. Man hat beobachtet, daß er verwegene Jäger fast eingeholt hätte, obgleich sie auf guten Jagdpferden saßen. Wer bei einem Zusammentreffen mit dem Löwen Herz genug hat, ruhig stehen zu bleiben, den greift er so leicht nicht an. Aber zu einem solchen Wagstücke gehört ein besonnener Mannesmuth, welcher eben nicht jedem gegeben ist.

Beachtenswerth erscheint, daß der Löwe, wie viele Beobachtungen dargethan haben, auch Kinder selten angreift. Man kennt Beispiele, daß das furchtbare Raubthier an die Häuser heran kam, ohne dort irgend Jemandem etwas zu Leide zu thun. Livingstone und andere Reisende wollen ihm Größe des Charakters nicht zugestehen, ihm vielmehr nur die Eigenschaften aller Katzen überhaupt zuschreiben; ich aber möchte nach meinen eigenen Erfahrungen doch nicht solcher Herabsetzung des Wesens dieses königlichen Thieres beistimmen.

Die Ehrfurcht einflößende Gestalt des Löwen, seine gewaltige Kraft, sein kühner Muth ist von jeher anerkannt und bewundert worden. Und wenn nun auch die Bewunderung oft das rechte Maß überschritten und dem Löwen Eigenschaften angedichtet hat, welche er wirklich nicht besitzt: gänzlich ungerechtfertigt ist sie nicht. Der Löwe erscheint neben den übrigen Katzen und selbst neben den meisten wilden Hundearten stolz, großmüthig und edel. Er ist bloß dann ein Räuber, wenn er es sein muß, und nur dann ein Wütherich, wenn er selbst zum Kampfe auf Leben und Tod herausgefordert wird. Man hat Unrecht, wenn man behauptet, daß »das Stolze und Edle seines Ausdrucks nichts anderes als ernste und besonnene Überlegung sei«, und mit diesen Worten der allgemeinen Auffassung der Löwenseele, welche Andere ausgesprochen haben, entgegentreten will. In den von den geachtetsten Naturforschern dem Löwen zuerkannten Eigenschaften liegt meiner Ansicht nach Adel genug. Und wer den Löwen näher kennen lernte, wer, wie ich, jahrelang tagtäglich mit einem gefangenen verkehrte, dem wird es ergehen, wie mir es erging. Er wird ihn lieben und achten, wie nur jemals der Mensch ein Thier lieben und achten kann. Ich will weiter unten von meinem Lieblingsthiere, einer gefangenen Löwin, erzählen, welche mir manche Stunde versüßt und erheitert hat, und zunächst nur bemerken, daß ich mich hinsichtlich der geistigen Fähigkeiten des Löwen zu der Ansicht von Scheitlin hinneige. Dieser möge selbst sprechen:

»Wer will des Löwen, des Helden, des Königsthieres Seele beschreiben! Welch ein Thier voll des kräftigsten Selbstbewußtseins! Welche Gestalt! Welche Majestät! Welcher Körper! Welche Brust! Welcher Leib! Welch ein Anblick der sechshundert Löwen, die Pompejus aus Afrika zu einem großen Römerspiele vorführte, und welch ein Überfall von einer Herde Löwen in das Heer des Xerxes!

Der Löwe wird vollkommen so zahm wie ein guter Pudel. Sein Gedächtnis ist wie das eines solchen. Er erkennt nach vielen Jahren ehemalige Wärter augenblicklich, und kennt er ihr Gesicht und ihren Blick nicht mehr, so erkennt er doch schnell und sogleich ihr Wort, ihren Ton, die alte, geliebte Stimme, wie auch der Mensch alte Bekannte länger an der Stimme als an dem Aussehen erkennt. Besonders gut ist sein Gedächtnis für Wohlthaten, wodurch er das alte Sprichwort der Menschen: ›Undank ist der Welt Lohn‹, zur Unwahrheit macht; denn der Löwe gehört, wie wir, zur Welt. Unleugbar hat der Löwe Launen. Tiefere Thiere haben keine, wohl aber die höheren. Solche haben selbst die Menschen, die Kinder alle, nur wenig Männer nicht. Nur sind die Launen der Könige und des Starken gefährlich, die der Schwachen verlacht man. Eitel ist der Löwe nicht, und zu Künsten läßt er sich nicht abrichten. Er ist zu stolz und zu ernst. Er will nur, wann und wie er will. So sind die Königsnaturen. Er wäre verständig und gelehrig genug zur Abrichtung; er wäre zum Lernen ganz in Besitz der Zeit- und Raumkenntnisse und deren Maße; denn er mißt, wenn er lauert, vollkommen genau: aber er thut Niemandem etwas zu Gefallen. Man bezichtigt ihn auch der Feigheit. Feigheit und Löwe passen nie zusammen. Ernste sind nie feig, und wenn der Löwe dem Menschen weicht, so ist es nicht Feigheit. Er fürchtet nichts und muß nichts fürchten. Selbst in der Gefangenschaft benimmt er sich edler als der Tiger und andere Katzen.

Löwe und Löwin mögen das muntere, liebende Necken, wie Hunde und Katzen, wohl leiden. Es macht ihnen kleinen Spaß, den sie lieben. Auch liebkosen und streicheln lassen sie sich gern wie alle vollkommeneren Thiere. Zupft man den Löwen am Barte, so macht er Geberden und Blicke wie die Katzen. Wir haben unzählige Bilder von Löwen, doch noch kein vollkommenes. Seine ernste Seele hat noch kein Künstler befriedigend dargestellt. Das Bild eines Schmetterlings ist leicht wiederzugeben, das eines Löwen ist vielleicht unmöglich. Gerade dies deutet auf seine hohe Stellung. Gewiß hat auch der Schmetterling seine Physiognomie, nur entgeht sie uns. Der Löwe muß in solcher Seelensphäre ganz wie der Mensch in der seinigen behandelt werden. Er ist ein Menschenthier, so gewiß es unter den Menschen noch Thiermenschen gibt.«

Ich gebe zu, daß diese Beschreibung fast allzuviel von der großen Liebe Scheitlins zu den Thieren athmet und hier und da mit der trockenen Auffassung der zergliedernden Thierkundigen nicht übereinstimmen mag: im großen ganzen aber ist sie richtig, und Jeder, welcher den Löwen kennt, wird dies zugestehen müssen.

Die Zeit, in welcher sich der Löwe zu der Löwin findet, ist sehr verschieden nach den Gegenden, welche er bewohnt; denn die Wurfzeit hängt mit dem Frühling zusammen. Zur Zeit der Paarung folgen oft zehn bis zwölf männliche Löwen einer Löwin, und es gibt auch unter ihnen viel Kampf und Streit um die Liebe. Hat jedoch die Löwin ihren Gatten einmal sich erwählt, so ziehen die anderen ab, und beide leben nun treu zusammen. Die Brunst ist zwar minder heftig als bei anderen großen Katzen; die Begattung erfolgt jedoch ebenfalls unzählige Male nacheinander: nach den Beobachtungen meines Berufsgenossen Schöpff begattete sich ein Löwenpaar des Dresdener Thiergartens innerhalb acht Tagen dreihundertundsechszig Male. Der männliche Löwe bewahrt auch während der Brunst seine Würde und Ruhe; die Löwin zeigt sich begehrender. Sie ist es, welche schmeichelnd und liebkosend an den ernsten Gemahl heranzukommen pflegt und ihn aufzufordern scheint; er liegt gewöhnlich ruhig ihr gegenüber, die Augen starr auf sie gerichtet, und erhebt sich erst, wenn sie ihm sich naht. Die Begattung selbst erfolgt, indem die

Löwin sich niederlegt und der Löwe sie übertritt und im Nacken packt. Ohne einiges Knurren und Fauchen von ihrer Seite geht es nicht ab; so toll und wüthend wie andere große Katzen aber geberdet sie sich nicht, theilt namentlich nicht so oft Tatzenschläge aus wie jene. Fünfzehn bis sechszehn Wochen oder hundert bis hundertundacht Tage nach der Begattung wirft die Löwin ein bis sechs, gewöhnlich aber nur zwei bis drei Junge. Die Thiere kommen mit offenen Augen zur Welt und haben, wenn sie geboren werden, etwa die Größe von einer halb erwachsenen Katze. Zu ihrem Wochenbette sucht sich die Mutter gern ein Dickicht in möglichst großer Nähe von einem Tränkplatze, um nicht weit gehen zu müssen, wenn sie Beute machen will. Der Löwe soll ihr Nahrung herbeischaffen helfen und sie und ihre Jungen, wenn es Noth thut, mit eigener Aufopferung schützen. Die Löwin behandelt die Jungen gewöhnlich mit großer Zärtlichkeit, und man kann wohl kaum ein schöneres Schauspiel sich denken als eine Löwenmutter mit ihren Kindern. Die kleinen, allerliebsten Thierchen spielen wie muntere Kätzchen mit einander, und die Mutter sieht ernsthaft zwar, aber doch mit unendlichem Vergnügen diesen kindlichen Spielen zu. Man hat dies in der Gefangenschaft oft beobachtet, weil es gar nichts seltenes ist, daß eine Löwin hier Junge wirft. In einem gut eingerichteten und geleiteten Thiergarten züchtet man gegenwärtig Löwen fast ebenso sicher und regelmäßig wie Hunde; selbst in Thierschaubuden, wo die Thiere bekanntlich einen nur sehr geringen Spielraum zur Bewegung haben und oft nicht einmal genügende Nahrung erhalten, werden solche geboren und großgezogen.

Junge Löwen sind in der ersten Zeit ziemlich unbeholfen. Sie lernen erst im zweiten Monat ihres Lebens gehen und beginnen noch später ihre kindlichen Spiele. Anfangs miauen sie ganz wie die Katzen, später wird ihre Stimme stärker und voller. Bei ihren Spielen zeigen sie sich tölpisch und plump; aber die Gewandtheit kommt mit der Zeit. Nach etwa sechs Monaten werden sie entwöhnt; schon vorher folgen sie ihrer Mutter, beziehentlich beiden Eltern, wenn auch nur auf geringe Strecken hin, bei ihren

Ausflügen. Gegen Ende des ersten Jahres haben sie die Größe eines starken Hundes erreicht. Anfänglich gleichen sich beide Geschlechter vollkommen; bald aber zeigt sich der Unterschied zwischen Männchen und Weibchen in den stärkeren und kräftigeren Formen, welche sich bei ersterem ausprägen. Gegen das dritte Jahr hin machen sich die Anfänge der Mähne bei dem Männchen bemerklich; doch erst im sechsten oder siebenten Jahre sind beide vollkommen erwachsen und ausgefärbt. Das Alter, welches sie erreichen, steht im Verhältnis zu diesem langsamen Wachsthum. Man kennt Fälle, daß Löwen sogar in der Gefangenschaft siebenzig Jahre gelebt haben, obwohl sie dort auch bei der besten Pflege ziemlich bald greisenhaft werden und viel an ihrer Schönheit verlieren.

Jung eingefangene Löwen werden bei verständiger Pflege sehr zahm. Sie erkennen in dem Menschen ihren Pfleger und gewinnen ihn um so lieber, jemehr er sich mit ihnen beschäftigt. Man kann sich kaum ein liebenswürdigeres Geschöpf denken als einen so gezähmten Löwen, welcher seine Freiheit, ich möchte sagen, sein Löwenthum, vergessen hat und dem Menschen mit voller Seele sich hingibt.

Ich habe eine Löwin zwei Jahre lang gepflegt. Bachída, so hieß die Löwin, hatte früher Latíf-Pascha, dem egyptischen Statthalter im Ostsudân, angehört und war einem meiner Freunde zum Geschenke gemacht worden. Sie gewöhnte sich in kürzester Zeit in unserem Hofe ein und durfte dort frei umherlaufen. Bald folgte sie mir wie ein Hund, liebkoste mich bei jeder Gelegenheit und wurde bloß dadurch lästig, daß sie zuweilen auf den Einfall kam, mich nachts auf meinem Lager zu besuchen und dann durch ihre Liebkosungen aufzuwecken.

Nach wenigen Wochen hatte sie sich die Herrschaft über alles Lebende auf dem Hofe angemaßt, jedoch mehr in der Absicht, mit den Thieren zu spielen, als um ihnen Leid zu thun. Nur zweimal tödtete und fraß sie Thiere; einmal einen Affen, das andere Mal einen Widder, mit welchem sie vorher gespielt hatte. Die meisten Thiere behandelte sie mit dem größten Übermuthe und neckte und ängstigte sie auf jede Weise. Ein einziges Thier verstand es, sie zu bändigen. Dies war ein Marabu, welcher, als beide Thiere sich kennen lernten, ihr mit seinem gewaltigen Keilschnabel zu Leibe ging und sie dergestalt abprügelte, daß sie ihm, wenn auch nach langem Kampfe, den Sieg zugestehen mußte. Oft machte sie sich das Vergnügen, nach Katzenart auf den Boden sich zu legen und einen von uns auf das Korn zu nehmen, über welchen sie dann plötzlich herfiel wie eine Katze über die Maus, aber bloß in der Absicht, um uns zu necken. Gegen uns benahm sie sich stets liebenswürdig und ehrlich. Falschheit kannte sie nicht; selbst als sie einmal gezüchtigt worden war, kam sie schon nach wenigen Minuten wieder und schmiegte sich ebenso vertraulich an mich an wie früher. Ihr Zorn verrauchte augenblicklich, und eine Liebkosung konnte sie sogleich besänftigen.

Auf der Reise von Chartum nach Kairo, welche wir auf dem Nile zurücklegten, wurde sie, solange das Schiff in Fahrt war, in einen Käfig eingesperrt, sobald wir aber anlegten, jedesmal freigelassen. Dann sprang sie wie ein übermüthiges Füllen lange Zeit umher und entleerte sich stets zunächst ihres Unraths; denn ihre Reinlichkeitsliebe war so groß, daß sie niemals ihren Käfig während der Fahrt beschmutzte. Bei diesen Ausflügen ließ sie sich mehrere Male dumme Streiche zu Schulden kommen. So erwürgte sie unter anderem in einem Dorfe ein Lamm und fing sich in einem zweiten einen kleinen Negerknaben; doch vermochte ich zum Glück den Bedrängten zu befreien, da sie gegen mich überhaupt nie widerspenstig sich zeigte. In Kairo konnte ich, sie an der Leine führend, mit ihr spazieren gehen, und auf der Überfahrt von Alexandrien nach Triest holte ich sie tagtäglich auf das Verdeck herauf, zur allgemeinen Freude der Mitreisenden. Sie kam nach Berlin, und ich sah sie zwei Jahre nicht wieder. Nach dieser Zeit besuchte ich sie und wurde augenblicklich von ihr erkannt. Ich habe nach allem diesen keinen Grund, an den vielen ähnlichen anderen Berichten, welche wir schon über gefangene Löwen haben, zu zweifeln.

Bei guter Nahrung dauert, wie schon bemerkt, der Löwe viele

Jahre in der Gefangenschaft aus. Er bedarf etwa acht Pfund gutes Fleisch täglich. Dabei befindet er sich wohl und wird beleibt und fett.

Über wenige Thiere ist von jeher so viel gefabelt worden und wird noch heutigen Tages so viel gefabelt wie über den Löwen. Die Nachrichten über ihn laufen, wie leicht begreiflich, bis in das graueste Alterthum zurück. Die altegyptischen Denkmäler stellen ihn in den verschiedensten Lagen seines Lebens dar und überzeugen uns, daß die alten Egypter ihn sehr gut gekannt, auch schon ganz richtig eingeordnet haben. Die Bibel erwähnt den Löwen an vielen Stellen, und die Hebräer haben nicht weniger als zehn Namen für ihn. Griechen und Römer erzählen sehr ausführlich von dem königlichen Thiere und berichten dabei eine Masse von Märchen mit. Des Löwen Knochen sollen so hart sein, daß sie Feuer geben; er soll die kleinen Thiere verachten, die Weiber schonen usw.; die starke und grausame Löwin soll nur ein einziges Junges in ihrem ganzen Leben werfen, weil dasselbe mit seinen scharfen Krallen den Tragsack zerreiße, genau wie es der Viper auch gehe. Aristoteles weiß, daß die Löwin mehrmals Junge wirft, und daß die jungen Löwen sehr klein sind und erst im zweiten Monate gehen können. Plinius sagt, daß die jungen Löwen anfänglich unförmliche Fleischklumpen seien, nicht größer als ein Wiesel, daß sie nach zwei Monaten kaum sich rühren könnten und erst nach dem sechsten gehen lernten. Sie tränken selten, fräßen nur einen Tag um den anderen und könnten dann wohl drei Tage fasten, verschlängen alles ganz, und zögen das, was der Magen nicht fassen könne, mit den Klauen wieder aus dem Rachen, um nöthigenfalls entfliehen zu können. Unter allen reißenden Thieren sei der Löwe allein gnädig gegen Bittende, verschone die, welche sich vor ihm niederwerfen, und ließe seinen Grimm mehr gegen die Männer als gegen die Weiber, gegen die Kinder nur beim ärgsten Hunger aus. In Libyen glaube man, daß er das Bitten verstehe; denn eine gefangene Frau erzählte, sie sei von vielen Löwen angefallen worden, habe sie aber alle durch Zureden besänftigt und immer gesagt, daß sie nur eine Frau wäre, flüchtig und krank, eine Bittende vor dem Großmüthigsten, über alle übrigen Thiere Befehlenden, eine Beute, welche seines Ruhmes nicht würdig wäre: da habe sie der Löwe gehen lassen.

Den ersten Löwenkampf gab der Ädil Scävola, einen zweiten der Diktator Sylla. Dieser hatte schon hundert Löwen, Pompejus ließ aber sechshundert und Julius Cäsar wenigstens vierhundert kämpfen. Der Fang war früher eine böse Arbeit und geschah meistens in Gruben. Unter Claudius aber entdeckte ein Hirt durch Zufall ein leichtes Mittel, den Löwen zu fangen. Er warf ihm seinen Rock über den Kopf, und der Löwe wurde hierdurch so verblüfft, daß er sich ruhig fangen ließ. Hanno, der bekannte Karthager, war der erste, welcher einen gezähmten Löwen mit seinen Händen regierte. Er wurde deshalb jedoch aus seinem Vaterlande vertrieben, weil man glaubte, daß derjenige, welcher sich mit der Zähmung eines Löwen abgebe, auch die Menschen sich zu unterwerfen strebe; Hadrian tödtete im Cirkus oft hundert Löwen auf einmal; Marcus Aurelius ließ ihrer hundert mit Pfeilen erschießen. Auf diese Weise wurden die Löwen so vermindert, daß man die Einzeljagden in Afrika verbot, um immer hinlänglich viele für die Kampfspiele zu haben. Doch erst mit der Erfindung des Feuergewehres schlug dem königlichen Thiere die Stunde des Verderbens.

Hunde

»Durch den Verstand des Hundes besteht die Welt.« So steht es im Vendidad, eines der ältesten Bücher der Menschheit. Für die erste Bildungsstufe des Menschengeschlechts waren und sind noch heute diese Worte eine goldene Wahrheit. Der wilde, rohe, ungesittete Mensch ist undenkbar ohne den Hund, der gebildete, gesittete Bewohner des angebautesten Theiles der Erde kaum minder. Mensch und Hund ergänzen sich hundert- und tausendfach; Mensch und der Hund sind die treuesten aller Genossen. Kein einziges Thier der ganzen Erde ist der vollsten und ungetheiltesten Achtung, der Freundschaft und Liebe des Menschen würdiger als der Hund. Er ist ein Theil des Menschen selbst, zu dessen Gedeihen, zu dessen Wohlfahrt unentbehrlich.

»Der Hund«, sagt Friedrich Cuvier, »ist die merkwürdigste, vollendetste und nützlichste Eroberung, welche der Mensch jemals gemacht hat. Die ganze Art ist unser Eigenthum geworden; jedes Einzelwesen derselben gehört dem Menschen, seinem Herrn, gänzlich an, richtet sich nach seinen Gebräuchen, kennt und vertheidigt dessen Eigenthum und bleibt ihm ergeben bis zum Tode. Und alles dieses entspringt weder aus Noth noch aus Furcht, sondern aus reiner Liebe und Anhänglichkeit. Die Schnelligkeit, die Stärke des Geruchs haben für den Menschen aus ihm einen mächtigen Gehülfen gemacht, und vielleicht ist er sogar nothwendig zum Bestande der Gesellschaft des Menschenvereins. Der Hund ist das einzige Thier, welches dem Menschen über den ganzen Erdboden gefolgt ist.« Der Hund ist wohl würdig, daß ich ihn ausführlich behandle, und trotz seiner scheinbaren Allbekanntschaft hier sehr mit Lust und Liebe seiner gedenke. Jedermann glaubt ihn zu kennen, gründlich und hinlänglich zu kennen, und nur der Naturforscher gesteht zu, daß er, trotz aller Nachforschungen und Vergleichungen, eigentlich noch äußerst wenig und kaum irgend etwas sicheres über den Hund weiß.

Der Hund hat sich mit dem Menschen über die ganze Erde verbreitet. Soweit sich das Menschengeschlecht ausgedehnt hat, findet man auch ihn, und selbst die armseligsten, ungesittetsten und ungebildetsten Völker haben ihn zu ihrem Genossen, Freunde und Vertheidiger. Aber in keinem Lande der Erde wird er noch wild, überall vielmehr nur gezähmt, in Gesellschaft des Menschen, höchstens verwildert gefunden. Weder die dunkelste Sage noch die sorgfältigste Forschung hat uns bisher über seine Vorfahren genügenden Aufschluß gegeben: über der Abstammung des wichtigsten aller Hausthiere liegt ein scheinbar undurchdringliches Dunkel. Es gibt kein anderes Thier weiter, über welches so viele Muthmaßungen, so viele Annahmen herrschen wie über den Hund. Nach der Ansicht der einen gehören alle Hunde der ganzen Erde nur zu einer einzigen Art, die anderen nehmen mehrere Stammeltern an; die ersteren betrachten alle Hunde als Abkömmlinge vom Wolf, vom Schakal, vom Dingo, vom Dole und Buansu, die anderen glauben, daß er ein Erzeugnis mehrfacher Kreuzungen zwischen diesen oder jenen der genannten, ein Blendling verschiedener wilder Hunde sei.

Das naturgeschichtliche Schicksal des Hundes gleicht dem des Menschen. Daß der Hund sich dem Herrn der Erde ganz unterworfen und angeeignet hat, ist von Folgen gewesen, wie wir ihresgleichen in der Thierwelt nicht finden. Das Vorhandensein des Hundes ist mit dem des Menschen so eng verschmolzen; der Hund hat sich, wie der Mensch, den mannigfaltigsten und gegensätzlichsten Natureinflüssen in einem solchen Maße unterwerfen müssen, um den ganzen Erdkreis erobern und beherrschen zu helfen, daß von seinem ursprünglichen Naturzustande wie von dem des Menschen nur willkürliche Vermuthungen uns Kunde geben können. Doch gilt dies bloß von seinen leiblichen Eigenthümlichkeiten. Über sein geistiges Wesen können die Stimmen nicht getheilt sein.

Der Hund ist nach seinem Gerippe, nach Schädel und nach

Gebiß ein Wolf; doch ist es nach Schädel noch nach Gebiß weder möglich, ihn mit irgend einer wild vorkommenden Wolfsart zu vereinigen, noch von den bekannten Wolfsarten scharf zu trennen. Die Amerikaner haben Hunde gehabt, ehe durch die Spanier der europäische Hund nach Amerika gebracht wurde. In Mejiko fanden die Spanier stumme Hunde vor. Humboldt führt an, daß von den Indianern die Hunde göttlich verehrt wurden. Ihre Priester bliesen auf skelettirten Hundeköpfen, und Hundeschädel und Hundemumien fanden sich in den peruanischen Grabmälern der ältesten Zeit.

Merkwürdig ist es, daß da, wo keine Vertreter der Wölfe wild vorkommen, auch der Haushund gefehlt zu haben scheint. Es scheint, daß, ungeachtet der Einwirkung des Menschen, die Verbreitung der Hunde mit den wilden Wolfsarten in einem genaueren Zusammenhange steht. Fragt man sich nun nach diesen Andeutungen, ob der Hund eine Art, eine selbständige und getrennte Art ist, wie der Wolf, Schakal und Fuchs, so hält es schwer, die Frage zu bejahen. Kein einziges wildes Thier zeigt solche Abweichungen im Schädel, im ganzen Körperbau, in den Verhältnissen der absoluten Größe. Aber auch die Hausthiere, bei denen wir annehmen müssen, daß die Art an und für sich noch unverfälscht erhalten, nur durch Zähmung und Kultur verändert ist, wie Pferd, Esel, Rind, Ziege, Schwein, haben solche Gegensätze nicht aufzuweisen. Ebenso willkürlich, wie die Aufstellung verschiedener Menschenarten, würde es bleiben, mehrere Hundearten unterscheiden zu wollen. Es liegt offenbar hier eine Thatsache vor, welche mit den sonst in der Natur und Kultur beobachteten nicht gleichlaufend ist.

Und so bleibt darin, so lange man diese Fragpunkte auf dem Gebiete der Naturforschung erhalten will, kaum ein anderer Ausweg, als sich zu der Ansicht zu bekennen, welcher Pallas huldigt: daß in der Zähmung und Vermischung der in verschiedenen Ländern ursprünglichen Wolfsarten der Ursprung des Haushundes zu suchen sei. Diese Ansicht ist natürlich wie jede andere über diesen Punkt nur eine Annahme.

Darwin gelangt zu derselben Annahme wie Blasius. »Wahrscheinlich werden wir niemals im Stande sein, ihren Ursprung mit Sicherheit zu bestimmen. Die Vorweltskunde wirft nicht viel Licht auf diese Frage. Einige gehen soweit, zu behaupten, daß jede Hauptrasse ihren wilden Stammvater gehabt haben müsse. In Europa wurde der Hund lange vor der Zeit irgend welcher geschichtlichen Urkunde gefangen gehalten. Die Knochen eines hundeartigen Thieres, welche in den dänischen Küchenabfällen der neueren Steinzeit gefunden wurden, gehörten, nach Steenstrup, wahrscheinlich einem Haushunde an. Diesem alten Hunde folgten während der Bronzezeit eine größere, etwas verschiedene und letzterem wiederum während der Eisenzeit eine noch größere Art oder Rasse. Man nimmt an, daß die Aufeinanderfolge verschiedener Hunderassen in der Schweiz und in Dänemark von der Einwanderung erobernder Stämme herrühre, welche ihre Hunde mitbrachten, und diese Ansicht stimmt auch mit der Meinung überein, daß verschiedene wilde, hundeartige Thiere in verschiedenen Gegenden gezähmt worden seien.«

Es besteht zwischen der Lebensweise der Haushunde der nordamerikanischen Indianer und der Wölfe dieses Landes oder zwischen dem morgenländischen Pariahunde und dem Schakal oder zwischen den in verschiedenen Gegenden verwilderten Hunden und den natürlichen Arten dieser Familie kein großer Unterschied. Die Gewohnheit zu bellen jedoch, welche bei gezähmten Hunden fast allgemein ist, scheint eine Ausnahme zu bilden; diese Gewohnheit aber geht leicht verloren und wird leicht wieder erlangt. Es ist schon oft angeführt worden, daß die verwilderten Hunde auf der Insel Juan Fernandez stumm geworden sind, und man hat Grund zur Annahme, daß die Stummheit in dem Verlaufe von dreiunddreißig Jahren eintrat. Andererseits erlangten Hunde, welche Ulloa von dieser Insel mitnahm, nach und nach die Gewohnheit zu bellen wieder. Dem Heulwolfe ähnliche Hunde lernten nie ordentlich bellen. Ein im Londoner Thiergarten geborener aber ließ seine Stimme so laut erschallen wie irgend ein anderer Hund desselben Alters und derselben Größe. Ein von einer Hündin aufgesäugter junger Wolf, welchen Nilsson beobachtete, und ein Schakal, von welchem Geoffroy St. Hilaire berichtete, bellten mit derselben Stimme wie irgend ein gewöhnlicher Hund. Dagegen hatten, nach Clarke, Hunde, welche auf Juan de Nova im Indischen Weltmeere verwildert waren, das Vermögen zu bellen vollständig verloren, erhielten auch ihre Stimme während einer Gefangenschaft von mehreren Monaten nicht wieder. Sie zeigten keine Neigung zur Geselligkeit mit anderen Hunden, vereinigten sich unter sich zu großen Haufen und fingen Vögel mit ebensoviel Geschick, wie Füchse es thun würden.

Cuvier meinte, daß der Schakal wegen seines widrigen Geruches nicht gezähmt worden wäre; Wilde sind jedoch in dieser Beziehung nicht empfindlich, und der Grad der Ausdünstung bei verschiedenen Schakalarten ändert ebenfalls wesentlich ab, sowie dies andererseits bei rauh- und glatthaarigen Hunden der Fall ist. Isidore Geoffroy St. Hilaire brachte einen Hund, welchen er nur mit rohem Fleische fütterte, dahin, daß er ebenso stank wie ein Schakal.

Der Haushund also ist nichts anderes als ein Kunsterzeugnis des Menschen. Erwiesen ist diese Annahme freilich nicht; erst durch sorgfältig überwachte Kreuzungen mit Vorbedacht ausgewählter Wildhundarten und Haushundrassen und deren Abkömmlingen können uns der Lösung der Abstammungsfrage unseres wichtigsten Hausthieres näher führen.

Gehen wir zu den Hunden über, welche zwar herrenlos sind, immer aber noch in einem gewissen Abhängigkeitsverhältnisse zu dem Menschen stehen. Die Engländer haben ihnen den Namen Pariahunde beigelegt, und diese Bezeichnung verdient von uns angenommen zu werden; denn Parias, elende, verkommene, aus der besseren Gesellschaft verstoßene Thiere sind sie, die armen Schelme, trotz der Freiheit, zu thun und zu lassen was ihnen beliebt, Parias, welche dankbar die Hand lecken, die ihnen das Joch der Sklaverei auflegt, welche glücklich zu sein scheinen, wenn der Mensch sie würdigt, ihm Gesellschaft zu leisten und ihm zu dienen.

Schon im Süden Europa's leben die Hunde auf ganz anderem Fuße als bei uns zu Lande. In der Türkei, in Griechenland und in Südrußland umlagern Massen von herrenlosen Hunden die Städte und Dörfer, kommen wohl auch bis in das Innere der Straßen herein, betreten aber niemals einen Hof und würden auch von den Haushunden sofort vertrieben werden. Sie nähren sich hauptsächlich von Aas oder jagen bei Gelegenheit wohl auch auf eigene Faust kleinere Thiere, namentlich Mäuse und dergleichen. Auch die Hunde der südspanischen Bauern werden nur sehr wenig zu Hause gefüttert, streifen zur Nachtzeit weit und breit umher und suchen sich selbst ihre Nahrung. Auf den Kanaren ist es nach Bolle noch neuerdings vorgekommen, daß einzelne Hunde verwilderten und unter den Schafherden bedeutenden Schaden anrichteten. So selbständig werden die verwilderten Hunde des Morgenlandes nicht; aber sie müssen durchaus für sich selbst sorgen und werden von keinem Menschen irgendwie unterstützt. Ich habe diese Thiere vielfach in Egypten beobachtet und will in möglichster Kürze mittheilen, was mir von ihrem Leben besonders merkwürdig erschien.

Alle egyptischen Städte stehen zum Theil auf den Trümmern der alten Ortschaften, also gewissermaßen auf Schutthaufen. Wahre Berge von Schutt umgeben auch die meisten und die größeren, wie Alexandrien oder Kairo, in sehr bedeutender Ausdehnung. Diese Berge nun sind es, welche den verwilderten Hunden hauptsächlich zum Aufenthalte dienen. Die Thiere selbst gehören einer einzigen Rasse an. Sie kommen in der Größe mit einem Schäferhunde überein, sind von plumper Gestalt und haben einen widerwärtigen Gesichtsausdruck; ihre lange und ziemlich buschige Ruthe wird in den meisten Fällen hängend getragen. Die Färbung ihres rauhen, struppigen Pelzes ist ein schmutziges, röthliches Braun, welches mehr oder weniger in das Graue oder in das Gelbe ziehen kann.

Sie leben in vollkommenster Selbständigkeit an den genannten Orten, bringen dort den größten Theil des Tages schlafend zu und streifen bei Nacht umher. Jeder besitzt seine Löcher, und zwar sind diese mit eigenthümlicher Vorsorge angelegt. Jedenfalls hat jeder einzelne Hund zwei Löcher, von denen eins nach Morgen, das andere nach Abend liegt; streichen die Berge aber so, daß sie dem Nordwinde auf beiden Seiten ausgesetzt sind, so graben sich die Thiere auch noch auf der Südseite ein besonderes Loch, welches sie jedoch bloß dann beziehen, wenn ihnen der kalte Wind in ihrem Morgen- oder Abendloche lästig wird. Morgens bis gegen zehn Uhr findet man sie regelmäßig in dem nach Osten hin gelegenen Loche; sie erwarten dort nach der Kühle des Morgens die ersten Strahlen der Sonne, um sich wieder zu erwärmen. Nach und nach aber werden diese Strahlen ihnen zu heiß, und deshalb suchen sie jetzt Schatten auf. Einer nach dem anderen erhebt sich, klettert über den Berg weg und schleicht sich nach dem auf der Westseite gelegenen Loche, in welchem er seinen Schlaf fortsetzt. Fallen nun die Sonnenstrahlen nachmittags auch in diese Höhlung, so geht der Hund wieder zurück nach dem ersten Loche, und dort bleibt er bis zum Sonnenuntergang liegen.

Um diese Zeit wird es in den Bergen lebendig. Es bilden sich größere und kleinere Gruppen, ja selbst Meuten. Man hört Gebell, Geheul, Gezänk, je nachdem die Thiere gestimmt sind. Ein größeres Aas versammelt sie immer in zahlreicher Menge, ein todter Esel oder ein verendetes Maulthier wird von der hungerigen Meute in einer einzigen Nacht bis auf die größten Knochen verzehrt. Aas bleibt unter allen Umständen der Hauptheil ihrer Nahrung; doch sieht man sie auch katzenartig vor den Löchern der Rennmäuse lauern und schakal- oder fuchsartig diesen oder jenen Vogel beschleichen. Wenn ihre Aastafel einmal nicht gespickt ist, machen sie weite Wanderungen, kommen dann in das Innere der Städte herein und streifen in den Straßen umher. Dort sind sie, weil sie allen Unrath wegfressen, geduldete, wenn auch nicht gern gesehene Gäste, und gegenwärtig kommt es wohl nur sehr selten vor, daß einzelne gläubige Mahammedaner sie, wie vormals geschehen sein soll, in ihren Vermächtnissen bedenken und für ihre Erhaltung gewissermaßen Sorge tragen.

Die Paarungszeit fällt in dieselben Monate wie bei den übrigen Hunden, einmal in das Frühjahr, das andere Mal in den Herbst. Die Hündin wölft in eines ihrer Löcher, gräbt es aber etwas tiefer aus und bildet daraus einen förmlichen Bau, in welchem man das ganze Gewölfe nach einiger Zeit lustig mit der Alten spielen sieht. Nicht selten kommt es vor, daß eine solche Hündin, wenn die Wölfzeit kommt, sich in das Innere der Städte begibt und dort, mitten in der Straße oder wenigstens in einem nur einigermaßen geschützten Winkel derselben, eine Grube sich gräbt, in welcher sie dann ihre Nachkommenschaft zur Welt bringt. Es scheint fast, als ob sie wisse, daß sie auf die Mildthätigkeit und Barmherzigkeit der mahammedanischen Bevölkerung zählen dürfe, und wirklich rührend ist es zu sehen, wie die gastfreien Leute einer solchen Hundewöchnerin sich annehmen. Ich habe mehr als einmal beobachtet, daß vornehme Türken oder Araber, welche durch solche Straßen ritten, in denen Hündinnen mit ihren Jungen lagen, sorgfältig mit ihrem Pferde auf die Seite lenkten, damit dieses ja nicht die junge Brut beschädige. Wohl selten geht ein Egypter vorüber, ohne der Hundemutter einen Bissen Brod, gekochte Bohnen, einen alten Knochen und dergleichen zuzuwerfen. Die Mahammedaner halten es für eine Sünde, ein Thier unnöthiger Weise zu tödten oder zu beleidigen; aber die Barmherzigkeit geht zuweilen auch zu weit. Man findet nämlich oft räudige und kranke Hunde im größten Elende auf der Straße liegen, ohne daß eine mitleidige Hand sich fände, ihrem traurigen Dasein ein Ende zu machen. So sah ich in einer Stadt Oberegyptens einen Hund in der Straße liegen und sich herumquälen, welchem durch einen unglücklichen Zufall beide Hinterbeine zerschmettert waren. Ganz unzweifelhaft hatten alle Bewohner des Ortes dieses unglückliche, erbärmliche Thier schon Monate lang täglich gesehen, Niemandem aber war es eingefallen, ihm einen Gnadenstoß zu geben. Ich zog eine Pistole und schoß ihm eine Kugel durch den Kopf, mußte mich jedoch ordentlich gegen die Leute vertheidigen wegen meiner That.

Fängt man sich junge Hunde und hält sie lange Zeit in der Gefangenschaft, so werden sie vollständig zu Haushunden und sind dann als wachsame und treue Thiere sehr geschätzt. Bei weitem der größte Theil der jungen Straßenhunde aber findet keinen Herrn und begibt sich, nachdem er halberwachsen ist, mit der Alten ins Freie und lebt dort genau in derselben Weise wie seine Vorfahren.

Innerhalb ihrer eigentlichen Wohnkreise sind die verwilderten Hunde ziemlich scheu und vorsichtig, und namentlich vor dem fremdartig Gekleideten weichen sie jederzeit aus, sobald sich dieser ihnen nähert. Beleidigt man einen, so erhebt sich ein wahrer Aufruhr. Aus jedem Loche schaut ein Kopf heraus, und nach wenigen Minuten sind die Gipfel der Hügel mit Hunden bedeckt, welche ein ununterbrochenes Gebell ausstoßen. Ich habe mehrmals auf solche Hunde förmlich Jagd gemacht. Dabei habe ich mich von dem Zusammenleben und Zusammenhalten der Thiere hinreichend überzeugen können und dabei auch unter anderem die Beobachtung gemacht, daß sie mich schon nach kurzer Zeit vollständig kennen und fürchten gelernt hatten. Mit den Mahammedanern oder morgenländisch gekleideten Leuten leben sie in guter Freundschaft; sie fürchten dieselben nicht im geringsten und kommen oft so nahe an sie heran, als ob sie gezähmt wären; mit den Haushunden dagegen liegen sie beständig im Streite, und wenn ein einzelner Hund aus der Stadt in ihr Gebiet kommt, wird er gewöhnlich so gebissen, daß er sich kaum mehr rühren kann. Auch die Hunde eines Berges verkehren nicht friedlich mit denen eines anderen, sondern gerathen augenblicklich mit allen in Streit, welche nicht unter ihnen groß geworden und sich sozusagen mit ihnen zusammengebissen haben.

Manchmal vermehren sich die verwilderten Hunde in das Unglaubliche und werden zur wirklichen Landplage. Mahammed Aali ließ einmal, um dieser Pest zu steuern, ein Schiff förmlich mit Hunden befrachten und diese dann auf hoher See über Bord werfen, um sie sicher zu ertränken. Zum größten Glück sind sie der Wasserscheu nur äußerst selten ausgesetzt, ja man kennt wirklich kaum Beispiele, daß Jemand von einem tollen Hunde gebissen worden wäre. Die verwilderten Hunde gelten den Mahammedanern, wie alle Thiere, welche Aas fressen, für unrein in Glaubenssachen, und es ist deshalb dem Gläubigen verwehrt, näher mit ihnen sich zu befassen. Wird ein solches Thier aber gezähmt, so ändert sich die Sache: dann gilt bloß seine beständig feuchte Nase noch für unrein.

In Konstantinopel soll das Verhältnis des Menschen zu den Hunden ein ganz ähnliches sein. »Unzertrennlich von den Gassen der Hauptstadt«, sagt Hackländer, »ist der Gedanke an ihre beständigen Bewohner, die herrenlosen Hunde, welche man in zahlloser Menge auf ihnen erblickt. Gewöhnlich macht man sich von Dingen, von denen man oft liest, eine große Vorstellung und findet sich getäuscht. Nicht so bei diesen Hunden. Obgleich alle Reisenden darüber einig sind, sie als eine Plage der Menschen darzustellen, so sind doch die meisten bei der Beschreibung dieses Unwesens zu gelinde verfahren.

Wenn sie faul und träge umherschleichen oder in der Sonne liegen, muß man gestehen, daß kein Thier frecher, ich möchte sagen, pöbelhafter aussieht. Alle Gassen, alle Plätze sind mit ihnen bedeckt; sie stehen entweder an den Häusern gereiht und warten auf einen Bissen, welcher ihnen zufällig zugeworfen wird, oder sie liegen mitten in der Straße, und der Türke, welcher sich äußerst in Acht nimmt, einem lebenden Geschöpfe etwas zu Leide zu thun, geht ihnen aus dem Wege. Auch habe ich nie gesehen, daß ein Muselman eines dieser Thiere getreten oder geschlagen hätte. Vielmehr wirft der Handwerker ihnen aus seinem Laden die Überreste seiner Mahlzeit zu. Nur die türkischen Kaikschi und die Matrosen der Marine haben nicht diese Zartheit, weshalb mancher Hund im goldenen Horn sein Leben endet.

Jede Gasse hat ihre eigenen Hunde, welche sie nicht verlassen, wie in unseren großen Städten die Bettler ihre gewissen Standorte haben, und wehe dem Hunde, der es wagt, ein fremdes Gebiet zu besuchen. Ich möchte sie mit den Straßenjungen in gesitteten Ländern vergleichen; wie diese, wissen sie ganz gut den Fremden vom Einheimischen zu unterscheiden. Wir brauchten nur in einer Ecke des Bazars etwas Eßbares zu kaufen, so folgten uns alle Hunde, an denen wir vorbeikamen, und verließen uns erst wieder, wenn wir in eine andere Gasse traten, wo uns eine neue ähnliche Begleitung zu Theil wurde.

So ruhig bei Tage diese Ablösung vor sich geht, so gefährlich werden die Hunde zuweilen dem einzelnen Franken, welcher sich bei der Nacht in den Gassen Stambuls verirrt, besonders wenn er keine Laterne trägt. Wir haben oftmals gehört, daß ein solcher, den die Bestien förmlich anfielen, nur durch Muselmänner gerettet wurde, welche sein Hülferuf herbeizog; und obgleich wir stets in ziemlicher Gesellschaft und abends nie ohne Laterne ausgingen, hatten wir es doch oft nur unseren guten Stöcken zu danken, mit denen wir kräftig dreinschlugen, daß wir nicht mit zerrissenen Kleidern heimkamen.

Sultan Mahmud ließ vor mehreren Jahren einige Tausend dieser Hunde auf einen bei den Prinzeninseln liegenden kahlen Fels bringen, wo sie einander auffraßen. Diese Verminderung hat aber nichts genützt; denn die Fruchtbarkeit dieser Geschöpfe ist großartig.«

Am Asow'schen Meere lebt der Hund, nach Schlatters Bericht, unter ähnlichen Verhältnissen wie in Egypten und der Türkei. Er genießt bei den nogaischen Tataren geringere Werthschätzung als die Katze, welche das Recht hat, im Hause zu wohnen, an allem herumzunaschen, aus einer Schüssel mit den Kindern und Erwachsenen zu essen und wohl auch auf einer Matratze mit dem Menschen zu schlafen. Sie wird zu den reinen Thieren gezählt, und der Tatar läßt es ihr, als dem Liebling des großen Propheten Mahammed, an nichts fehlen. Der Hund hingegen darf sich nicht im Hause blicken lassen.

Von den Hunden des südlichen Rußlands erzählt Kohl. »Im Winter«, sagt er, »ziehen sich die Hunde scharenweise nach den Städten, stören im weggeworfenen Unrathe und zerren an verrecktem Vieh herum. In einigen Städten, wie Odessa, gehen Wächter umher, die ein beständiges Blutbad unter den herrenlosen Hunden anrichten. Allein es hilft wenig, da man die Hundequellen in den Dörfern und Städten nicht verstopfen kann. Die Hunde sind eine wahre Landplage, sie sind Allen zur Last und fressen selbst den Gärtnern Obst und Trauben weg.«

In etwas besseren Verhältnissen leben die Hunde Brasiliens, welche uns neuerdings Hensel in ansprechender Weise geschildert hat. »Schon von Jugend auf sind sie an Entbehrungen, aber auch zugleich an Stehlen und Rauben gewöhnt. Meilenweit durchstreifen sie das Feld, von dem Verwesungsgeruche gefallener Thiere gelockt, und machen Aasgeiern und Füchsen die Beute streitig. Daher ist auch die Anhänglichkeit an den Herrn gering und von Treue und Gehorsam wenig zu erkennen. Haben sie ihren Herrn verloren, so suchen sie sich gern einen anderen, und mit etwas Futter mag sie Jeder an sich fesseln.«

Für den Reisenden sind Hunde unentbehrlich. Wenn die Sonne zum Untergange sich neigt, wird an geeigneter Stelle, d. h. wo sich Holz und Wasser findet, das Nachtlager aufgeschlagen. Die Hunde liegen im Kreise umher, wo möglich bei einem Strauche oder dichten Grasbusche, um sich gegen die Kühle der Nacht oder gegen die Anfälle der Mucken zu schützen, und der Reisende, wenn er seine Reit- und Lastthiere versorgt, d. h. frei auf den Camp getrieben hat, kann sich sorglos dem Schlafe überlassen. Die treuen Wächter halten jede Gefahr fern, welche durch Menschen oder reißende Thiere drohen könnte.

Die Beschreibung des Wesens und Lebens der Haushunde mag die unübertreffliche Kennzeichnung des Thieres eröffnen, welche der Altvater der Thierkunde, Linné, in seiner eigenthümlich kurzen und schlagenden Weise gegeben hat. Ich bin bemüht gewesen, dieselbe so treu als möglich im Deutschen wiederzugeben, obgleich dies keine leichte Sache ist. Manche Stellen lassen sich gar nicht übersetzen; das übrige lautet etwa also: »Frißt Fleisch, Aas, mehlige Pflanzenstoffe, kein Kraut, verdaut Knochen, erbricht sich nach Gras. Trinkt leckend; wässert seitlich, in guter Gesellschaft oft hundertmal, beriecht des nächsten After; Nase feucht, wittert vorzüglich; schwitzt sehr wenig, in der Hitze läßt er die Zunge hängen; vor dem Schlafengehen umkreist er die Lagerstätte; hört im Schlafe ziemlich scharf, träumt. Die Hündin ist grausam gegen eifersüchtige Freier; in der Laufzeit treibt sie es mit vielen; sie beißt dieselben; in der Begattung innig verbunden; trägt neun Wochen, wölft vier bis acht, die Männchen dem Vater, die Weibchen der Mutter ähnlich. Treu über alles; Hausgenosse des Menschen; wedelt beim Nahen des Herrn, läßt ihn nicht schlagen; geht jener, läuft er voraus, am Kreuzweg sieht er sich um; gelehrig, erforscht er Verlorenes, macht nachts die Runde, meldet Nahende, wacht bei Gütern, wehrt das Vieh von den Feldern ab, hält Renthiere zusammen, bewacht Rinder und Schafe vor wilden Thieren, hält Löwen im Schach, treibt das Wild auf, stellt Enten, schleicht im Sprunge an das Netz, bringt das vom Jäger Erlegte, ohne zu naschen, zieht in Frankreich den Bratspieß, in Sibirien den Wagen. Bettelt bei Tische; hat er gestohlen, kneift er ängstlich den Schwanz ein; frißt gierig. Zu Hause Herr unter den Seinigen; Feind der Bettler, greift ungereizt Unbekannte an. Mit Lecken heilt er Wunden, Gicht und Krebs. Heult zur Musik, beißt in einen vorgeworfenen Stein; bei nahem Gewitter unwohl und übelriechend. Hat seine Noth mit dem Bandwurm; Verbreitung der Tollwuth. Wird zuletzt blind und benagt sich selbst. Der amerikanische vergißt das Bellen. Die Mahammedaner verabscheuen ihn; Opfer der Zergliederer für Blutumlauf usw.«

Wir haben diese Beschreibung bloß weiter auszuführen. Alle Haushunde kommen in der Lebensweise und in ihrem Betragen so ziemlich überein, solange nicht die Beeinflussung, welche sie von den Sitten und Gewohnheiten des Menschen nothwendig mit erdulden müssen, ihnen eine andere Lebensart vorschreibt.

Die Hunde sind ebensowohl Tag- als Nachtthiere und für beide Zeiten gleich günstig ausgerüstet, auch ebensowohl bei Tage wie bei Nacht munter und lebendig. Sie jagen, wenn sie es dürfen, bei hellem Tage wie bei Nacht und vereinigen sich dazu gern in größeren Gesellschaften. Geselligkeit ist überhaupt ein Grundzug ihres Wesens und hat auf ihre Sitten den entschiedensten Einfluß. Sie fressen alles, was der Mensch ißt, thierische

Nahrung ebensowohl wie pflanzliche, und beide im rohen Zustande nicht minder gern als zubereitet. Vor allem aber lieben sie Fleisch, und zwar etwas fauliges mehr noch als das frische. Wenn sie es haben können, verzehren sie Aas mit wahrer Leidenschaft; Wasser ist zur Erhaltung ihrer Gesundheit unbedingt nothwendig.

In gewissen Gegenden haben die Hunde natürlich ihre eigene Nahrung. So fressen sie, wie bemerkt, auf Kamtschatka und auch im größten Theile Norwegens bloß Fische, hingegen gewöhnen sie sich da, wo viel Trauben gezogen werden, leicht an solche Kost und thun dann großen Schaden. Bei Bordeaux haben, wie Lenz angibt, die Winzer das Recht, jeden Hund, welcher sich ohne Maulkorb in den Weinbergen sehen läßt, auf eine beliebige Art vom Leben zum Tode zu bringen. Man sieht daher dort viele Hundegalgen, an denen die Verbrecher aufgehängt werden. Auch in den ungarischen Weinbergen sollen die Haushunde erheblichen Schaden anrichten, weil dort die Trauben fast ganz bis auf die Erde herabhängen.

Wenn die Hunde überflüssige Nahrung besitzen, verscharren sie dieselbe, indem sie ein Loch in den Boden graben und dieses mit Erde zudecken. Bei Gelegenheit kehren sie zurück und graben sich den verborgenen Schatz wieder aus; aber es kommt auch vor, daß sie derartige Orte vergessen.

Der Hund kann vortrefflich laufen und schwimmen, ja auch bis zu einem gewissen Grade klettern, aber nicht leicht, ohne Schwindel zu bekommen, an steilen Abgründen hingehen. In der Ruhe sitzt der Hund entweder auf den Hinterbeinen oder legt sich auf die Seite oder den Bauch, indem er die Hinterfüße auswärts, die Vorderfüße vorwärts und zwischen dieselben seinen Kopf legt; selten streckt er die Hinterbeine dabei auch nach rückwärts aus. Große, schwere Hunde legen sich im Sommer gern in den Schatten und zuweilen auf den Rücken. Bei Kühle ziehen sie die Füße an sich und stecken die Schnauze zwischen die Hinterbeine. Die Wärme lieben alle, ebenso eine weiche Unterlage; dagegen vertragen nur wenige eine Decke, welche sie birgt, und die

Nase mindestens muß stets unter einer solchen hervorschauen. Ehe sich der Hund niederlegt, geht er einige Male im Kreise umher und scharrt sein Lager auf, oder versucht dies wenigstens zu thun. Das Scharren macht ihm Vergnügen; er kratzt oft mit Vorder- oder Hinterbeinen gleichsam zu seiner Unterhaltung.

Alle Hunde schlafen gern und viel, aber in Absätzen, und ihr Schlaf ist sehr leise und unruhig, häufig auch von Träumen begleitet, welche sie durch Wedeln mit dem Schwanze, durch Zukkungen, Knurren und leises Bellen kundgeben. Reinlichkeit lieben sie über alles: der Ort, wo sie gehalten werden und namentlich, wo sie schlafen sollen, muß immer sauber sein. Ihren Unrath setzen sie gern auf kahlen Plätzen, besonders auf Steinen ab und decken ihn zuweilen mit Erde zu, welche sie mit den Hinterfüßen nach rückwärts werfen. Ihr Schweiß sondert sich auf der Zunge ab, welche sie, wenn sie erhitzt sind, keuchend aus dem Munde strecken.

Die Sinne des Hundes sind scharf, aber bei den verschiedenen Arten nicht gleichmäßig ausgebildet. Geruch, Gehör und Gesicht scheinen obenanzustehen, und zwar zeichnen sich die einen durch feineres Gehör, die anderen durch besseren Geruch vor den übrigen aus. Auch der Geschmack ist ihnen nicht abzusprechen, obwohl derselbe in eigenthümlicher Weise sich äußert. Alle Reizungen, welche ihre Sinneswerkzeuge zu sehr anregen, sind ihnen verhaßt. Am wenigsten empfänglich zeigen sie sich gegen das Licht, sehr empfindlich aber gegen laute und gellende Töne oder scharfe Gerüche. Glockengeläute und Musik bewegt sie zum Heulen; kölnisches Wasser, Salmiakgeist, Äther und dergleichen ruft wahres Entsetzen bei ihnen hervor, wenn man solche Dinge ihnen unter die Nase hält. Der Geruch ist bei manchen in außerordentlicher Weise entwickelt und erreicht eine Höhe, welche wir geradezu nicht begreifen können.

Über das geistige Wesen der Hunde lassen sich Bücher schreiben; es dürfte also sehr schwer sein, dasselbe mit kurzen Worten zu schildern. Die mir am meisten zusagende Beschreibung der Hundeseele hat Scheitlin gegeben. »So groß die leibliche Verschiedenheit der Hunde ist«, sagt er, »die geistige ist noch viel größer; denn die einen Hundearten sind völlig ungelehrig, die anderen lernen alles mögliche augenblicklich. Die einen kann man nicht, die anderen schnell ganz zähmen, und was die einen hassen, das lieben andere. Der Pudel geht von selbst ins Wasser, der Spitz will immer zu Hause bleiben. Die Dogge läßt sich auf den Mann, der Pudel nicht hierzu abrichten. Nur der Jagdhund hat eine solche feine Spürnase; nur der Bärenhund beißt den Bären zwischen die Hinterbeine; nur der lange Dachshund, dem in der Mitte ein paar Beine zu mangeln scheinen, ist so niedrig gebaut und so krummbeinig, um in Dachslöcher hineinkriechen zu können, und thut dies mit derselben Wollust, mit welcher der Fleischerhund in Bogen läuft und hinter den Kälbern und Rindern herhetzt. Der Hund von Neufundland ist es, welcher den Wolf nicht fürchtet, daher vortrefflich zur Herdenbewachung dient und meisterhaft gräbt, schwimmt, taucht und Menschen herausholt. Dem Windhunde wird beinahe aller Verstand, Erziehungsfähigkeit und Treue an seinem Herrn ab-, dafür kindische Neigung, von Unbekannten sich schmeicheln zu lassen, zugesprochen; doch kann man ihn zur Jagd auf Hasen usw. abrichten. Die Wachtelhunde deuten mit ihrem Namen auf das, wozu sie von Natur taugen. Denn der Hund und jedes andere Thier muß durch irgend etwas von sich aus kund thun, wozu es Lust hat, ehe man es abrichten will. Zum bloßen Vergnügen, sich im Arme sanft tragen zu lassen, mit der Dame auf dem Sopha zu schlafen, am warmen Busen zu liegen, Ungünstlinge anzuknurren, in der Stube zu bleiben, mit der Dame aus einem Glase zu trinken, von einem Teller zu speisen und sich küssen zu lassen, dazu wird das Bologneser- und Löwenhündchen gehalten. Am Jagdhunde wird ein scharfer Geruch und viel Verstand und die größte Gelehrigkeit nebst treuer Anhänglichkeit an seinen Herrn gelobt. Der Spitz oder Pommer soll klüger, gelehriger, lebhafter und geschickter Art sein und gern beißen, als Haushund wachsam und in einzelnen Abarten tückisch und falsch sein. Dem Menschen ergeben, aber ohne seinen Herrn zu kennen, Schläge nicht fürchtend, unersättlich und doch mit Geschicklichkeit lange zu hungern fähig, gehört zur Kennzeichnung des Nordhundes. Der Doggen Art ist Treue bei wenig Verstand; sie sind gute Wächter, wilde, muthige Gegner; sie achten auch ihr eigenes Leben fast für nichts, merken auf jeden Wink des Auges und der Hand, wie vielmehr auf das Wort ihres Herrn, lassen auf den Mann sich abrichten, nehmen es mit drei, vier Mann auf, berücksichtigen Schüsse, Stiche und zerrissene Glieder nicht und balgen sich mit ihresgleichen greulich herum. Sie sind sehr stark, reißen den stärksten Menschen zu Boden, erdrosseln ihn, bannen ihn, auf ihm herumspringend, auf eine Stelle, bis er erlöst wird. Sie haben ein wenig mehr Verstand, als man meint. Am tiefsten unter den Hunden steht unleugbar der Mops. Er ist durch geistige Versinkung entstanden und kann sich begreiflich durch sich selbst nicht heben. Er erfaßt den Menschen nicht und der Mensch ihn nicht.

Der Hundeleib ist für die Zeichnung und Ausstopfung schon zu geistig. Seine Seele ist unleugbar so vollkommen, wie die eines Säugethieres sein kann. Von keinem Thiere können wir so oft sagen, daß ihm vom Menschen nichts mehr als die Sprache mangelt, von keinem Säugethiere haben wir so viele Darstellungen aller Abänderungen, von keinem so eine außerordentliche Menge von Erzählungen, welche uns seinen Verstand, sein Gedächtnis, seine Erinnerungskraft, sein Schließungsvermögen, seine Einbildungskraft oder sogar sittliche Eigenschaften, als da sind: Treue, Anhänglichkeit, Dankbarkeit, Wachsamkeit, Liebe zum Herrn, Geduld im Umgange mit Menschenkindern, Wuth und Todeshaß gegen die Feinde seines Herrn usw., kund thun sollen, weswegen kein Thier so oft als er dem Menschen als Muster vorgestellt wird. Wie viel wird uns von seiner Fähigkeit, zu lernen, erzählt! Er tanzt, er trommelt, er geht auf dem Seile, er steht Wache, er erstürmt und vertheidigt Festungen, er schießt Pistolen los; er dreht den Bratspieß, zieht den Wagen; er kennt die Noten, die Zahlen, Karten, Buchstaben; er holt dem Menschen die Mütze vom Kopfe, bringt Pantoffeln und versucht Stiefel und

Schuhe wie ein Knecht auszuziehen; er versteht die Augen- und Mienensprache und noch gar vieles andere.

Gerade seine Verderbtheit, gerade seine List, sein Neid, Zorn, Haß, Geiz, seine Falschheit, Zanksucht, Geschicklichkeit, sein Leichtsinn, seine Neigung zum Stehlen, seine Fähigkeit, aller Welt freundlich zu sein usw. bringen ihm den gewöhnlichen Menschen nahe. Würmer, Käfer und Fische lobt und tadelt man nicht, aber den Hund! Man denkt, es lohne sich der Mühe, ihn zu strafen und zu belohnen. Man gebraucht in Urtheilen über ihn gerade die Ausdrücke, welche man von dem Menschen braucht. Man macht ihn wegen seiner geistigen und sittlichen Vorzüge zum Reise- und Hausgenossen, zum Lebensgefährten und lieben Freunde; man lohnt ihm seine Liebe und Anhänglichkeit durch Anhänglichkeit und Liebe; man macht ihn zum Tischgenossen, man räumt ihm wohl gar eine Stelle im Bette ein; man kost ihn, pflegt ihn sorgfältig, gibt ihn an den Arzt, wenn er leidend ist, trauert mit ihm, um ihn und weint, wenn er gestorben; man setzt ihm ein Denkmal.

Nicht ein einziger Hund ist dem anderen weder körperlich noch geistig gleich. Jeder hat eigene Arten und Unarten. Oft sind sie die ärgsten Gegensätze, so daß die Hundebesitzer an ihren Hunden einen unersetzlichen Stoff zu gesellschaftlichen Gesprächen haben. Jeder hat einen noch gescheiteren! Doch erzählt etwa einer von seinem Hunde hundsdumme Streiche, dann ist jeder Hund ein großer Stoff zu einer Charakteristik, und wenn er ein merkwürdiges Schicksal erlebt, zu einer Lebensbeschreibung. Selbst in seinem Sterben kommen Eigenheiten vor.

Nur wer kein Auge hat, sieht die ihm ursprünglichen und entstandenen Eigenschaften nicht. Und welche Verschiedenheit einer und derselben Hundeart! Einige können nicht hassen, andere nicht lieben; einige können verzeihen, andere nie. Sie können einander in Gefahren und zu Verrichtungen beistehen, zu Hülfe eilen, Mitleid fühlen, lachen und weinen oder Thränen vergießen, zur Freude jauchzen, aus Liebe zum verlorenen Herrn trauern, verhungern, alle Wunden für ihn verachten, den Menschen ihresgleichen weit vorziehen, und alle Begierden vor den Augen ihres Herrn in dem Zügel halten oder schweigen. Der Pudel kann sich schämen, kennt Raum und Zeit vortrefflich, kennt die Stimme, den Ton der Glocke, den Schritt seines Herrn, die Art, wie er klingelt, kurz er ist ein halber, ein Zweidrittelmensch. Er benutzt ja seinen Körper so gescheit wie der Mensch den seinigen und wendet seinen Verstand für seine Zwecke vollkommen an; doch mangelt ihm das letzte Drittheil.

Wir müssen wesentlich verschiedene Geister, welche nicht in einander verwandelt werden können, unter den Hunden annehmen. Der Geist des Spitzes ist nicht der des Pudels; der Mops denkt und will anders als der Dachshund. Der Mops ist dumm, langsam, phlegmatisch, der Metzgerhund melancholisch, bittergallig, blutdurstig, der Spitz heftig, jähzornig, engherzig, bis in den Tod gehässig, der Pudel immer lustig, immer munter, alle Zeit durch der angenehmste Gesellschafter, aller Welt Freund, treu und untreu, dem Genusse ergeben, wie ein Kind nachahmend, zu Scherz und Possen stets aufgelegt, der Welt und Allen ohne Ausnahme angehörig, während der Spitz nur seinem Hause, der Metzgerhund nur dem Thiere, der Dachshund nur der Erdhöhle, der Windhund nur dem Laufe, die Dogge nur dem Herrn, der Hühnerhund nur dem Feldhuhn angehört. Bloß der Pudel befreundet sich mit allen Dingen, mit der Katze, dem Gegensatze, mit dem Pferde, dem Gefährten, mit dem Menschen, dem Herrn, mit dem Hause, es bewachend, mit dem Wasser, aus dessen Tiefe er gern Steine holt, mit dem Vogel des Himmels, zu welchem er hoch hinaufspringt, ihn zu fangen, mit der Kutsche und dem Wagen, indem er unter ihnen herläuft. Doggen vertreten Wächter, Soldaten, Mörder, bannen und erdrosseln Menschen. Die Windspiele und Jagdhunde vertreten die Jäger mit angeborenen Jägerbegabungen. Wie leicht sind sie an das Horn zu gewöhnen, wie achtsam sind sie auf den Schuß und jedes Jagdzeichen! Wie verstehen sie so genau alle Stimmen und Bewegungen des Wildes; wie geschickt ist der Hühnerhund, zu lernen, wie er das gefundene Thier anzeigen, festbannen, welches Bein er erheben oder vorstrecken muß, je nachdem er dieses oder jenes erblickt. Zwar lehrt ihm schon viel die Natur, und er muß gar nicht alles vom Menschen lernen, er lehrt sich manches selbst. Aber der Pudel lehrt sich selbst noch weit mehr, an ihm ist alles Seele, er macht nichts Dummes, oder nur, wenn er selbst es will. In allen Hundearten ist mehr Trieb, in ihm mehr Verstand. Wie rast der Jagdhund der Jagd zu, wie tobt er keuchend athemlos dem Wilde nach! Wie wüthet die Dogge auf den Feind los! Wie niederträchtig umrennt der Metzgerhund mit lechzender, herabhängender Zunge und falschem Auge im Halbkreise die vor ihm angstvoll trippelnden Kälber! Wie roh fällt er sie an, wenn sie auf die Seite sich verirren, wie gleichgültig ist er gegen ihren Schmerz, ja er scheint ihm noch zu gefallen! Wie stürzt der Hühnerhund auf die erlegten Vögel, hingerissen von der Wuth, sie zu erdrosseln! Nichts von allem diesem Unedlen, Unwürdigen, Schimpflichen am Pudel, wenn er nicht verzogen wurde, wenn man ihn, sei es auch nur naturgemäß, seinem eigenen Genius überlassen hat. Der Pudel ist von Natur gut, jeder schlechte ist durch Menschen schlecht gemacht worden.«

Was ließe sich über den Verstand des Hundes nicht alles noch sagen! Fürwahr, man darf es Zoroaster nicht verdenken, wenn er in diesem Thiere den Begriff alles thierisch Edlen und Vollkommenen vereinigt sieht. Müssen wir doch alle am Hunde unseren treuesten Freund, unseren liebsten Gesellschafter aus dem ganzen Thierreiche erblicken; sind wir doch im Stande, uns mit ihm förmlich zu unterhalten.

»Ich habe Hunde gekannt«, sagt Lenz, »welche fast jedes Wort ihres Herrn zu verstehen schienen, auf seinen Befehl die Thür öffneten und verschlossen, den Stuhl, den Tisch oder die Bank herbeibrachten, ihm den Hut abnahmen oder holten, ein verstecktes Schnupftuch und dergleichen aufsuchten und brachten, den Hut eines ihnen bezeichneten Fremden unter anderen Hüten durch den Geruch hervorsuchten usw. Überhaupt ist es eine Lust, einen klugen Hund zu beobachten, wie er die Ohren und Augen wendet, wenn er den Befehl seines Herrn erwartet, wie entzückt er ist, wenn er ihm folgen darf, und wie jämmerlich dagegen sein Gesicht, wenn er zu Hause bleiben muß; wie er ferner, wenn er voraus gelaufen und an einen Scheideweg gekommen, sich umsieht, um zu erfahren, ob er links oder rechts gehen müsse; wie glückselig er ist, wenn er einen recht klugen, wie beschämt, wenn er einen dummen Streich gemacht hat; wie er, wenn er ein Unheil angestellt hat und nicht gewiß weiß, ob sein Herr es merkt, sich hinlegt, gähnt, den Halbschlafenden und Gleichgültigen spielt, um jeden Verdacht von sich abzuwälzen, dabei aber doch von Zeit zu Zeit einen ängstlichen, ihn verrathenden Blick auf seinen Herrn wirft; wie er ferner jeden Hausfreund bald kennen lernt, unter den Fremden Vornehm und Gering leicht unterscheidet, vorzüglich einen Ingrimm gegen Bettler hegt usw. Hübsch sieht sichs auch mit an, wenn ein Hund seinem Herrn zu Gefallen Trüffeln sucht, für die er doch von Natur eigentlich gar keine Liebhaberei hat; wie ein anderer seinem Herrn den Schubkarren ziehen hilft und sich umsomehr anstrengt, jemehr er sieht, daß sein Herr es thut.«

Aus diesem allen geht hervor, daß die Hundearten unter einander in eben demselben Grade geistig verschieden sind, wie sie leiblich von einander abweichen. Unerschütterliche Treue und Anhänglichkeit an den Herrn, unbedingte Folgsamkeit und Ergebenheit, strenge Wachsamkeit, Sanftmuth, Milde im Umgang, dienstfertiges und freundliches Betragen: dies sind die hervorragendsten Züge ihres geistigen Wesens. Kein einziger Hund vereinigt sie alle in gleich hoher Ausbildung: der eine Zug tritt mehr zurück, der andere mehr hervor. Mehr, als man annimmt, thut dabei die Erziehung. Nur gute Menschen können Hunde gut erziehen, nur Männer sind fähig, sie zu etwas Vernünftigem und Verständigem abzurichten. Frauen sind keine Erzieher, und Schoßhunde deshalb auch stets verzogene, verzärtelte, launenhafte und nicht selten heimtückische Geschöpfe. Der Hund ist ein treues Spiegelbild seines Herrn: je freundlicher liebreicher, aufmerksamer man ihn behandelt, je besser, reinlicher man ihn hält, jemehr und je verständiger man sich mit ihm beschäftigt, um so verständiger und ausgezeichneter wird er, und genau das Gegentheil geschieht, wenn umgekehrt seine Behandlung eine schlechte war. Der Bauernhund ist ein roher, plumper, aber ehrlicher Gesell, der Schäferhund ein verständiger Hirt, der Jagdhund ein vortrefflicher Jäger, welcher die Kunst der Jagd selbst auf eigene Faust betreibt, der Hund eines vornehmen Nichtsthuers ein üppiger Faullenzer und eigentlich weit ungezogener als der rohe, ungebildete des Bauern. Jeder Hund nimmt den Ton des Hauses an, in welchem er lebt, ist verständig, wenn er bei vernünftigen Leuten wohnt, wird zum hochmüthigen Narren, wenn sein Herr durch Stolz die Hohlheit seines Kopfes ausfüllen muß, beträgt sich freundlich gegen Jedermann, wenn es in seinem Hause gesellig hergeht, oder ist ein grämlicher Einsiedler, wenn er bei einem alten Junggesellen, bei einer älteren Jungfrau wohnt, welche wenig Zuspruch hat. Unter allen Umständen fügt er sich in die verschiedenartigsten Verhältnisse, und immer gibt er sich dem Menschen mit ganzer Seele hin. Diese hohe Tugend wird leider gewöhnlich nicht erkannt, und deshalb gilt heute noch das Wort »hündisch« für entehrend, während es eigentlich gerade das Gegentheil bedeutet. Die Allseitigkeit der Befähigung erhebt den Hund auf die höchste Stufe, die Treue zum Menschen macht ihn zu dessen unentbehrlichstem Genossen. Er gehört ganz und gar seinem Herrn an und opfert ihm zu Liebe sich selbst auf. In seinem Gehorsam, mit welchem er alle Befehle seines Gebieters ausführt, in der Bereitwilligkeit, mit welcher er sich den schwersten Arbeiten unterzieht, sich in Lebensgefahr begibt, kurz, in dem beständigen Bestreben, dem Herrn unter allen Umständen zu nützen und zu dienen: darin liegt sein Ruhm, seine Größe. Wenn man ihn Speichellecker und Schwanzwedler schimpft, vergesse man nicht, daß der Hund sich dieser Kriecherei und Erniedrigung nur seinem Herrn und Wohlthäter gegenüber schuldig macht; gegen diesen wedelnd und kriechend, weist er sofort dem eintretenden Fremden die Zähne und ist sich jeden Augenblick seiner Stellung bewußt.

Manche eigenthümliche Sitten sind fast allen Arten gemein. So heulen und bellen sie den Mond an, ohne daß man dafür eigentlich einen Grund auffinden könnte. Sie rennen allem, was schnell an ihnen vorübereilt, nach, seien es Menschen, Thiere, rollende Wagen, Kugeln, Steine oder dergleichen, suchen es zu ergreifen und festzuhalten, selbst wenn sie recht wohl wissen, daß es ein durchaus unnützbarer Gegenstand für sie ist. Sie sind gegen gewisse Thiere im höchsten Grade feindlich gesinnt, ohne daß dazu ein sicherer Grund vorhanden wäre. So hassen alle Hunde die Katzen und den Igel; sie machen bei letzterem sich förmlich ein Vergnügen daraus, sich selbst zu quälen, indem sie wüthend in das Stachelkleid beißen, obgleich sie wissen, daß dies erfolglos ist und ihnen höchstens blutige Nasen und Schnauzen einbringt.

Beachtenswerth erscheint das sehr starke Vorgefühl des Hundes bei Veränderung der Witterung. Er sucht deren Einflüssen im voraus zu begegnen, zeigt sogar dem Menschen schon durch einen widerlichen Geruch, den er ausdünstet, kommenden Regen an.

In seinem Umgange mit Menschen beweist der Hund ein Erkennungsvermögen, welches uns oft Wunder nehmen muß. Daß alle Hunde den Abdecker kennen lernen und mit äußerstem Hasse verfolgen, ist sicher; ebenso gewiß aber auch, daß sie augenblicklich wissen, ob ein Mensch ein Freund von ihnen ist oder nicht. Wohl nicht zu bezweifeln dürfte sein, daß die Ausdünstung gewisser Personen ihnen besonders angenehm oder unangenehm ist; allein dies würde immer noch nichts für diesen Fall beweisen. Manche Menschen werden, sobald sie in ein Haus treten, augenblicklich mit größter Freundlichkeit von allen Hunden begrüßt, selbst wenn ihnen diese noch nicht vorgestellt worden und ganz fremd sind. Ich kenne Frauen, welche sich nirgends niederlassen können, ohne nach wenigen Minuten von sämmtlichen Haushunden umlagert zu werden. Bei dem Umgange des Hundes mit dem Menschen kann man sehr gut den wechselnden Ausdruck des Hundegesichts beobachten. Die hohe geistige Fähigkeit des Thieres spricht sich in seinem Gesichte ganz unverkennbar aus, und es wird wohl Niemand leugnen wollen, daß jeder Hund seinen durchaus besonderen Ausdruck hat, daß man zwei Hundegesichter ebensowenig wird verwechseln können wie zwei Menschengesichter.

Der Geschlechtstrieb ist bei den Hunden sehr ausgeprägt und zeigt sich bei allen Arten als Äußerung einer heftigen Leidenschaft, als ein Rausch, welcher sie mehr oder weniger närrisch macht. Wird jener nicht befriedigt, so kann der Hund unter Umständen krank, sogar toll werden. Dabei ist der männliche Hund nicht ärger betheiligt als der weibliche, obgleich bei diesem die Sache in einem anderen Lichte sich zeigt. Die Hündin ist zweimal im Jahre läufisch, zumeist im Februar und im August, und zwar währt dieser Zustand jedesmal neun bis vierzehn Tage. Um diese Zeit versammelt sie alle männlichen Hunde der Nachbarschaft um sich, selbst solche, welche eine Viertelmeile weit von ihr entfernt wohnen. Wie diese von einer begattungslustigen Hündin Kunde bekommen, ist geradezu unbegreiflich. Man kann nicht wohl annehmen, daß sie durch den Geruch so weit geleitet würden, und gleichwohl läßt sich eine andere Erklärung ebensowenig geben. Das Betragen beider Geschlechter unter sich ist ebenso anziehend wie abstoßend, erregt ebenso unsere Heiterkeit wie unseren Widerwillen. Der männliche Hund folgt der Hündin auf Schritt und Tritt und wirbt mit allen möglichen Kunstgriffen um deren Zuneigung. Jede seiner Bewegungen ist gehobener, stolzer und eigenthümlicher; er sucht sich mit allen ihm zu Gebote stehenden Mitteln liebenswürdig zu machen. Dahin gehören das Beschnuppern, das freundliche Anschauen, das sonderbare Aufwerfen des Kopfes, die wirklich zärtlichen Blicke, das bittende Gekläff und dergleichen. Gegen andere Hunde zeigt er sich mißgelaunt und eifersüchtig. Finden sich zwei gleich starke auf gleichem Wege, so gibt es eine tüchtige Beißerei; sind mehrere vereinigt, so geschieht dies nicht, aber nur aus dem Grunde, weil alle übrigen männlichen Hunde sofort auf ein paar Zweikämpfer losstürzen, tüchtig auf sie hineinbeißen und sie dadurch auseinandertreiben. Gegen die Hündin benehmen sich alle gleich liebenswürdig, gegen ihre Mitbewerber gleich abscheulich, und deshalb hört auch das Knurren und Kläffen, Zanken und Beißen nicht auf. Die Hündin selbst zeigt sich äußerst spröde und beißt beständig nach den sich ihr nahenden Bewerbern, knurrt, zeigt die Zähne und ist sehr unartig, ohne jedoch dadurch die hingebenden Liebhaber zu erzürnen oder zu beleidigen. Endlich scheint sie doch mit ihnen Frieden zu schließen und gibt sich den Forderungen ihres natürlichen Triebes hin. Wie alle Säugethiere lebt sie in Vielmännigkeit und gestattet mehr als einem Hunde die Beiwohnung: es ist also unrichtig, wenn Scheitlin behauptet, daß nur unter den Menschen, diesen »Unnaturen«, hier und da ein Weib viel Männer habe. Sobald die Laufzeit vorüber ist, sind alle Hunde, wenn auch nicht gleichgültig, so doch weit weniger für den Gegenstand ihrer so heißen Liebe eingenommen. Doch bewahren Hund und Hündin die Erinnerung an ihre erste Liebe oft mit überraschender Treue, wie schon daraus hervorgeht, daß Hündinnen noch im reiferen Alter Junge werfen, welche ihrem ersten Liebhaber täuschend ähnlich sind. Englische Hundezüchter wissen dies wohl zu verwerthen und nehmen sich sorgfältig in Acht, eine junge Hündin mit einem ihr an Schönheit und Tugend nicht ebenbürtigen Hunde zusammenzubringen. Ihre Liebe zu den Sprößlingen ist wahrhaft rührend: man kennt Geschichten, welche nicht nur unsere vollste Hochachtung, sondern unsere Bewunderung erregen müssen. So erzählt Bechstein eine Thatsache, welche fast unglaublich scheint. »Ein Schäfer in Waltershausen kaufte regelmäßig ihm Frühjahre auf dem Eichsfelde Schafe ein, und seine Hündin mußte ihn natürlich auf dem achtzehn Meilen weiten Geschäftswege begleiten. Einst kam dieselbe in der Fremde mit sieben Jungen nieder, und der Schäfer war genöthigt, sie deshalb zurückzulassen. Aber siehe, anderthalb Tage nach seiner Rückkehr zu Hause findet er die Hündin mit ihren sieben Jungen vor seiner Hausthüre. Sie hatte streckenweise ein Hündchen nach dem anderen die weite Reise fortgeschleppt und so den langen Weg vierzehnmal zuruckgelegt und, trotz ihrer Entkräftung und Erschöpfung, das überaus schwere Werk glücklich beendet.«

Man sagt, daß die Hundemutter unter ihrem Gewölfe immer einige bevorzugte Lieblinge habe, und daß man genau zu erkennen vermöge, welcher Hund eines Gewölfes der vorzüglichste sein werde, wenn man der Hündin ihre sämmtlichen Jungen wegtrage und dann beobachte, welches von ihren Kindern sie zuerst aufnehme und nach ihrem alten Lager zurückbringe. Dieser Erstling soll, wie man versichert, immer der vorzüglichste Hund sein. Wahrscheinlich ist diese Annahme nicht begründet; denn die Hündin liebt alle ihre Kinder mit gleicher Zärtlichkeit. So lange die Hündin säugt, scheint ihr Herz einer umfassenden Liebe fähig zu sein, deshalb duldet sie es auch, wenn man ihr fremde Hunde, ja sogar andere Thiere, wie Katzen und Kaninchen, anlegt. Ich habe letzteres oft bei Hunden versucht, jedoch bemerkt, daß säugende Katzen noch viel freundlicher gegen Pflegekinder waren als die Hundemütter, welche bei aller Herzensgüte ein Zusammenrunzeln der Nasenhaut selten unterdrücken konnten.

Gewöhnlich läßt man die jungen Hunde sechs Wochen lang an der Alten saugen. Ist sie noch kräftig und wohlbeleibt, so kann man auch noch ein paar Wochen zugeben; es kann dies den Jungen nur nützen. Wenn man diese entwöhnen will, füttert man die Alte einige Zeitlang sehr mager, damit ihr die Milch ausgeht; dann duldet sie selbst nicht, daß ihre Jungen noch länger an ihr saugen. Nunmehr gewöhnt man letztere an leichtes Futter und hält sie vor allen Dingen zur Reinlichkeit an. Junge Hunde sollen behandelt werden wie Kinder, nicht wie verstockte Sklaven. Sie sind ausnahmslos willige und gelehrige Schüler, achten sehr bald verständig auf jedes Wort ihres Erziehers und leisten aus Liebe mehr und tüchtigeres als aus Furcht. Abrichter junger Hunde, welche ohne Stachelhalsband und Hetzpeitsche nichts ausrichten können, sind ungeschickte Peiniger, nicht aber denkende Erzieher.

Der Hund tritt schon im zwölften Jahre in das Greisenalter ein. Dieses zeigt sich an seinem Leibe ebensowohl als an seinem Betragen. Namentlich auf der Stirn und der Schnauze ergrauen die Haare, das übrige Fell verliert seine Glätte und Schönheit, das Gebiß wird stumpf, oder die Zähne fallen aus; das Thier zeigt sich träge, faul und gleichgültig gegen alles, was es früher erfreute oder entrüstete; manche Hunde verlieren die Stimme fast gänzlich und werden blind.

Das untrüglichste Kennzeichen von der Gesundheit eines Hundes ist seine kalte und feuchte Nase. Wird diese trocken und heiß, und trüben sich die Augen, zeigt sich Mangel an Freßlust usw., so kann man überzeugt sein, daß der Hund sich unwohl befindet.

Der Nutzen, welchen der Hund als Hausthier leistet, läßt sich kaum berechnen. Was er den gesitteten und gebildeten Völkern ist, weiß jeder Leser aus eigener Erfahrung; fast noch mehr aber leistet er den ungebildeten oder wilden Völkerstämmen. Auf den Südseeinseln wird sein Fleisch gegessen, ebenso bei den Tungusen, Chinesen, Njamnjams, Grönländern, Eskimos und den Indianern Nordamerika's. In dem nördlichen Asien gibt sein Fell Kleidungsstoffe her, und selbst in Deutschland werden Hundefelle zu Mützen, Taschen und Muffen verarbeitet. Aus Knochen und Sehnen bereitet man Leim; das zähe und dünne Hundeleder wird sogar zu Tanzschuhen und weißgar zu Handschuhen, das Haar zum Ausstopfen von Polstern benutzt.

Schon seit den frühesten Zeiten wurde der Nutzen der Hunde gewürdigt; die Behandlung, welche sie erfuhren, und die Achtung, in der sie standen, war aber eine sehr verschiedene. Sokrates hatte die Gewohnheit, bei dem Hunde zu schwören; Alexander der Große war über den frühzeitigen Tod eines Lieblingshundes so betrübt, daß er ihm zu Ehren eine Stadt mit Tempeln bauen ließ; Homer besingt den Argus, den Hund des Ulysses, in wahrhaft rührender Weise; Plutarch rühmt Melampithos, den Hund des Handelsmannes von Korinth, welcher seinem Herrn durch das Meer nachschwamm; der treue Phileros ist durch griechische Grabschriften verewigt worden; in römischen Schriften wird des Hundes eines Verurtheilten gedacht, welcher dem in den Tiber geworfenen Leichnam seines Herrn unter traurigem Geheul schwimmend nachfolgte; Soter, der einzige überlebende von den hündischen Wächtern, welche Korinth vertheidigten, empfing auf Kosten des Staates ein silbernes Halsband mit den darauf gestochenen Worten: »Korinths Vertheidiger und Erretter«. Plinius stellt die Rüden sehr hoch und erzählt viel merkwürdiges von ihnen. Gar nicht zu zählen sind die Schriftsteller, welche die Treue des Hundes rühmen. Die Spartaner opferten dem Gott des Krieges auch einen Hund; junge, säugende Hunde durften von dem Opferfleische fressen. Die Griechen errichteten ihnen Bildsäulen; demungeachtet war bei ihnen das Wort Hund ein Schimpfwort. Bei den Juden hingegen war der Hund verachtet, was viele Stellen aus der Bibel beweisen; und heutigen Tages ist dies bei den Arabern kaum anders. Hoch geehrt war der Hund bei den alten Deutschen. Als die Cimbern im Jahre 108 v. Chr. von den Römern besiegt worden waren, mußten letztere erst noch einen harten Kampf mit den Hunden bestehen, welche das Gepäck bewachten. Bei den alten Deutschen galt ein Leithund zwölf Schillinge, ein Pferd dagegen nur sechs. Wer bei den alten Burgundern einen Leithund oder ein Windspiel stahl, mußte öffentlich dem Hunde den Hintern küssen oder sieben Schillinge zahlen. In Peru wurde, nach Humboldt, der Hund bei einer Mondfinsternis so lange geschlagen, bis die Finsternis vorüber war.

Ergötzlich ist es, was die alten Schriftsteller noch alles von der Benutzung des Hundes zu Arzneizwecken aufgeführt haben. Der ganze Hund war eigentlich nur ein Arzneimittel. Namentlich Plinius ist unermüdlich in Aufzählung der verschiedenen Heilkräfte des Hundes; außer ihm leisten Sextus, Hippokrates, Galen, Faventius, Marellus, Bontius, Äskulap und Amatos jedoch auch das Ihrige. Ein lebender Hund, bei Brustschmerzen aufgelegt, thut vortreffliche Dienste; wird er aufgeschnitten und einer schwermüthigen Frau auf den Kopf gebunden, so hilft er sicher gegen die Schwermuth. Nach Sextus heilt er sogar Milzkrankheiten. Mit allerlei Gewürz gekocht und gegessen, dient er als Mittel gegen fallende Sucht; doch muß es dann ein säugender

Hund sein, welcher mit Wein und Myrrhen zubereitet wurde. Ein junger Jagdhund hilft gegen Leberkrankheiten. Wird eine Frau, welche früher schon Kinder geboren hatte, unfruchtbar, dann befreit sie gekochtes Hundefleisch, welches sie in reichlicher Menge genießt, von ihrer Schwäche. Sehniges Fleisch dagegen ist ein Vorkehrmittel gegen Hundebiß. Die Asche eines zu Pulver gebrannten Hundes dient gegen Augenleiden, und werden mit ihr die Augenbrauen gestrichen, so erhalten sie die schönste Schwärze. Die Asche vom Schädel eines gesunden Hundes vertreibt alles wilde Fleisch, heilt den Krebs, schützt gegen Wasserscheu, mildert, wenn man sie mit Wasser zu sich nimmt, Seitenstechen und Geschwülste aller Art usw.; die Asche von dem Schädel eines tollen Hundes ist gut gegen Gelbsucht und Zahnschmerz. Das Hundeblut wird vielfach angewandt. Gegen die Krätze ist es vortrefflich, den Pferden vertreibt es das Keuchen; wird es in reichlicher Menge getrunken, so ist es ein Gegengift, welches für alles brauchbar ist; wird ein Haus damit angestrichen, so schützt es gegen die verschiedensten Krankheiten. Das Hundefett wird benutzt, um Muttermäler und Gesichtsblüten zu vertreiben, unfruchtbare Weiber fruchtbar zu machen: dazu muß aber der ganze Hund gekocht und das Fett oben von der Brühe abgeschöpft werden; gegen Lähmung wird es zu einer Salbe verwandt: doch darf es dann bloß von jungen Hunden herrühren; mit Wermut versetzt heilt es die Taubheit. Hundegehirn auf Leinwand gestrichen leistet bei Beinbrüchen gute Dienste, hilft aber auch für Blödigkeit der Augen. Hundemark vertreibt Überbeine und Geschwülste. Die Milz ist gegen Milzbrand und Milzschmerzen vortrefflich; am besten wirkt sie, wenn sie aus einem lebenden Hunde ausgeschnitten worden ist. Die rohe Leber wird gegen die Wuthkrankheit empfohlen; doch muß sie stets von einem Hunde von demselben Geschlechte genommen werden, welches der Beißende hatte. Das Leder wird angewandt gegen schweißige Füße; ein dreifaches Halsband davon schützt gegen Bräune; ein Gurt von Hundeleder vertreibt das Leibschneiden. Das Haar des Hundes in ein Tuch gewickelt und auf die Stirn gebunden, lindert Kopfschmerzen, schützt auch gegen Wasserscheu und heilt dieselbe, wenn es auf die Wunde gelegt wird, welche ein toller Hund verursachte. Die Galle mit Honig versetzt ist eine Augensalbe, hilft ebenso gegen Flechten, und wenn sie mit einer Feder anstatt mit der Hand aufgestrichen wird, gegen die Fußgicht, thut auch zur Bestreichung von Flechten treffliche Dienste. Die Milch ist sehr gut, wenn sie getrunken wird; mit Salpeter versetzt hilft sie gegen den Aussatz; mit Asche vermischt erzeugt sie Haarwuchs oder befördert schwere Geburten. Der Harn von jungen Hunden ist, wenn er gereinigt worden, ein Mittel, überflüssigen Haarwuchs zu vertreiben. Mit den Zähnen reibt man kleinen Kindern die Kinnlade und erleichtert dadurch das Zahnen. Wirft man den linken Oberreißzahn ins Feuer, so vergehen die Zahnschmerzen, sobald der Rauch vergangen ist; wird der Zahn zu Pulver gerieben und mit Honig versetzt, so bildet diese Mischung ein Mittel gegen dieselben Schmerzen – doch wer wollte das alles noch zusammenzählen! Bemerkenswerth ist es, daß noch heutigen Tages manche dieser Mittel in Gebrauch sind, namentlich bei den Landleuten, schade dagegen, daß sich die Homöopathie bis jetzt dieser vortrefflichen Mittel noch nicht in wünschenswerther Vollständigkeit bediente.

Die Wanderratte

Die Mäuse sind infolge ihrer Zudringlichkeit als Gäste des Menschen in ihrem Treiben und Wesen nur zu bekannt. Unter ihnen finden sich jene Arten, welche sich mit den Menschen über die ganze Erde verbreitet und gegenwärtig auch auf den ödesten Inseln angesiedelt haben. Es ist noch nicht so lange her, daß diese Weltwanderung der Thiere stattfand; ja man kennt an vielen Orten noch genau die Jahreszahl, in welcher sie zuerst auftraten: gegenwärtig aber haben sie ihre Rundreise um den Erdball vollendet. Nirgends dankt ihnen der Mensch die unverwüstliche Anhänglichkeit, welche sie an seine Person, an sein Haus und seinen Hof an den Tag legen, überall verfolgt und haßt er sie auf das schonungsloseste, alle Mittel setzt er in Bewegung, um sich von ihnen zu befreien: und dennoch bleiben sie ihm zugethan, treuer noch als der Hund, treuer als irgend ein anderes Thier. Leider sind diese anhänglichen Hausfreunde abscheuliche Hausdiebe, wissen sich mit ihren spitzbübischen Werkzeugen überall einzunisten und bereiten ihrem Gastfreunde nur Schaden und Verlust. Hieraus erklärt sich, daß alle wahren Mäuse schlechtweg häßliche, garstige Thiere genannt werden, obgleich sie dies in Wahrheit durchaus nicht sind, im Gegentheile vielmehr als schmucke, anmuthige, nette Gesellen bezeichnet werden müssen.

Schon im gewöhnlichen Leben unterscheidet man zwei Hauptgruppen, die Ratten und Mäuse, und diese Unterscheidung nimmt auch die Wissenschaft an. Die Ratten sind die plumperen und häßlicheren, die Mäuse die leichteren und zierlicheren Gestalten. Bei jenen hat der Schwanz zwischen 200 und 260 Schuppenringe, bei diesen nur zwischen 120 und 180; dort sind die Füße dick und kräftig, hier schlank und fein; die Ratten werden im ausgewachsenen Zustande über 30 Centim., die Mäuse nur gegen 24 Centimeter lang.

Mit ziemlicher Sicherheit dürfen wir annehmen, daß die Ratten, welche gegenwärtig in Europa hausen, ursprünglich hier nicht heimisch waren, vielmehr einwanderten. In den Schriften der Alten findet sich nur eine einzige Stelle, welche auf Ratten bezogen werden kann; es bleibt aber unklar, welche Art Amyntas, dessen Mittheilungen Älian widergibt, gemeint haben mag. Nachweislich fand sich die Hausratte zuerst in Europa und Deutschland ein oder vor; ihr folgte die Wanderratte und dieser endlich in der neuesten Zeit die aus Egypten stammende Dachratte (Mus alexandrinus). Zur Zeit wohnen die erstgenannten beiden, hier und da auch wohl alle drei Arten noch nebeneinander; die Wanderratte, als die stärkste von allen, vertreibt und vernichtet jedoch die beiden Verwandten und bemächtigt sich mehr und mehr der Alleinherrschaft. Hoffen wir, daß wir es nicht noch mit anderen reiselustigen Gliedern der Familie zu thun bekommen, daß wir insbesondere verschont bleiben von einer Einwanderung der Hamsterratte, welche unsere Ratten nicht allein an Größe, sondern auch hinsichtlich ihrer Thätigkeit bei weitem übertrifft und gegenwärtig den Kaufleuten Sansibars mehr zu schaffen macht als alle europäischen Ratten zusammengenommen: wir würden, käme dieses Thier zu uns, erst erfahren, was eine Ratte zu leisten vermag!

Einstweilen genügt es, wenn ich die bekannteste Art, die Wanderratte, schildere, so gut ich vermag.

Die Wanderratte (Mus decumanus) ist einschließlich des 18 Centim. messenden Schwanzes 42 Centim. lang, und der Obertheil des Körpers und Schwanzes ist bräunlichgrau, die Unterseite scharf abgesetzt grauweiß; auch kommen Weißlinge mit rothen Augen vor.

Mit großer Wahrscheinlichkeit läßt sich annehmen, daß das ursprüngliche Vaterland der Wanderratte Mittelasien, und zwar Indien oder Persien gewesen ist. Möglicherweise hat bereits Älian ihrer gedacht, indem er erzählt, daß die »kaspische Maus« zu gewissen Zeiten in unendlicher Menge einwandert, ohne Furcht über die Flüsse schwimmt und sich dabei mit dem Maule an den Schwanz des Vordermannes hält. »Kommen sie auf die Felder«, sagt er, »so fällen sie das Getreide und klettern auf die Bäume nach den Früchten, werden aber häufig von Raubvögeln, welche wie Wolken herbeifliegen, und von der Menge der dortigen Füchse vertilgt. Sie geben in der Größe dem Ichneumon nichts nach, sind sehr wild und bissig und haben so starke Zähne, daß sie damit selbst Eisen zernagen können, wie die Mäuse Canautanes bei Babylon, deren zarte Felle nach Persien geführt werden und zum Füttern der Kleider dienen.« Erst Pallas beschreibt die Wanderratte mit Sicherheit als europäisches Thier und berichtet, daß sie im Herbste 1727 nach einem Erdbeben in großen Massen aus den kaspischen Ländern und von der kumänischen Steppe aus in Europa eingerückt sei. Sie setzte bei Astrachan in großen Haufen über die Wolga und verbreitete sich von hier rasch nach Westen hin. Fast zu derselben Zeit, im Jahre 1732 nämlich, wurde sie auf Schiffen von Ostindien aus nach England verschleppt, und nunmehr begann sie auch von hier aus ihre Weltwanderung. In Ostpreußen erschien sie im Jahre 1750, in Paris bereits 1753, in Deutschland war sie schon 1780 überall häufig; in Dänemark kennt man sie erst seit ungefähr siebzig Jahren und in der Schweiz erst seit dem Jahre 1809 als einheimisches Thier.

Im Jahre 1755 wurde sie nach Nordamerika verschleppt und erlangte hier ebenfalls in kürzester Zeit eine unglaublich große Verbreitung; doch war sie im Jahre 1825 noch nicht weit über Kingston hinaus in Oberkanada vorgedrungen, und noch vor wenigen Jahren hatte sie den oberen Missouri noch nicht erreicht. Wann sie in Spanien, Marokko, Algerien, Tunis, Egypten, am Kap der guten Hoffnung und in anderen Häfen Afrikas erschien, läßt sich nicht bestimmen; soviel aber steht fest, daß sie gegenwärtig auch über alle Theile des großen Weltmeeres verbreitet und selbst auf den ödesten und einsamsten Inseln zu finden ist. Größer und stärker als die Hausratte, bemächtigt sie sich überall der Orte, wo diese früher ruhig lebte, und nimmt in demselben Grade zu, wie jene abnimmt. Glaubwürdige Beobachter versichern, daß sie noch gegenwärtig zuweilen in Scharen von einem Orte zum anderen zieht. »Mein Schwager«, schreibt mir Dr. Helms, »traf einmal an einem frühen Herbstmorgen im Vördenschen einen solchen wandernden Zug, den er auf mehrere tausend Stück schätzen mußte.«

In der Lebensweise, in den Sitten und Gewohnheiten, im Vorkommen usw. stimmen beide Ratten so sehr überein, daß man die eine schildert, indem man die andere beschreibt. Wenn man festhalten will, daß die Wanderratte mehr in den unteren Räumlichkeiten der Gebäude und namentlich in feuchten Kellern und Gewölben, Abzugsgräben, Schleußen, Senkgruben, Flethen und an Flußufern sich eingenistet hat, während die Hausratte den obern Theil des Hauses, die Kornböden, Dachkammern usw. vorzieht, wird nicht viel mehr übrig bleiben, was beiden Arten nicht gemeinsam wäre. Die eine wie die andere Art dieses Ungeziefers bewohnt alle nur möglichen Räumlichkeiten der menschlichen Wohnungen und alle nur denkbaren Orte, welche Nahrung versprechen. Vom Keller an bis zum Dachboden hinauf, vom Prunkzimmer an bis zum Abtritt, vom Palast an bis zur Hütte, überall sind sie zu finden. An den unsaubersten Orten nisten sie sich ebenso gern ein als da, wo sie sich erst durch ihren eigenen Schmutz einen zusagenden Wohnort schaffen müssen. Sie leben im Stalle, in der Scheuer, im Hofe, im Garten, an Flußufern, an der Meeresküste, in Kanälen, den unterirdischen Ableitungsgräben größerer Städte usw., kurz überall, wo sie nur leben können, obschon die Hausratte ihrem Namen immer Ehre zu machen sucht und sich möglichst wenig von der eigentlichen Wohnung der Menschen entfernt. Ausgerüstet mit allen Begabungen in leiblicher und geistiger Hinsicht, welche sie zu Feinden des Menschen machen können, sind sie unablässig bemüht, diesen zu quälen, zu plagen, zu peinigen, und fügen ihm ohne Unterbrechung den empfindlichsten Schaden zu. Gegen sie schützt weder Hag noch Mauer, weder Thüre noch Schloß: wo sie keinen Weg haben, bahnen sie sich einen; durch die stärksten Eichenbohlen und durch dicke Mauern nagen und wühlen sie sich Gänge. Nur, wenn man die Grundmauern tief einsenkt in die Erde, mit festem Cement alle Fugen zwischen den Steinen ausstreicht und vielleicht zur Vorsorge noch zwischen dem Gemäuer eine Schicht von Glasscherben einfügt, ist man vor ihnen ziemlich sicher. Aber wehe dem vorher geschützten Raume, wenn ein Stein in der Mauer locker wird: von nun an geht das Bestreben dieser abscheulichen Thiere sicher dahin, nach dem bisher verbotenen Paradiese zu gelangen.

Und dieses Zerstören der Wohnungen, dieses abscheuliche Zernagen und Durchwühlen der Wände ist doch das geringste Unheil, welches die Ratten anrichten. Weit größern Schaden verursachen sie durch ihre Ernährung. Ihnen ist alles genießbare recht. Der Mensch ißt nichts, was die Ratten nicht auch fräßen, und nicht beim Essen bleibt es, sondern es geht auch an das, was der Mensch trinkt. Es fehlt bloß noch, daß sie sich in Schnaps berauschten, dann würden sie sämmtliche Nahrungs- und Genußmittel, welche das menschliche Geschlecht verbraucht, aufzehren helfen. Nicht zufrieden mit dem schon so reichhaltigen Speisezettel, fallen die Ratten ebenso gierig über andere Stoffe, zumal auch über lebende Wesen her. Die schmutzigsten Abfälle des menschlichen Haushaltes sind ihnen unter Umständen noch immer recht; verfaulendes Aas findet an ihnen Liebhaber. Sie fressen Leder und Horn, Körner und Baumrinde, oder besser gesagt, alle nur denkbaren Pflanzenstoffe, und was sie nicht fressen können, zernagen sie wenigstens. Es sind verbürgte Beispiele bekannt, daß sie kleine Kinder bei lebendigem Leibe angefressen haben, und jeder größere Gutsbesitzer hat erfahren, wie arg sie seinen Hofthieren nachstellen. Sehr fetten Schweinen fressen sie Löcher in den Leib, dicht zusammengeschichteten Gänsen die Schwimmhäute zwischen den Zehen weg, junge Enten ziehen sie ins Wasser und ersäufen sie dort, dem Thierhändler Hagenbeck tödteten sie drei junge afrikanische Elefanten, indem sie diesen gewaltigen Thieren die Fußsohlen zernagten.

Wenn sie mehr als gewöhnlich an einem Orte sich vermehren, ist es wahrhaftig kaum zum Aushalten. Und es gibt solche Orte, wo sie in einer Menge auftreten, von welcher wir uns glücklicherweise keinen Begriff machen können. In Paris erschlug man während vier Wochen in einem einzigen Schlachthause 16 000 Stück, und in einer Abdeckerei in der Nähe dieser Hauptstadt verzehrten sie binnen einer einzigen Nacht fünfunddreißig Pferdeleichen bis auf die Knochen. Sobald sie merken, daß der Mensch ihnen gegenüber ohnmächtig ist, nimmt ihre Frechheit in wahrhaft erstaunlicher Weise zu; und wenn man sich nicht halb zu Tode ärgern möchte über die nichtswürdigen Thiere, könnte man versucht sein, über ihre alles Maß überschreitende Unverschämtheit zu lachen. Während meiner Knabenzeit hatten wir in unserer baufälligen Pfarrwohnung einige Jahre lang keine Katzen, welche auf Ratten gingen, sondern nur schlechte, verwöhnte, welche höchstens einer Maus den Garaus zu machen wagten. Da vermehrten sich die Ratten derart, daß wir nirgends mehr Ruhe und Rast vor ihnen hatten. Wenn wir mittags auf dem Vorsale speisten, kamen sie lustig die Treppe herabspaziert, bis dicht an unsern Tisch heran und sahen, ob sie nicht etwas wegnehmen könnten. Standen wir auf, um sie zu vertreiben, so rannten sie zwar weg, waren aber augenblicklich wieder da und begannen das alte Spiel von neuem. Nachts rasselte es unter allen Dächern und unter dem Fußboden, als ob ein wildes Heer in Bewegung wäre. Im ganzen Hause spukte es. Das waren Hausratten, also noch immer die bessere Sorte dieses Ungeziefers; denn die Wanderratten treiben es noch viel schlimmer. Las Cases erzählt, daß Napoleon am 27. Juni 1816 nebst seinen Gefährten ohne Frühstück bleiben mußte, weil die Ratten in der vergangenen Nacht in die Küche eingedrungen waren und alles fortgeschleppt hatten. Sie waren dort in großer Menge vorhanden, sehr böse und außerordentlich unverschämt. Gewöhnlich brauchten sie nur wenige Tage, um die Mauern und Bretterwände der armseligen Wohnung des Kaisers zu durchnagen. Während der Mahlzeit Napoleons kamen sie in den Saal, und nach dem Essen wurde förmlich Krieg mit ihnen geführt. Als der Kaiser einst abends seinen Hut wegnehmen wollte, sprang eine große Ratte aus diesem heraus. Die Stalleute wollten gern Federvieh halten, mußten aber darauf verzichten, weil die Ratten es wegfraßen. Diese holten das Geflügel nachts sogar von den Bäumen herunter, auf welchen es schlief. Seeleute sind dieser Nager halber oft sehr übel daran. Es gibt kein größeres Schiff ohne Ratten. Auf den alten Fahrzeugen sind sie nicht auszurotten, und die neuen besetzen sie augenblicklich, sobald die erste Ladung eingenommen wird. Auf langen Seereisen vermehren sie sich, zumal, wenn sie genug zu fressen haben, in bedeutender Menge, und dann ist kaum auf dem Schiffe zu bleiben. Als Kane's Schiff bei seiner Polarreise in der Nähe des 80. Breitengrades festgefroren war, hatten die Ratten so überhand genommen, daß sie fürchterlichen Schaden thaten. Endlich beschloß man, sie zu Tode zu räuchern. Man schloß alle Luken und brannte unten im Schiffe ein Gemisch von Schwefel, Leder und Arsenik an. Die Mannschaft brachte die kalte Nacht des letzten Septembers auf dem Deck zu. Am nächsten Morgen sah man, daß dieses furchtbare Mittel gar nichts geholfen hatte. Die Ratten waren noch munter. Jetzt brannte man eine Menge von Holzkohlen an und gedachte, die Thiere durch das sich entwickelnde Gas zu vergiften. In kurzen Zeit war auch der geschlossene Raum so stark mit Gas erfüllt, daß zwei Leute, welche sich unvorsichtiger Weise hinabgewagt hatten, sofort besinnungslos zu Boden fielen und nur mit großer Mühe aufs Deck gebracht werden konnten. Eine hinabgesenkte brennende Laterne verlosch augenblicklich; allein plötzlich gerieth an einer andern Stelle des Fahrzeugs ein Kohlenvorrath und mit ihm ein Theil des Schiffes ins Glühen, und nur mit der größten Anstrengung, ja mit wirklicher Lebensgefahr des Schiffsführers, gelang es, das Feuer zu löschen. Am folgenden Tage fand man bloß achtundzwanzig Rattenleichen, und die überlebenden vermehrten sich bis zum nächsten Winter in so großer Menge, daß man nichts mehr vor ihnen retten konnte. Sie zerfraßen Pelze, Kleider, Schuhe, nisteten sich in die Betten, zwischen die Decken und Handschuhe ein, nahmen Herberge in Mützen und Vorrathskisten, verzehrten die Vorräthe und wichen allen Nachstellungen mit List und Schlauheit aus. Man verfiel auf ein neues Mittel. Der klügste und tapferste Hund wurde in ihre eigentliche Herberge, in den Schiffsraum hinabgelassen, um dort Ordnung zu stiften; aber bald verrieth sein jämmerliches Heulen, daß nicht er über die Ratten, sondern sie über ihn Herr wurden. Man zog ihn heraus und fand, daß die gehaßten Nager ihm die Haut von den Fußsohlen abgefressen hatten. Später erbot sich ein Eskimo, die Ratten allmählich mit Pfeilen zu erschießen, und war auch so glücklich, daß Kane, welcher sich die Beute kochen ließ, während des langen Winters beständig frische Fleischbrühe hatte. Zufällig fing man einen Fuchs und sperrte ihn in den Schiffsraum: dieser endlich räumte auf.

In allen Leibesübungen sind die Ratten Meister. Sie laufen rasch und geschickt, klettern vortrefflich, sogar an ziemlich glatten Wänden empor, schwimmen meisterhaft, führen mit Sicherheit ziemlich weite Sprünge aus und graben recht leidlich, wenn auch nicht gern ausdauernd nacheinander. Die stärkere Wanderratte scheint noch geschickter zu sein als die Hausratte, wenigstens schwimmt sie bei weitem besser. Ihre Tauchfähigkeit ist beinahe eben so groß wie die echter Wasserthiere. Sie darf dreist auf den Fischfang ausgehen; denn sie ist im Wasser behend genug, den eigentlichen Bewohnern der feuchten Tiefe nachzustellen. Manchmal thut sie gerade, als ob das Wasser ihre wahre Heimat wäre. Erschreckt, flüchtet sie sich augenblicklich in einen Fluß, Teich oder Graben, und, wenn es sein muß, schwimmt sie in einem Zuge über die breiteste Wasserfläche oder läuft minutenlang auf dem Grunde des Beckens dahin. Die Hausratte thut dies bloß im größten Nothfalle, versteht jedoch die Kunst des Schwimmens ebenfalls recht gut.

Unter den Sinnen der Ratten stehen Gehör und Geruch obenan; namentlich das erstere ist vortrefflich, aber auch das Gesicht nicht schlecht, und der Geschmack wird nur allzuoft in Vorrathskammern bethätigt, wo die Ratten sicher immer die leckersten Speisen auszusuchen wissen. Über ihre geistigen Fähigkeiten brauche ich nach dem Angegebenen nicht mehr viel zu sagen.

Verstand kann man ihnen wahrlich nicht absprechen, noch viel weniger aber eine berechnende List und eine gewisse Schlauheit, mit welcher sie sich den Gefahren der verschiedensten Art zu entziehen wissen.

Wie bereits bemerkt, herrscht zwischen den beiden Rattenarten ein ewiger Streit, welcher regelmäßig mit dem Untergange der schwächeren Art endet; doch auch die einzelnen Ratten unter sich kämpfen und streiten beständig. Nachts hört da, wo sie häufig sind, das Poltern und Lärmen keinen Augenblick auf; denn der Kampf währt auch dann noch fort, wenn ein Theil bereits die Flucht ergreift. Recht alte, bissige Männchen werden zuweilen von der übrigen Gesellschaft verbannt und suchen sich dann einen stillen, einsamen Ort auf, wo sie mürrisch und griesgrämig ihr Leben verbringen.

Die Paarung geht unter lautem Lärmen und Quieken und Schreien vor sich; denn die verliebten Männchen kämpfen heftig um die Weibchen. Ungefähr einen Monat nach der Begattung werfen die letzteren fünf bis einundzwanzig Junge, kleine, allerliebste Thierchen, welche jedermann gefallen würden, wären sie nicht Ratten. »Am 1. März 1852«, berichtet Dehne, »bekam ich von einer weißen Ratte sieben Junge. Sie hatte sich in ihrem Drahtkäfige ein dichtes Nest von Stroh gemacht. Die Jungen hatten die Größe der Maikäfer und sahen blutroth aus. Bei jeder Bewegung der Mutter ließen sie ein feines, durchdringendes Piepen oder Quietschen hören. Am 8. waren sie schon ziemlich weiß; vom 13. bis 16. wurden sie sehend. Am 18. abends kamen sie zum ersten Male zum Vorschein; als aber die Mutter bemerkte, daß sie beobachtet wurden, nahm sie eine nach der anderen ins Maul und schleppte sie in das Nest. Einzelne kamen jedoch wieder aus einem andern Loche hervor. Allerliebste Thierchen von der Größe der Zwergmäuse, mit ungefähr drei Zoll langen Schwänzen! Am 21. hatten sie schon die Größe gewöhnlicher Hausmäuse, am 28. die der Waldmäuse. Sie saugten noch dann und wann (ich sah sie sogar noch am 2. April saugen), spielten miteinander, jagten und balgten sich auf die gewandteste und unterhaltendste Weise, setzten sich auch wohl zur Abwechselung auf den Rücken der Mutter und ließen sich von derselben herumtragen. Sie übertrafen an Possirlichkeit bei weitem die weißen Hausmäuse. Am 9. April trennte ich die Mutter von ihren Jungen und setzte sie wieder zum Männchen; am 11. Mai warf sie abermals eine Anzahl Junge.

Von den am 1. März zur Welt gekommenen hatte ich seit Anfang April ein Pärchen in einem großen Glase mit achtzölliger Mündung abgesondert gehalten, und schon am 11. Juni nachmittags, also im Alter von hundert und drei Tagen, gebar das Weibchen sechs Junge. Trotz der Weite des Glases schien der Mutter doch der Raum für ihre Jungen zu eng zu sein. Sie bemühte sich vergebens, ein weiteres Nest zu machen, wobei sie öfters die armen Kleinen so verscharrte, daß man nichts mehr von ihnen sah; doch fand sie dieselben immer bald wieder zusammen. Sie säugte ihre Jungen bis zum 23. ganz gut, und sie wurden bereits etwas weiß; auf einmal aber waren sie alle verschwunden: die Mutter hatte sie sämmtlich gefressen!

Am Tage und nach Mitternacht schlafen die Wanderratten; früh und abends sieht man sie in größter Thätigkeit. Sehr gern trinken sie Milch; Kürbiskörner und Hanf gehören zu ihren Leckerbissen. Für gewöhnlich bekommen sie Brod, welches mit Wasser oder Milch oberflächlich angefeuchtet wurde; dann und wann erhalten sie auch gekochte Kartoffeln; letztere fressen sie sehr gern. Fleisch und Fett, Lieblingsgerichte für sie, entziehe ich ihnen sowie allen anderen Nagern, welche ich in der Gefangenschaft ernähre, gänzlich, da nach solchen Speisen ihr Harn und selbst ihre Ausdünstung stets einen widrigen, durchdringenden Geruch bekommt. Der eigenthümliche, so höchst unangenehme Geruch, welchen die gewöhnlichen Mäuse verbreiten und allen Gegenständen, die damit in Berührung kommen, dauernd mittheilen, fehlt den weißen Wanderratten gänzlich, wenn man sie in der angegebenen Weise hält.

Die Wanderratten verrathen viel List. Wenn ihre hölzernen Käfige von außen mit Blech beschlagen sind, versuchen sie das

Holz durchzunagen, und wenn sie eine Zeitlang genagt haben, greifen sie mit den Pfoten durch das Gitter, um die Stärke des Holzes zu untersuchen und zu sehen, ob sie bald durch sind. Beim Reinmachen der Käfige wühlen sie mit Rüssel und Pfoten den Unrath an die Öffnung, um auf diese Weise desselben sich zu entledigen.

Sie lieben die Gesellschaft ihres Gleichen. Oft machen sie sich ein gemeinschaftliches Nest und erwärmen sich gegenseitig, indem sie darin dicht zusammenkriechen; stirbt aber eine von ihnen, so machen sich die übrigen gleich über sie her, beißen ihr erst den Hirnschädel auf, fressen den Inhalt und verzehren dann nach und nach die ganze Leiche mit Zurücklassung der Knochen und des Felles. Die Männchen muß man, wenn die Weibchen trächtig sind, sogleich absperren; denn sie lassen diesen keine Ruhe und fressen auch die Jungen am ersten. Die Mutter hat übrigens viel Liebe zu ihren Kindern; sie bewacht dieselben sorgfältig, und diese erwidern ihr die erwiesene Zärtlichkeit auf alle nur mögliche Weise.

Außerordentlich groß ist die Lebenszähigkeit dieser Thiere. Einst wollte ich eine ungefähr ein Jahr alte weiße Wanderratte durch Ersäufen tödten, um sie von einem mir unheilbar scheinenden Leiden, einer offenen, eiternden Wunde, zu befreien. Nachdem ich sie bereits ein halbes Dutzend Mal in eiskaltes Wasser mehrere Minuten lang getaucht hatte, lebte sie noch und putzte sich mit ihren Pfötchen, um das Wasser aus den Augen zu entfernen. Endlich sprang sie, indem ich den Topf öffnete, in den Schnee und suchte zu entfliehen. Nun setzte ich sie in einen Käfig auf eine Unterlage von Stroh und Heu und brachte sie in die warme Stube. Sie erholte sich bald so weit, daß man sah, das kalte Bad habe ihr nichts geschadet. Ihre Freßlust hatte gegen früher eher zu-, als abgenommen. Nach einigen Tagen setzte ich sie wieder aus der warmen Stube in ein ungeheiztes Zimmer, gab ihr aber Heu, und sie bereitete sich daraus auch alsbald ein bequemes Lager. Zu meinem Erstaunen bemerkte ich nun, daß der offene Schaden von Tag zu Tag kleiner wurde; die Entzündung schwand immer mehr, und nach ungefähr vierzehn Tagen war die Heilung vollständig erfolgt. Hier hatte also offenbar das eiskalte Bad die Entzündung gehoben und dadurch die Genesung bewerkstelligt. Kaum glaube ich, daß ein anderer verwandter Nager ein solches wiederholtes Bad ohne tödtlichen Ausgang überstanden haben würde, und nur aus der Lebensweise und Lebenszähigkeit der Wanderratten, deren zweites Element das Wasser ist, läßt sich ein so glücklicher Erfolg erklären.

Die unteren Nagezähne wachsen zahmen Ratten oft bis zu einer unglaublichen Länge und sind dann schraubenförmig gewunden. Ich habe auch gesehen, daß sie durch das Backenfell gewachsen waren und die Thiere derart am Fressen verhinderten, daß sie endlich verhungern mußten.«

Solche, im engen Gewahrsam gehaltene, gut gepflegte Ratten werden so zahm, daß sie sich nicht bloß berühren oder von Kindern als Spielzeug verwenden, sondern auch zum Aus- und Eingehen in Haus, Hof und Garten gewöhnen lassen, ihren Pflegern wie Hunde nachfolgen, auf den Ruf herbeikommen, kurz zu Haus- oder Stubenthieren im besten Sinne werden.

Im Freileben kommt unter den Ratten zuweilen eine eigenthümliche Krankheit vor. Mehrere von ihnen verwachsen untereinander mit den Schwänzen und bilden dann den sogenannten Rattenkönig, den man sich in früheren Zeiten freilich ganz anders vorstellte als gegenwärtig, wo man ihn in diesem oder jenem Museum sehen kann. Früher glaubte man, daß der Rattenkönig, geschmückt mit goldner Krone, auf einer Gruppe innig verwachsener Ratten throne und von hier aus den ganzen Rattenstaat regiere. Soviel ist sicher, daß man zuweilen eine größere Anzahl fest mit den Schwänzen verwickelter Ratten findet, welche, weil sie sich nicht bewegen können, von Mitleidigen ihrer Art ernährt werden müssen. Man glaubt, daß eine eigenthümliche Ausschwitzung der Rattenschwänze ein Aufeinanderkleben derselben zur Folge habe, ist aber nicht im Stande, etwas sicheres darüber zu sagen. In Altenburg bewahrt man einen Rattenkönig auf, welcher von siebenundzwanzig Ratten gebildet wird; in

Bonn, bei Schnepfenthal, in Frankfurt, in Erfurt und in Lindenau bei Leipzig hat man andere aufgefunden. Der letztere ist von Amtswegen genau beschrieben worden, und ich halte es nicht für überflüssig, den Inhalt der betreffenden Akten hier folgen zu lassen.

»Am 22. Februar 1774 erscheint bei der Landstube Christian Kaiser, Mühlknappe zu Lindenau, und sagt aus:

Es sei wirklich der Wahrheit gemäß, daß er am 12. Januar einen Rattenkönig von sechszehn Stück Ratten in der Mühle zu Lindenau gefangen habe. Besagten Tages habe er in der Mühle und zwar bei einer Treppe in einem Unterzuge ein Geräusch gehört, worauf er da die Treppe hinaufgegangen, einige Ratten bei sothanem Unterzuge gucken sehen, welche er mit einem Stück Holz todtgeschlagen. Hierauf hätte er eine Leiter an gedachten Ort angelegt, um zu sehen, ob noch mehr Ratten wären, und diesen Rattenkönig mit Beihülfe einer Axt auf den Platz geschmissen, und hätten viele noch gelebt, weil sie heruntergefallen, welche er aber nach einiger Zeit auch todtgeschmissen. Sechszehn Stück Ratten wären aneinander feste geflochten gewesen, und zwar funfzehn Stück mit den Schwänzen, die sechszehnte aber mit einer anderen auf dem Rücken mit dem Schwanze in ihren Haaren eingeflochten gewesen. Durch das Herunterfallen von dem berührten Unterzuge wäre keine von der anderen abgelöst gewesen; auch hätten nachher noch viele einige Zeit gelebt und gesprungen, sich aber nicht von einander durch das Springen losmachen können. So feste wären sie ineinander geflochten gewesen, daß er nicht glaubte, daß es möglich gewesen, wenigstens mit schwerer Mühe, sie von einander zu reißen usw.«

Nun folgen noch einige andere Zeugenberichte, welche wesentlich dasselbe feststellen. Und endlich findet sich die Beschreibung des Arztes und des Wundarztes, welche aus Wunsch der Landstube die Sache genauer untersuchten. Der betreffende Arzt theilt darüber folgendes mit:

»Ich untersuchte bloß die Körper und Schwänze der Ratten und fand 1) daß alle diese Ratten an ihrem Kopfe, Rumpfe und vier Füßen ihre natürliche Gestalt hatten; 2) daß sie ihrer Farbe nach einige aschgrau, andere etwas dunkler und wieder andere fast ganz schwarz waren; 3) daß einige ihrer Größe nach einer guten Spanne; 4) daß ihre Dicke und Breite nach ihrer Länge proportionirt war, doch so, daß sie mehr abgehungert als gemästet zu sein schienen; 5) daß ihre Schwänze von ¼ bis ½ Leipziger Elle lang, wenig darüber oder darunter gerechnet werden konnten, an welchen etwas Unreinigkeit und Feuchtigkeit anzutreffen war.

Als ich vermittels eines Stückchen Holzes den Knoten und die an demselben hängenden Ratten in die Höhe heben wollte: so bemerkte ich gar deutlich, daß es mir nicht schwer fallen würde, einige der verwickelten Schwänze auseinander zu zerren, wovon ich aber von dem dabeistehenden Maler mit einigem Unwillen abgehalten wurde. An der oben erwähnten sechszehnten Ratte habe ich deutlich wahrgenommen, daß ihr Schwanz, ohne die geringste Verletzung erlitten zu haben, noch an ihr befindlich, und sie also mit leichter Mühe von dem Knoten der übrigen losgelöst worden.

Nachdem ich nun alle diese Umstände mit vielem Fleiß erwogen, so bin ich vollkommen überzeugt worden, daß besagte sechszehn Ratten kein aus einem Stück bestehender Rattenkönig, sondern daß es eine Anzahl von Ratten, so von verschiedener Größe, Stärke und Farbe und (nach meiner Meinung) auch von verschiedenem Alter und Geschlecht gewesen. Die Art und Weise, wie oft gedachte Ratten sich miteinander so verwickelt haben, stelle ich mir also vor. In der wenig Tage vor der Entdekkung dieser häßlichen Versammlung eingefallenen sehr strengen Kälte haben diese Thiere sich in einem Winkel zusammenrottirt, um durch ihr Neben- und Übereinanderliegen sich zu erwärmen; ohnfehlbar haben sie eine solche Richtung genommen, daß sie die Schwänze mehr nach einer freien Gegend und die Köpfe nach einer vor Kälte mehr geschützten Gegend zugewendet haben. Sollten nicht die Excrementa der oben gesessenen Ratten, welche nothwendig auf die Schwänze der unteren gefallen, Gelegenheit gegeben haben, daß die Schwänze haben zusammenfrieren müssen? Ist es auf diese Art nicht möglich, daß die an den Schwänzen aneinandergefrorenen Ratten, sobald sie nach ihrer Nahrung gehen wollen und mit ihren angefrorenen Schwänzen nicht loskommen können, eine so feste Verwickelung bewerkstelligt haben müssen, daß sie auch bei bevorstehender Lebensgefahr sich nicht mehr losreißen können?

Auf Verlangen der Hochlöblichen Landstube E. E. Hochweisen Rathes allhier habe diese meine Gedanken nebst dem, was ich laut dieses Berichts zugleich mit Herrn Eckolden bei der Untersuchung angetroffen, hiermit aufrichtigst anzuzeigen nicht anstehen wollen, so ich mit ihm eigenhändig unterschrieben habe.«

Es ist möglich, daß derartige Verbindungen öfter vorkommen, als man annimmt; die wenigsten aber werden gefunden, und an den meisten Orten ist der Aberglaube noch so groß, daß man einen etwa entdeckten Rattenkönig gewöhnlich sobald als möglich vernichtet. Hierzu gibt Lenz einen für sich selbst redenden Beleg. In Döllstedt, einem zwei Meilen von Gotha gelegenen Dorfe, wurden im December des Jahres 1822 zwei Rattenkönige zu gleicher Zeit gefangen. Drei Drescher, welche in der Scheuer des Forsthauses ein lautes Quieken vernahmen, suchten mit Hülfe des Knechtes nach und fanden, daß der starke Tragbalken des Stalles von oben ausgehöhlt war. In dieser Höhle sahen sie eine Menge lebender Ratten, wie sich nachher herausstellte, ihrer zweiundvierzig Stück. Das Loch im Balken war offenbar von den Ratten hineingenagt worden. Es hatte ungefähr funfzehn Centim. an Tiefe, war reinlich gehalten und auch nicht von Überbleibseln der Nahrung und dergleichen umgeben. Der Zugang war für die alten Ratten, welche dort ihre Brut gefüttert haben mußten, sehr bequem, weil das ganze Jahr hindurch über dem Stalle und seinem Tragbalken eine große Masse Stroh gelegen hatte. Der Knecht übernahm das Geschäft, die Ratten, welche ihren Wohnsitz nicht verlassen wollten oder nicht verlassen konnten, hervorzuholen und auf die Scheuertenne hinabzubringen. Dort sahen dann die vier Leute mit Staunen, daß achtundzwanzig Ratten mit ihren Schwänzen fest verwachsen und um diesen

Schwanzknäuel regelmäßig vertheilt im Kreise waren. Die übrigen vierzehn Ratten waren genau ebenso verwachsen und vertheilt. Alle zweiundvierzig schienen von argem Hunger geplagt zu sein und quiekten fortwährend, sahen aber durchaus gesund aus; alle waren von gleicher und zwar so bedeutender Größe, daß sie jedenfalls vom letzten Frühjahre sein mußten. Ihrer Färbung nach zu schließen, waren es Hausratten. Sie sahen rein und glatt aus, und man konnte kein Anzeichen bemerken, daß etwa vorher welche gestorben waren. Ihrer Gesinnung nach waren sie vollkommen friedlich und gemüthlich, ließen alles über sich ergehen, was das vierköpfige Gericht über sie beschloß, und musicirten bei jeder über sie verhängten Handlung in gleicher Melodie. Der Vierzehnender ward lebend in die Stube des Forstaufsehers getragen, und dahin kamen dann unaufhörlich Leute, um das wunderbare Ungeheuer zu beschauen. Nachdem die Schaulust der Dorfbewohner befriedigt war, endete das Schauspiel damit, daß die Drescher ihren Gefangenen im Triumph auf die Miststätte trugen und ihn dort unter dem Beifall der Menge so lange draschen, bis er seine vierzehn Geister aufgab. Sie packten die Ratten nun noch mit zwei Mistgabeln, stachen fest ein und zerrten mit großer Gewalt nach zwei Seiten, bis sie drei von den übrigen losgerissen. Die drei Schwänze zerrissen dabei nicht, hatten auch Haut und Haare noch, zeigten aber die Eindrücke, welche sie von den anderen Schwänzen bekommen hatten, ganz wie Riemen, welche lange miteinander verflochten gewesen sind. Den Achtundzwanzigender trugen die Leute in den Gasthof und stellten ihn dort den immer frisch andrängenden Neu- und Wißbegierigen zur Schau aus. Zum Beschluß des Festes wurde auch dieser Rattenkönig jämmerlich gedroschen, todt auf den Düngerhaufen geworfen und nicht weiter beachtet. Hätten die guten Leute gewußt, daß diese Rattenkönige sie sammt und sonders zu reichen Leuten hätten machen können, sie würden sicherlich ängstlich über das Leben der so eigenthümlich verbundenen gewacht und sie öffentlich zur Schau Deutschlands gestellt haben!

Unzählbar sind die Mittel, welche man schon angewandt hat,

um die Ratten zu vertilgen. Fallen aller Art werden gegen sie aufgestellt, und eine Zeitlang hilft auch die eine und die andere Art der Rattenjagd wenigstens etwas. Merken die Thiere, daß sie sehr heftig verfolgt werden, so wandern sie nicht selten aus, kommen aber wieder, wenn die Verfolgung nachläßt. Und wenn sie sich einmal von neuem eingefunden haben, vermehren sie sich in kurzer Zeit so stark, daß die alte Plage wieder in voller Stärke auftritt. Die gewöhnlichsten Mittel zu ihrer Vertilgung bleiben Gifte verschiedener Art, welche man an ihren Lieblingsorten aufstellt; aber ganz abgesehen davon, daß man die vergifteten Thiere auf eine greuliche Weise zu Tode martert, bleiben diese Mittel immer gefährlich; denn die Ratten brechen gern einen Theil des Gefressenen wieder aus, vergiften unter Umständen Getreide oder Kartoffeln und können dadurch anderen Thieren und auch den Menschen sehr gefährlich werden. Besser ist es, ihnen ein Gemisch von Malz und ungelöschtem Kalk vorzusetzen, welches, wenn sie es gefressen haben, ihren Durst erregt und den Tod herbeiführt, sobald sie das zum Löschen des Kalkes erforderliche Wasser eingenommen haben.

Die besten Vertilger der Ratten bleiben unter allen Umständen ihre natürlichen Feinde, vor allen Eulen, Raben, Wiesel, Katzen und Pintscher, obgleich es oft vorkommt, daß die Katzen sich nicht an Ratten, zumal an Wanderratten, wagen. Dehne sah in Hamburg vor den Flethen Hunde, Katzen und Ratten unter einander herumspazieren, ohne daß eines der betreffenden Thiere daran gedacht hätte, dem andern den Krieg zu erklären, und mir selbst sind viele Beispiele bekannt, daß die Katzen sich nicht um die Ratten bekümmern. Es gibt, wie unter allen Hausthieren, auch unter den Katzen gute Familien, deren Glieder mit wahrer Leidenschaft der Rattenjagd obliegen, obgleich sie anfangs viele Mühe haben, die bissigen Nager zu überwältigen. Eine unserer Katzen fing bereits Ratten, als sie kaum den dritten Theil ihrer Größe erreicht hatte, und verfolgte dieselben mit solchem Eifer, daß sie sich einstmals von einer starken Ratte über den ganzen Hof weg und an einer Mauer emporschleppen ließ, ohne ihren Feind loszulassen, bis sie endlich mit einem geschickten Bisse denselben kampfunfähig machte. Von jenem Tage an ist die Katze der unerbittlichste Feind der Ratten geblieben und hat den ganzen Hof von ihnen fast gereinigt. Übrigens ist es gar nicht so nothwendig, daß eine Katze wirklich eifrig Ratten fängt; sie vertreibt dieselben schon durch ihr Umherschleichen in Stall und Scheuer, Keller und Kammer. Es ist sicherlich höchst ungemüthlich für die Ratten, diesen Erzfeind in der Nähe zu haben. Sie sind da keinen Augenblick lang sicher. Unhörbar schleicht er herbei im Dunkel der Nacht, kein Laut, kaum eine Bewegung verräth sein Nahen, in alle Löcher schauen seine unheimlich leuchtenden, grünlichen Augen, neben den bequemsten Gangstraßen sitzt und lauert er, und ehe sie es sich recht versehen, fällt er über sie her und packt mit den spitzen Klauen und den scharfen Zähnen so fest zu, daß selten Rettung möglich. Das erträgt selbst eine Ratte nicht: sie wandert lieber aus und an Orte, wo sie unbehelligter wohnen kann. Somit bleibt die Katze immer der beste Gehülfe des Menschen, wenn es gilt, so lästige Gäste zu vertreiben. Kaum geringere Dienste leisten Iltis und Wiesel, ersterer im Hause, letzteres im Garten und an den hinteren Seiten der Ställe. Gegen diese Raubgesellen, welche sich ab und zu auch ein Ei, ein Küchlein, eine Taube oder auch wohl eine Henne holen, kann man sich schützen, wenn man den Stall gut verschließt, gegen die Ratten aber ist jeder Schutz umsonst, und deshalb sollte man die schlanken Räuber hegen und schirmen, wo man nur immer kann.

An einzelnen Ratten hat man bei großer Gefahr eine besondere List beobachtet. Sie stellen sich todt, wie das Opossum thut. Mein Vater hatte einst eine Ratte gefangen, welche, ohne sich zu rühren, in der Falle lag und sich in derselben hin- und herwerfen ließ. Das noch glänzende Auge war aber zu auffallend, als daß solch ein Meister in der Beobachtung sich hätte täuschen sollen. Mein Vater schüttete die Künstlerin auf dem Hofe aus, aber in Gegenwart ihrer schlimmen Feindin, der Katze, und siehe da – die scheinbar Todte bekam sofort Leben und Besinnung, wollte auch so schnell als möglich davon laufen, allein Miez saß ihr auf dem Nacken, noch ehe sie zwei Meter durchmessen hatte.

Schließlich will ich zu Nutz und Frommen mancher meiner Leser eine Falle beschreiben, welche zwar dem menschlichen Herzen nicht eben Ehre macht, aber wirksam ist. An besuchten Gangstraßen der Ratten, etwa zwischen Ställen, in der Nähe von Abtritten, Schleußen und an ähnlichen Orten legt man eine anderthalb Meter tiefe Grube an und kleidet sie innen mit glatten Steinplatten aus. Eine viereckige Platte von einem Meter im Geviert bildet den Grund, vier andere, oben schmälere, stellen die Seiten her. Die Grube muß oben halb so weit sein als unten, so daß die Wände nach allen Seiten hin überhangen und ein Heraufklettern der hineingegangenen Ratten unmöglich machen. Nun gießt man auf dem Boden geschmolzenes Fett, mit Wasser verdünnten Honig und andere stark riechende Stoffe aus, setzt ein thönernes Gefäß, welches oben eine enge Öffnung hat, hinein, tränkt es mit Honig und füllt es mit Mais, Weizen, Hanf, Hafer, gebratenem Speck und anderen Leckerbissen an. Dann kommt etwas Heckerling auf den Boden der Grube und endlich ein Gitter über den Eingang, damit nicht zufällig ein Huhn oder ein anderes junges, ungeschicktes Hausthier hineinfalle. Nunmehr kann man das Ganze sich selbst überlassen. »Der liebliche Duft und der warme Heckerling«, sagt Lenz, »verleiten den bösen Feind, lustig und erwartungsvoll in den Abgrund zu springen. Dort riecht alles gar schön nach Speck, Honig, Käse, Körnern; man muß sich aber mit dem bloßen Geruche begnügen, weil das Innere nicht zugänglich ist, und so bleibt nichts anderes übrig, als daß ein Gefangener immer den anderen auffrißt.« Die erste Ratte, welche hinabfällt, bekommt selbstverständlich bald Hunger und müht und mattet sich vergeblich ab, dem entsetzlichen Gefängnisse zu entgehen. Da stürzt eine zweite von oben hernieder. Man beschnoppert sich gegenseitig, berathet wohl auch gemeinschaftlich, was da zu thun ist; aber der erste Gefangene ist viel zu hungrig, als daß er sich auf lange Verhandlungen einlassen könnte. Ein furchtbares Balgen, ein Kampf auf Leben und Tod beginnt, und einer der Gefangenen mordet den anderen. Blieb der erste Sieger, so macht er sich augenblicklich über die Leiche des Gefährten her, um ihn aufzufressen; siegte der zweite, so geschieht dasselbe wenige Stunden später. Nur höchst selten findet man drei Ratten zu gleicher Zeit in dieser Falle, am folgenden Tage aber sicherlich immer eine weniger. Kurz, ein Gefangener frißt den anderen auf, und die Grube bleibt ziemlich reinlich, obgleich sie eine Mordhöhle in des Wortes furchtbarster Bedeutung ist.

Das Stinkthier

Man kann nicht sagen, daß irgend ein Mitglied aus der Familie der Marder Wohlgerüche verbreite; wir finden im Gegentheile schon unter den bei uns hausenden Arten solche, welche »Stänker« benannt werden und diesen Namen mit Fug und Recht tragen. Was aber ist unser Iltis gegen einige seiner Verwandten, welche in Amerika und Afrika leben! Sie sind die wahren Stänker. Wenn man liest, welches Entsetzen sie verbreiten können, sobald sie sich nur zeigen, begreift man erst, was eine echte Stinkdrüse besagen will. Alle Berichte von amerikanischen Reisenden und Naturforschern stimmen darin überein, daß wir nicht im Stande sind, die Wirkung der Drüsenabsonderung dieser Thiere uns gehörig ausmalen zu können. Keine Küche eines Scheidekünstlers, keine Senkgrube, kein Aasplatz, kurz, kein Gestank der Erde soll an Heftigkeit und Unleidlichkeit dem gleichkommen, welchen die äußerlich so zierlichen Stinkthiere zu verbreiten und auf Wochen und Monate hin einem Gegenstande einzuprägen vermögen. Man bezeichnet den Gestank mit dem Ausdruck »Pestgeruch«; denn wirklich wird Jemand, welcher das Unglück hatte, mit einem Stinkthiere in nähere Berührung zu kommen, von Jedermann gemieden, wie ein mit der Pest Behafteter. Die Stinkthiere sind trotz ihrer geringen Größe so gewaltige und mächtige Feinde des Menschen, daß sie Denjenigen, welchen sie mit ihren furchtbaren Safte bespritzten, geradezu aus der Gesellschaft verbannen und ihm selbst eine Strafe auferlegen, welche so leicht von keiner anderen übertroffen werden dürfte. Sie sind fähig, ein ganzes Haus unbewohnbar zu machen oder ein mit den kostbarsten Stoffen gefülltes Vorrathsgewölbe zu entwerthen.

Die Stinkthiere, nach Ansicht Gray's eine besondere Unterfamilie bildend, unterscheiden sich von den Dachsen, ihren nachsten Verwandten, durch merklich schlankeren Leib, langen, dicht behaarten Schwanz, große aufgetriebene Nase, schwarze Grundfärbung und weiße Bandzeichnung. Der Kopf ist im Verhältnis zum Körper klein und zugespitzt, die Nase auffallend häßlich, kahl und dick, wie aufgeschwollen; die kleinen Augen haben durchdringende Schärfe; die Ohren sind kurz und abgerundet; die kurzen Beine haben mäßig große Pfoten. Das Gebiß wird also aus 34 Zähnen zusammengesetzt. Durch die Eigenthümlichkeiten der Kauzähne läßt sich das Gebiß leicht und scharf von dem anderer Marder unterscheiden. Die Stinkdrüsen haben bedeutende Größe, öffnen sich innen in dem Mastdarme und können durch einen besonderen Muskel zusammengezogen werden. Jede Drüse stellt, laut Hensel, einen etwa haselnußgroßen Hohlraum vor, dessen Wand mit einer Drüsenschicht ausgekleidet und an der Außenseite mit einer starken Muskellage umgeben ist. Den Hohlraum füllt eine gelbe ölähnliche Flüssigkeit, welche von dem Thiere durch Zusammenpressen des Muskels mehrere Meter weit weggespritzt werden kann, unmittelbar hinter dem After einen dünnen, gelblichen Strahl bildet, bald in einen feinen Staubregen sich verwandelt, wie wenn Jemand Wasser aus dem Munde hervorsprudelt, und somit einen großen Raum bestreicht. Bei älteren Thieren und bei Männchen soll dieser fürchterliche Saft stärker als bei jungen und Weibchen sein, seine Wirkung auch während der Begattungszeit sich steigern.

Als eigentliche Waldthiere kann man die Stinkmarder nicht bezeichnen; sie ziehen steppenartige Gegenden, in Amerika das Camposgebiet, in Afrika die Steppen, dem Urwalde vor. Bei Tage liegen sie in hohlen Bäumen, in Felsspalten und in Erdhöhlen, welche sie sich selbst graben, versteckt und schlafen; nachts werden sie munter und springen und hüpfen höchst beweglich hin und her, um Beute zu machen. Ihre gewöhnliche Nahrung besteht in Würmern, Kerbthieren, Lurchen, Vögeln und Säugethieren; doch fressen sie auch Beeren und Wurzeln. Nur wenn sie gereizt werden oder sich verfolgt sehen und deshalb in Angst gerathen, gebrauchen sie ihre sinnbetäubende Drüsenabsonderung zur Abwehr gegen Feinde, und wirklich besitzen sie in ihrer stinkenden Flüssigkeit eine Waffe wie kein anderes Thier. Sie halten selbst die blutdürstigsten und raubgierigsten Katzen nöthigenfalls in der bescheidensten Entfernung, und nur in sehr scharfen Hunden, welche, nachdem sie bespritzt worden sind, gleichsam mit Todesverachtung sich auf sie stürzen, finden sie Gegner. Abgesehen von dem Pestgestanke, welche sie zu verbreiten wissen, verursachen sie dem Menschen keinen erheblichen Schaden; ihre Drüsenabsonderung aber macht sie entschieden zu den von Allen am meisten gehaßten Thieren. Gegenwärtig unterliegt es keinem Zweifel mehr, daß die vielen Arten von Stinkthieren, welche man unterschieden hat, auf wenige zurückgeführt werden müssen, weil sich die außerordentliche Veränderlichkeit derselben zur Genüge herausgestellt hat. In der Lebensweise ähneln sich alle bekannten Arten. »In der Lebensweise«, sagt Hensel, »unterscheidet sich das Stinkthier nicht wesentlich von den Mardern. Er lebt in den Camposgegenden des Tieflandes und der Serra und vermeidet durchaus den dichten Urwald; doch ist er immer an den Wald gebunden, denn er findet sich bloß in vereinzelten Waldstellen der Campos. Hier erkennt man seine Anwesenheit sehr leicht an kleinen trichterförmigen Löchern, welche er nahe am Waldrande in dem Grasboden macht, um Mistkäfer zu suchen. Diese Löcher gleichen denen des Dachses, wenn er ›sticht‹, wie der Jäger sagt; nur sind sie weiter als diese, werden aber ohne Zweifel, wie auch vom Dachse, mit seinen Vorderpfoten, nicht mit der Nase gemacht. Den Tag über ruhen die Stinkthiere wie der Iltis in unterirdischen Bauen unter Felsstücken oder Baumwurzeln. Mit der Dämmerung aber gehen sie ihrer Nahrung nach, welche bloß in Mistkäfern zu bestehen scheint; wenigstens habe ich niemals etwas anderes in ihrem Magen gefunden.«

Der Erste, welcher eine ausführliche Beschreibung des Stinkthieres gibt, ist Kalm. »Das Thier«, sagt er, »ist wegen seiner besonderen Eigenschaft bekannt. Wird es von Hunden oder Menschen gejagt, so läuft es anfangs so schnell, als es kann, oder klettert auf einen Baum; findet es keinen Ausweg mehr, so wendet es noch ein Mittel an, welches ihm übrig ist: es spritzt seinen Feinden seinen Harn entgegen, und zwar auf große Entfernung. Einige Leute haben mir erzählt, daß ihnen von diesem schändlichen Safte das Gesicht ganz bespritzt worden wäre, obwohl sie noch gegen achtzehn Fuß davon entfernt gewesen seien. Diese Feuchtigkeit hat einen so unerträglichen Gestank, daß kein schlimmerer gedacht werden kann. Ist Jemand dem Thiere zur Zeit des Ausspritzens nahe, so kann er wohl kaum Athem holen, und es ist ihm später zu Muthe, als wenn er ersticken sollte. Ja, kommt dieser Pestsaft in die Augen, so läuft man Gefahr, das Gesicht zu verlieren, und aus Kleidern ist der Geruch fast gar nicht wieder herauszubringen, man mag sie waschen, so oft man will. Viele Hunde laufen davon, sobald sie der Guß trifft; richtige Fänger hören aber nicht eher auf, dem Flüchtigen nachzusetzen, als bis sie ihn todt gebissen haben. Sie reiben jedoch ihre Schnauze auf der Erde, um den Gestank einigermaßen zu vertreiben.

Der widrige Geruch geht selten vor einem Monate aus den Kleidern; doch verlieren sie das meiste davon, wenn man sie vierundzwanzig Stunden lang mit Erde bedeckt. Auch die Hand und das Gesicht muß man wenigstens eine Stunde mit Erde reiben, weil das Waschen nichts hilft. Als ein angesehener Mann, welcher unvermuthet gespritzt wurde, sich in einem Hause waschen wollte, schloß man die Thüre, und die Leute liefen davon. Bespritzte Hunde läßt man Tage lang in kein Haus. Wenn man in einem Walde reiset, muß man sich oft lange Zeit die Nase zuhalten, falls das Thier an einer Stelle seinen Pestgeruch verbreitet hat. Ich schlief einmal auf einem Hofe, wo ein Lamm getödtet lag, und es schlich sich solch ein Thier heran; der Hund sah und verjagte es. Da entstand plötzlich ein solcher Gestank, daß ich glaubte, ersticken zu müssen; sogar die Kühe blökten aus vollem Halse. Die Köchin bemerkte, daß verschiedene Tage nacheinander das Fleisch im Keller benascht worden war; sie versperrte deshalb alle Zugänge, um die Katzen abzuhalten. Allein in der folgenden Nacht hörte sie einen Lärm in dem Keller und ging hinab. Da sah sie ein Thier mit feurigen Augen, welches sie ganz ruhig zu erwarten schien. Sie faßte sich jedoch ein Herz und schlug es todt. Plötzlich aber entstand solch ein abscheulicher Gestank, daß sie einige Tage krank wurde und man alle Eßwaaren im Keller sammt Brod und Fleisch wegwerfen mußte.«

Das Stinkthier ist sich seiner furchtbaren Waffe so wohl bewußt, daß es keineswegs scheu oder feig ist. Alle seine Bewegungen sind langsam. Es kann weder springen, noch klettern, sondern nur gehen und hüpfen. Beim Gehen tritt es fast mit der ganzen Sohle auf, wölbt den Rücken und trägt den Schwanz nach abwärts gerichtet. Ab und zu wühlt es in der Erde oder schnüffelt nach irgend etwas genießbarem herum. Trifft man nun zufällig auf das Thier, so bleibt es ruhig stehen, hebt den Schwanz auf, dreht sich herum und spritzt nöthigenfalls den Saft gerade von sich. Wenn die Hunde es stellen, legt es, laut Hensel, den Schwanz wie ein sitzendes Eichhörnchen über den Rücken, kehrt das Hintertheil den andrängenden Rüden entgegen und führt zornig sonderbare, hüpfende Bewegungen aus, wie man sie zuweilen in den Käfigen von Bären sieht. Die Hunde kennen die gefährliche Waffe ihres Gegners sehr gut und halten sich meist in achtungsvoller Entfernung. Nur wenige von ihnen haben den Muth, das Stinkthier zu greifen und zu tödten: unter Hensels Hunden war ein einziger, welcher jeden Surilho, und zwar ohne Rücksicht auf die Lage, in welcher er sich befand, zu packen wagte, während alle anderen erst zugriffen, wenn der Feind todt war. Niemals verschießt das angegriffene Thier seinen Pestsaft voreilig, sondern drohet bloß, so lange die Hunde einige Schritte sich entfernt halten; rückt ihm aber einer derselben zu nahe auf den Leib, dann stülpt es den weiten, ringsum haarlosen After so um, daß die Mündungen der beiden Stinkdrüsen zum Vorscheine kommen, und spritzt den Inhalt derselben auf den Feind.

Zuweilen greift das Stinkthier an, ohne daß es irgendwie gereizt wurde, vielleicht weil es meint, in Gefahr zu kommen, möglicherweise aber auch aus reinem Übermuthe. »Als mein Sohn«, so erzählt Siedhof, »eines Abends langsam im Freien umherging, kam plötzlich ein Stinkthier auf ihn los und biß sich in seinen

Beinkleidern fest. Er schüttelte es mit Mühe ab und tödtete es durch einen Fußtritt. Als er aber nach Hause kam, verbreitete sich von seinen durch das gefährliche Thier benetzten Kleidern ein so durchdringender, abscheulicher Knoblauchsgeruch, daß augenblicklich das ganze Haus erfüllt wurde, die befreundeten Familien, welche gerade zu Besuch anwesend waren, sofort davonliefen und die Einwohner, welche nicht flüchten konnten, sich erbrechen mußten. Alles Räuchern und Lüften half nichts; selbst nach einem Monate war der Geruch noch zu spüren. Die Stiefel rochen, so oft sie warm wurden, noch vier Monate lang, trotzdem sie in den Rauch gehängt und mit Chlorwasser gewaschen wurden. Das Unglück hatte sich im Dezember ereignet; das Thier war im Garten vergraben worden: aber noch im nächsten August konnte man seine Ruhestätte durch den Geruch auffinden.«

Auch Audubon erfuhr die Furchtbarkeit des Stinkthieres an sich selbst. »Dieses kleine, niedliche, ganz unschuldig aussehende Thierchen«, sagt er, »ist doch im Stande, jeden Prahlhans auf den ersten Schuß in die Flucht zu schlagen, so daß er mit Jammergeschrei Reißaus nimmt. Ich selbst habe einmal, als kleiner Schulknabe, solch Unglück erlitten. Die Sonne war eben untergegangen. Ich ging mit einigen Freunden langsam meinen Weg. Da sahen wir ein allerliebstes, uns ganz unbekanntes Thierchen, welches gemüthlich umherschlich, dann stehen blieb und uns ansah, als warte es, wie ein alter Freund, um uns Gesellschaft zu leisten. Das Ding sah gar zu unschuldig und verführerisch aus, und es hielt seinen buschigen Schwanz hoch empor, als wolle es, daran gefaßt, und in unseren Armen nach Hause getragen sein. Ich war ganz entzückt, griff voller Seligkeit zu – und patsch! da schoß das Höllenvieh seinen Teufelssaft mir in die Nase, in den Mund, in die Augen. Wie vom Donner gerührt, ließ ich das Ungeheuer fallen und nahm in Todesangst Reißaus.«

Fröbel hörte einmal ein Geräusch hinter sich und bemerkte, als er sich umwandte, das ihm unbekannte Stinkthier, welches, als er sich nach ihm hinkehrte, augenblicklich zu knurren begann, mit dem Fuße stampfte und, sobald er seinen Stock ergriff, ihm Kleider, Gesicht und Haare mit seiner entsetzlichen Flüssigkeit bespritzte. Voller Wuth schlug er das Thier todt, eilte über den Platz und wollte dem Hause zu, verursachte aber allgemeine Furcht. Die Thür wurde verrammelt, und nur aus dem Fenster rief man ihm guten Rath zu. Wasser, Seife, kölnisches Wasser half nichts; endlich wurde ein kräftiges Feuer angebrannt, und der arme, verstänkerte Reisende legte die ihm von einem Ansiedler geborgten Kleider an und räucherte die bespritzten, nebst Gesicht und Haar, im dichten Qualm einige Stunden lang, worauf dann wirklich der Geruch verschwand.

Ein an einem Zaune dahinlaufendes Stinkthier wurde durch eine vorbeifahrende Kutsche erschreckt, versuchte zu fliehen, kam aber nicht gleich durch den Zaun und spritzte jetzt seinen Saft gegen die Kutsche, an welcher unglücklicherweise die Fenster offen standen. Die volle Ladung drang in das Innere und dort verbreitete sich dann augenblicklich ein so fürchterlicher Gestank, daß mehrere von den mitfahrenden Damen sofort in Ohnmacht fielen.

Die in Südamerika lebenden Stinkthiere unterscheiden sich, was die Güte ihres Pestsaftes anlangt, durchaus nicht von den nordamerikanischen. Azara fand eines in Paraguay, wo er Yaguaré, zu deutsch »stinkender Hund« genannt wird, und berichtet, daß er im Freien von Kerfen, Eiern und Vögeln lebt, und sowohl bei Tage als bei Nacht still umherschleicht. Er ergreift niemals die Flucht, nicht einmal vor dem Menschen. Sobald er bemerkt, daß man ihm nachstellt, macht er Halt, sträubt sein Haar, hebt den Schwanz in die Höhe, wartet, bis man nahe gekommen ist, dreht sich plötzlich um und schießt los. Selbst der Jaguar soll augenblicklich zurückweichen, wenn er eine gehörige Ladung von dem teuflischen Gestank bekommt, und vor Menschen und Hunden ist das Thier fast gänzlich gesichert. Selbst nach zwanzigmaligem Waschen bleibt der Gestank noch so stark, daß er das ganze Haus erfüllt. Ein Hund, welcher acht Tage vorher bespritzt und mehr als zwanzigmal gewaschen und noch öfter mit Sand gerieben worden war, verpestete eine Hütte noch derartig, daß man es nicht in ihr aushalten konnte. Azara glaubt, daß man den Gestank wohl eine halbe englische Meile weit riechen könne.

Ein hier geborener Deutscher, welcher aber zufälligerweise niemals Gelegenheit gehabt hatte, das Stinkthier kennen zu lernen, sah einst ein solches bei einem Ritte in der Dämmerung, hielt es für einen jungen Fuchs und stieg vom Pferde, um es seiner Zahmheit wegen zu fangen. Das Thier ließ sich auch ruhig greifen; in demselben Augenblicke aber, als der Mann es mit den Händen erfaßte und aufhob, spritzte es ihm den ganzen Inhalt seiner Stinkdrüsen auf die Brust und traf Hemd und Weste. Eiligst ließ der Erschreckte das gefährliche Geschöpf fallen, warf sich aufs Pferd und ritt im vollsten Jagen dahin, um durch den Luftzug die Einwirkung des Pestsaftes auf seine Geruchswerkzeuge etwas zu mildern. Gleichwohl konnte er es nicht aushalten und mußte während des schnellsten Reitens der Kleider des Oberkörpers sich so viel als möglich entledigen, so daß er halb nackt zu Hause ankam.

Ganz besonders haftet der Pestgeruch an Tuchkleidern, welche man in den Rauch zu hängen pflegt, um sie wieder zu reinigen. Wahrscheinlich wirkt dabei nicht der Rauch, sondern die Hitze des Feuers, durch welche der flüssige Stoff verdunstet. Der Geruch des Drüsensaftes eines Stinkthieres ist, wie jede Sinneswahrnehmung, nicht zu beschreiben; allein man kann sich ihn vorstellen als einen Iltisgestank in vielfacher Verstärkung. Ungereizt riecht das Thier durchaus nicht.«

Ungeachtet des abscheulichen Geruches ist das Stinkthier doch nützlich. Aus seinem Pelze machen sich die Indianer weiche und schöne Decken, welche man trägt, obgleich sie sehr schlecht riechen. Um es zu fangen, gebrauchen dieselben eine eigene List. Sie nähern sich ihm mit einer langen Gerte und reizen es damit, bis es wiederholt seine Drüsen entleert hat; hierauf springen sie plötzlich zu und heben es beim Schwanze empor. In dieser Lage soll es dann nicht weiter spritzen können und somit gefahrlos sein. Ein einziger Schlag auf die Nase tödtet es augenblicklich. Dann werden die Drüsen ausgeschnitten und die Indianer essen das Fleisch ohne Umstände. Aber auch Europäer nützen das Thier, und zwar das allerfürchterlichste von ihm, nämlich die stinkende Flüssigkeit selbst. Sie wird in derselben Weise gebraucht, wie unsere Damen wohlriechende Wasser anwenden, als nervenstärkendes Mittel. Aber da der Aberglaube in Amerika noch etwas stärker ist als bei uns in Deutschland, so glaubt man, wunder welch ein vortreffliches Mittel erhalten zu haben, wenn man stinkende Flüssigkeit sich vor die Nase hält. Daß dabei Unannehmlichkeiten mancherlei Art vorkommen können, zumal in Gesellschaft, ist leicht zu erklären. So erzählt man, daß ein Geistlicher einmal während der Predigt sein Fläschchen herausgezogen habe, um seine Nerven zu stärken, die Riechwerkzeuge seiner andächtigen Zuhörer dabei aber dergestalt erregte, daß die gesammte Versammlung augenblicklich aus der Kirche hinausstürmte, gleichsam als wäre der Teufel, welchen der würdige »Diener am Worte« mit ebensoviel Achtung als Liebe vorher behandelt hatte, leibhaftig zwischen den frommen Schafen erschienen, und zwar mit vollem Pomp und allen höllischen Wohlgerüchen, welche ihm als Fürsten der Unterwelt zukommen.

Es ist noch nicht ausgemacht, ob die Stinkthiere auch einander anspritzen, und es wäre jedenfalls wichtig, dies genau zu erfahren. Freilich finden wir, daß die Gerüche, welche ein Thier verbreitet, ihm gewöhnlich durchaus nicht lästig fallen, ja sogar gewissermaßen wohlriechend erscheinen: demungeachtet wäre es doch möglich, daß ein Stinkthiermännchen durch eine gehörige Ladung Pestsaft von einem spröden Weibchen hinlänglich abgeschreckt werden könnte.

In der Gefangenschaft entleeren die Stinkthiere ihre Drüsen nicht, falls man sich sorgfältig hütet, sie zu reizen. Sie werden nach kurzer Zeit sehr zahm und gewöhnen sich einigermaßen an ihren Pfleger, obgleich sie anfangs mit dem Hintertheile vorangehen, den Schwanz in die Höhe gerichtet, um ihr Geschütz zum

Losschießen bereit zu halten. Nur durch Schlagen oder sehr starke Beängstigung sollen sie veranlaßt werden, von ihrem Vertheidigungsmittel Gebrauch zu machen. Einzelne lassen sich, wie ihre Pfleger versichern, ohne alle Fährlichkeit behandeln. Heu ist ihr liebstes Lager. Sie bereiten sich ein ordentliches Bettchen und rollen sich dann wie eine Kugel zusammen. Nach dem Fressen putzen sie sich die Schnauze mit den Vorderfüßen; denn sie sind reinlich und halten sich stets zierlich und glatt, legen auch ihren Unrath niemals in ihrem Lager ab. Man füttert sie mit Fleisch; am liebsten fressen sie Vögel. Sie verzehren oft mehr, als sie verdauen können, und erbrechen sich dann gewöhnlich nach einer solchen Überladung. Ihre Gier ist aber immer noch so groß, daß sie das Erbrochene wieder auffressen, wie es die Hunde auch thun. Bei reichlicher Nahrung schlafen sie den ganzen Tag und gehen erst des Abends herum, selbst wenn sie keinen Hunger haben.

Unser Igel

Unser Igel (Erinaceus europaeus) ist bald beschrieben. Der ganze Körper mit all seinen Theilen ist sehr gedrungen, dick und kurz, der Rüssel spitzig und vorn gekerbt, der Mund weit gespalten; die Ohren sind breit, die schwarzen Augen klein. Wenige schwarze Schnurren stehen im Gesichte; hinter den Augen liegt ein weißer Fleck. Das Haar am Halse und Bauche ist lichtrothgelblichgrau oder weißgrau; die Stacheln sind gelblich, in der Mitte und an der Spitze dunkelbraun; in ihre Oberfläche sind feine Längsfurchen, 24 bis 25 an der Zahl, eingegraben, zwischen denen sich gewölbte Leisten erheben. Die Länge des Thieres beträgt 25 bis 30 Centim., die des Schwanzes 2,5 Centim., die Höhe am Widerrist ungefähr 12 bis 15 Centim. Das Weibchen unterscheidet sich vom Männchen außer seiner etwas bedeutenderen Größe durch spitzigere Schnauze, stärkeren Leib und lichtere, mehr grauliche Färbung; auch ist die Stirn bei ihm gewöhnlich nicht so tief herab mit Stacheln besetzt, und der Kopf erscheint hierdurch etwas länger. An den meisten Orten unterscheiden die Leute zwei Abarten des Igels: den Hundsigel, welcher eine stumpfere Schnauze, dunklere Färbung und geringere Größe haben soll, und den Schweinsigel, dessen hauptsächlichste Kennzeichen in der spitzigeren Schnauze, der helleren Färbung und der bedeutenderen Größe liegen sollen. Diese Unterschiede beruhen offenbar bloß auf zufälligen Eigenthümlichkeiten; auch sind die Ansichten der so fein unterscheidenden naturkundigen Alleswisser keineswegs dieselben, und wenn man der Sache genau auf den Grund geht, wird man regelmäßig mit geheimnisvollen Bemerkungen abgespeist, aus denen, trotz aller Bemühungen, kein Sinn zu entnehmen ist. »Ich erinnere mich noch sehr wohl«, sagt Vogt, »daß mir die Bauern in der Wetterau, in dem Geburtsdorfe meines Vaters, wo wir gewöhnlich die Ferien zubrachten, mit Abscheu von den Franzosen erzählten, sie hätten sogar Hundsigel am Spieße gebraten und mit großer Befriedigung verzehrt. Wir suchten damals alle Igel zusammen, deren wir habhaft werden konnten, um den Unterschied kennen zu lernen: der alte Bauer aber, welcher unser Orakel war, erklärte sie insgesammt für uneßbare Hundsigel und fügte endlich mit boshaftem Lächeln hinzu, daß die Schweinsigel wohl viel eher an anderen Orten als im Felde zu finden seien.«

Das Verbreitungsgebiet des Igels erstreckt sich nicht bloß über ganz Europa, mit Ausnahme der kältesten Länder, sondern auch über den größten Theil von Nordasien: man findet ihn in Syrien wie in West- und Südostsibirien, und zwar in einem Zustande, welcher von großer Behäbigkeit zeigt; denn er erlangt dort wie in der Krim eine viel bedeutendere Größe als bei uns. In den europäischen Alpen kommt er bis über 2000 Meter über dem Meere vor, im Kaukasus steigt er noch um tausend Meter höher empor. Er findet sich ebensowohl in flachen wie in bergigen Gegenden, in Wäldern, Auen, Feldern, Gärten, und ist in ganz Deutschland eigentlich nirgends selten, aber auch nirgends häufig. Laubholz mit dichtem Gebüsch oder faule, an der Wurzel ausgehöhlte Bäume, Hecken in Gärten, Haufen von Mist und Laub, Löcher in Umhegungsmauern, kurz Orte, welche ihm Schlupfwinkel gewähren, wissen ihn zu fesseln, und hier darf man auch mit ziemlicher Sicherheit darauf rechnen, ihn jahraus jahrein zu finden. Will man ihn hegen und pflegen, so muß man sein hauptsächlichstes Augenmerk auf Anlegung derartiger Zufluchtsorte richten. »Früher«, sagt Lenz, »hatte ich in meinem Garten mit Stroh gefüllte, in Abtheilungen gebrachte und mit niederen Gängen versehene Häuschen für die Igel, stellte ihnen auch Milch zum Trinken hin und kaufte zu ihrer Vermehrung neue. Sie zogen aber meinen Zaun und noch mehr einen großen, aus Reisich und Dornen aufgebauten Haufen vor, und durch das Anschaffen neuer brachte ich gar keine Vermehrung zu Stande, wahrscheinlich weil sie, ihre Heimat suchend, entflohen. Später habe ich in dem genannten Garten ein zweihundert Schritt langes

Wäldchen angelegt, dessen Buschwerk dicht in einander schließt und wo alle geringen Lücken jährlich mit Dornen beworfen werden, so daß sich weder ein Mensch, noch ein Hund darin herumtreiben kann. Hier steht eine Anzahl Kästchen, welche unten und an einer Seite offen sind und den Igeln eine gute Winterherberge geben. Dieses Wäldchen behagt ihnen gar sehr, und neben ihnen tummeln sich Drosseln, Rothkehlchen, Zaunkönige, Goldammern und Grasmücken lustig herum. Ich möchte anrathen, da, wo es angeht, ähnliche Schlupfwinkel für den unschuldig Geächteten anzulegen. Aus dem folgenden mag hervorgehen, warum.

Der Igel ist ein drolliger Kauz und dabei ein guter, furchtsamer Gesell, welcher sich ehrlich und redlich, unter Mühe und Arbeit durchs Leben schlägt. Wenig zum Gesellschafter geeignet, findet er sich fast stets allein oder höchstens in Gemeinschaft mit seinem Weibchen. Unter den dichtesten Gebüschen, unter Reisichhaufen oder in Hecken hat sich jeder einzeln sein Lager aufgeschlagen und möglichst bequem zurechtgemacht. Es ist ein großes Nest aus Blättern, Stroh und Heu, welches in einer Höhle oder unter dichtem Gezweige angelegt wird. Fehlt es an einer schon vorhandenen Höhle, so gräbt er sich mit vieler Arbeit eine eigne Wohnung und füttert diese aus. Sie reicht etwa 30 Centim. tief in die Erde und ist mit zwei Ausgängen versehen, von denen der eine in der Regel nach Mittag, der andere gegen Mitternacht gelegt ist. Allein diese Thüren verändert er wie das Eichhorn, zumal bei heftigem Nord- oder Südwinde. In hohem Getreide gräbt er sich selten eine Höhle, sondern macht sich bloß ein großes Nest. Die Wohnung des Weibchens ist fast immer nicht weit von der des Männchens, gewöhnlich in einem und demselben Garten. Es kommt wohl auch vor, daß beide Igel in der warmen Jahreszeit in ein Nest sich legen; ja zärtliche Igel vermögen es gar nicht, von ihrer Schönen sich zu trennen, und theilen regelmäßig das Lager mit ihr. Dabei spielen sie allerliebst miteinander, nekken und jagen sich gegenseitig, kurz, kosen zusammen, wie Verliebte überhaupt zu thun pflegen. Wenn der Ort ganz sicher ist, sieht man die beiden Gatten wohl auch bei Tage ihre Liebesspiele und Scherze treiben, an halbwegs lauten Orten aber erscheinen sie bloß zur Nachtzeit. Man hört, wie ich oben andeutete, ein Geraschel im Laube und sieht den Igel plötzlich in schnurgerader Richtung weglaufen, trotz der schnell trippelnden Schritte langsam und ziemlich schwerfällig. Dabei schnuppert er mit der Nase wie ein Spürhund auf dem Boden und beriecht jeden Gegenstand, welchen er unterwegs trifft, sehr sorgfältig. Bei solchen Wanderungen trieft ihm beständig Speichel aus Mund und Nase, und man behauptet, daß er den Rückweg nach seiner Wohnung durch das Wittern dieser Flüssigkeit wieder auffinde. Ich glaube nicht daran, weil ich die große Ortskenntnis des Thieres oft bemerken konnte. Hört unser Stachelheld auf seinem Wege etwas verdächtiges, so bleibt er stehen, lauscht und wittert, und man sieht dabei recht deutlich, daß der Sinn des Geruchs bei weitem der schärfste ist, zumal im Vergleiche zum Gesicht. Nicht selten kommt es vor, daß ein Igel dem Jäger auf dem Anstande geradezu bis vor die Füße läuft, dann aber plötzlich stutzt, schnüffelt und nun eiligst Reißaus nimmt, falls er nicht vorzieht, sogleich seine Schutz- und Trutzwaffe zu gebrauchen, nämlich zur Kugel sich zusammenzuballen. Von der früheren Gestalt des Thieres bemerkt man sodann nichts mehr; es bildet jetzt vielmehr einen eiförmigen Klumpen, welcher an einer Seite eine Vertiefung zeigt, sonst aber ringsum ziemlich regelmäßig gerundet ist. Die Vertiefung führt nach dem Bauche zu, und in ihr liegen dicht an denselben gedrückt die Schnauze, die vier Beine und der kurze Stummelschwanz. Zwischen den Stacheln hindurch hat die Luft ungehinderten Zutritt, und somit wird es dem Igel leicht, selbst bei längerem Aushalten in seiner Stellung zu athmen. Diese Zusammenrollung verursacht ihm keine Anstrengung; denn Hautmuskeln, welche dieselbe bewirken, sind bei ihm in einer Weise ausgebildet wie bei keinem anderen Thiere und wirken gemeinschaftlich mit solcher Kraft, daß ein an den Händen gehörig geschützter Mann kaum im Stande ist, den zusammengekugelten Igel gewaltsam aufzurollen. Einem solchen

Unternehmen bieten nun auch die Stacheln empfindliche Hindernisse. Während bei der ruhigen Bewegung des Thieres das Stachelkleid hübsch glatt aussieht und die tausend Spitzen, im ganzen dachziegelartig geordnet, glatt übereinander liegen, sträuben sie sich, sobald der Igel die Kugelform annimmt, nach allen Seiten hin und lassen ihn jetzt als eine furchtbare Stachelkugel erscheinen. Einem einigermaßen Geübten wird es gleichwohl nicht schwer, auch dann noch einen Igel in den Händen fortzutragen. Man setzt die Kugel in die Lage, welche das Thier beim Gehen einnehmen würde, streicht von vorn nach hinten leise die Stacheln zurück und wird nun nicht im mindesten von ihnen belästigt. Will man sich einen Spaß machen, so setzt man den Igel auf einen Gartentisch und sich still daneben, um das Aufrollen zu beobachten. Nicht leichter kann man eine größere Abwechselung in den Gesichtszügen wahrnehmen, als sie jetzt stattfindet. Obgleich der Geist natürlich sehr wenig mit diesen Veränderungen des Gesichtsausdrucks zu thun hat, sieht es doch so aus, als durchliefen das Igelgesicht in kürzester Zeit alle Ausdrücke von dem finstersten Unmuthe an bis zur größten Heiterkeit. Falls man sich ruhig verhält, denkt der zusammengerollte Igel nach geraumer Zeit daran, sich wieder auf den Weg zu machen. Ein eigenthümliches Zucken des Felles verkündet den Anfang seiner Bewegung. Leise schiebt er den vorderen und hinteren Theil des Stachelpanzers auseinander, setzt die Füße vorsichtig auf den Boden und streckt sachte das Schweineschnäuzchen vor. Noch ist die Kopfhaut dick gefaltet, und finsterer Zorn scheint auf seiner niederen Stirne sich auszudrücken; selbst das so harmlose Auge liegt unter buschigen Brauen tief versteckt. Mehr und mehr glättet sich das Gesicht, weiter und weiter wird die Nase vorgeschoben, weiter und weiter der Panzer zurückgedrückt, endlich hat man auf einmal das gemüthliche Gesicht in seiner gewöhnlichen, behäbigen oder harmlosen Ruhe vor sich, und in diesem Augenblicke beginnt auch der Igel seine Wanderung, gerade so, als ob es für ihn niemals eine Gefahr gegeben hatte. Stört man ihn jetzt zum zweiten Male, so rollt er sich blitzschnell wieder zusammen und bleibt etwas länger als das vorige Mal gekugelt. Sehr hübsch sieht es aus, wenn man von Zeit zu Zeit einen abgebrochenen, kurzen Ruf ausstößt. Der Laut berührt den Igel wie ein elektrischer Schlag; er zuckt bei jedem zusammen, auch wenn man ihm zehnmal in der Minute zuruft. Der bereits ganz an den Menschen gewöhnte Igel macht es geradeso, selbst wenn er eben beim Ausleeren einer Milchschüssel sein sollte. Wiederholt man aber die Neckerei, so kriegt er das Ding endlich satt und rollt sich entweder für eine ganze Viertelstunde lang zusammen, oder aber – gar nicht mehr, gerade als wisse er, daß man ihn doch nur foppen wolle. Anders ist es freilich, wenn man sein Ohr mit gellenden Tönen beleidigt. Ein Igel, vor dessen Ohr man mit einem Glöckchen klingelt, zuckt fort und fort bei jedem Schlage gleichsam krampfhaft zusammen. Klingelt man nah bei einem Ohre, so zuckt er seinen Panzer auf der betreffenden Seite herab, bei größerer Entfernung zieht er die Stirnhaut gerade nach vorn. Immer erfolgt dieses Zucken in demselben Augenblicke, in welchem der Klang laut wird; man kann ihn ganz nach Belieben sich verneigen lassen. Wenn ihn einer seiner Hauptfeinde, ein Hund oder ein Fuchs aufstöbert, kugelt er sich eiligst ein und bleibt unter allen Umständen in seiner Lage. Er merkt an dem wüthenden Bellen oder Knurren der Verfolger, daß sie ihm in ernster Absicht zu Leibe gehen, und hütet sich wohl, irgend eines seiner anererbten Vorrechte sich zu entäußern. Mittel gibt es freilich noch genug, den Igel augenblicklich dahin zu bringen, daß er seine Kugelgestalt aufgibt. Wenn man ihn mit Wasser begießt oder in das Wasser wirft, rollt er sich sofort auf: das weiß nicht bloß der Schelm Reinecke, sondern auch mancher Hund zum Nachtheile unseres Thieres anzuwenden. Auch Tabaksrauch, den man ihm zwischen den Stacheln durch in die Nase bläst, bewirkt dasselbe; denn seinem empfindlichen Geruchswerkzeuge ist der Rauch etwas ganz entsetzliches: er wird förmlich berauscht von ihm, streckt sich augenblicklich, hebt die Nase hoch auf und taumelt wankenden Schrittes davon, bis ihn einige Züge reiner, frischer Luft wieder einigermaßen erquickt haben. In seiner Zusammenkugelung besteht die einzige ihm mögliche Abwehr gegen Gefahren, denen er ausgesetzt ist. Auch wenn er, wie es bei dem täppischen Gesellen häufig vorkommt, einmal einen Fehltritt thut, über eine hohe Gartenmauer herunterfällt oder plötzlich an einem steilen Abhange ins Rollen kommt, kugelt er sich augenblicklich zusammen und stürzt jetzt mit erstaunlicher Schnelligkeit den Abhang oder die Mauer hinab, ohne sich im geringsten weh zu thun. Man hat beobachtet, daß er von mehr als sechs Meter hohen Wallmauern herabgefallen ist, ohne sich zu schaden.

Der Igel ist keineswegs ein ungeschickter und tölpischer Jäger, sondern versteht Jagdkunststücke auszuführen, welche man nimmermehr ihm zutrauen möchte. Allerdings besteht die Hauptmasse seiner Nahrung aus Kerbthieren, und eben hierdurch wird er so nützlich. Allein er begnügt sich nicht mit solcher, so wenig nährenden Kost, sondern erklärt auch anderen Thieren den Krieg. Kein einziger der kleinen Säuger oder Vögel ist vor ihm sicher, und unter den niederen Thieren haust er in arger Weise. Außer der Unmasse von Heuschrecken, Grillen, Küchenschaben, Mai- und Mistkäfern, anderen Käfern aller Art und deren Larven, verzehrt er Regenwürmer, Nacktschnecken, Wald- oder Feldmäuse, kleine Vögel und selbst Junge von großen. Man sollte nicht denken, daß er wirklich im Stande wäre, die kleinen, behenden Mäuse zu fangen; aber er versteht sein Handwerk und bringt selbst das unglaublich scheinende fertig. Ich habe ihn einmal bei seinem Mäusefang beobachtet und mich über seine Pfiffigkeit billig gewundert. Er strich im Frühjahre im niederen Getreide hin und blieb plötzlich vor einem Mäuseloche stehen, schnupperte und schnüffelte daran herum, wendete sich langsam hin und her und schien sich endlich überzeugt zu haben, auf welcher Seite die Maus ihren Sitz hatte. Da kam ihm nun sein Rüssel vortrefflich zu statten. Mit großer Schnelligkeit wühlte er den Gang der Maus auf und holte sie so auch wirklich nach kurzer Zeit ein; denn ein Quieken von Seiten der Maus und behagliches Murmeln von Seiten des Igels bewies, daß dieser sein Opfer gefaßt hatte. Nun wurde mir freilich sein Mausefang klar; wie er es aber anstellt, in Scheunen und Ställen das behende Wild zu übertölpeln, erfuhr ich erst neuerdings durch meinen Freund Albrecht. Beim Umherlaufen im Zimmer wurde ein von diesem Beobachter gepflegter Igel plötzlich eine naseweise Maus gewahr, welche sich aus ihrem Loche hervorgewagt hatte. Mit unglaublicher Schnelligkeit, obschon mit einem gewissen Ungeschick, schoß er auf dieselbe los und packte sie, bevor sie Zeit hatte, zu entrinnen. »Die fabelhaft flotte Bewegung des anscheinend so plumpen Thieres, welche ich später noch öfters beobachtete«, schreibt mir mein Freund, »brachte mich stets zum Lachen; ich weiß sie mit nichts richtig zu vergleichen. Fast war es wie ein abgeschossener Pfeil von Rohr, welcher vom Winde rechts und links getrieben wird, aber trotzdem wieder an die rechte Bahn kommt.«

Weit bedeutsamer als solche Räubereien sind die Gefechte, welche er den Schlangen liefert. Er beweist dabei einen Muth, den man ihm nicht zutrauen sollte. Lenz hat hierüber vortreffliche Beobachtungen gemacht. »Am 24. August«, berichtet er, »that ich einen Igel in eine große Kiste, in welcher er zwei Tage später sechs mit kleinen Stacheln versehene Junge gebar, welche er fortan mit treuer Mutterliebe pflegte. Ich bot ihm, um seinen Appetit zu prüfen, recht verschiedenartige Nahrung an und fand, daß er Käfer, Regenwürmer, Frösche, selbst Kröten, diese jedoch nicht so gern, Blindschleichen und Ringelnattern mit großem Behagen verzehrte. Mäuse waren ihm das allerliebste; Obst aber fraß er nur dann, wenn er keine Thiere hatte, und da ich ihm einst zwei Tage gar nichts als Obst gab, fraß er so spärlich, daß zwei seiner Jungen aus Mangel an Milch verhungerten. Hohen Muth zeigte er auch gegen gefährliche Thiere. So ließ ich einmal acht tüchtige Hamster in seine Kiste, bekanntlich bitterböse Thiere, mit denen nicht zu spaßen ist. Kaum hatte er die neuen Gäste gerochen, als er zornig seine Stacheln sträubte und, die Nase tief am Boden hinziehend, einen Angriff auf den nächsten unternahm. Dabei ließ er ein eignes Trommeln, gleichsam den Schlachtmarsch, ertönen, und seine gesträubten Kopfstacheln bildeten zum Schutz und Trutz einen Helm. Was half es dem Hamster, daß er fauchend auf den Igel biß: er verwundete sich nur den Rachen an den Stacheln, so daß er von Blut triefte, und bekam dabei soviel Stöße vom Stachelhelm in die Rippen und soviel Bisse in die Beine, daß er erlegen wäre, wenn ich ihn nicht entfernt hätte. Nun wandte sich der Stachelheld auch gegen die anderen Feinde und bearbeitete sie ebenso kräftig, bis ich sie entfernte.

Doch wir gehen zur Hauptsache über und folgen unserem Helden zum Otternkampfe. Staunend über seine Thaten, müssen wir zugestehen, daß wir nicht den Muth haben, ihm es nachzuthun. Am 30. August ließ ich eine große Kreuzotter in die Kiste des Igels, während er seine Jungen ruhig säugte. Ich hatte mich im voraus davon überzeugt, daß diese Otter an Gift keinen Mangel litt, da sie zwei Tage vorher eine Maus sehr schnell getödtet hatte. Der Igel roch sie sehr bald (er folgt nie dem Gesicht, sondern immer dem Geruch), erhob sich von seinem Lager, tappte unbehutsam bei ihr herum, beroch sie, weil sie ausgestreckt dalag, vom Schwanze bis zum Kopfe und beschnupperte vorzüglich den Rachen. Sie begann zu zischen und biß ihn mehrmals in die Schnauze und in die Lippen. Ihrer Ohnmacht spottend, leckte er sich, ohne zu weichen, behaglich die Wunde und bekam dabei einen derben Biß in die herausgestreckte Zunge. Ohne sich beirren zu lassen, fuhr er fort, das wüthende und immer wieder beißende Thier zu beschnuppern, berührte sie auch öfter mit der Zunge, aber ohne anzubeißen. Endlich packte er schnell ihren Kopf, zermalmte ihn, trotz ihres Sträubens, sammt Giftzähnen und Giftdrüsen zwischen seinen Zähnen und fraß dann weiter bis zur Mitte des Leibes. Jetzt hörte er auf und lagerte sich wieder zu seinen Jungen, die er säugte. Abends fraß er das noch übrige und eine junge, frischgeborene Kreuzotter. Am folgenden Tage fraß er wieder drei frischgeborene Ottern und befand sich nebst seinen Jungen sehr wohl. Auch war an den Wunden weder eine Geschwulst noch sonst derartiges zu sehen.

Am 1. September ging es wieder zur Schlacht. Er näherte sich, wie früher, der Otter, beschnupperte sie und bekam mehrere Bisse ins Gesicht, in die Borsten und Stacheln. Während er so schnupperte, besann sich die Otter, welche sich bis jetzt vergeblich bemüht und auch tüchtig an seinen Stacheln gestochen hatte, und suchte sich aus dem Staube zu machen. Sie kroch in der Kiste umher; der Igel folgte ihr schnuppernd nach und erhielt, so oft er ihrem Kopfe nahe kam, tüchtige Bisse. Endlich hatte er sie in der Ecke, wo seine Jungen lagen, ganz in der Enge; sie sperrte den Rachen mit gehobenen Giftzähnen weit auf, er wich nicht zurück, sie fuhr zu und biß so heftig in seine Oberlippe, daß sie eine Zeitlang hängen blieb. Er schüttelte sie ab, sie kroch weg, er wieder nach, und dabei bekam er wieder einige Bisse. Dies hatte wohl zwölf Minuten gedauert; ich hatte zehn Bisse gezählt, welche er in die Schnauze erhalten, und zwanzig, welche seine Borsten oder die Luft getroffen hatten. Ihr Rachen, von den Stacheln verletzt, war vom Blute geröthet. Er faßte jetzt ihren Kopf mit den Zähnen, aber sie riß sich wieder los und kroch weg. Ich hob sie nun am Schwanze heraus, packte sie hinter dem Kopfe und sah, da sie sogleich den Rachen aufsperrte, um mich zu beißen, daß ihre Giftzähne noch in gutem Stande waren. Als ich sie wieder hineingeworfen, ergriff er ihren Kopf nochmals mit den Zähnen, zerknirschte ihn und fraß ihn dann langsam, ohne sich viel um ihr Krümmen und Winden zu kümmern, auf, worauf er zu seinen Jungen eilte und sie säugte. Alte und Junge blieben gesund, und keine Spuren von üblen Folgen waren zu sehen.

Seitdem hat der Igel oftmals mit demselben Erfolge gekämpft, und immer zeigte es sich, daß er den Kopf jedesmal zuerst zermalmte, während er dies bei giftlosen Schlangen ganz und gar nicht berücksichtigte. Was von der Mahlzeit übrig blieb, trug er gern in sein Nest und verspeiste es dann zu gelegnerer Zeit.«

Diese Beobachtungen sind unzweifelhaft in jeder Hinsicht merkwürdig. Nach physiologischen Gesetzen läßt es sich nicht einsehen, wie ein warmblütiges Thier so ruhig Bisse aushalten kann, deren Wirkung bei anderen seiner Klasse sogleich Zersetzung des Blutes hervorruft und dadurch den Tod nach sich zieht.

Man muß nur bedenken, daß der Biß einer Kreuzotter Säugethiere tödtet, welche wenigstens die dreißigfache Größe und das dreißigfache Gewicht des Igels haben, anscheinend also auch weit stärker sein müßten, als er es ist. Aber unser Stachelheld scheint wirklich giftfest zu sein; denn er verzehrt nicht bloß Giftschlangen, deren Gift bekanntlich nur dann schadet, wenn es unmittelbar in das Blut übergeführt wird, sondern auch Thiere, welche dann giftig wirken, wenn sie in den Magen kommen, wie z. B. die allbekannten spanischen Fliegen, deren Leib ja schon auf der äußeren Haut heftige Entzündungen hervorruft, und deren Genuß anderen Thieren unfehlbar den Tod bringen würde.

Der geringe Schaden, welchen der Igel anrichtet, kann gegenüber dem von ihm gebrachten Nutzen kaum in Betracht kommen, zumal jener noch keineswegs genügend erwiesen ist. Man behauptet, daß der Igel leidenschaftlich gern Hühnereier fresse und diese nicht nur sehr geschickt aufzufinden verstehe, sondern auch höchst pfiffig ausschlürfe, ohne von ihrem Inhalt etwas zu verschütten; denn man will gesehen haben, daß er das Ei vorsichtig auf den Boden lege, mit seinen Vorderbeinen halte, eine kleine Öffnung durch die Schale beiße und den Inhalt sodann bedächtig auslecke. Außerdem geben ihm Hühnerzüchter schuld, daß er, wenn er zu gelegener Zeit in einen Hühnerstall kommen könne, unter dem Hausgeflügel Schaden anrichte, und Einer will sogar einen Igel gefunden haben, welcher fünfzehn Hühner in einer Nacht umgebracht und eine davon gefressen haben soll. Der Beweis für die Wahrheit dieser Angabe ist nicht stichhaltig. Nachdem nämlich der Eigenthümer den Schaden gemerkt hatte, legte er rings um den Stall Tellereisen, und am folgenden Morgen fand man drei Igel in diesen Fallen, welche nun die Missethat irgend eines schlauen Marders auf sich nehmen mußten; denn jedenfalls war letzterer der Urheber jener Schandthat gewesen, welche jetzt den wahrscheinlich auf Mäusefang umherstreifenden, ungeschickt genug in die Falle tappenden Igeln zur Last gelegt wurde. Daß unser Stachelritter ein Küchlein verzehrt oder selbst ein erwachsenes Huhn, ein Kaninchen und sonst ein anderes kleines Thier abzuwürgen vermag, wenn er es erlangen kann, auch gute Lust zeigt, gelegentlich solche Beute zu machen, soll nicht in Abrede gestellt werden. Erst vor kurzem empfing ich von Becker, einem ostfriesischen Arzte, Bericht über einen Igel, welcher am hellen Tage einer Schar von erwachsenen Hühnern in eiligem, schnurgeraden Laufe nachjagte. Aber die Hühner bekundeten nicht eben Angst vor diesem Feinde. »Wenn der Igel«, sagt Becker, »die ersehnte Beute fast erreicht hatte, flog die betreffende Henne gackernd in die Höhe, und der borstige Held kollerte dann jedesmal vier bis fünf Schritte über sein Ziel hinaus, was unendlich komisch aussah. Unter Ausstoßung eines Lautes, welchen ich am besten mit dem Schnarren einer Kindertrompete vergleichen möchte, raffte sich der geprellte Igel ärgerlich wieder auf, um die Verfolgung fortzusetzen, und trieb so die Hühner durch den ganzen, großen Garten. Der Hahn, an welchen jener sich übrigens niemals wagte, schien in den mindestens zwanzigmal wiederholten Angriffen des beutesüchtigen Räubers etwas besonders gefährliches nicht zu sehen; er warnte seine Schutzbefohlenen zwar von Zeit zu Zeit, unternahm jedoch sonst nichts gegen den Ruhestörer.« Ein Räuber also ist der Igel freilich, aber durchaus kein schädlicher gegenüber den von uns gepflegten und gehegten Thieren.

Die Paarzeit des Igels währt von Ende März bis zu Anfang Juni. Auch er zeigt sich, wenn er mit seinem Weibchen zusammen ist, sehr erregt. Er spielt nicht nur mit seiner Gattin, sondern stößt außerdem Laute aus, welche man sonst nur bei der größten Aufregung vernimmt. Ein dumpfes Gemurmel oder heiser quiekende Laute oder auch ein helles Schnalzen scheint behagliche Stimmung auszudrücken, während ein eigenthümliches Trommeln, wie der Dachs es hören läßt, ein Zeichen von gestörter Gemüthlichkeit, Wuth oder Angst ist. Alle diese Laute werden aber gerade bei der Paarungszeit vernommen; denn der Igel hat ebenfalls seine Noth, um ein Weib an sich zu fesseln. Unberufene Nebenbuhler drängen sich auch in sein Gehege und machen ihm den Kopf warm, zumal sein Weibchen sich keineswegs in den

Schranken einer gebührenden Treue hält. Sieben Wochen nach der Paarung wirft letzteres seine drei bis sechs, in seltenen Fällen wohl auch acht, blinden Jungen in einem besonders hierzu errichteten, schönen, großen und gut ausgefütterten Lager unter dichten Hecken, Zäunen, Laub- und Mooshaufen oder in Getreidefeldern. Die neugeborenen Igelchen sind etwa 6,5 Centim. lang, sehen anfangs weiß aus und erscheinen fast ganz nackt, da die Stacheln erst später zum Vorschein kommen. Daß sie schon bei der Geburt vorhanden sind, hat Lenz bei den Igeln gesehen, welche in seinem Zimmer geboren wurden. »Die Sache«, sagt er, »gibt auch bei der Geburt gar keinen Anstoß. Die Stacheln stehen auf einer sehr weichen, federnden Unterlage; der Rücken ist noch ganz zart, und jeder Stachel, den man z. B. mit dem Finger berührt, sticht Einen gar nicht, sondern drückt sich rückwärts in den weichen Rücken, aus dem er jedoch gleich wieder hervorkommt, sobald man die Fingerspitze wegthut. Nur wenn man den Stachel von der Seite mit dem Nagel oder mit einem eisernen Zängelchen faßt, fühlt man, daß er hart ist. Da nun die Thierchen gewöhnlich mit dem Kopfe vorweg geboren werden und die Stacheln etwas nach hinten gerichtet sind, ist an eine Verletzung der Alten nicht zu denken.«

Um das Maul haben die Neugebornen Borsten, im übrigen sind sie unbehaart und ihre Augen und Ohren geschlossen. Schon binnen den ersten vierundzwanzig Stunden treten die Stacheln auf eine Länge von 9 Millim. hervor. Anfangs sind sie ganz weiß, nach einem Monate aber hat der junge Igel ganz die Farbe des alten. Dann frißt er schon allein, obgleich er auch noch saugt. Erst ziemlich spät erlangt er die Fertigkeit, sich zusammenzurollen und die Kopfhaut bis gegen die Schnauze herabzuziehen. Die Mutter trägt schon frühzeitig Regenwürmer und Nacktschnekken sowie abgefallenes Obst als Nahrung in das Lager und führt die kleine Brut später wohl auch abends mit sich aus. Im Freileben beweist sie sich gegen ihre Jungen jedenfalls zärtlicher als in der Gefangenschaft; denn hier frißt sie, wie ich zu meinem Befremden erfahren mußte, zuweilen die ganze Schar ihrer Kinder mit der ihr überhaupt eignen Seelenruhe auf, der reichlichsten und leckersten Speise ungeachtet!

Gegen den Herbst hin sind die jungen Igel soweit erwachsen, daß sich jeder einzelne selbst seine Nahrung aufsuchen kann, und ehe noch die kalten Tage kommen, hat jeder sich ein Schmerbäuchlein angelegt und denkt jetzt, wie die Alten, daran, sich seine Winterwohnung herzurichten. Diese ist ein großer, wirrer, aus Stroh, Heu, Laub und Moos bestehender, im Innern aber sehr sorgfältig ausgefütterter Haufen. Die Stoffe trägt der Igel auf seinem Rücken nach Hause und zwar auf sehr sonderbare Weise. Er wälzt sich nämlich in dem Laube herum, dort, wo es am dichtesten liegt, und spießt sich hierdurch eine Ladung auf die Stacheln, welche ihm dann ein ganz großartiges Ansehen verleiht. In ähnlicher Weise schafft er auch Obst nach Hause. Man hat dies oft bezweifelt, Lenz aber hat es gesehen, und einem solchen Beobachter gegenüber wäre fernerer Zweifel ein Frevel, dessen wir uns nicht schuldig machen wollen.

Mit Eintritt des ersten, starken Frostes vergräbt sich der Igel tief in sein Lager und bringt hier die kalte Winterzeit in einem ununterbrochenen Winterschlafe zu. Die Fühllosigkeit des Thieres, welche schon, wenn es am regsten sich bewegt, bedeutend ist, steigert sich jetzt noch in merkwürdiger Weise. Nur wenn man ihm sehr arg mitspielt, erwacht es, wankt ein wenig hin und her und fällt dann augenblicklich wieder in seinen Todtenschlaf zurück. Der Winterschlaf währt gewöhnlich bis zum März.

Die jungen Igel sind im ersten Jahre noch nicht fortpflanzungsfähig, sondern treiben sich während des ganzen nächsten Sommers einzeln umher. Im zweiten Lebensjahre aber paaren sie sich und leben in lockerem Verbande mit ihren Weibchen bis zum Winter, wo dann jeder abgesondert für sich ein Lager bezieht. Unter günstigen Verhältnissen dürfte der freilebende Igel sein Alter auf acht bis zehn Jahre bringen.

Um einen Igel zu zähmen, braucht man ihn bloß wegzunehmen und an einen ihm passenden Ort zu bringen. Hier gewöhnt er sich bald ein und verliert in kürzester Zeit alle Scheu vor dem

Menschen. Nahrung nimmt er ohne weiteres zu sich, sucht auch selbst in Haus und Hof oder noch mehr in Scheunen und Schuppen nach solchen umher. Tschudi bezweifelt zwar, daß er zum Mäusefang gebraucht werden kann, weil er einen Igel besaß, welcher mit einer Maus zugleich aus einer Schüssel fraß. Dies beweist jedoch nichts, da zahlreiche Beobachtungen dargethan haben, daß der Igel ein ganz tüchtiger Mäusejäger ist. In manchen Gegenden wird er zu diesem Geschäft gerade sehr gesucht und namentlich in Niederlagen verwendet, in denen man keine Katze halten mag, weil diese oft die üble Gewohnheit hat, mit ihrem stinkenden Harn kostbare Zeuge zu verderben. Auch ich habe Igel im Käfige gehalten, welche tagelang mit Mäusen zusammenlebten und mit ihnen Semmelmilch fraßen; schließlich fiel es ihnen aber doch ein, ihre Kameraden abzuwürgen und zu verspeisen. Zur Vertilgung lästiger Kerbthiere, zumal zum Aufzehren der häßlichen Küchenschaben, eignet sich der Igel vortrefflich, liegt seinem Geschäfte auch mit größtem Eifer ob. Wenn er nur einigermaßen freundlich und verständig behandelt wird, und für ein verborgenes Schlupfwinkelchen gesorgt worden ist, verursacht die Gefangenschaft ihm durchaus keinen Kummer.

»Ein Igel«, erzählt Wood, »welcher einige Jahre in unserem Hause lebte, mußte ein wirkliches Nomadenleben führen, weil er beständig von unseren Freunden zur Vertilgung von Küchenschaben entliehen wurde und so ohne Unterlaß von einem Hause zum anderen wanderte. Das Thier war bewundernswürdig zahm, und kam selbst bei hellem lichten Tage, um seine Milchsemmeln zu verzehren. Nicht selten unternahm er kleine Lustwanderungen im Garten, steckte hier, nach Nahrung spürend, seine scharfe Nase in jedes Loch, in jeden Winkel oder drehte jedes abgefallene Blatt auf seinem Wege um. Sobald er einen fremden Fußtritt hörte, kugelte er sich sofort zusammen und verharrte mehrere Minuten in dieser Lage, bis die Gefahr vorüber schien. Vor uns fürchtete er sich bald nicht im geringsten mehr und lief auch in unserer Gegenwart ruhig auf und nieder. Wahrscheinlich würde das hübsche Thier noch länger gelebt haben, hätte nicht ein unvorhergesehener Zufall ihm sein Leben genommen. In dem Gartenschuppen wurden nämlich stets eine große Menge von Bohnenstangen aufbewahrt und gewöhnlich sehr liederlich übereinander geworfen. Der hierdurch entstehende Reisichhaufen übte auf unseren Igel eine besondere Anziehungskraft. Wir durften, wenn er einige Tage verschwunden war, sicher darauf rechnen, ihn dort zu finden. Als wir ihn eines Morgens ebenfalls suchten, fanden wir den armen Burschen an der Gabel einer Stange erhängt. Er hatte wahrscheinlich auf den Haufen klettern wollen, war aber heruntergefallen, zwischen die Gabel eingepreßt worden, und hatte sich nicht befreien können. Der Kummer über diesen Verlust war groß, und niemals haben wir wieder einen so gemüthlichen Hausgenossen gehabt als ihn.«

Unangenehm wird der im Hause gehaltene Igel durch sein langweiliges Gepolter bei Nacht. Sein täppisches Wesen zeigt sich bei seinen Streifereien wie bei jeder Bewegung. Von dem geisterhaften Gange der Katzen bemerkt man bei ihm nichts. Auch ist er ein unreinlicher Gesell, und der widrige, bisamähnliche Geruch, den er verbreitet, keineswegs angenehm. Dagegen erfreut er wieder durch seine Drolligkeit. Leicht gewöhnt er sich an die allerverschiedenartigste Nahrung und ebenso an ganz verschiedenartige Getränke. Milch liebt er ganz besonders, verschmäht aber auch geistige Getränke nicht und thut nicht selten hierin des Guten zu viel. Dr. Ball erzählt von seinen gefangenen Igeln mancherlei lustige Dinge, unter anderen auch, daß er dieselben mehr als einmal in Rausch versetzte. Er gab einem starken Wein oder Branntwein zu trinken, und der Igel nahm davon solche Mengen zu sich, daß er sehr bald vollkommen betrunken wurde. Ein frisch gefangener Igel soll nach dem ersten Rausche, den er gehabt, augenblicklich zahm geworden sein, und der genannte Beobachter hat deshalb späterhin alle seine Igel zunächst mit süßem Branntwein, Rum oder Wein bewirtet. »Mein stacheliger Freund«, sagt er, »benahm sich ganz wie ein trunkener Mensch. Er war vollkommen von Sinnen, und sein sonst so dunkles, aber harmloses Auge bekam einen eigenthümlichen, unsicheren Blick und einen merkwürdigen Glanz, kurz, ganz und gar den Ausdruck, welchen man bei Trunkenen überhaupt wahrnimmt. Er stolperte, ohne uns im geringsten zu beachten, in der merkwürdigsten und lächerlichsten Weise, wankte, fiel bald auf diese, bald auf jene Seite und geberdete sich in einer Weise, als wollte er sagen: geht mir nur Alle aus dem Wege, denn ich brauche heute viel Platz. Mehr und mehr nahm dann seine Hülflosigkeit überhand; er wankte häufiger, fiel öfter und war schließlich so vollkommen betrunken, daß er alles über sich ergehen ließ. Wir konnten ihn hin- und herdrehen, seinen Mund aufmachen, ihn an den Haaren zupfen, er rührte sich nicht. Nach zwölf Stunden sahen wir ihn wieder umherlaufen. Er war vollkommen gebändigt, und seine Stacheln blieben jetzt, wenn wir uns ihm näherten, stets in schönster Ordnung liegen.«

Auch Albrecht hat seinen gefangenen Igel öfters durch Vorsetzen geistiger Getränke in einen Rausch versetzt und ähnliche Beobachtungen gemacht wie Ball.

Der Igel hat außer dem unwissenden, böswilligen Menschen noch viele andere Feinde. Die Hunde hassen ihn aus tiefster Seele und verkünden dies durch ihr anhaltendes, wüthendes Gebell. Sobald sie einen Igel entdeckt haben, versuchen sie alles mögliche, um dem Stachelträger ihren Grimm zu zeigen. Der aber verharrt in seiner leidenden Stellung, solange sich der Hund mit ihm beschäftigt, und überläßt es diesem, sich eine blutige Nase zu holen. Die Wuth des Hundes ist wahrscheinlich größtentheils in dem Ärger begründet, dem Gepanzerten nicht nur nichts anhaben zu können, sondern sich selbst zu schaden. Manche Jagdhunde achten die Stacheln übrigens nicht, wenn sie ihren Grimm an dem Igel auslassen wollen. So besaß ein Freund von mir eine Hühnerhündin, welche alle Igel, die sie auffand, ohne weiteres todt biß. Als mit zunehmendem Alter ihre Zähne stumpf wurden, konnte sie diese Heldenthaten der Jugend nicht mehr vollbringen; ihr Haß blieb aber derselbe, und sie nahm fortan jeden Igel, welchen sie entdeckte, in das Maul, trug ihn nach einer Brücke und warf ihn dort wenigstens noch ins Wasser. Der Fuchs soll, wie versichert wird, dem Igel eifrig nachstellen und ihn auf niederträchtige Weise zum Aufrollen bringen, indem er die Stachelkugel mit seinen Vorderpfoten langsam dem Wasser zuwälzt und sie da hineinwirft oder sie so dreht, daß der Igel auf den Rükken zu liegen kommt, und ihn sodann mit seinem stinkenden Harn bespritzt, worauf sich der arme Geselle verzweifelt aufrollt, im gleichen Augenblicke aber von dem Erzschurken an der Nase gefaßt und getödtet wird. Auf diese Weise gehen viele Igel zu Grunde, zumal in der Jugend. Aber sie haben einen noch gefährlicheren Feind, den Uhu. »Nicht weit von Schnepfenthal«, erzählt Lenz, »steht ein Felsen, der Thorstein, auf dessen Höhe Uhus ihr Wesen zu treiben pflegen. Dort habe ich öfters außer dem Miste und den Federn dieser Eulen auch Igelhäute, und nicht bloß diese, sondern selbst die Stacheln der Igel in den Gewöllen, welche die Uhus ausspeien, gefunden. Wir heben hier eins dieser Gewölle als eine Seltenheit im Kabinet auf, welches fast ganz aus Stacheln des Igels besteht. Die Krallen und der Schnabel des Uhu sind lang und unempfindlich, so daß er mit großer Leichtigkeit durch das Stachelkleid des Igels greifen kann. Vor nicht gar langer Zeit gingen unsere Zöglinge unweit Schnepfenthal bei trübem Wetter spazieren. Da kam ein Uhu angeflogen, welcher einen großen Klumpen in den Füßen hielt. Die Knaben erhoben ein lautes Geschrei, und siehe, der Vogel ließ seine Beute fallen. Es war ein großer, frischblutender, noch lebenswarmer Igel.« Noch mehr Igel, als den genannten Feinden zum Opfer fallen, mögen eine Beute des Winters werden. Die unerfahrenen Jungen wagen sich oft, vom Hunger getrieben, noch im Spätherbste mit der beginnenden Nacht aus ihren Verstecken hervor und erstarren in der Kühle des Morgens. Viele sterben auch während des Winters, wenn ihr Nest dem Sturm und Wetter zu sehr ausgesetzt ist. So geht in manchem Garten oder Wäldchen in einem Winter zuweilen die ganze Brut zu Grunde.

Auch noch nach seinem Tode muß der Igel dem Menschen nützen, wenigstens in manchen Gegenden. Sein Fleisch wird wahrscheinlich bloß von Zigeunern verzehrt, also doch gegessen, und man hat sogar eine eigne Zubereitungsweise erfunden. Der Igel wird von dem wahren Kochkünstler mit einer dicken Lage gut durchgekneteten, klebrigen Lehms überzogen und mit dieser Hülle übers Feuer gebracht, hierauf sorgfältig in gewissen Zeiträumen gedreht und gewendet. Sobald die Lehmschicht trocken und hart geworden ist, nimmt man den Braten vom Feuer, läßt ihn etwas abkühlen und bricht dann die Hülle ab, hierdurch zugleich die sämmtlichen Stacheln, welche in der Erde stecken bleiben, entfernend. Bei dieser Zubereitungsart wird der Saft vollkommen erhalten und ein nach dem Geschmacke der genannten Leute ausgezeichnetes Gericht erzielt. In Spanien wurde er früher, zumal während der Fastenzeit, häufig genossen, weil ihm von den Pfaffen seine Stellung in der Klasse der Säugethiere abgesprochen, und er wer weiß für welches Thier erklärt wurde. Bei den Alten spielte er auch in der Arzneikunde seine Rolle. Man gebrauchte sein Blut, seine Eingeweide, ja selbst seinen Mist als Heilmittel oder brannte das ganze Thier zu Asche und verwendete diese in ähnlicher Weise wie die Hundeasche. Selbst heutzutage wird sein Fett noch als besonders heilkräftig angesehen. Die Stachelhaut benutzten die alten Römer zum Karden ihrer wollenen Tücher, und man trieb deshalb mit Igelhäuten lebhaften Handel, welcher so bedeutenden Gewinn abwarf, daß er durch Senatsbeschlüsse geregelt werden mußte. Außerdem wandte man den Stachelpelz als Hechel an. Heutigen Tags noch sollen manche Landwirte von dem Igelfell Gebrauch machen, wenn sie ein Kalb absetzen wollen, dem noch sauglustigen Thiere nämlich ein Stückchen Igelfell mit den Stacheln auf die Nase binden und es dann der Mutter selbst überlassen, den Säugling, welcher ihr äußerst beschwerlich fällt, von sich abzutreiben und an anderes Futter zu gewöhnen.

Das Alpenmurmelthier

Das Alpenmurmelthier (Arctomys Marmota), erreicht etwa 62 Centim. Gesammtlänge bei 15 Centim. Höhe. Die Behaarung, welche aus kürzerem Woll- und längerem Grannenhaar besteht, ist dicht, reichlich und ziemlich lang, ihre Färbung auf der Oberseite mehr oder weniger braunschwarz, auf Scheitel und Hinterkopf durch einige weißliche Punkte unterbrochen, an der Schnauze und an den Füßen rostgelblichweiß. Augen und Krallen sind schwarz, die Vorderzähne braungelb.

Die neueren Untersuchungen haben ergeben, daß das Murmelthier ausschließlich in Europa lebt. Das Hochgebirge der Alpen, Pyrenäen und Karpaten beherbergt es, und zwar bewohnt es die höchst gelegenen Stellen. Je einsamer das Gebirge, um so häufiger wird es gefunden; da wo der Mensch schon mehr mit ihm verkehrt hat, ist es bereits ausgerottet. In der Regel wohnt es nur auf den nach Süden, Osten und Westen zu gelegenen Bergflächen und Anhängen, weil es, wie die meisten Tagthiere, die Sonnenstrahlen liebt. Hier hat es sich seine Höhlen gegraben, kleinere, einfachere, und tiefere, großartig angelegte, die einen für den Sommer bestimmt, die anderen für den Winter, jene zum Schutz gegen vorübergehende Gefahren oder Witterungseinflüsse, diese gegen den furchtbaren, strengen Winter, welcher da oben seine Herrschaft sechs, acht, ja zehn Monate lang festhält. Mindestens zwei Drittel des Jahres verschläft das merkwürdige Geschöpf, oft noch weit mehr; denn an den höchst gelegenen Stellen, wo es sich findet, währt sein Wachsein und Umhertreiben vor dem Baue kaum den sechsten Theil des Jahres.

Das Sommerleben ist, laut Tschudi, sehr kurzweilig. Mit Anbruch des Tages kommen zuerst die Alten aus der Röhre, strekken vorsichtig den Kopf heraus, spähen, horchen, wagen sich dann langsam ganz hervor, laufen etliche Schritte bergan, setzen sich auf die Hinterbeine und weiden hierauf eine Weile lang mit unglaublicher Schnelligkeit das kürzeste Gras ab. Bald darauf strecken auch die Jungen ihre Köpfe hervor, huschen heraus, weiden ein wenig, liegen Stunden lang in der Sonne, machen Männchen und spielen artig miteinander. Alle Augenblicke sehen sie sich um und bewachen mit der größten Aufmerksamkeit die Gegend. Das erste, welches etwas verdächtiges bemerkt, einen Raubvogel oder Fuchs oder Menschen, pfeift tief und laut durch die Nase, die übrigen wiederholen es theilweise, und im Nu sind alle verschwunden. Bei mehreren Thierchen hat man statt des Pfeifens ein lautes Kläffen gehört, woher wahrscheinlich der Name »Mistbelleri« kommt. Ob sie aber überhaupt eigentliche Wachen ausstellen, ist nicht entschieden. Ihre Kleinheit sichert sie mehr vor der Gefahr, bemerkt zu werden, und ihr Auge, besonders aber ihr Ohr und Geruch sind sehr scharf.

Während des Sommers wohnen die Murmelthiere einzeln oder paarweise in ihren eigenen Sommerwohnungen, zu denen ein bis vier Meter lange Gänge mit Seitengängen und Fluchtlöchern führen. Diese sind oft so enge, daß man kaum eine Faust glaubt durchzwängen zu können. Die losgegrabene Erde werfen sie nur zum kleinsten Theile hinaus; das meiste treten sie oder schlagen sie in den Gängen fest, welche dadurch hart und glatt werden. Die Ausgänge sind meist unter Steinen angebracht. In ihrer Nähe findet man oft eine ganze Anzahl kurzer, bloß zum Verstecken bestimmter Löcher und Röhren. Der Kessel ist wenig geräumig. Hier paaren sie sich, wahrscheinlich im April, und das Weibchen wirft nach sechs Wochen zwei bis vier Junge, welche sehr selten vor die Höhle kommen, bis sie etwas herangewachsen sind, und bis zum nächsten Sommer mit den Alten den Bau theilen.

Gegen den Herbst zu graben sie sich ihre weiter unten im Gebirge liegende Winterwohnung, welche jedoch selten tiefer als anderthalb Meter unter dem Rasen liegt. Sie ist immer niedriger im Gebirge gelegen als die Sommerwohnung, welche oft sogar

2600 Meter über dem Meere liegt, während die Winterwohnung (im Kanton Glarus »Schübene« genannt) in der Regel in dem Gürtel der obersten Alpenweiden, oft aber auch tief unter der Baumgrenze liegt. Diese nun ist für die ganze Familie, die aus fünf bis fünfzehn Stück besteht, berechnet und daher sehr geräumig. Der Jäger erkennt die bewohnte Winterhöhle sowohl an dem Heu, welches vor ihr zerstreut liegt, als auch an der gut mit Heu, Erde und Steinen von innen verstopften, aber bloß faustgroßen Mündung der Höhleneingänge, während die Röhren der Sommerwohnungen immer offen sind. Nimmt man den Baustoff aus der Röhrenmündung weg, so findet man zuerst einen aus Erde, Sand und Steinen wohlgemauerten, mehrere Fuß langen Eingang. Verfolgt man nun diesen sogenannten Zapfen einige Meter weit, so stößt man bald auf einen Scheideweg, von welchem aus zwei Gänge sich fortsetzen. Der eine, in dem sich gewöhnlich Losung und Haare befinden, führt nicht weit und hat wahrscheinlich den Baustoff zur Ausmauerung des Hauptganges geliefert. Dieser erhöht sich jetzt allmählich, und nun stößt der Jäger an seiner Mündung auf einen weiten Kessel, oft acht bis zehn Meter bergwärts, das geräumige Lager der Winterschläfer. Er bildet meist eine eirunde backofenförmige Höhle, mit kurzem, weichem, dürrem, gewöhnlich röthlichbraunem Heu angefüllt, welches zum Theile jährlich erneuert wird. Vom August an fangen nämlich diese klugen Thierchen an, Gras abzubeißen und zu trocknen und mit dem Maule zur Höhle zu schaffen und zwar so reichlich, daß es oft von einem Manne auf einmal nicht weggetragen werden kann. Man fabelte früher von dieser Heuernte sonderbare Sachen. Ein Murmelthier sollte sich auf den Rücken legen, mit Heu beladen lassen und so zur Höhle wie ein Schlitten gezogen werden. Zu dieser Erzählung veranlaßte die Erfahrung, daß man oft Murmelthiere findet, deren Rücken ganz abgerieben ist, was jedoch bloß vom Einschlüpfen in die engen Höhlengänge herrührt.

Außer diesen beiden Wohnungen hat das Murmelthier noch besondere Fluchtröhren, in welche es sich bei Gefahr versteckt, oder es eilt unter Steine und Felsenklüfte, wenn es seine Höhle nicht erreichen kann.

Die Bewegungen des Murmelthieres sind sonderbar. Der Gang namentlich ist ein höchst eigenthümliches, breitspuriges Watscheln, wobei der Bauch fast oder wirklich auf der Erde schleift. Eigentliche Sprünge habe ich die Murmelthiere, meine gefangenen wenigstens, niemals ausführen sehen: sie sind zu schwerfällig dazu. Höchst sonderbar sieht das Thier aus, wenn es einen Kegel macht; es sitzt dann kerzengerade auf dem Hintertheile, steif, wie ein Stock, den Schwanz senkrecht vom Leibe abgebogen, die Vorderarme schlaff herabhängend, und schaut aufmerksam in die Welt hinaus. Beim Graben arbeitet es langsam, gewöhnlich nur mit einer Pfote, bis es einen hübschen Haufen Erde losgekratzt hat; dann wirft es diese durch schnellende Bewegungen mit den Hinterfüßen weiter zurück, und endlich schiebt es sie mit dem Hintern vollends zur Höhle hinaus. Während des Grabens erscheint es häufig vor der Mündung seiner Röhre, um sich den Sand aus dem Felle zu schütteln; hierauf gräbt es eifrig weiter.

Frische und saftige Alpenpflanzen, Kräuter und Wurzeln bilden die Nahrung des Murmelthieres. Zur Tränke geht es selten; auch trinkt es viel auf einmal, schmatzt dabei und hebt nach jedem Schlucke den Kopf in die Höhe, wie die Hühner oder Gänse. Seine ängstliche Aufmerksamkeit während der Weide läßt es kaum einen Bissen in Ruhe genießen; fortwährend richtet es sich auf und schaut sich um, und niemals wagt es, einen Augenblick zu ruhen, bevor es sich nicht auf das sorgfältigste überzeugt hat, daß keine Gefahr droht.

Nach allen Beobachtungen scheint es festzustehen, daß das Alpenmurmelthier ein Vorgefühl für Witterungsveränderungen besitzt. Die Bergbewohner glauben steif und fest, daß es durch Pfeifen die Veränderungen des Wetters anzeigt, und sind überzeugt, daß am nächsten Tage Regen eintritt, wenn das Thier trotz des Sonnenscheins nicht auf dem Berge spielt.

Wie die meisten Schläfer, sind die Alpenmurmelthiere im

Spätsommer und Herbst ungemein fett. Sobald nun der erste Frost eintritt, fressen sie nicht mehr, trinken aber noch viel und oft, entleeren sich sodann und beziehen nun familienweise die Winterwohnungen. Vor Beginn des Winterschlafes wird der enge Zugang zu dem geräumigen Kessel auf eine Strecke von ein bis zwei Meter, von innen aus mit Erde und Steinen, zwischen welche Lehm, Gras und Heu eingeschoben werden, geschickt und fest verstopft, so daß das Ganze einem Gemäuer gleicht, bei welchem das Gras gleichsam den Mörtel abgibt. Durch diese Vermauerung wird die äußere Luft abgeschlossen und im Innern durch die Ausstrahlung des Körpers selbst eine Wärme hergestellt, welche etwa 8 bis 9° R. beträgt. Der mit dürrem, rothen Heu ausgepolsterte und ringsum ausgefütterte Kessel bildet für die ganze Gesellschaft das gemeinsame Lager. Hier ruht die Familie dicht bei einander. Alle Lebensthätigkeit ist aufs äußerste herabgestimmt, jedes Thier liegt regungslos und kalt in todesähnlicher Erstarrung in der einmal eingenommenen Lage, keines bekundet Leben. Die Blutwärme ist herabgesunken auf die Wärme der Luft, welche in der Höhle sich findet, die Athemzüge erfolgen bloß funfzehn Mal in der Stunde. Nimmt man ein Murmelthier im Winterschlafe aus seiner Höhle und bringt es in die Wärme, so zeigt sich erst bei 17 Graden das Athmen deutlicher, bei 20 Graden beginnt es zu schnarchen, bei 22 streckt es die Glieder, bei 25 Graden erwacht es, bewegt sich taumelnd hin und her, wird nach und nach munterer und beginnt endlich zu fressen. Im Frühjahre erscheinen die Murmelthiere in sehr abgemagertem Zustande vor der Öffnung ihrer Winterwohnung, sehen sich sehnsüchtig nach etwas Genießbarem um, und müssen oft weit wandern, um an den Ecken und Kanten der Berge, da, wo der Wind den Schnee weggetrieben hat, etwas verdorrtes Gras aufzutreiben. Dieses überwinterte Gras dient ihnen im Anfange zur hauptsächlichsten Nahrung, bald aber sprossen die jungen, frischen, saftigen Alpenpflanzen und verschaffen ihnen wieder Kraft und Fülle.

Jagd und Fang des Murmelthieres haben mancherlei Schwierigkeiten. Der herannahende Jäger wird fast regelmäßig von irgend einem Gliede der Gesellschaft bemerkt und den übrigen durch helles Pfeifen angezeigt. Dann flüchten alle nach dem Baue, und erscheinen so bald nicht wieder; man muß also vor Sonnenaufgang zur Stelle sein, wenn man ein solches Wild erlegen will. Schon in alten Zeiten wurde ihnen eifrig nachgestellt, und in der Neuzeit ist es nicht besser geworden. Die Fallen liefern, so einfach sie sind, immer guten Ertrag und vermindern die Murmelthiere um ein Beträchtliches; die Nachgrabungen im Winter rotten sie familienweise aus. Mit Recht ist deshalb in vielen Kantonen der Schweiz das Graben auf Murmelthiere verboten; denn dadurch würde in kurzer Zeit ihre vollständige Vernichtung herbeigeführt werden, während die einfache Jagd ihnen nie sehr gefährlich wird. Im äußersten Nothfalle vertheidigen sich die Murmelthiere mit Muth und Entschlossenheit gegen ihre Feinde, indem sie stark beißen oder auch ihre kräftigen Krallen anwenden. Wird eine Gesellschaft gar zu heftig verfolgt, so zieht sie aus und wandert, um sicher zu sein, von einem Berge zum anderen. Hier und da sind, wie Tschudi berichtet, die Bergbewohner vernünftig und bescheiden genug, ihre Fallen bloß für die alten Thiere einzurichten, so z. B. an der Gletscheralp im Walliser Saaßthale, wo die Thiere in größerer Menge vorhanden sind, weil die Jungen stets geschont werden. Dem Alpenbewohner ist das kleine Thier nicht allein der Nahrung wegen wichtig, sondern dient auch als Arzneimittel für allerlei Krankheiten. Das fette, äußerst wohlschmeckende Fleisch gilt als besonderes Stärkungsmittel für Wöchnerinnen; das Fett soll Schwangeren das Gebären erleichtern, Leibschneiden heilen, dem Husten abhelfen, Brustverhärtungen zertheilen; der frisch abgezogene Balg wird bei gichtischen Schmerzen angewandt, und dergleichen mehr. Frischem Fleische haftet ein so starker erdiger Wildgeschmack an, daß es dem an diese Speise nicht Gewöhnten Ekel verursacht; deshalb werden auch die frisch gefangenen Murmelthiere, nachdem sie wie ein Schwein gebrüht und geschabt worden sind, einige Tage in den Rauch gehängt und dann erst gekocht oder gebraten. Ein derart vorbereitetes Murmelthierwildpret gilt für sehr schmackhaft. Die Mönche im St. Galler Stift hatten schon um das Jahr 1000 einen eigenen Segensspruch für dieses Gericht: »Möge die Benediktion es fett machen!« In damaliger Zeit wurde das Thierchen in den Klöstern Cassus alpinus genannt, und gelehrte Leute beschäftigten sich mit seiner Beschreibung. Der Jesuit Kircher hielt es, nach Tschudi, für einen Blendling von Dachs und Eichhorn; Altmann aber verwahrt sich gegen solche Einbildungen und kennzeichnet das Murmelthier als einen kleinen Dachs, welcher mit den wahren, echten zu den Schweinen gehöre, erzählt auch, daß es vierzehn Tage vor dem Winterschlafe nichts mehr zu sich nehme, wohl aber viel Wasser trinke und dadurch seine Eingeweide ausspüle, damit sie über Winter nicht verfaulten!

Für die Gefangenschaft und Zähmung wählt man sich am liebsten die Jungen, obgleich es schwierig ist, diese der Mutter wegzuhaschen, wenn sie den ersten Ausgang machen. Sehr jung eingefangene und noch säugende Murmelthiere sind schwer aufzuziehen und gehen auch bei der besten Pflege gewöhnlich bald zu Grunde, während die halbwüchsigen sich leicht auffüttern und lange erhalten lassen. Ihre Nahrung besteht in der Gefangenschaft aus verschiedenen Pflanzenstoffen und Milch. Gibt man sich Mühe mit ihnen, so werden sie bald und in hohem Grade zahm, zeigen sich folgsam und gelehrig, lernen ihren Pfleger kennen, auf seinen Ruf achten, allerlei Stellungen annehmen, auf den Hinterbeinen aufgerichtet umherhüpfen, an einem Stocke gehen u.s.w. Das harmlose und zutrauliche Thier ist dann die Freude von Jung und Alt, und seine Reinlichkeitsliebe und Nettigkeit erwirbt ihm viele Freunde. Im Hause kann man es nicht umherlaufen lassen, weil es alles zernagt, und der Käfig muß auch stark und innen mit Blech beschlagen sein, wenn man das Durchbrechen verhindern will. Im Hofe oder im Garten läßt es sich ebenso wenig halten, weil es sich doch einen Ausweg verschafft, indem es sich unter den Mauern durchgräbt. Im warmen Zimmer lebt es im Winter wie im Sommer, in kalten Räumen rafft es alles zusammen, was es bekommen kann, baut sich ein Nest und schläft, aber mit Unterbrechung. Während des Winterschlafes kann man ein wohl in Heu eingepacktes Murmelthier in gut verschlossenen Kisten weit versenden. Mein Vater erhielt von Schinz eins zugesandt, noch ehe die Eisenbahn eine schnelle Beförderung möglich machte; aber das Thier hatte die Reise aus der Schweiz bis nach Thüringen sehr gut vertragen und kam noch im festen Schlafe an. Übrigens erhält man selbst bei guter Pflege das gefangene Murmelthier selten länger als fünf bis sechs Jahre am Leben.

Unser Meerschweinchen

Unser allbekanntes Meerschweinchen (Cavia cobaya) theilt das Schicksal vieler Hausthiere: man vermag seine Stammeltern mit Sicherheit nicht zu bestimmen. So viel wir wissen, ist das Thierchen bald nach der Entdeckung Amerikas, im sechszehnten Jahrhundert also, und zwar durch die Holländer zu uns gebracht worden. Von jener Zeit an hat man es fort und fort gezüchtet, noch heutigen Tages aber über den Stammvater nicht sich entscheiden können. Die englischen Naturforscher nehmen ziemlich allgemein die Aperea (Cavia Aperea) als Stammart an, und es ist deshalb wohl am Orte, wenn wir zunächst mit dieser uns bekannt machen. Azara sagt Folgendes:

»Die Aperea ist häufig in Paraguay und ebenso in den Pampas von Buenos Ayres, ja wie man sagt, in ganz Amerika. Sie bewohnt die Gräser und Gebüsche an den Feldern, ohne in die Wälder einzudringen. Höhlen gräbt sie nicht, und von ihrem Standorte entfernt sie sich nicht gern weit. In Gärten richtet sie Schaden an, weil sie die verschiedensten Pflanzen verzehrt. Bei Tage hält sie sich verborgen, mit Sonnenuntergang kommt sie zum Vorscheine. Man kann sie nicht scheu nennen. Wenn man sich ihr nähert, versteckt sie sich unter irgend einem Gegenstande. Gefangen, schreit sie laut auf. Ihr Lauf ist ziemlich schnell, sie selbst aber so dumm, daß alle Raubvögel und Raubthiere sie mit Leichtigkeit wegnehmen. Dem ungeachtet ist sie häufig, wahrscheinlich, weil das Weibchen mehrmals im Jahre Junge wirft, wenn auch gewöhnlich nur ein oder höchstens zwei Stück. Das Fleisch wird von den Indianern gern gegessen.«

Diesen Bericht vervollständigt Rengger. »Man erkennt ihren Aufenthalt an den kleinen und schmalen, geschlängelten Wegen, welche sie sich zwischen den Bromelien bahnt, und welche gewöhnlich einen Meter weit ins Freie hinauslaufen. Früh und abends kommt sie aus ihrem Schlupfwinkel hervor, um ihrer Nahrung, welche aus Gras besteht, nachzugehen, entfernt sich aber nie weit, höchstens sechs Meter von ihrem Wohnorte. Sie ist so wenig scheu, daß man sich ihr leicht auf halbe Schußweite nähern kann. Ihre Bewegungen, die Art zu fressen, die Laute, welche sie von sich gibt, sind die nämlichen wie beim Meerschweinchen.

Das Weibchen wirft nur einmal im Jahre und zwar im Frühjahre ein oder zwei sehende Junge, welche gleich nach der Geburt laufen und ihrer Mutter folgen können. Der Pelz kann zu nichts benutzt werden. Außer den Menschen hat es noch alle Raubthiere, welche zum Katzen- und Hundegeschlechte gehören, zu Feinden, besonders aber die größeren Schlangen, welche sich gewöhnlich auch in der Nähe der Bromelien und zwischen denselben aufhalten.«

»Auf der Reise an der Villa Rica sah ich bei einem Landmanne vierzehn zahme Apereas. Sie waren sehr zahm, kannten ihren Herrn, kamen auf seinen Ruf aus ihrem Schlupfwinkel hervor, fraßen aus seiner Hand und ließen sich von ihm auf den Arm nehmen. Gegen fremde Personen zeigten sie einige Furcht. Ihre Färbung stimmte mit der wildlebender überein, ebenso ihre Lebensweise, indem sie, wenn sie nicht gerufen wurden, den Tag hindurch sich versteckt hielten und nur morgens und abends ihre Nahrung aufsuchten.«

Man kann es Rengger nicht verargen, wenn er nach diesen Beobachtungen die Aperea und das Meerschweinchen für verschiedene Thiere erklärt. Die Aperea wird 26 Centim. lang und 9 Centim. hoch. Der Pelz besteht aus geraden, harten, glänzenden, borstenartigen Haaren, welche ziemlich glatt auf der Haut liegen. Im Winter sind die Haare der Oberseite braun und gelb mit röthlichen Spitzen; im Sommer wird die Färbung blässer, und alle oberen und äußeren Theile erscheinen graubraun mit einer röthlichen Schattirung. Das Meerschweinchen dagegen zeigt immer nur dreierlei Farben in bunter, unregelmäßiger Mischung: Schwarz, Rothgelb und Weiß. Diese Farben sind bald in größere, bald in kleinere Flecken vertheilt. Einfarbige sind weit seltener als bunte. Hierzu kommen noch innerliche Unterschiede. Der Schädel der Aperea läuft nach vorn spitzer zu als beim Meerschweinchen, ist hinten breiter und an der Hirnschale gewölbt. Waterhouse hält diese von Rengger hervorgehobenen Unterschiede nicht für maßgebend, Hensel dagegen stimmt Rengger bei und bemerkt ausdrücklich, daß sie um so mehr ins Gewicht fallen, als man dabei nicht an Folgen der Zähmung denken könne. So wissen wir also immer noch nicht, ob wir die Aperea wirklich als Stammvater des Meerschweinchens ansehen dürfen.

Dieses gehört zu den beliebtesten Hausthieren aus der ganzen Ordnung der Nager, ebensowohl seiner Genügsamkeit wie seiner Harmlosigkeit und Gutmüthigkeit halber. Wenn man ihm einen luftigen und trockenen Stall gibt, ist es überall leicht zu erhalten. Es frißt die verschiedensten Pflanzenstoffe, von der Wurzel an bis zu den Blättern, Körner ebenso gut wie frische, saftige Pflanzen, und verlangt nur etwas Abwechselung in der Nahrung. Wenn es saftiges Futter hat, kann es Getränk ganz entbehren, obwohl es namentlich Milch recht gern zu sich nimmt. Es läßt sich überaus viel gefallen und verträgt selbst Mißhandlungen mit Gleichmuth. Deshalb ist es ein höchst angenehmes Spielzeug für Kinder, welche sich überhaupt am eifrigsten mit seiner Zucht abgeben. In seinem Wesen erinnert es in mancher Hinsicht an die Kaninchen, in anderer wieder an die Mäuse. Der Gang ist eben nicht rasch und besteht mehr aus Sprungschritten; doch ist das Thier nicht tölpelhaft, sondern ziemlich gewandt. In der Ruhe sitzt es gewöhnlich auf allen vier Füßen, den Leib platt auf den Boden gedrückt; es kann sich aber auch auf dem Hintertheile aufrichten. Beim Fressen führt es oft seine Nahrung mit den Vorderfüßen zum Munde. Es läuft ohne Unterbrechung in seinem Stalle umher, am liebsten längs der Mauern hin, wo es sich bald einen glatt getretenen Weg bahnt. Recht hübsch sieht es aus, wenn eine ganze Anzahl beisammen ist. Dann folgt eines dem andern, und die ganze Reihe umkreist den Stall vielleicht hundertmal ohne Unterbrechung. Die Stimme besteht aus einem

Grunzen, welches ihm wohl den Namen Schwein verschafft hat, und aus einem eigenthümlichen Murmeln und Quieken. Das Murmeln scheint Behaglichkeit auszudrücken, während das Quieken immer Aufregung anzeigt.

Männchen und Weibchen halten sich zusammen und behandeln einander zärtlich. Reinlich, wie die meisten Nager es sind, leckt eines das andere und benutzt auch wohl die Vorderfüße, um dem Gatten das Fell glatt zu kämmen. Schläft eines von dem Paare, so wacht das andere für seine Sicherheit; währt es ihm aber zu lange, so sucht es durch Lecken und Kämmen den Schläfer zu ermuntern, und sobald dieser die Augen aufthut, nickt es dafür ein und läßt nun sich bewachen. Das Männchen treibt sein Weibchen oft vor sich her und sucht ihm seine Liebe und Anhänglichkeit auf jede Weise an den Tag zu legen. Auch die gleichen Geschlechter vertragen sich recht gut, so lange die Freßsucht nicht ins Spiel kommt, oder es sich nicht darum handelt, den besten Platz beim Fressen oder Ruhen zu erhalten. Zwei verliebte Männchen, welche um eine Gattin streiten, gerathen oft in Zorn, knirschen mit den Zähnen, stampfen auf den Boden und treten sich gegenseitig mit den Hinterfüßen, packen sich auch wohl an den Haaren; ja es kommt sogar zu Kämpfen, bei denen die Zähne tüchtig gebraucht werden und manchmal ernste Verwundungen vorkommen. Der Streit und jeder Kampf enden erst dann, wenn sich ein Männchen entschieden in den Besitz eines Weibchens gesetzt hat oder in dem Kampfe Sieger geblieben ist.

Wenige Säugethiere kommen dem Meerschweinchen an Fruchtbarkeit gleich. Bei uns wirft das Weibchen zwei- oder dreimal im Jahre zwei bis drei, oft auch vier bis fünf Junge, in heißen Ländern sogar deren sechs bis sieben. Die Kleinen kommen vollständig entwickelt zur Welt, werden mit offenen Augen geboren und sind schon wenige Stunden nach ihrer Geburt im Stande, mit ihrer Mutter umherzulaufen. Am zweiten Tage ihres Lebens sitzen sie manchmal bereits mit bei der Mahlzeit und lassen sich die grünen Pflanzen, ja sogar die Körner, fast ebenso gut schmecken wie jene. Gleichwohl säugt sie die Mutter vierzehn

Tage lang und zeigt während dieser Zeit viel Liebe und Sorgfalt für sie, vertheidigt sie, hält sie zusammen, leitet sie zum Fressen an usw. Sowie die Kleinen verständiger werden, erkaltet diese heiße Liebe, und nach ungefähr drei Wochen, zu welcher Zeit die Alte regelmäßig schon wieder sich gepaart hat, bekümmert sie sich gar nicht mehr um die früheren Sprößlinge. Der Vater zeigt sich von allem Anfang an sehr gleichgültig, sogar feindselig, und oft kommt es vor, daß er sie todt beißt und auffrißt. Nach ungefähr fünf bis sechs Monaten sind die Jungen ausgewachsen und fortpflanzungsfähig, nach acht bis neun Monaten haben sie ihre vollkommene Größe erreicht. Bei guter Behandlung können sie ihr Leben auf sechs bis acht Jahre bringen.

Wenn man sich viel mit Meerschweinchen beschäftigt, kann man sie ungemein zahm machen, obwohl sie ihre Furchtsamkeit nie gänzlich ablegen, und bei ihrer geringen geistigen Fähigkeit auch kaum dahin gelangen, den Wärter von Anderen zu unterscheiden. Niemals versuchen sie zu beißen oder sonst von ihren natürlichen Waffen Gebrauch zu machen. Das kleinste Kind kann unbesorgt mit ihnen spielen. Oft legen sie eine wahrhaft merkwürdige Gleichgültigkeit gegen äußere Gegenstände an den Tag. So lieb und angenehm ihnen auch ihr Stall zu sein pflegt, so wenig scheinen sie nach ihm zu verlangen, wenn sie wo anders hingebracht werden; sie lassen sich warten und pflegen, auf den Schoß nehmen, mit umherschleppen usw., ohne sich deshalb mißvergnügt zu zeigen. Wenn man ihnen etwas zu fressen gibt, sind sie überall zufrieden. Aber dafür bekunden sie auch nie wahre Anhänglichkeit, sondern sind so recht aller Welt Freund. Gegen kalte und nasse Witterung sehr empfindlich, erkranken sie, wenn man sie rauhem Wetter aussetzt und gehen dann leicht zu Grunde.

Eigentlichen Schaden können die Meerschweinchen nie bringen; es müßte denn sein, daß man sie im Zimmer hielte, wo sie vielleicht manchmal durch Benagen unangenehm werden können. Doch kommt dies nicht in Betracht gegenüber ihren guten Eigenschaften, durch welche sie viele Freude und somit auch

Nutzen gewähren. Einen besondern Vorschub haben sie, freilich gegen ihren Willen, der Wissenschaft geleistet. Bischoff hat sie zu Untersuchungen über die thierische Entwickelung verwendet und ihnen dadurch einen ehrenvollen Platz in unserem wissenschaftlichen Schriftthume gesichert.

Das Faulthier

Verglichen mit den bisher beschriebenen und den noch zu schildernden Säugethieren erscheinen die Faulthiere (Bradypoda) freilich als sehr niedrigstehende, stumpfe und träge, einen wahrhaft kläglichen Eindruck auf den Menschen machende Geschöpfe, gleichsam nur als ein launenhaftes Spiel der Natur oder als Zerrbild der vollkommenen Gestalten, welche sie erschuf. Die vorderen Gliedmaßen sind bedeutend länger als die hinteren, die Füße mehr oder weniger mißgebildet, aber mit gewaltigen Sichelkrallen bewehrt; der Hals ist verhältnismäßig lang und trägt einen runden, kurzen affenähnlichen Kopf mit kleinem Munde, welcher von mehr oder minder harten, wenig beweglichen Lippen umschlossen ist, und kleinen Augen und Ohrmuscheln, welche vollständig im Pelze verborgen sind; der Schwanz ist ein kaum sichtbarer Stummel; die Haare sind im Alter lang und grob wie dürres Heu und haben den Strich umgekehrt wie bei anderen Thieren von der Unterseite nach dem Rücken zu. Ganz auffallend und einzig unter den Säugethieren dastehend ist der Bau der Wirbelsäule. Anstatt der sieben Wirbel, welche sonst den Hals zu bilden pflegen, finden sich bei einzelnen Faulthieren ihrer sechs, bei anderen neun, ausnahmsweise sogar ihrer zehn, und die Zahl der rippentragenden Wirbel steigt von vierzehn auf vierundzwanzig. Im Unterkiefer stehen meist vier Zähne oder eigentlich bloß Anfänge von Zähnen. Sie bestehen aus Knochenmasse, welche zwar von einer dünnen Schmelzschicht umschlossen, äußerlich aber noch von Cement umgeben ist, sind also ihrem Wesen und ihrer Färbung nach eher Hornstifte als wirkliche Zähne. Nicht minder eigenthümlich ist der Bau mancher Weichtheile. Das Gehirn ist klein und zeigt nur wenige Windungen, deutet also auf geringe geistige Fähigkeiten dieser Stiefkinder der Natur.

Die Übereinstimmung des Wesens aller genauer beobachteten Faulthiere läßt es thunlich erscheinen, einer Schilderung ihrer Lebensweise die Beschreibung zweier Arten als Vertreter der Sippen der Familie vorauszuschicken: Der Unau oder das Zweizehenfaulthier und der Ai oder das Dreizehenfaulthier.

Das Verbreitungsgebiet der Faulthiere beschränkt sich auf Südamerika. Jene großen Wälder in den feuchten Niederungen, in denen die Pflanzenwelt zur höchsten Entwickelung gelangt, bilden die Wohnorte der merkwürdigen Geschöpfe. Je öder, je dunkler und schattiger der Wald, je undurchdringlicher das Dikkicht, um so geeigneter scheinen solche Örtlichkeiten für das Leben der verkümmerten Wesen. Auch sie sind echte Baumthiere wie der Affe oder das Eichhorn; aber diese glücklichen Geschöpfe beherrschen die Baumkronen, während jene sich abmühen müssen, um kriechend von einem Zweige zum anderen zu gelangen. Eine Strecke, welche für das leichte und übermüthige Volk der Höhe eine Lustwandlung ist, muß dem Faulthiere als eine weite Reise erscheinen.

Höchstens zu einer Familie von wenigen Mitgliedern vereinigt, führen die trägen Geschöpfe ein langweiliges Stillleben und wandern langsam von Zweig zu Zweig. Im Verhältnis zu den Bewegungen auf dem Erdboden besitzen sie freilich noch eine ausnehmende Geschicklichkeit im Klettern. Ihre langen Arme erlauben ihnen, weit zu greifen, und die gewaltigen Krallen gestatten ihnen ein müheloses Festhalten an den Ästen. Sie klettern allerdings ganz anders als alle übrigen Baumthiere; denn bei ihnen ist das die Regel, was bei diesen als Ausnahme erscheint. Den Leib nach unten hängend, reichen sie mit ihren langen Armen nach den Ästen empor, haken sich hier mittels ihrer Krallen fest und schieben sich gemächlich weiter von Zweig zu Zweig, von Ast zu Ast. Doch erscheinen sie träger, als sie thatsächlich sind. Als Nachtthiere bringen sie freilich ganze Tage zu, ohne sich zu bewegen; schon in der Dämmerung aber werden sie munter, und nachts durchwandern sie, langsam zwar, jedoch nicht faul, je nach Bedürfnis ein größeres oder kleineres Gebiet. Sie nähren sich ausschließlich von Knospen, jungen Trieben und Früchten, und finden in dem reichlichen Thau, welchen sie von den Blättern ablecken, hinlänglichen Ersatz für das ihnen fehlende Wasser. Eine nicht in Abrede zu stellende Trägheit bekundet sich auch beim Erwerbe und bei der Aufnahme ihrer Nahrung: sie sind genügsam, anspruchslos und befähigt, Tage lang, wie einige behaupten, sogar Wochen lang zu hungern und zu dursten, ohne irgend welchen Schaden zu nehmen. Solange ihnen ein Baum Nahrung gewährt, verlassen sie denselben nicht; erst wenn die Weide knapp wird, denken sie daran, eine Wanderung anzutreten, steigen sodann langsam zwischen die tiefen Zweige hernieder, suchen sich eine Stelle aus, wo das Geäst der benachbarten Bäume mit dem ihres Weidebaumes sich verbindet und haken sich auf der luftigen Brücke zu jenem hinüber. Übrigens würden sie unbeschadet ihrer geringen Erwerbsfähigkeit mit ihrer Nahrung wählerisch sein dürfen; denn der Reichthum ihrer Heimatsorte an den allerverschiedenartigsten Pflanzen ist so groß, daß sie ohne bedeutende Anstrengung leicht die ihnen lecker erscheinende Kost sich würden aussuchen können. Jener üppige Waldsaum, welcher sich in der Nähe der Ströme dahinzieht und ununterbrochen bis tief in das Innere des Waldes reicht, besteht zumeist aus Baumarten, deren Kronen aufs vielfältigste miteinander sich verschlingen und ihnen gestatten, ohne jemals den Boden berühren zu müssen, von einer Stelle zu einer anderen sich zu begeben. Zudem bedürfen sie bloß ein kleines Weidegebiet; denn ihr geringer Verbrauch an Blättern steht mit der Erzeugungsthätigkeit jener bevorzugten Länderstriche gar nicht im Verhältnis. Beim Fressen bedienen sie sich gewöhnlich ihrer langen Vorderarme, um entferntere Zweige an sich zu ziehen und Blätter und Früchte von denselben mit den Krallen abzureißen; dann führen sie die Nahrung mit den Vorderpfoten zum Munde. Außerdem erleichtert ihnen ihr langer Hals das Abweiden der Blätter, durch welche sie sich hindurchwinden müssen, sobald sie sich bewegen. Man sagt, daß sie auf dicht belaubten Bäumen viele Nahrung und während der Regenzeit auch viel Wasser zu sich nehmen können, und dies würde mit der Stumpfheit ihrer Werkzeuge nicht im Widerspruche stehen; denn diese gestattet ihnen die beiden äußersten des Überflusses und der Entsagung. Je höher ein Thier ausgebildet ist, um so gleichmäßiger werden alle Verrichtungen des Leibes vor sich gehen; je tiefer es steht, um so weniger abhängig ist es von dem, was wir Bedürfnisse des Lebens nennen. So können die Faulthiere ohne Beschwerde entbehren und schwelgen in dem einzigen Genusse, welchen sie kennen, in der Aufnahme ihrer Nahrung nämlich. Sie, welche sich sonst bloß mit dem Blätterthau laben, sollen nach der Aussage der Indianer während der Regenzeit verhältnismäßig rasch von den Bäumen herabsteigen, um sich den Flüssen zu nähern und dort ihren Durst zu stillen.

Auf dem Boden sind die armseligen Baumsklaven fremd. Ihr Gang ist ein so mühseliges Fortschleppen des Leibes, daß er immer das Mitleid des Beschauers wach ruft. Der langsamen Landschildkröte vergleichbar, sucht das Faulthier seine plumpe Leibesmasse fortzuschaffen. Mit weit von sich gestreckten Gliedern, auf die Elnbogen gestützt, die einzelnen Beine langsam im Kreise weiter bewegend, schiebt es sich höchst allmählich vorwärts; der Bauch schleppt dabei fast auf der Erde, und Kopf und Hals bewegen sich fortwährend langsam von einer Seite zur anderen, als müßten sie das Gleichgewicht des so überaus unbeholfenen Geschöpfes vermitteln. Die Zehen der Füße werden während des Ganges in die Höhe gezogen und die Krallen nach innen geschlagen; der Fuß berührt also mit dem Außenrande und fast nur mit dem Handballen den Boden. Es leuchtet ein, daß solche Bewegung mit unglaublicher Langsamkeit vor sich gehen muß. Auf dem Boden erkennt das Faulthier seine hülflose Lage wohl. Überrascht man es zufällig bei seinem Gange, oder setzt man ein gefangenes auf die flache Erde, so streckt es den kleinen Kopf auf seinem langen Halse empor, richtet den Vordertheil des Leibes etwas auf und bewegt langsam und mechanisch einen seiner Arme im Halbkreise gegen seine Brust, als wolle es seinen Feind mit den gewaltigen Krallen umklammern. Die Unbeholfenheit und Langsamkeit verleiht ihm einen eigenthümlich kläglichen Ausdruck. Man sollte nicht meinen, daß dieses Geschöpf, welches so traurig dahinhaspelt, fähig wäre, sich aus dem Wasser zu retten, wenn es durch irgend ein Mißgeschick in dasselbe geräth. Aber das Faulthier schwimmt leidlich gut; indem es sich rascher als beim Klettern selbst bewegt, den Kopf hoch über den Wasserspiegel emporhält, die Wellen ziemlich leicht durchschneidet und wirklich das feste Land wieder gewinnt; Bates und Wallace sahen ein Faulthier über einen Fluß schwimmen und zwar an einer Stelle, wo derselbe über dreihundert Yards breit war. Hieraus geht hervor, daß der Name Faulthier, so richtig er im Grunde auch ist, sich doch eigentlich bloß auf die Gehbewegungen unseres Thieres bezieht; denn auf den Bäumen erscheint seine Trägheit, wie bemerkt, keineswegs so groß, als man früher annehmen zu müssen glaubte, irregeleitet durch die übertriebenen Schilderungen der ersten Beobachter. Bemerkenswerth ist die staunenswerthe Sicherheit, mit welcher alle Kletterbewegungen ausgeführt werden. Das Faulthier ist im Stande, mit einem Fuße an einem höheren Aste sich festzuhaken und dann ganz sicher daran frei zu hängen, indem es nicht nur die volle Last des Leibes an einem Gliede tragen, sondern auch bis zum Anhaltepunkt emporziehen kann. Gleichwohl strebt es immer darnach, für alle seine Glieder sichere Stützpunkte zu finden, und scheut sich fast, mit einem Fuße loszulassen, bevor es für ihn wieder einen verläßlichen Punkt zum Anhalten gefunden hat.

Außerordentlich schwer hält es, ein Faulthier, welches sich fest an einen Ast geklammert hat, von demselben los zu machen. Ein Indianer, welcher Schomburgk begleitete, bemerkte ein dreizehiges Faulthier auf den hervorragenden Wurzelästen einer Rhizophora, welches dort ausruhte und, als man es ergreifen wollte, nur wehmüthig bittende Blicke zur Abwehr zu haben schien. Aber man bemerkte bald, daß die Ergreifung leichter ward als die wirkliche Gefangennahme. Es schien unmöglich, das Thier von den Wurzelästen zu trennen, an welchen es sich mit einer Kralle festgeklammert hatte. Erst nachdem man die beiden Vorderfüße, seine einzige, aber wegen der scharf hervorstehenden Klauen nicht ungefährliche Vertheidigungswaffe, gebunden hatte, gelang es drei Indianern, unter Aufbietung aller Kräfte, es von dem Baume loszureißen.

Beim Schlafen und Ruhen nimmt das Faulthier eine ähnliche Stellung an wie gewöhnlich. Es stellt die vier Beine dicht aneinander, beugt den Leib fast kugelförmig zusammen und senkt den Kopf gegen die Brust, ohne ihn jedoch auf derselben ruhen zu lassen oder ihn darauf zu stützen. In dieser Lage hängt es übertages genau auf derselben Stelle, ohne zu ermüden. Nur ausnahmsweise sucht es mit den Vorderarmen einen höheren Zweig zu fassen, hebt den Körper dadurch vorn empor und stützt vielleicht seinen Rücken auf einen anderen Ast.

So unempfindlich das Thier gegen Hunger und Durst zu sein scheint, so empfindlich zeigt es sich gegen die Nässe und die damit verbundene Kühle. Bei dem schwächsten Regen sucht es sich so eilig wie möglich unter die dichteste Bedachung der Blätter zu flüchten und macht dann sogar verzweifelte Anstrengungen, seinen Namen zu widerlegen. In der Regenzeit hängt es oft tagelang traurig und kläglich an einer und derselben Stelle, sicherlich im höchsten Grade durch das herabstürzende Wasser belästigt.

Nur höchst selten, gewöhnlich bloß des Abends oder bei anbrechendem Morgen, oder auch wenn sich das Faulthier beunruhigt fühlt, vernimmt man seine Stimme. Sie ist nicht laut und besteht aus einem kläglichen, geradeaus gehaltenen, feinen, kurzen und schneidenden Tone, welcher von einigen mit einer oftmaligen Wiederholung des Lautes I wiedergegeben wird. Die neueren Beobachter haben niemals von einem Faulthiere Töne vernommen, welche Doppel-Lauten gleichen, oder gar, wie frühere Beobachter ebenfalls behaupten, aus einem auf- und absteigenden Akkord bestehen. Bei Tage hört man von dem Faulthiere höchstens tiefe Seufzer. Beim Gehen oder Humpeln auf der Erde schreit es nicht, selbst wenn es auf das äußerste gereizt wird.

Aus dem bereits Mitgetheilten geht hervor, daß die höheren Fähigkeiten der Faulthiere nicht hoch entwickelt sein können.

Die Sinne scheinen gleichmäßig stumpf zu sein. Das Auge ist blöde und ausdruckslos wie kein zweites Säugethierauge; daß das Gehör nicht ausgezeichnet ist, ergibt sich schon aus der geringen Größe und versteckten Lage der Ohrmuscheln; von der Stumpfheit des Gefühls hat man sich mehr als einmal überzeugen können; über den Geruch haben wir kein Urtheil, und nur der Geschmack dürfte als einigermaßen entwickelt gelten. Sehr tief stehen die geistigen Fähigkeiten der Faulthiere. Sie zeigen wenig Verstand, vielmehr Stumpfheit, Dummheit und Gleichgültigkeit. Man nennt sie harmlos, will damit aber ausdrücken, daß sie überhaupt geistiger Regungen nicht fähig sind. Sie haben, so sagen die Reisenden, keine heftigen Leidenschaften, kennen keine Furcht, besitzen aber auch keinen Muth, scheinen keine Freude zu haben, aber auch der Traurigkeit unzugänglich zu sein. Diese Angaben sind nach meinen Erfahrungen nicht begründet. So tief, wie die meisten Beobachter glauben machen wollen, stehen die Thiere nicht. Man pflegt zu vergessen, daß man in ihnen Nachtthiere vor sich hat, über deren Fähigkeiten Beobachtung in den Tagesstunden kein Urtheil gewähren kann. Das schlafende Faulthier ist es, welchem sein Name gebührt; das wach und rege gewordene bewegt sich in einem engen Kreise, beherrscht diesen aber genügend. Sein wenig entwickeltes Hirn bietet einem umfassenden Verstande oder weit gehenden Gedanken und Gefühlen keine Unterlage; daß ihm aber Verständnis für seine Umgebung und die herrschenden Verhältnisse abgehe, daß es weder Liebe noch Haß bekunde, weder Freundschaft gegen Seinesgleichen noch Feindschaft gegen andere Thiere zeige, daß es unfähig wäre, in veränderte Umstände sich zu fügen, wie man behauptet hat, ist falsch.

Es läßt sich von vornherein erwarten, daß die Faulthiere nur ein einziges Junges werfen. Vollkommen behaart, ja sogar mit bereits ziemlich entwickelten Krallen und Zehen kommt dieses zur Welt und klammert sich sofort nach seiner Geburt mit diesen Krallen an den langen Haaren der Mutter fest, mit den Armen ihren Hals umschlingend. Nun schleppt es die Alte immer in derselben Weise überall mit sich herum. Anfangs scheint es, als betrachte sie ihr Kind mit großer Zärtlichkeit; doch die Mutterliebe erkaltet bald, und die stumpfsinnige Alte gibt sich kaum die Mühe, ihr Kind zu füttern und zu reinigen oder ihm andere Ammendienste zu leisten. Gleichgültig läßt sie es sich von der Brust wegreißen, und nur vorübergehend zeigt sie eine gewisse Unruhe, als vermisse sie etwas und wolle sich nun bemühen, es wieder aufzusuchen. Aber sie erkennt ihren Sprößling nicht eher, als bis er sie oder sie ihn berührt, und wenn derselbe auch durch Schreien seine Nähe verrathen sollte. Oft kommt es vor, das sie ein paar Tage lang hungert, oder sich wenigstens nicht nach Nahrung bemüht; demungeachtet säugt sie ihr Junges ununterbrochen, und dieses klebt mit derselben Zähigkeit an ihr, wie sie an dem Baumaste. So erzählen die Reisenden, vielleicht Berichte der Indianer wiedergebend; es fragt sich jedoch sehr, ob oder inwieweit dieselben richtig sind. Seitdem ich Faulthiere jahrelang gepflegt und beobachtet habe, bin ich zu wesentlich anderen Anschauungen über sie gelangt und glaube nicht mehr an alle Angaben früherer Beobachter.

Die Trägheit der Faulthiere zeigt sich auch, wenn sie gemißhandelt oder verwundet werden. Es ist eine bekannte Erfahrung, daß die niedrigsten Thiere verhältnismäßig die größten Mißhandlungen, Verletzungen und Schmerzen erleiden können; bei den Faulthieren nun scheint diese allgemeine Thatsache ebenfalls sich zu bestätigen. Die Berichte lauten allerdings nicht ganz übereinstimmend; doch behaupten anerkannt tüchtige Naturforscher, daß jene die unempfindlichsten aller Säugethiere wären. Es kommt nicht selten vor, daß diese Geschöpfe viele Tage und Wochen lang hungern: Caffer z. B. theilte der Versammlung der Naturforscher in Turin mit, daß er ein dreizehiges Faulthier in der Gefangenschaft gehabt habe, welches einen ganzen Monat lang nicht das geringste zu sich nahm. Eine auffallende Lebenszähigkeit der Thiere läßt sich nicht bestreiten.

Sie ertragen schwere Verwundungen mit der Gleichgultigkeit eines Leichnams. Oft verändern sie nach einem tüchtigen

Schrotschusse, welchen man ihnen in den Leib jagt, nicht einmal die Stellung. Nach Schomburgk widerstehen sie auch dem furchtbaren Urarigift der Indianer am längsten. »Mag dieses nun in ihrem eigenthümlichen Gefäßsystem und dem dadurch so gehemmten und langsamen Blutumlaufe seinen Grund haben, kurz, die Wirkungen treten bei ihnen am spätesten ein und sind dabei auch am kürzesten in ihrer Dauer. Ebenso werden nur sehr schwache Zuckungen bemerkbar, wie sie doch bei den übrigen Thieren bei Beginn der Wirkung des Giftes immer sichtbar sind.« Wenn man bedenkt, daß die vergiftete schwache Dornspitze dem Jaguar, welchem sie der Indianer auf den Pelz blies, kaum die Haut ritzt und ihn doch in wenigen Minuten zu einem Opfer des Todes macht, bekommt man erst einen Maßstab zur Beurtheilung der Lebenszähigkeit der Faulthiere.

Man kann nicht sagen, daß die hülflosen Geschöpfe viele Feinde haben. Durch ihr Baumleben entgehen sie den gefährlichsten, welche sie bedrohen, den Säugethieren nämlich, und höchstens die großen Baumschlangen mögen ihnen zuweilen nachstellen. Dazu kommt, daß ihr Pelz im allgemeinen ganz die Färbung der stärkeren Äste zeigt, an denen sie unbeweglich, wie die Frucht an einem Baume hängen, so daß schon das geübte Falkenauge der Indianer dazu gehört, um ein schlafendes Faulthier aufzufinden. Übrigens sind die Thiere doch nicht so ganz wehrlos, als es auf den ersten Blick hin scheinen mag. Auf dem Baume ist ihnen natürlich schwer beizukommen, und wenn sie auf dem Boden überrascht und angegriffen werden, werfen sie sich schnell genug noch auf den Rücken und fassen ihren Angreifer mit den Krallen. Man erzählt ein Beispiel, daß ein gefangenes und an einer wagerecht stehenden Stange aufgehängtes Faulthier den Hund, welchen man auf dasselbe gehetzt hatte, plötzlich mit seinen Armen umklammerte und ihn vier Tage lang fest hielt, bis er starb, ohne daß es möglich gewesen wäre, ihm das Opfer zu entreißen. Soviel steht fest, daß die Kraft der Arme des Faulthieres eine sehr beträchtliche ist. Selbst ein starker Mann hat Mühe, sich wieder von ihm zu befreien oder es von dem Baumast loszureißen, an welchen es sich angeklammert hat, falls man nicht einen Fuß nach dem anderen loshakt und sodann festhält, gelingt letzteres überhaupt nicht.

Über das Gefangenleben der Faulthiere war bis jetzt wenig bekannt. Man mußte glauben, daß es überaus schwer wäre, sie längere Zeit am Leben zu erhalten, und hielt daher, wenn auch nicht alle, so doch sehr viele von den Fabeln, welche über diese merkwürdigen Geschöpfe im Umlaufe sind, für wahr. Buffon erzählt, daß der Marquis von Montmirail ein Faulthier in Amsterdam kaufte, welches man bisher im Sommer mit zartem Laube und im Winter mit Schiffszwieback ernährt hatte. Der Marquis erhielt das Thier drei Jahre am Leben und fütterte es mit Brod, Äpfeln und Wurzeln, welche Gegenstände sein Gefangener mit den Klauen seiner Vorderfüße nahm und so zum Munde führte. Gegen Abend wurde das Thier munter, ohne übrigens je eine Leidenschaft zu zeigen, und niemals bewies es, daß es seinen Wärter kennen gelernt habe. Von den Reisenden erfahren wir, daß man sich kaum ein ungemüthlicheres Geschöpf denken könne als ein gefangenes Faulthier. Tagelang hänge es an einem Stocke oder Stricke, ohne auch nur das geringste Verlangen nach Nahrung auszudrücken. Einer fügt sogar hinzu, daß es lieber verhungern als eine einzige Bewegung machen würde, um die vorgehaltene Nahrung zu erlangen. Hierauf scheinen sich die älteren Beobachtungen zu beschränken.

Man wird sich nun meine Freude vorstellen können, als ich nach allen vergeblichen Versuchen, mehr über das Faulthier zu erfahren, auf einer Rundreise durch die Thiergärten Englands, Frankreichs, Hollands, Belgiens und der Rheinlande in Amsterdam ein lebendes Faulthier und somit Gelegenheit fand, eigene Beobachtungen anzustellen. Freilich erlaubte mir der große Reichthum des Gartens nicht, meine Aufmerksamkeit in erwünschter Weise dem Faulthiere ausschließlich zu widmen, und leider konnte ich nur ein paar Stunden am Käfige des wundersamen Thieres verweilen. Aber auch dieser kurze Aufenthalt genügte, um mir zu beweisen, daß die bisher gegebenen Beschreibungen zum großen Theil sehr übertrieben sind. Später gelang es mir, mehrere Faulthiere zu erwerben und meine Beobachtungen zu vervollständigen. Ich will nicht so kühn sein, zu behaupten, daß letztere auch für das Freileben entscheidend sein sollen; mit anderen Worten: ich will das, was ich an gefangenen sah, durchaus nicht auf das Freileben der Thiere übertragen; soviel aber kann ich behaupten, daß die Faulthiere nichts weniger als traurige, langweilige Geschöpfe, sondern im Gegentheile ungemein fesselnde und in jeder Hinsicht würdige Mitglieder einer Thiersammlung sind.

Kees, so hieß das in Amsterdam lebende Faulthier, bewohnte seinen Käfig bereits seit neun Jahren und befand sich jedenfalls so wohl in der Gefangenschaft wie andere Thiere auch. Wer jemals Säugethiere lebend gehalten hat, weiß, daß er sehr froh sein kann, wenn seine Gefangenen durchschnittlich neun Jahre am Leben bleiben, und wer noch einigermaßen die zahnarmen Thiere kennt, wird zugestehen müssen, daß solche Zeit für ein Mitglied dieser Ordnung sicherlich eine hohe ist.

Wenn man bei Tage den Thieren einen Besuch abstattet, sieht man in diesem Glaskasten nur einen Ballen, welcher lebhaft an einen Haufen von trockenem Riedgrase erinnert. Dieser Ballen erscheint formlos, weil man von den Gliedmaßen der Faulthiere eigentlich so gut als nichts gewahrt. Bei genauerer Betrachtung ergibt sich, daß sie ihre gewöhnliche Ruhe- oder Schlafstellung angenommen haben. Der Kopf ist auf die Brust herabgebogen, so daß die Schnauzenspitze unten auf dem Bauche aufliegt, und wird durch die vorgelegten Arme und Beine vollständig verdeckt. Die Gliedmaßen nämlich liegen dicht auf einander, ein Bein immer mit dem anderen abwechselnd, und sind so ineinander verschränkt, daß man zwischendurch nicht sehen kann. Gewöhnlich sind die Krallen eines oder zweier Füße um eine Stange des Gerüstes geschlagen; nicht selten aber faßt das Faulthier mit den Krallen des einen Fußes den anderen Oberarm oder Schenkel und verschlingt sich hierdurch in eigenthümlicher Weise. So sieht man von den Kopftheilen nicht das geringste, kann nicht einmal unterscheiden, wo der Rumpf in den Hals und dieser in den Kopf übergeht: kurz, man hat eben nur einen Haarballen vor sich, und muß schon recht scharf hinsehen, wenn man erkunden will, daß dieser Ballen sich langsam auf- und niedersenkt. Gegen die Zuschauer ringsum, welche durch Klopfen, Rufen und schnelle Bewegungen mit den Händen irgend welche Wirkungen hervorzubringen suchen, beweist sich der Ballen vollkommen theilnahmlos; keine Bewegung verräth, daß er lebt, und gewöhnlich gehen die Beschauer mißmuthig von dannen, nachdem sie verdutzt den Namen des Thieres gelesen und einige, nicht eben schmeichelhafte Bemerkungen über dieses »garstige Vieh« gemacht haben.

Aber der Haarballen bekommt, wenn man es recht anfängt, sehr bald Leben; denn das Faulthier ist keineswegs so stumpfsinnig, als man behauptet, sondern ein netter, braver Gesell, welcher nur richtig behandelt sein will. Sein Wärter braucht bloß an den Käfig zu treten und ihn zu rufen: da sieht man, wie der Ballen nach und nach Leben bekommt. Bedächtig oder, wie man auch wohl sagen kann, langsam und etwas schwerfällig, entwirrt sich der Knäuel, und nach und nach entwickelt sich aus ihm ein, wenn auch nicht gerade wohlgebildetes Thier, so doch keineswegs eine Mißgestalt, wie man gesagt hat, keineswegs ein aller höheren Fähigkeiten und Gefühle bares Wesen. Langsam und gleichmäßig erhebt das Thier einen seiner langen Arme und hängt die scharfen Krallen an eine der Querleisten des Gerüstes. Dabei ist es ihm vollkommen gleich, welches von seinen Beinen es zuerst aufhob, ob das hintere oder das vordere, ebenso ob es die Krallen in der natürlichen Lage des Vorderarmes anhängen, oder ob es den Arm herumdrehen muß; denn alle seine Glieder erscheinen wie Stricke, welche kein Gelenk haben, sondern ihrer ganzen Länge nach beweglich sind. Jedenfalls ist die Beweglichkeit der Speiche und Elle eine so große, wie wir sie vielleicht bei keinem Geschöpfe wieder finden. Das Faulthier vermag mit allen vier Beinen sich derart fest zu hängen, daß die Krallen von jedem einzelnen in einer von denen der anderen abweichenden Richtung gestellt sind. Der eine Hinterfuß richtet sich vielleicht nach außen, der eine Vorderfuß nach innen, der entgegengesetzte Vorderfuß nach vorn und der letzte Hinterfuß nach hinten oder umgekehrt: man kann sich die verschiedenen Möglichkeiten der Stellung ausmalen wie man will, das Faulthier verwirklicht alle. Es kann seine Beine gerade um sich herumdrehen, etwa wie ein geübter Gaukler, und es zeigt dabei, daß es ihm nicht die geringste Anstrengung macht. Deshalb krallt es sich an, wie es ihm eben paßt, und es kann sich auch, wenn es einmal festhält, förmlich um sich selbst herumdrehen, ohne die Stellung der angehängten Krallen irgendwie zu verändern. Ob dabei der Kopf tief oder hoch hängt, ist ihm ebenfalls gleichgültig; denn es greift ebenso oft mit den Hinterbeinen nach oben wie mit den Vorderbeinen nach unten, hängt mit dem rechten Vorderbeine oder mit dem linken Hinterbeine oder umgekehrt, streckt sich oft gemüthlich hin, indem es sich mit den Hinterkrallen anhängt und den Rükken unten auflegt, wie faule Hunde es zu thun pflegen. Bei solchen Gelegenheiten, welche jedenfalls vollste Seelenruhe ausdrücken, kratzt sich das Thier wohl auch mit einem der eben unbeschäftigten Beine an allen Stellen des Körpers, indem es das Bein geradezu um den Leib schlingt. Es kann Stellen seines Körpers mit den Krallen erreichen, welche jedem anderen Säuger unzugänglich sein würden, kurz eine Beweglichkeit zeigen, welche wahrhaft in Erstaunen setzt. Bei seiner gemüthlichen Faullenzerei macht es die Augen bald auf und bald wieder zu, gähnt, streckt die Zunge heraus und öffnet dabei die kleine Stumpfschnauze soweit als möglich. Hält man ihm an das obere Gitter eine Leckerei, zumal ein Stückchen Zucker, so klimmt es ziem lich rasch nach oben, um diese Lieblingsspeise zu erhalten, schnüffelt an der Wand herum und öffnet die Schnauze soweit, als es kann, gleichsam bittend, daß man ihm doch das Stückchen Zucker gleich in das Maul hinein fallen lasse. Dann frißt es schmatzend mit zugemachten Augen und beweist deutlich genug, wie sehr ihm die Süßigkeit behagt.

Am eigenthümlichsten sieht das Faulthier aus, wenn man es

gerade von vorn betrachtet. Die Kopfhaare sind in der Mitte gescheitelt, stehen zu beiden Seiten vom Scheitel ab und verleihen dem Kopfe ein eulenartiges Aussehen. Die kleinen Augen erscheinen blöde, weil der Stern kaum die Größe eines Stecknadelknopfes hat und keinen Ausdruck gibt. Beim ersten Anblicke ist man versucht zu glauben, das Faulthier müsse blind sein. Die Schnauze tritt eigenthümlich aus dem Gesichte hervor und stumpft sich in einen abgestutzten Kegel zu, auf dessen Spitze die Nasenlöcher liegen. Die beständig feuchten Lippen glänzen, als ob sie mit Fett bestrichen wären. Die Lippen des Unau sind nicht so unbeweglich, als man gesagt hat, auch nichts weniger als hornähnlich, wie behauptet wurde, obschon sie nicht die Biegsamkeit der Lippen anderer Säugethiere haben mögen; sie sind auch ziemlich unwesentlich bei der Arbeit des Fressens, denn die lange, schmale, spitze Zunge ersetzt die ihnen fehlende Beweglichkeit. Diese Zunge erinnert an die Wurmzungen der verwandten Zahnlosen, zumal an die der Ameisenbären. Das Faulthier kann sie weit aus dem Halse hervorstrecken und fast handartig gebrauchen.

In Amsterdam fütterte man Kees mit verschiedenen Pflanzenstoffen; gekochter Reis und Möhren blieben aber seine Hauptspeise. Den Reis reichte man ihm auf einem Teller, die Möhren legte man ihm irgendwo auf das Heu hin. Gewöhnlich wurde Kees zum Fressen gerufen. Er kannte die Zeit seiner Mahlzeiten genau und richtete sich alsbald auf, wenn er seinen Namen hörte. Anfangs tappte er höchst ungeschickt und schwerfällig mit den langen Armen umher; hatte er aber einmal eine Möhre erwischt, so kam sofort Ruhe und Sicherheit in die Bewegung. Er zog die Wurzel zu sich heran, faßte sie mit dem Maule, dann mit den beiden Pfoten oder besser mit den Krallen, klemmte sie fest dazwischen und biß nun, die Möhre stetig weiter in das Maul schiebend, verhältnismäßig sehr große Bissen von ihr ab, beleckte dabei auch beständig die Lippen und die Möhre, welche er bald auf der einen, bald auf der anderen Seite in das Maul steckte. Gewöhnlich fing er bei der Spitze der Wurzel an zu fressen; aber selten verzehrte er eine Möhre auf einmal, sondern versuchte lieber alle, welche ihm vorgelegt wurden. An dem Abbiß sieht man deutlich die Eigenthümlichkeit der Zähne. Das Faulthier ist nicht im Stande, ein Stückchen glatt zu beißen und die Zähne brechen mehr, als sie schneiden. Man bemerkt in der Möhre die Eindrücke von allen, welche benutzt wurden, in unregelmäßigen Zwischenräumen. Ein kleiner Teller voll Reis und drei Möhren genügen zur täglichen Nahrung.

Die Gefangenen, welche ich gepflegt habe, wurden stets durch einen Wärter gefüttert, weil ich ihnen zutraute, einen vorgesetzten Futternapf zu verkennen und unberücksichtigt zu lassen, wie dies bei mehr als einem Pfleger geschehen zu sein scheint. Der Wärter begab sich zweimal täglich in den Käfig, hakte das hängende Faulthier los, legte es sich in den Schoß und steckte ihm die Nahrung in den Mund. Letztere besteht vorherrschend, nicht aber ausschließlich, aus Pflanzenstoffen. Am liebsten fressen Faulthiere Früchte, namentlich Birnen, Äpfel, Kirschen und dergleichen; eines von meinen Gefangenen aber war unterwegs auch mit hartgekochten Eiern gefüttert worden, schien an diese Nahrung sich gewöhnt zu haben und kam in so vortrefflichem Zustande an, daß ich ihm dieselbe nicht entziehen mochte. Der Erfolg rechtfertigte dies vollständig; denn das allgemein für sehr hinfällig gehaltene Thier befand sich Jahre lang im besten Wohlsein, schien auch etwas zu vermissen, wenn ihm einmal kein Ei gereicht wurde. Möglicherweise verzehrt es während seines Freilebens ebenfalls thierische Nahrung, Kerbthiere z. B., und ist ihm somit Ei als Ersatzmittel der letzteren geradezu Bedürfnis. Jedes Faulthier gewöhnt sich in kurzer Frist an solche Fütterung, legt sich mit dem Rücken in den Schoß des Wärters, dreht alle vier Beine nach außen, um sich an Leib und Schenkel des Pflegers anzuklammern, und läßt sich mit ersichtlichem Wohlbehagen die Nahrung in das Maul stopfen. Jedenfalls trägt eine derartige Behandlung wesentlich dazu bei, das Thier soweit zu zähmen, als es überhaupt gezähmt werden kann. Meine Gefangenen achteten, wie das geschilderte Faulthier in Amsterdam, nicht allein auf den

Ruf des Pflegers, sondern erhoben den Kopf schon, wenn sie den Wärter kommen hörten, kletterten ihm auch wohl entgegen und versuchten an ihm sich fest zu hängen, bewiesen also deutlich genug, daß sie in die veränderten Verhältnisse sich zu fügen wußten.

Hiervon gaben meine Gefangenen aber auch noch anderweitige Belege. Die Käfige, in denen sie gehalten wurden, waren eigentlich für Schlangen bestimmt und ihr Boden deshalb geheizt. In den ersten Tagen nach ihrer Ankunft hingen sie sämmtlich oben an den ihnen hergerichteten Querstangen; bald aber folgten sie der von unten ausstrahlenden Wärme, und bereits nach achttägiger Gefangenschaft hielten sie ihren Tagesschlaf nicht mehr hängend, sondern liegend, unten auf dem warmen Boden im Heu eingewühlt, und in der Regel so vollständig dazwischen versteckt, daß man nicht viel mehr als die Schnauzenspitze zu sehen bekam. In den Wintermonaten suchten sie stets dieses für sie doch entschieden unpassende Lager auf, während sie im Sommer oft auch an ihre Querstangen sich hingen.

In der Regel verschlafen die Faulthiere den ganzen Tag, es sei denn, daß trübes Wetter sie an der Tageszeit irre werden läßt. Bei regelmäßigem Verlaufe der Dinge ermuntern sie sich in den letzten Nachmittagsstunden, kriechen, wenn sie im Heu lagen, mühselig auf dem Boden fort, ihre Beine nicht als Gehfüße, sondern nur als Greifwerkzeuge benutzend, bis sie mit einem Fuße eine Kletterstange erreichen und an dieser sich in die Höhe schwingen können. So ungeschickte Werkzeuge ihre Klauen und Füße zu sein scheinen, so vortrefflich erfüllen sie ihren Zweck. Die Fertigkeit eines Faulthieres, sich in jeder beliebigen Stellung an einem Aste oder selbst einer glatten Stange anzuklammern, setzt in Erstaunen. Man kann eine solche Stange wagerecht oder senkrecht im Kreise herumdrehen, ohne daß dies das Faulthier im geringsten behelligt, ohne daß es auch nur um eines Centimeters Weite seinen Anhalt ändert. Jeder Ast, welcher stark genug ist, um es zu tragen, gibt ihm Gelegenheit, die wundersame Beweglichkeit seiner Gliedmaßen wie seines ganzen übrigen Körpers zu zeigen. In dieser Fertigkeit scheint ein Faulthier das andere überbieten zu wollen, und namentlich das Dreizehenfaulthier, über welches ich noch einiges mitzutheilen haben werde, leistet geradezu Unglaubliches. Nachdem das ermunterte Faulthier an seiner Stange sich befestigt hat, beginnt es zunächst sein Haarkleid zu ordnen. Zu diesem Ende hängt es sich in der Regel mit den beiden Beinen einer Seite auf und bearbeitet mit den anderen das Fell auf das sorgfältigste und gewissenhafteste, kratzt sich an den verschiedensten Stellen seines Körpers und zieht kämmend die einzelnen Haarbündel zwischen den Sichelkrallen seiner Füße durch. Hat es die eine Seite ordentlich bearbeitet, so wechselt es die Stellung, hängt sich wie früher, aber mit den beiden anderen Beinen auf und kratzt und kämmt von neuem, bis endlich die zeitraubende Arbeit zu seiner Befriedigung ausgeführt zu sein scheint. Nunmehr unternimmt es verschiedene Turnübungen, klettert an den Stangen hin und her, erklimmt das Gitter, hängt sich hier an und bewegt sich geraume Zeit anscheinend nur zu seinem Vergnügen. Wenn jetzt der Pfleger mit Futter kommt, wird er mit ersichtlicher Befriedigung empfangen; bleibt er aus, so sucht das Thier früher oder später seinen alten Platz wieder und verträumt hier ein oder mehrere Stündchen, thut solches auch wohl mitten in der Nacht, seiner eigentlichen Arbeitszeit.

Die stumpfe Gleichgültigkeit, von welcher die Reisenden berichten, kann, wenigstens bei dem Unau, auch einer ersichtlichen Erregung weichen. So bestimmt ein Faulthier sich mit seinem Pfleger befreundet, so bestimmt unterscheidet es andere Persönlichkeiten und zeigt diesen gelegentlich die Zähne oder bedroht sie mit den Klauen, während es sich von dem Wärter jede Berührung und Behandlung widerstandslos gefallen läßt. Noch unfreundlicher benimmt sich das Zweizehenfaulthier anderen Geschöpfen gegenüber. Meine Absicht, Unau und Ai in einem und demselben Käfige zu halten, wurde durch ersteren, den älteren Bewohner des Raumes, vereitelt, und der Versuch, beide Verwandten einander zu nähern, mußte sofort aufgegeben werden. Alle ihm zugeschriebene Faulheit vollständig verläugnend, fiel der Unau beim ersten Anblick des Verwandten über diesen her, gab ihm zunächst einige wohlgezielte Schläge mit der wehrhaften Pfote und packte ihn sodann so ingrimmig mit den Zähnen, daß der Wärter beide Thiere schleunigst trennen und den harmloseren Ai in Sicherheit bringen mußte: nicht ohne daß er von dem erbosten Unau einige Hiebe mit den Klauen wegbekommen hätte.

Wesentlich verschieden von dem geschilderten Betragen des Unau ist das Benehmen des Ai. Schon beim Schlafen nimmt letzterer eine andere Stellung an. In tiefster Ruhe hängt das absonderliche Geschöpf an seiner Stange, wie ein mit weichen Stoffen gefüllter, an den Tragriemen aufgehangener Ranzen an einem Nagel. Von dem Kopfe sieht man nicht die geringste Spur, weil er, bis tief auf die Brust herabgebogen, zwischen den vier Beinen verborgen wird; nur der Schwanzstummel unterbricht die Rundung des Bündels, als welches man das schlafende Thier ansehen möchte. Jetzt ermuntert sich der Ai, streckt den dünnen Hals mit dem kleinen Kopfe weit von sich und beweist bald darauf, daß er nicht umsonst neun Halswirbel besitzt. Denn mit der Leichtigkeit, mit welcher man die Hand wendet, dreht er den Kopf so weit herum, daß das Hinterhaupt vollständig in die Brust-, das Gesicht in die Rückenlinie zu stehen kommt. Kein Säugethier weiter ist im Stande, eine derartige Drehung auszuführen; der Anblick des dreizehigen Faulthieres wirkt daher im allerhöchsten Grade überraschend, und man muß sich erst an das sonderbare Bild gewöhnen, bevor man es richtig aufzufassen und zu verstehen vermag. Ein zweizehiges Faulthier macht, so gelenkig es sonst ist, niemals einen Versuch zu solcher Verdrehung: der Ai wechselt mit der Haltung seines Kopfes nach Belieben, trägt ihn aber meistens in der anscheinend unnatürlichen Lage. Dabei sehen die kleinen Augen dumm gutmüthig ins weite, und der Kopf zittert auch wohl wie der eines Greises hin und her. So leicht diese Drehung des Halses vor sich geht, so schwerfällig erscheinen, verglichen mit denen des Unau, alle übrigen Bewegungen des Thieres. Auf den Ai beziehen sich die meisten Schilderungen der Reisenden, und er entspricht in der That in vieler Hinsicht den von ihnen mitgetheilten Berichten. Man kann nicht im Zweifel bleiben, daß er weit weniger begabt ist als sein Verwandter. Jedenfalls beweist eine Vergleichung der beiden Thiere, daß die einzelnen Arten der Gruppe keineswegs in allem und jedem miteinander übereinstimmen.

Der Nutzen, welchen die Faulthiere den menschlichen Bewohnern ihrer Heimat gewähren, ist außerordentlich gering. In manchen Gegenden essen Indianer und Neger das Fleisch, dessen unangenehmer Geruch und Geschmack den Europäer anekeln, und hier und da bereitet man aus dem sehr zähen, starken und dauerhaften Leder Überzüge und Taschen. Schaden können die Thiere nicht verursachen, da sie in demselben Maße verschwinden, als der Mensch sich ausbreitet. Auch sie stehen auf der Liste der Thiere, welche einem sichern Untergange entgegengehen. Nur in den tiefsten und undurchdringlichsten Wäldern vermögen sie sich zu halten, und solange noch die herrlichen Bäume, welche ihnen Obdach und Nahrung gewähren, verschont bleiben von der mörderischen Axt des immer weiter und weiter sich ausbreitenden Europäers, solange werden auch sie ihr Leben fristen. Jeder Ansiedler in solchem Walde aber verdrängt schon durch sein Erscheinen, durch das Fällen der Bäume die Faulthiere, welche sonst dort gehaust haben, und der frevelnde Muthwille des Jägers trägt redlich dazu bei, sie auszurotten.

Es darf uns nicht wundern, daß über die absonderlichen Thiere die wunderbarsten Sagen und Märchen verbreitet wurden. Die ersten Nachrichten, welche wir haben, stammen von Gonsalvo Ferdinando Oviedo, welcher ungefähr folgendes sagt: »Der Perico ligero ist das trägste Thier, welches man in der Welt sehen kann. Es ist so schwerfällig und langsam, daß es einen ganzen Tag braucht, um nur funfzig Schritte weit zu kommen. Die ersten Christen, welche es gesehen, gaben ihnen spottweise den Namen ›hurtiges Hündchen‹. Es ist eins der seltsamsten Thiere wegen seines Mißverhältnisses mit allen anderen. Weder die

Klauen noch die Füße sind so beschaffen, daß sie den schweren Körper tragen können, und daher schleppt der Bauch fast auf der Erde. Der Hals steht aufrecht und gerade, ist gleich dick, wie der Stößel eines Mörsers, und der Kopf sitzt fast ohne Unterschied oben darauf, mit einem runden Gesicht, welches dem einer Eule ähnelt und kreisförmig von Haaren umgeben ist, so daß es nur etwas länger erscheint als breit. Es bewegt den Hals von einer Seite zur andern, als ob es staune. Sein einziger Wunsch und sein Vergnügen ist, sich an die Bäume zu hängen. Sehr verschieden ist seine Stimme von der anderer Thiere; es singt immer nur bei Nacht, und zwar von Zeit zu Zeit, allemal sechs Töne, einen höher als den andern, und immer tiefer, als wenn Jemand mit fallender Stimme spräche: la, la, sol, fa, mer, re, at. So sagt es sechs Mal: ha ha ha ha ha ha, daß man sehr wohl von ihm sagen kann, es hätte zur Erfindung der Tonleiter Veranlassung geben können. Hat es einmal gesungen, so wartet es eine Zeitlang und wiederholt dann dasselbe, aber nur bei Nacht, und darum, sowie seiner kleinen Augen wegen, halte ich es für ein Nachtthier. Bisweilen fangen es die Christen und tragen es nach Hause; dann läuft es mit seiner natürlichen Langsamkeit und läßt sich weder durch Drohungen noch Stöße zu größerer Schnelligkeit bewegen als es ohne äußere Anreizung sonst zu besitzen pflegt. Ich habe es auch zu Hause gehabt, und nach meiner Erfahrung muß es von der Luft leben; dieser Meinung sind auch noch viele Andere auf diesem Festlande, denn niemand hat es irgend etwas fressen sehen. Es wendet auch meistens den Kopf und das Maul nach der Gegend, woher der Wind weht, woraus folgt, daß ihm die Luft sehr angenehm sein muß. Übrigens habe ich bis zur Stunde kein so dummes und kein so unnützes Thier gesehen wie dieses.«

Man sieht, daß der genannte Berichterstatter im ganzen gut beobachtet hat; denn vieles von dem, was er sagt, ist vollkommen begründet, und das übrige Fabelhafte von ihm eben auch nur als glaubhaft aufgenommen. Übertreibungen werden erst später vorgebracht, beispielsweise von Stedmann. Dieser sagt, daß das Faulthier oft zwei Tage brauche, um auf den Wipfel eines mäßigen Baumes zu gelangen, und daß es denselben nicht verlasse, solange es etwas zu fressen finde. Während des Hinaufklimmens verzehre es nur, was ihm zur Reise nöthig sei, im Wipfel angekommen, entblöße es diesen aber gänzlich. So thue es, um nicht zu verhungern, wenn es wieder auf die unteren Äste komme, um einen andern Baum aufzusuchen; denn hätte es den untern Theil des Wipfels abgefressen, so müsse es den Beschwerden der Reise nach anderen Bäumen natürlich unterliegen. Einige sagen auch, daß es, um sich die Mühe zu ersparen, seine Glieder zu bewegen, sich zusammenkugele und vom Baume falle. Spätere Reisebeschreiber erwähnen noch hier und da des merkwürdigen Geschöpfes, und jeder bemüht sich, die alten Fabeln wieder aufzuwärmen und womöglich mit neuen Zusätzen zu bereichern. Erst der Prinz von Wied gibt klare und vorurtheilsfreie Beobachtungen; nach ihm unterrichten uns hauptsächlich Quoy und Gaimard und endlich Schomburgk.

Das Zuckereichhorn

Als den bekanntesten Flugbeutelbilch darf man wohl das Zukkereichhorn (Petaurus sciureus) betrachten; denn schon aus dem Namen geht hervor, daß diese Art ein volksthümliches Thier geworden ist. Man kann nicht leugnen, daß der Name, welchen die ersten Einsiedler gaben, passend gewählt ist; denn nicht bloß in der Gestalt, sondern auch in der Größe ähnelt das Thier unserem Eichkätzchen und noch mehr dem Taguan.

Man findet das Zuckereichhorn hauptsächlich in Neusüdwales. Es ist ein echtes Baumthier und, wie die meisten der ihm ähnlich gestalteten Geschöpfe, bei Nacht lebendig. Während des Tages verbirgt es sich in den dichtesten Baumkronen, wo es entweder eine Höhlung oder einen Gabelast aufsucht und, zu einer Kugel zusammengerollt und gleichsam in seine Flatterhaut eingewickelt, dem Schlafe sich hingibt; mit der Nacht beginnt seine Thätigkeit. Nunmehr klettert es mit der Gewandtheit eines Eichhorns auf den Bäumen umher, immer von unten nach oben; denn von oben nach unten zu springt es mit Hülfe seiner Flatterhaut, welche es wie einen Fallschirm ausbreitet. Bei Tage erkennt man das Thier, welches man während der Nacht beobachtete, nicht wieder. Es scheint eher ein lebloses Wesen als der behende Baumbewohner zu sein. Mürrisch und lichtscheu schläft es; nur gelegentlich wacht es auf, um etwas zu fressen; wankend, unsicher bewegt es die Glieder, und ängstlich meidet es die Strahlen des ihm verhaßten allbelebenden Lichtes. Ganz anders zeigt es sich in einer jener klaren, zaubervollen Mondnächte seiner Heimat. Das Auge folgt überrascht seinem Treiben. Alle Bewegungen sind jetzt ebenso lebhaft, behend und gewandt wie die des übermüthigsten Affen, wie die des erregtesten Eichhorns. Nur auf dem Boden erscheint es tölpisch und schwankt hier unsichern Schrittes dahin; aber es betritt die ihm fast feindliche Erde auch nur in der höchsten Noth, bloß dann, wenn die Bäume so weit von einander stehen, daß nicht einmal seine Flughaut die Brücke bilden kann. Es ist im Stande, außerordentlich weite Sprünge auszuführen und dabei die Richtung beliebig zu ändern. Schon wenn es aus einer Höhe von zehn Meter abspringen kann, ist es fähig, einen zwanzig bis dreißig Meter von ihm entfernten Baum zu erreichen. Am Bord eines an der Küste Neuhollands segelnden Schiffes befand sich ein Flugbeutler, welcher bereits so gezähmt war, daß man ihm gestatten durfte, frei auf dem Schiffe umher zu laufen. Das muntere Geschöpf, die Freude der ganzen Schiffsmannschaft, war am Bord so vertraut geworden, daß es bald auf den höchsten Mastspitzen, bald unten im Raume gesehen werden konnte. Eines Tages kletterte es bei heftigem Wehen nach seinem Lieblingsplatze, der Mastspitze, empor. Man besorgte, daß es während eines seiner Sprünge vom Sturme erfaßt und in das Meer geworfen werden möchte, und einer der Matrosen entschloß sich, seinen Liebling von oben herunter zu holen. Als er dem Thiere nahe auf den Leib rückte, suchte sich dieses der ihm unangenehmen Gefangennahme zu entziehen und vermittels eines seiner herrlichen Luftsprünge das Deck zu erreichen. In demselben Augenblicke legte sich das Schiff, von einem heftigen Windstoße erfaßt, derart auf die Seite, daß aller Berechnung nach der Flugbeutler in die Wellen geschleudert werden mußte. Man gab ihn bereits verloren, er aber wußte sich zu helfen. Plötzlich änderte er durch eine geschickte Wendung seines vortrefflichen Steuerruders die Richtung seines Fluges und schoß, in großen Bogen sich drehend, weit aus nach vorn, glücklich das sichere Deck erreichend. Alle Beobachter sind einstimmig in der Bewunderung dieser Flugbewegung und versichern, daß sie mit ebensoviel Zierlichkeit als Anmuth ausgeführt würde, und schwerlich ihres Gleichen haben könne. Überhaupt ist der Flugbeutler ein sehr nettes Thier, wenn auch nicht gerade harmlos, so doch leicht zähmbar, dabei in der Nacht überaus lebendig, munter und lustig, nur leider immer etwas furchtsam. Während seines Schlafes kann er von einem geschickten Kletterer leicht gefangen werden, zumal wenn mehrere zu solcher Jagd sich verbinden; denn das Licht blendet ihn so, daß er, auch wenn er von seiner Fluggabe Gebrauch macht, den ins Auge gefaßten Zweig verfehlt, und anstatt auf dem sicheren Baume, auf dem Boden anlangt, wo ihn der Mensch sehr bald erreicht. Man findet ihn gar nicht selten in den Häusern der Ansiedler, welche ihn mit großer Sorgfalt pflegen. Sein Verstand ist gering, aber er ersetzt durch seine Lustigkeit und Heiterkeit, durch Sanftmuth und Zierlichkeit einigermaßen den Mangel an geistigen Fähigkeiten. Im Käfige springt er während der ganzen Nacht ohne Unterlaß umher und nimmt dabei oft die wunderlichsten Stellungen ein. Ohne große Mühe gewöhnt er sich an allerlei Kost, wenn ihm auch Früchte, Knospen und Kerbthiere das liebste bleiben, schon weil diese Stoffe seiner natürlichen Nahrung entsprechen. Besonders gern frißt er den Honig der Eucalypten oder Gummibäume, und sicherlich bilden auch die Kerbthiere einen nicht unbedeutenden Theil seines Futters. Bei Gefangenen im Londoner Thiergarten hat man beobachtet, daß sie todte Sperlinge und Fleischstücke, welche man ihnen brachte, sehr gern verzehrten, und deshalb glaubt man mit Recht, daß sie in der Nacht geräuschlos nach Art der Faulaffen an schlafende Vögel und andere kleine Thiere sich anschleichen und sie umbringen. In manchen Gegenden thun sie unter den Pfirsichen und Apfelsinen erheblichen Schaden.

Die Geselligkeit ist bei dem Zuckereichhorn sehr ausgeprägt. Man findet in den Wäldern immer mehrere derselben Art vereinigt, obgleich es nicht scheint, als ob eines das andere besonders freundschaftlich und liebevoll behandele. In der Gefangenschaft befreundet es sich wohl auch mit anderen kleineren Thieren und zeigt selbst gegen den Menschen eine gewisse Anhänglichkeit. Über das Gefangenleben gibt Bennett einige Mittheilungen. Er erhielt ein junges Weibchen und brachte es mit sich nach Europa. »Obgleich noch jung«, sagt er, »fand ich es doch sehr wild und garstig. Es spuckte, knurrte und schrie, wenn man es nahm, und begleitete dabei jeden Ton mit Kratzen und Beißen. Die Nägel waren scharf und verursachten Wunden, wie die, welche einem die Katzen beizubringen pflegen; die kleinen Zähne dagegen waren nicht hinreichend, etwas auszurichten. So viel ist sicher, daß ein Thier, welches in seiner frühen Jugend sich so wüthend geberdet, im Alter ein schlimmer Beißer sein muß. Nach und nach wurde mein Gefangener zahmer und litt, daß man ihn in die Hand nahm, ohne daß er kratzte und zubiß. Auch leckte er die Hand, wenn man ihm Süßigkeiten reichte, welche er außerordentlich liebte, und erlaubte, daß man seine kleine Nase berührte und sein Fell untersuchte. Aber sowie es sich jemand herausnahm, ihn beim Körper zu erfassen, wurde er außerordentlich wüthend und biß und kratzte in wildem Zorne, dabei sein schnurrendes, schnaubendes und spuckendes Knurren ausstoßend. Ruhiger war er, wenn man ihn beim Schwanze packte und ihn nicht zu lange festhielt. Dabei breitete er seine Fallhaut aus, als wolle er sich vor einem Sturze sichern. In dieser Lage konnte man sein wundervolles Fell oben und unten viel besser als in jeder anderen Stellung sehen. Obgleich er zahm geworden war, schien er doch nicht die geringste Zuneigung gegen diejenigen zu zeigen, welche ihn fütterten; denn er benahm sich gegen Fremde oder gegen die ihm bekannten Personen gleich gut oder gleich schlecht.

Während des Tages lag er zu einem Ball zusammengerollt, seinen buschigen Schwanz über sich gedeckt, still und ruhig. Nur zuweilen wachte er auf und fraß ein wenig. Bei solchen Gelegenheiten erschien er halb blind oder bewies wenigstens deutlich, daß ihm das helle Tageslicht höchst unangenehm war. Aber in der Dämmerung des Abends und in der Nacht begann sein volles Leben und seine Thätigkeit. Dann war er ein ganz anderes Geschöpf. In seinem Käfige lief er oben und unten herum, ruh- und rastlos stieg er an den Stäben in die Höhe, ohne nur einen Augenblick stillzuhalten. Im Zimmer frei gelassen, kletterte er sofort auf die höchsten Stellen der Einrichtungsgegenstände, und je mehr er sich bewegen konnte, um so zufriedener und behaglicher schien er sich zu fühlen. Er zeigte sich jetzt als das gerade Gegentheil des hülflosen Wesens, welches er bei Tage war.

Nur einmal habe ich ihn auch während des Tages lebendig gesehen. Das war im Thiergarten zu London, wo ihm der düstere Himmel der Riesenstadt wohl glauben lassen mochte, daß bereits die Nacht hereingebrochen wäre.

Wir fütterten ihn mit Milch, Rosinen und Mandeln. Süßigkeiten aller Art, eingemachte Früchte sowohl als Zucker, zog er allem übrigen vor. Die Früchte sog er aus, daß bloß noch die Schale übrig blieb. Er bedurfte wenig, wurde aber fett und befand sich sehr wohl.

Eine Nacht entkam er seinem Gefängnisse, wurde aber am nächsten Tage in den höchsten Zweigen eines lustigen Weidenbaums gesehen, wo er sich in einer der Gabeln gemüthlich ausruhete. Ein Knabe mußte ihm nachklettern und fand ihn oben im tiefen Schlafe. Er näherte sich ihm, ohne gehört oder gesehen zu werden, ergriff ihn beim Schwanze und warf ihn etwa zwanzig Meter tief herab. Der Bilch breitete sofort seinen Fallschirm aus und kam wohlbehalten und gesund unten an, wo er augenblicklich wieder gefangen wurde. Oft sieht man ihn, wenn er frißt, behaglich auf dem Rücken liegen; beim Trinken aber hält er das kleine Gefäß zwischen seinen Vorderfüßen und leckt wie eine junge Katze. Auf der Reise nach London konnten wir ihm glücklicher Weise fortwährend Milch verschaffen, und so befand er sich stets wohl. Nach und nach war er so zahm geworden, daß wir ihn gelegentlich abends auf dem Deck umherlaufen lassen konnten. Dort spielte er mit sich selbst wie eine junge Katze und schien sich sehr zu freuen, wenn man ihn krauete. Doch auch jetzt noch ließ er sich ungern gefangen nehmen und spuckte und schnappte augenblicklich nach der Hand, welche ihn aufnahm.«

Über seine Fortpflanzung scheint noch nichts bekannt zu sein, wenigstens finde ich in keinem der mir zugänglichen Werke darüber etwas sicheres mitgetheilt.

Das Känguru

Die Kängurus, gewissermaßen Vertreter der Wiederkäuer unter den Beutelthieren, sind höchst auffallend gestaltete Geschöpfe. Ihr Leib nimmt von vorn nach hinten an Umfang zu; denn der entwickeltste Theil des Körpers ist die Lendengegend, wegen der in merkwürdigem Grade verstärkten Hinterglieder. Diesen gegenüber sind Kopf und Brust ungemein verschmächtigt. Das Känguru vermag seine schwachen Vorderbeine nur in sehr untergeordneter Weise zum Fortbewegen und zum Ergreifen der Nahrung zu benutzen, während die sehr verlängerten Hinterläufe und der mächtige Schwanz ihm eine satzweise Bewegung möglich machen. Hinterbeine und Schwanz sind unbedingt das bezeichnendste am ganzen Thiere. Die Läufe haben starke Schenkel, lange Schienbeine und unverhältnismäßig verlängerte Fußwurzeln mit starken und langen Zehen, von denen die mittelste einen gewaltigen hufartigen Nagel trägt. Im Vergleiche zu diesen Gliedern sinken die vorderen zu stummelhaften Greifwerkzeugen herab, obwohl hiermit keineswegs gesagt sein soll, daß sie auch hinsichtlich ihrer Beweglichkeit verkümmert wären. Die Vorderfüße des Kängurus, welche gewöhnlich fünf mit runden Nägeln bekrallte Zehen haben, sind gewissermaßen zu Händen geworden und werden von dem Thiere auch handartig gebraucht. Der Kopf erscheint als ein Mitteldding zwischen dem eines Hirsches und dem eines Hasen.

Australien ist die Heimat der Springbeutelthiere; die weiten, grasreichen Ebenen inmitten des Erdtheiles bilden ihre bevorzugten Aufenthaltsorte. Einige Arten ziehen buschreiche Gegenden, andere felsige Gebirge den parkähnlichen Grasflächen vor, noch andere haben sich zu ihrem Aufenthalte undurchdringliche Dickichte erkoren, in denen sie sich erst durch Abbrechen von Ästen und Zweigen Laufgänge bereiten müssen, oder leben, so unglaublich dies auch scheinen mag, auf den Felsen und Bäumen selbst.

In den meisten Gegenden Australiens, welche von Europäern besiedelt wurden, hat man die Kängurus zurückgedrängt. »Schon gegenwärtig«, erzählt der ›alte Buschmann‹, »sieht man im Umkreise von dreißig Meilen um Melbourne kaum ein einziges Känguru mehr. Die Thiere sind der zweck- und rücksichtslosen Verfolgung der Ansiedler bereits erlegen. Häufig finden sie sich überall, wo der Europäer noch nicht sich festgesetzt hat. Ich meinestheils traf sie in Port Philipp in so großer Anzahl an, daß ich mit meiner Reisegesellschaft während unseres zweijährigen Aufenthaltes über zweitausend Stücke erlegen konnte. Ihre liebsten Weideplätze sind grasreiche Ebenen, welche von buschigen Waldungen umgeben werden oder solche umschließen. Im Sommer bevorzugen sie feuchte, im Winter trockene Gegenden. Das Wasser scheinen sie entbehren zu können; ich habe wenigstens oft Ansiedelungen von ihnen gefunden, welche meilenweit von einem Gewässer entfernt waren, und auch nicht beobachtet, daß sie des Nachts regelmäßig zu bestimmten Wasserlachen gekommen wären. Dagegen ist es mir aufgefallen, daß sie sich gern in der Nähe der weidenden Rinder aufhalten. Jede Herde behauptet einen bestimmten Weideplatz oder mehrere derselben, welche durch wohl ausgetretene Pfade verbunden werden. Die Stückzahl der Herden ist verschieden. Ich habe oft solche von hundert Stück, meist aber ihrer funfzig zusammen gesehen; denn sie sind sehr gesellig. Eine und dieselbe Herde bleibt stets bei einander und vermischt sich mit anderen nicht. Jeder Gesellschaft steht ein altes Männchen vor, und diesem folgen die übrigen blindlings nach, auf der Flucht ebensowohl als wenn es sich um die Äsung handelt, ganz so wie die Schafe ihrem Leithammel. Am frühen Morgen und in der Abenddämmerung weiden, während des Tages ruhen sie, wenn sie sich ungestört fühlen, oft stundenlang. Manchmal gewähren sie einen reizenden Anblick; einige weiden langsam das dürre Gras ab, andere spielen mit einander, andere liegen halb schlafend auf der Seite.

Bis zur Brunstzeit lebt jede Herde im tiefsten Frieden. Die Liebe aber erregt auch diese Geschöpfe und zumal die Männchen, welche dann oft ernsthafte Kämpfe unter einander ausfechten. Nach der Brunstzeit pflegen sich die ältesten von der Herde zu trennen und im dichteren Walde ein einsames Leben zu führen.«

Die Kängurus gehören unbedingt zu den beachtenswerthesten Säugethieren. An ihnen ist eigentlich alles merkwürdig: ihre Bewegungen und ihr Ruhen, die Art und Weise ihres Nahrungserwerbes, ihre Fortpflanzung, ihre Entwickelung und ihr geistiges Wesen. Der Gang, welchen man namentlich beim Weiden beobachten kann, ist ein schwerfälliges, unbehülfliches Forthumpeln. Das Thier stemmt seine Handflächen auf und schiebt die Hinterbeine dann an den Vordergliedern vorbei, so daß sie zwischen diese zu stehen kommen. Dabei muß es sich hinten auf den Schwanz stützen, weil es sonst die langen Hinterläufe nicht so hoch heben könnte, daß solche Bewegungen möglich wären. Aber das Känguru verweilt in dieser ihm höchst unbequemen Stellung auch niemals länger, als unumgänglich nothwendig ist. Selbst beim Abbeißen sitzt es regelmäßig auf Hinterbeinen und Schwanz und läßt die Vorderarme schlaff herabhängen. Sobald es irgend eine Lieblingspflanze abgerupft hat, steht es auf, um sie in der gewöhnlichen Stellung zu verzehren. Bei dieser stützt es den Leib auf die Sohle und gleichzeitig auf den nach hinten fest angestemmten Schwanz, wodurch der Körper sicher und bequem wie auf einem Dreifuße ruht. Seltener steht es auf drei Beinen und dem Schwanze; dann hat es mit der einen Hand irgend etwas am Boden zu thun. Halb gesättigt, legt es sich, die Hinterläufe weit von sich gestreckt, der Länge nach auf den Boden. Fällt es ihm in dieser Stellung ein, zu weiden, so bleibt es hinten ruhig liegen und stützt sich vorn höchstens mit den kurzen Armen auf. Beim Schlafen nehmen die kleineren Arten eine ähnliche Stellung an wie der Hase im Lager: sie setzen sich, dicht auf den Boden gedrückt, auf alle vier Beine und den der Länge nach unter den Leib geschlagenen Schwanz. Diese Stellung befähigt sie, jederzeit sofort die Flucht zu ergreifen. Das geringste Geräusch schreckt ein ruhendes Känguru augenblicklich auf, und namentlich die alten Männchen schnellen sich dann, um sich zu sichern, so hoch als möglich empor, indem sie auf die Zehenspitzen treten und sich mehr auf die Spitze des Schwanzes stützen.

Wenn ein Känguru irgend etwas verdächtiges bemerkt, denkt es zunächst an die Flucht. Hierbei zeigt es sich in seiner ganzen Beweglichkeit. Es springt, wie bei jeder Beschleunigung seines Ganges, ausschließlich mit den Hinterbeinen, macht aber Sätze, welche die aller übrigen Thiere hinsichtlich ihrer Weite übertreffen. Es legt seine Vorderfüße dicht an die Brust, streckt den Schwanz gerade und nach rückwärts aus, schnellt mit aller Kraft der gewaltigen Schenkelmuskeln seine langen, schlanken und federnden Hinterbeine gegen den Boden, wirft sich empor und schießt nun in einem flachen Bogen wie ein Pfeil durch die Luft. Ungeschreckt macht das Thier nur kleine Sprünge von höchstens drei Meter Weite; sobald es aber ängstlich wird, verdoppelt und verdreifacht es seine Anstrengungen. Es springt mit dem rechten Fuße ein klein wenig eher als mit dem linken ab und auf, ebenso tritt es mit jenem etwas weiter vor. Bei jedem Satze schwingt der gewichtige Schwanz auf und nieder, und zwar um so heftiger, je größer die Sprünge sind. Drehungen aller Art führt das Känguru mit zwei bis drei kleinen Sätzen aus, ohne dabei ersichtlich mit dem Schwanze zu steuern. Immer tritt es nur mit den Zehen auf, und niemals fällt es auf die Vorderarme nieder. Diese werden von verschiedenen Arten verschieden getragen, bei den einen vom Leibe gehalten, bei den anderen mehr angezogen und gekreuzt. Ein Sprung folgt unmittelbar dem anderen, und jeder ist mindestens drei Meter, bei den größeren Arten nicht selten aber auch sechs bis zehn Meter weit und dabei zwei bis drei Meter hoch. Schon Gefangene springen, wenn man sie in einer größern Umhegung hin- und herjagt, bis acht Meter weit. Es ist erklärlich, daß ein ganz vortrefflicher Hund dazu gehört, einem Känguru zu folgen, und in der That gibt es nur wenige Jagdhunde, welche dies vermögen. Auf bedecktem Boden hört die Verfolgung sehr bald auf, denn das flüchtige Känguru schnellt leicht über die im Wege liegenden Büsche weg, während der Hund dieselben umgehen muß. Aus unebenem Boden bewegt es sich langsamer; namentlich wird es ihm schwer, an Abhängen hinunterzueilen, weil es sich hier bei der Heftigkeit des Sprunges leicht überschlägt. Übrigens hält das laufende Thier stundenlang aus, ohne zu ermüden.

Unter den Sinnen der Kängurus dürfte das Gehör obenan stehen; wenigstens bemerkt man an Gefangenen ein fortwährendes Bewegen der Ohren nach Art unseres Hochwildes. Das Gesicht ist schwächer und der Geruch wahrscheinlich ziemlich unentwickelt. Der ›alte Buschmann‹ behauptet zwar, daß sie ausgezeichnet äugen, vernehmen und wittern, fügt jedoch hinzu, daß sie, wie die Hasen, Gegenstände vor sich schlecht wahrnehmen, und sozusagen blindlings auf den Menschen losstürmen, falls dieser sich nur nicht bewegt, woraus also hervorgeht, daß ihre Sinne keineswegs besonders entwickelt sein können. Noch viel weniger läßt sich dies von den geistigen Fähigkeiten sagen. Die Kängurus machen unter den Beutelthieren keine Ausnahme, sondern sind im hohen Grade geistlose Geschöpfe. Man schilt den braven Esel einen geistlosen Gesellen, spricht von der Hirnthätigkeit des Rindes mit Geringschätzung; beide aber erscheinen uns als Weise dem Känguru gegenüber; denn diesem ist selbst das Schaf geistig bei weitem überlegen. Alles Ungewohnte bringt es außer Fassung, weil ihm ein rasches Übersehen neuer Verhältnisse abgeht. Sein Hirn arbeitet langsam; jeder Eindruck, welchen es empfängt, wird ihm nur ganz allmählich verständlich; es bedarf einer geraumen Zeit, ihn sich zurecht zu legen. Das freilebende Känguru stürmt bei Gefahr, oder wenn es solche vermuthet, blindlings geraden Weges fort, läßt sich kaum aufhalten und führt unter Umständen Sätze aus, bei denen es nach Versicherung des ›alten Buschmanns‹ die starken Knochen seiner Beine zerbricht; dem gefangenen Känguru erscheint ein neues Gehege im allerhöchsten Grade bedenklich. Es kann zwischen Eisengittern groß geworden sein und, auf einen andern Platz gebracht, an demselben den Kopf sich zerschellen, wenn sein Pfleger nicht die Vorsicht gebraucht, es vorher tagelang in einen Stall zu sperren, in welchem es sich den schwachen Kopf nicht einrennen kann und gleichzeitig Gelegenheit findet, den neuen Raum sich anzusehen. Nach und nach begreift es, daß ein solcher dem frühern Aufenthaltsorte doch wohl in allem wesentlichen entspricht, nach und nach gewöhnt es sich ein, nach und nach hüpft es sich seine Gangstraße zurecht. Nebenan sind vielleicht andere Kängurus eingestellt worden; der Neuling aber sieht in diesen anfangs entsetzliche Geschöpfe, und letztere denken genau ebenso wie er. Später freilich kämpfen Kängurus derselben oder verschiedener Art durch die Gitter hindurch heftig mit einander; denn für niedere Leidenschaften, wie Neid und Eifersucht, ist selbst ein Känguruhirn hinreichend entwickelt. Seinen Wärter lernt das gefangene Springbeutelthier ebenfalls kennen; doch bezweifle ich, daß es ihn von anderen Leuten unterscheidet. Es tritt mit den Menschen überhaupt, nicht aber mit einem einzelnen, in ein gewisses Umgangsverhältnis, legt mindestens seine anfängliche Ängstlichkeit allmählich ab, gelangt aber niemals dahin, einen wirklichen Freundschaftsbund einzugehen.

Diese Ängstlichkeit ist der hervorstechendste Zug im Wesen unseres Thieres; ihr fällt es gar nicht selten zum Opfer. Nicht bloß durch Anrennen ans Gitterwerk tödten sich gefangene Springbeutelthiere: sie sterben im buchstäblichen Sinne des Wortes vor Entsetzen. Ihre Gefühle bekunden sie zunächst durch starkes Geifern. Dabei laufen sie wie toll umher, setzen hierauf sich nieder, schütteln und zucken mit dem Kopfe, bewegen die Ohren, geifern und schütteln wieder. So geberden sie sich, so lange ihre Angst anhält. Ein Känguru, welches ich beobachtete, starb kurz nach einem heftigen Gewitter an den Folgen des Schrecks. Ein Blitzstrahl war Ursache seiner unsäglichen Bestürzung. Scheinbar geblendet, sprang es sofort nach dem Aufleuchten des Blitzes empor, setzte sich dann auf die Hinterbeine und den Schwanz, neigte den Kopf zur Seite, schüttelte höchst bedenklich und fassungslos mit dem durch das gewaltige Ereignis übermäßig beschwerten Haupte, drehte die Ohren dem rollenden Donner nach, sah wehmüthig auf seine von Regen und Geifer eingenässten Hände, beleckte sie mit wahrer Verzweiflung, athmete heftig und schüttelte das Haupt bis zum Abend, um welche Zeit ein Lungenschlag, der schneller als das Verständnis des fürchterlichen Ereignisses gekommen zu sein schien, seinem Leben ein Ende machte.

Bei freudiger Erregung geberdet sich das Känguru anders. Es geifert zwar auch und schüttelt mit dem Kopfe, trägt aber die Ohren stolz und versucht durch allerlei Bewegungen der Vorderglieder sowie durch ein heiseres Meckern seinen unklaren Gefühlen Ausdruck zu geben. In freudige Erregung kann es gerathen, wenn es nach länger währender Hirnarbeit zur Überzeugung gelangt, daß es auch unter Kängurus zwei Geschlechter gibt. Sobald eine Ahnung der Liebe in ihm aufgedämmert ist, bemüht es sich, dieser Ausdruck zu geben, und das verliebte Männchen macht nunmehr dem Weibchen in der sonderbarsten Weise den Hof. Es umgeht oder umhüpft den Gegenstand seiner Liebe mit verschiedenen Sprüngen, schüttelt dabei wiederholt mit dem Kopfe, läßt das erwähnte heisere Meckern vernehmen, welches man am besten mit unterdrücktem Husten vergleichen könnte, folgt der sehr gleichgültig sich geberdenden Schönen auf Schritt und Tritt, beriecht sie von allen Seiten und beginnt dann den Schwanz, dieses wichtigste Werkzeug eines Kängurus, zu krabbeln und zu streichen. Eine große Theilnahme schenkt es auch der Tasche des Weibchens; es befühlt oder beriecht sie wenigstens, so oft es solches thun kann. Wenn dies eine geraume Zeit gewährt hat, pflegt sich das Weibchen spröde umzudrehen und vor dem zudringlichen Männchen aufzurichten. Das hüpft augenblicklich herbei und erwartet, scheinbar gelassen, eine verdiente Züchtigung, benutzt aber den günstigen Augenblick, um das Weibchen zu umarmen. Letzteres nimmt diese Gelegenheit wahr, um dem Zudringlichen mit den Hinterbeinen einen Schlag zu versetzen, findet aber, nachdem es wiederholt umarmt worden ist, daß es wohl auch nichts besseres thun könne, und so stehen denn endlich beide Thiere innig umschlungen neben einander, schütteln und wackeln mit dem Kopfe, beschnoppern sich und wiegen sich, auf den Schwanz gestützt, behaglich hin und her. Sobald die Umarmung beendet ist, beginnt die alte Geschichte von neuem, und eine zweite Umarmung endet sie wieder. Das ganze Liebesspiel sieht im höchsten Grade komisch aus und erregt, wie billig, die Lachlust eines jeden Beschauers.

Etwas anders gestaltet sich die Sache, wenn mehrere verliebte Männchen um ein Weibchen werben. Dann kommt es selbstverständlich zu Kampf und Streit. Die zarten Liebesbeweise, welche dem Schwanze gespendet werden, bleiben weg. Beide Gegner umhüpfen sich drohend, und streben, sobald als möglich sich zu umarmen. Ist dies ihnen geglückt, so stemmen sie sich beide zugleich auf den Schwanz und schlagen mit den hierdurch frei gewordenen Hinterbeinen auf einander los, versuchen, sich gegenseitig mit den scharfen Nägeln den Bauch aufzuritzen, prügeln sich auch gleichzeitig mit den Vorderhänden. Derartige Zweikämpfe sind keineswegs ungefährlich, weil die Kraft der Hinterbeine bedeutend ist und die großen Nägel tiefe Wunden verursachen können. Einige Beobachter haben angegeben, daß sie hauptsächlich mit dem starken Schwanze kämpfen; ich habe dies zwar niemals gesehen, halte es aber für möglich, weil einer meiner Wärter von einem Känguru wiederholt mit dem Schwanze geschlagen wurde. Besonders unverträglich scheinen die kleineren Arten zu sein: sie liegen sich beständig in den Haaren und kratzen sich gegenseitig halb oder ganz kahl.

Die Vermehrung aller Springbeutelthiere ist schwach. Die großen Arten werfen selten mehr als ein Junges. Trotz der bedeutenden Größe einiger Kängurus tragen die Weibchen erstaunlich kurze Zeit, die Riesenkängurus z. B. nur neununddreißig Tage. Nach Ablauf dieser Zeit wird das Junge im eigentlichen Sinne des Wortes geboren. Die Mutter nimmt es mit dem Munde ab, öffnet mit beiden Händen den Beutel und setzt das kleine, unscheinbare Wesen an einer der Zitzen fest. Zwölf Stunden nach der Geburt hat das junge Riesenkänguru eine Länge von etwas mehr als drei Centimeter. Es kann nur mit den Keimlingen anderer Thiere verglichen werden; denn es ist vollkommen unreif, durchscheinend, weich, wurmartig; seine Augen sind geschlossen, die Ohren und Nasenlöcher erst angedeutet, die Gliedmaßen noch nicht ausgebildet. Zwischen ihm und der Mutter scheint nicht die geringste Ähnlichkeit zu bestehen. Gerade die Vorderglieder sind um ein Drittheil länger als die hinteren. In stark gekrümmter Lage, den kurzen Schwanz zwischen den Hinterbeinen nach aufwärts gebogen, hängt es an der Zitze, ohne wahrnehmbare Bewegung, unfähig, selbst zu saugen. So viel man bis jetzt weiß, saugt das junge Känguru gar nicht, sondern wird ohne eigene Anstrengung mit Milch versorgt, indem ihm diese aus den Zitzen geradezu in das Maul spritzt. Fast acht Monate lang ernährt es sich ausschließlich im Beutel; doch schon etwas eher streckt es ab und zu einmal den Kopf hervor, ist aber auch dann noch immer nicht im Stande, selbständig sich zu bewegen. Owen beobachtete an einem sehr jungen Riesenkänguru, daß es eifrig, aber langsam athmete und die Vorderfüße nur bewegte, wenn sie berührt wurden. Vier Tage nach der Geburt ließ der genannte Naturforscher das Junge von der Zitze entfernen, um zu bestimmen, wieweit es mit der Mutter zusammenhänge, um die Milch kennen zu lernen und um zu sehen, ob ein so unvollkommenes Thier eigene Kraft entwickelt, wenn es sich darum handelt, die verlorene Zitze wieder zu erlangen, oder ob es von der Alten wiederum an die Zitze angeheftet werden müsse. Als die Frucht abgenommen worden war, erschien ein Tropfen weißlicher Flüssigkeit vorn an der Zitze. Das Junge bewegte die Glieder heftig, nachdem es entfernt war, machte aber keine ersicht liche Anstrengung, um seine Füße an die Haut der Mutter zu heften oder um fortzukriechen, sondern zeigte sich vollkommen hülflos. Es wurde nun auf den Grund der Tasche gelegt und die Mutter freigegeben. Sie zeigte entschiedenes Mißbehagen, bückte sich, kratzte an den Außenwänden des Beutels, öffnete denselben mit den Pfoten, steckte den Kopf hinein und bewegte ihn darin nach verschiedenen Richtungen mit Leichtigkeit. Hieraus folgerte Owen, daß die Mutter ihr Junges nach der Geburt mit dem Munde wegnimmt und solange an der Zitze am Beutel hält, bis es fühlt, daß das Junge angesogen ist. Doch muß bemerkt werden, daß das künstlich entfernte Junge starb, weil weder die Mutter es wieder ansetzte, noch ein Wärter dies zu thun vermochte.

Inzwischen ist aber bekannt geworden, daß ein junges Känguru, welches gewaltsam von der Zitze abgerissen wurde oder zufällig abfiel, nach längerer Zwischenzeit sich wieder ansaugte. Geoffroy St. Hilaire hat auch einen Muskel nachgewiesen, welcher über dem Euter liegt und dem noch kraftlosen Jungen die Milch zu den Mund preßt oder wenigstens pressen kann, denn eigentlich fehlt die Bestätigung dieser Angabe. Aus den übrigen und neuesten Beobachtungen geht hervor, daß das Känguru, wenn es einmal eine gewisse Größe erreicht hat, sehr schnell wächst, namentlich von der Zeit an, in welcher es Haare bekommt. Es ist dann fähig, seine langen Ohren, welche bis dahin schlaff am Köpfchen herabhingen, aufzurichten. Von nun an zeigt es sich sehr häufig, wenn die Mutter ruhig dasitzt. Der ganze Kopf wird vorgestreckt, und die hellen Augen blicken lebhaft um sich, ja, die Ärmchen stöbern auch schon im Heu herum, und das Thierchen beginnt bereits zu fressen. Die Alte zeigt sich noch äußerst vorsorglich gegen das Junge, jedoch nicht mehr so ängstlich als früher. Anfangs gestattet sie nur mit dem größten Widerstreben irgendwelche Versuche, das Junge im Beutel zu sehen oder zu berühren. Selbst gegen das Männchen, welches eine lebhafte Neugierde an den Tag legt und sich beständig herbeidrängt, um seinen Sprößling zu sehen, benimmt sie sich nicht anders als gegen den Menschen. Sie beantwortet Zudringlichkeiten dadurch, daß sie sich abwendet, weist fortgesetzte Behelligung durch ein ärgerliches, heiseres Knurren zurück und versucht wohl auch, sich durch Schlagen derselben zu erwehren. Von dem Augenblicke an, wo das Junge den Kopf zum Beutel herausstreckt, sucht sie es weniger zu verbergen. Das Kleine ist auch selbst äußerst furchtsam und zieht sich bei der geringsten Störung in den Beutel zurück. Hier sitzt es übrigens keineswegs immer aufrecht, sondern nimmt alle möglichen Lagen an. Man sieht es mit dem Kopfe herausschauen und gar nicht selten neben diesem die beiden Hinterbeine und den Schwanz hervorstrecken, bemerkt aber auch diese Glieder allein, ohne vom Kopfe etwas zu sehen. Sehr hübsch sieht es aus, wenn die Mutter, welche weiter zu hüpfen wünscht, das aus dem Beutel herausschauende Junge zurücktreibt: sie gibt dem kleinen Dinge, falls es nicht ohne weiteres gehorcht, einen gelinden Schlag mit den Händen. Geraume Zeit nach dem ersten Ausschauen verläßt das Junge ab und zu seinen Schutzort und treibt sich neben der Alten im Freien umher; noch lange Zeit aber flüchtet es, sobald es Gefahr fürchtet, in den Beutel zurück. Es kommt mit gewaltigen Sätzen einhergerannt und stürzt sich, ohne auch nur einen Augenblick anzuhalten, kopfüber in den halbgeöffneten Beutel der ruhig auf ihren Hinterläufen sitzenden Mutter, kehrt im Nu sich um und schaut dann mit einem unendlich komischen Ausdrucke des beneidenswerthesten Sicherheitsbewußtseins aus der Beutelöffnung hervor.

»Ende Septembers«, sagt Weinland, welchem ich vorstehendes nacherzählt habe, »bemerkten wir das im Januar geborene, weibliche Junge des Bennett'schen Kängurus zum letzten Male in dem Beutel; aber wenn die Tochter nunmehr auch auf den Schutz der Mutter verzichtete, hörte sie doch nicht auf, Nahrung von ihr zu fordern. Noch am 22. Oktober sahen wir das Junge an der Mutter saugen, und zu unserer nicht geringen Überraschung beobachteten wir an demselben Tage jenes eigenthümliche Zittern und Zucken in seinem Beutel, welches uns über den eigenen Zustand keinen Zweifel ließ. Der sonderbare, unseres Wissens noch nie beobachtete Fall steht fest: selbst schon Mutter, ja bereits ein Junges im Beutel säugend, verlangt dieses Thier noch immer die nährende Milch seiner Alten! Aber noch mehr Enthüllungen lieferte die leider nothwendig gewordene Zergliederung des Mutterthieres, welches sich durch Anrennen an das Gitter den Tod zugezogen hatte: Es fand sich in dem Beutel ein bereits todtes, noch nacktes Junge von sieben Centim. Länge, welches also mindestens vor zwei Monaten schon geboren worden war, und somit stellte sich heraus, daß das Känguruweibchen unter Umständen zugleich die Kinder zweier Würfe und mittelbar noch sein Enkelchen säugte: das erwähnte herangewachsene, selbst schon tragende und säugende, und dessen Kind, sowie das kleine nackte im Beutel.«

Reisende in Australien berichten, daß Kängurumütter ihr Junges bei großer Gefahr, namentlich wenn sie sich verwundet fühlen, in eigenthümlicher Weise zu retten suchen. Falls sie sich nicht mehr im Stande sehen, dem drohenden Verderben zu entrinnen, heben sie das Junge schnell aus dem Beutel, setzen es auf den Boden und fliehen, beständig traurig nach ihrem Sprößlinge sich umsehend, weiter, solange sie können: sie geben sich also gern zu Gunsten ihrer Jungen preis und erreichen wirklich nicht selten ihren Zweck, indem die hitzig gewordenen Verfolger ihr Augenmerk ausschließlich auf die Alte richten und an den Jungen vorbeistürmen.

Die Nahrung ist gemischter Art. Gras und Baumblätter bleiben die bevorzugteste Speise, außerdem verzehren die Thiere aber auch Wurzeln, Baumrinden und Baumknospen, Früchte und mancherlei Kräuter. Ihre Lieblingsnahrung ist ein gewisses Gras, welches geradezu Kängurugras genannt wird und ihren Aufenthalt bedingt; außerdem äsen sie sich von den Spitzen der Heide und von den Blättern und Knospen gewisser Gesträuche. Einzelne Naturforscher haben geglaubt, daß die Sprungbeutelthiere Wiederkäuer wären; ich habe jedoch trotz sorgfältiger Beobachtung das Wiederkäuen noch bei keinem Känguru bemerken können.

Die Springbeutelthiere vertreten in ihrer Heimat gewissermaßen das dort fehlende Wild, und werden auch, wie dieses, leidenschaftlich gejagt, von den Raubthieren wie von den Menschen, von den Eingebornen wie von den Weißen. Die Schwarzen suchen sich so unbemerkt als möglich an eine Gesellschaft weidender Kängurus heranzuschleichen und verstehen es meisterhaft, sie derart zu umstellen, daß wenigstens einige des Trupps ihnen zum Opfer fallen. Bei Hauptjagden legen sich die einen in den Hinterhalt, und die anderen treiben jenen das Wild zu, indem sie erst so nahe als möglich an die weidenden Herden herankriechen, dann aber plötzlich mit Geschrei aufspringen. Schreckerfüllt wenden sich die Thiere nach der ihnen offen erscheinenden Seite hin und fallen somit ziemlich sicher in die Gewalt der versteckten Jäger. Außerdem verstehen es die Australier, Schlingen aller Art und Fangnetze anzufertigen und geschickt zu stellen. Weit größere Verluste als die eingeborenen Australier fügen die Weißen den Kängurus zu. Man gebraucht, sagt ›ein alter Buschmann‹, alle dankbaren Mittel, um sie auszurotten, fängt sie in Schlingen, erlegt sie mit dem Feuergewehre, jagt sie mit Hunden zu Tode und zwar aus reinem Übermuthe, nur um sie zu tödten; denn die erlegten läßt man im Walde verfaulen. »Dies ist der Grund, weshalb die Kängurus in der Umgebung aller größeren Städte und Ansiedelungen bereits ausgerottet sind. Und wenn diese wüste Jagd so fortdauert, wird es nicht lange währen, bis sie auch im Innern zu den seltneren Säugethieren zählen. Ich kann den Schaden, welchen sie auf den weiten, grasbewachsenen Ebenen anrichten sollen, nicht einsehen. In der Nähe von Ansiedelungen werden sie allerdings lästiger als unsere Hasen und Kaninchen; dies aber berechtigt wahrlich nicht zu unvernünftigen Verfolgungen. Sie kommen nachts über die Umzäunungen herein und fressen einfach Pflanzen ab; aber schon ein paar Scheuchen genügen, um sie abzuhalten. Mich will es bedünken, daß diejenigen, welche die Kängurus in solcher rücksichtslosen Weise verfolgen, gar nicht im Stande sind, die Thiere zu würdigen. Ich will nicht in Abrede stellen, daß Fell und Fleisch weniger Werth haben als die Decke und das Wildpret unseres Hirsches: so werthlos aber als man beides in Australien hält, ist es denn doch nicht. Viele erachten das Fleisch für nicht viel besser als Aas, wollen es kaum umsonst, selbst an Plätzen, wo das Ochsen- und Hammelfleisch verhältnismäßig theuer bezahlt wird, und für das Fell mögen die Händler auch nicht mehr geben als

1½ Schilling oder Mark. Ich aber kann aus eigner Erfahrung versichern, daß das Fleisch durchaus nicht schlecht und das Fell wenigstens eben so gut, ja feiner als Kalbleder ist. Die Leute behaupten zwar, das Fleisch sei nicht nahrhaft; ich aber muß diese Angabe für einen entschiedenen Irrthum halten. Mein alter Zeltgenosse und ich lebten von Kängurufleische, so lange wir im Walde waren, und thaten unsere Arbeit so gut als irgend ein anderer. ›Spart das Mehl, aber fallt über die Kängurus her‹, pflegten die Buschmänner zu sagen, wenn das Mehl zur Neige ging. Zwar will ich nicht bestreiten, daß das besagte Fleisch nur ein untergeordnetes Wildpret, weil trocken und fade, sehr blutreich und dunkel von Farbe ist, auch nicht so gut schmeckt wie Hammelfleisch; wohl aber behaupte ich, daß man es nicht zu verachten braucht, und daß namentlich der Schwanz eine ganz ausgezeichnete Suppe liefert.

Das große Geheimnis beim Känguruschießen, welches von vielen für überaus schwierig gehalten wird, beruht darin, sich nie zu übereilen. Man muß niemals eher schießen, als bis das Känguru in guter Schußweite angelangt ist und dann nach dem Halse zielen. Doch will ich nicht verkennen, daß die eigenthümliche Art der Thiere zu springen, Anfänger sehr verwirrt, und es auch für den ausgelernten Schützen keineswegs leicht ist, ein in voller Flucht dahinjagendes Känguru zu erlegen.

Wohlhabende Ansiedler pflegen die Kängurus mit Hunden zu jagen und benutzen hierzu eine Art Birschhunde, welche man geradezu Känguru-Hunde nennt. Gute Hunde jagen Kängurus bald nieder, besonders wenn der Grund feucht ist und wissen auch den gefährlichen Waffen der Thiere geschickt zu entgehen. Nicht immer nämlich geht die Kängurujagd so ungehindert von statten, als man meinen möchte; denn auch dieses friedliche Thier weiß sich zu vertheidigen. Seine Stärke liegt in den kräftigen Hinterläufen, deren Mittelzehe, wie bekannt, einen scharfen Nagel trägt. Mit diesem bringt es seinen Feinden gefährliche Wunden bei. Junge Hunde gerathen regelmäßig in den Bereich der Hinterklauen; einige tiefe Verwundungen oder von dem mit den Hinterfüßen ausschlagenden Känguru empfangene Hiebe machen sie jedoch sehr bald vorsichtig. Im Nothfalle sucht sich das Thier auch durch Beißen zu wehren: ich habe gesehen, daß ein altes Männchen einen Hund mit den Vorderarmen umklammerte und ihn zu beißen versuchte. Auch der Mensch hat sich vorzusehen, um nicht die Kraft der Klauen an sich zu erfahren. Ich bin zweimal in Gefahr gewesen, von einem Känguru verwundet zu werden, und beide Male mit einer Kraft zu Boden geworfen worden, daß mir Hören und Sehen verging, war aber jedesmal glücklicher Weise dem Känguru ganz nahe, so daß ich die Schläge anstatt mit der Klaue nur mit der Sohle empfing. Einmal wurde ich von einem alten Männchen förmlich angegriffen und war herzlich froh, als das Thier vor Erschöpfung zusammenbrach, ehe es seine Kräfte an mir auslassen konnte.«

Befindet sich in der Nähe des Weidegrundes ein Fluß oder See, so eilen, wie wir von früheren Beobachtern wissen, die gejagten Kängurus regelmäßig dem Wasser zu und stellen sich hier ruhig auf, die ankommenden Hunde erwartend. Ihre große Leibeshöhe erlaubt ihnen, zu stehen, wenn die Hunde bereits schwimmen müssen, und gerade hierdurch erlangen sie Vortheile. Der erste Hund, welcher ankommt, wird augenblicklich von dem Känguru gepackt und zunächst mit den Vorderfüßen, dann aber mit den Hinterfüßen unter das Wasser gedrückt und hier solange festgehalten, bis er ertränkt ist. Ein starkes Männchen der größeren Arten kann selbst einer zahlreichen Meute zu schaffen machen. Es läßt mit der größten Seelenruhe einen der Feinde nach dem andern schwimmend an sich kommen und nimmt geschickt den günstigen Augenblick wahr, um sich der Angreifer zu entledigen. Der einmal angepackte Hund ist regelmäßig verloren, wenn ihm nicht ein zweiter zu Hülfe kommt, und derjenige, welcher wirklich gerettet wird, eilt nach dem wider Willen genommenen Bade so schnell, als er kann, dem Ufer zu, ist auch durch kein Mittel zu bewegen, den mißlungenen Angriff zu erneuern. Erfahrene Hunde stürmen in Menge herbei, umstellen das Thier von allen Seiten, stürzen plötzlich vereint auf dasselbe los, pakken es an der Kehle, reißen es zu Boden, schleppen es immer nach vorwärts, so daß es seine gefährlichen Waffen kaum brauchen kann, und würgen es entweder ab oder halten es solange fest, bis die Jäger herbeikommen.

Etwas besser lohnt aber der Fang, vor allem der Jungen, welche in allen Küstenstädten von Thierhändlern gekauft und ziemlich gut bezahlt werden. Um Kängurus lebend zu erhalten, legt man ihnen Schlingen auf die erkundeten Wechsel im Walde. Diese Fangweise erfordert jedoch der weidenden Hausthiere halber große Aufmerksamkeit. Leichter ist es, sich der Jungen zu bemächtigen, indem man mit der Büchse in der Hand an die weidende Herde sich anbirscht und die Weibchen, welche Junge im Beutel tragen, aus dem Haufen wegschießt, hierauf rasch zur Stelle eilt, das Junge aus dem Beutel hebt und einstweilen in einen Sack steckt. Die so erbeuteten Kängurus werden in den ersten Tagen der Gefangenschaft sorgfältig warm gehalten und mit lauwarmer Milch gefüttert. Um die Mittagszeit läßt man sie einige Stunden ins Freie, damit sie sich Bewegung machen. So pflegt man sie, bis sie Gras abzuweiden beginnen; dann sind sie zur Rücksendung nach Europa reif.

In die Gefangenschaft fügen sich alle Arten ohne viele Umstände, lassen sich mit grünem Futter, Blättern, Rüben, Körnern, Brod u. dgl. auch ohne Mühe erhalten, verlangen oder bedürfen im Winter keinen sonderlich warmen Stall und pflanzen sich bei geeigneter Pflege ohne Umstände fort. Obwohl sie der Wärme zugethan sind und sich gern behaglich im Strahle der Sonne dehnen und recken, schaden ihnen doch auch strengere Winterkälte und Schnee nicht, falls sie nur ein trockenes und gegen Wind geschütztes Plätzchen haben, nach welchem sie sich zurückziehen können. Dank dieser Genügsamkeit und Unempfindlichkeit gegen Witterungseinflüsse sieht man Kängurus gegenwärtig in allen Thiergärten als regelmäßige Erscheinungen, züchtet auch alljährlich viele von ihnen. Trotzdem dürften sie im allgemeinen wohl kaum jemals Hoffnungen erfüllen, welche auf sie gesetzt worden sind. Meiner Ansicht nach eignen sich nur sehr wenige von ihnen zur Einbürgerung bei uns, beziehentlich zur Bewilderung größerer Jagdgebiete. Ganz abgesehen davon, daß die meisten von ihnen, vollständig sich selbst überlassen, in unserem Klima kaum ausdauern dürften, ist ihre Vermehrung doch zu schwach und ihr Nutzen zu gering, als daß man sie zum Ersatz unseres mehr und mehr abnehmenden Wildes empfehlen könnte. Dagegen würden sie kleineren, umhegten und geschützten Parks, in denen sie keinen Schaden anrichten können, sicherlich zur Zierde gereichen.

Die Girafe

Die Girafe ist durch den alles gewohnte Maß überschreitenden langen Hals, die hohen Beine, den dicken Rumpf mit abschüssigem Rücken, den zierlich gebauten, feinen Kopf mit großen, schönen, klaren Augen und durch zwei sonderbare, mit Haut überkleidete hornartige Knochenzapfen gekennzeichnet. Die hohen Läufe und der lange Hals machen die Girafe zu den höchsten und verhältnismäßig kürzesten aller Säugethiere. Ihre Leibeslänge beträgt nämlich bloß 2,25 Meter, die Schulterhöhe dagegen bereits 3 Meter und die Höhe des Kopfes 5 bis 6 Meter. Der Schwanz wird mit der Haarquaste 1,1 Meter, ohne dieselbe nur 80 Centim. lang. Die Entfernung von der Schnauzenspitze bis zur Schwanzwurzel beträgt 4 Meter, das Gewicht 500 Kilogramm. Aus diesen Maßen allein schon geht hervor, daß die Girafe hinsichtlich ihrer Gestaltung von allen übrigen Säugethieren abweicht; der Leibesbau ist aber so merkwürdig, daß er eine eingehende Beschreibung erfordert.

Der Kopf und der Leib scheinen vom Pferde, der Hals und die Schultern vom Kamele, die Ohren vom Rinde, der Schwanz vom Esel, die Beine von einer Antilope entlehnt zu sein, während Färbung und Zeichnung des glatten Felles an den Panther erinnern. Eine solche Zusammensetzung kann nur Mißgestaltung des ganzen Thieres zur Folge haben, und wirklich wird niemand die Girafe schön oder ebenmäßig nennen mögen. Der kurze Leib steht mit den hohen Beinen und dem langen Hals in keinem Verhältnisse; der auffallend abschüssige Rücken muß nach allen kunstgerechten Begriffen häßlich genannt werden, und die ungeheure Höhe des Thieres trägt durchaus nicht zu seiner Zierde bei. Schön ist der Kopf, wundervoll das Auge, angenehm die Zeichnung, alles übrige auffallend und sonderbar. Der langgestreckte Kopf der Girafe erscheint, der ziemlich dünnen Schnauze wegen, noch länger als er ist, trägt sehr große, lebhaft glänzende und doch ungemein sanfte, wirklich geistige Augen, große, zierlich gebaute, äußerst bewegliche Ohren von etwa 15 Centim. Länge und die zwei erwähnten Stirnzapfen, welche entfernt an Hörner erinnern und etwas kürzer sind als die Ohren. Der Hals ist etwa ebenso lang wie die Vorderbeine, dünn, seitlich zusammengedrückt und hinten mit einem hübschen Haarkamme geziert. Ein fahles Sandgelb, welches auf dem Rücken etwas dunkler wird und auf der Unterseite ins Weißliche übergeht, bildet die Grundfärbung; auf ihr stehen ziemlich große, unregelmäßig gestaltete, meist eckige Flecken von dunklerer oder lichterer rostbrauner Färbung.

Ungeborne, noch nicht völlig ausgetragene Girafen haben ein sehr weiches, mausgrau gefärbtes Fell ohne Flecken; zur Zeit der Geburt sind diese aber schon vorhanden. Sehr alte Männchen sehen oft sehr dunkel, die alten Weibchen regelmäßig licht aus, als ob ihr Fell verblichen wäre.

Gegenwärtig bewohnt die Girafe das mittlere und südliche Afrika. Im Norden beginnt ihre Heimat an der südlichen Grenze der Sahara, im Süden verschwindet sie in der Nähe des Orangenflusses. Am Kongo und in Senegambien fehlt sie gänzlich, wahrscheinlich weil das Land dort gebirgig ist; denn sie hält sich nur in ebenen Steppengegenden, niemals in den Gebirgen oder in den dichteren Urwäldern auf. Ihr Vorkommen ist an das Vorhandensein verschiedener Mimosen gebunden. Gewöhnlich trifft man die Girafe in kleinen Trupps von sechs bis acht Stück; da hingegen, wo sich das edle Thier sicher weiß, kommt es häufiger vor.

Alle Bewegungen der Girafe sind sonderbar. Am vortheilhaftesten nimmt sie sich bei ruhigem Gange aus: sie erscheint dann würdig und anmuthig. Der Gang selbst ist ein langsamer und gemessener Paßschritt, da sie beide Läufe einer Seite gleichmäßig bewegt. Ganz anders sieht sie aus, wenn sie flüchtend in Galopp fällt. Lichtenstein schildert in sehr anschaulicher Weise den Eindruck, welchen das Thier dann auf den Beobachter macht. »Ich hatte mich«, so erzählt er, »zwei Girafen beinahe auf bequeme

Schußweite genähert, als sie mich bemerkten und entflohen. Aber dieses Entfliehen war so über alle meine Erwartungen wunderbar, daß ich vor Lachen, Staunen und Freude fast die ganze Jagd vergessen hätte. Bei dem sonderbaren Mißverhältnisse der vordern zur hintern Höhe und der ganzen Höhe zur Länge hat nämlich die schnelle Fortbewegung des Thieres große Schwierigkeiten. Wenn Levaillant behauptet, er habe es traben gesehen, erspart er mir dadurch die Mühe, ihm zu beweisen, daß das Thier ihm nie lebendig vor Augen gekommen. Wie in aller Welt soll ein Girafe bei der großen Ungleichheit der Vorder- und Hinterläufe traben? Nur galoppiren kann sie, wie ich aus Erfahrung versichern kann. Aber dieser Galopp ist so schwerfällig, lahm und plump, daß man in einem Abstande von mehreren hundert Schritten, welcher es erschwert, den zurückgelegten Raum mit der Größe des Thieres und der umgebenden Gegenstände zu vergleichen, aus der Langsamkeit, mit welcher die Bewegung geschieht, fast schließen sollte, ein Mensch könnte es zu Fuße einholen. Diese Langsamkeit wird aber ersetzt durch die Weite des Schrittes, indem nach einer ungefähren Messung ein jeder Sprung vier bis fünf Meter beträgt. Wegen der Größe und Schwere des Vordertheiles ist die Girafe nicht im Stande, sich durch die Kraft der Muskeln allein vorn zu heben, sondern dazu muß eine Zurückbiegung des Halses, wodurch der Schwerpunkt mehr nach hinten gerückt wird, zu Hülfe kommen; dann erst ist es ihr möglich, die Vorderbeine von der Erde zu bringen. So bewegt sich der Hals in stetem Hin- und Herschwunge fast wie der Mast eines auf den Wellen tanzenden oder nach der Schiffersprache stampfenden Schiffes.« Während der Flucht schlägt sie mit dem langen Schwanze wie mit einer Reitgerte klatschend über den Rücken; auch dreht sie den Kopf mit den schönen, klugen Augen oft rückwärts, um nach ihren Verfolgern hinzusehen.

Höchst eigenthümlich ist eine Stellung, welche das Thier annimmt, wenn es etwas von dem Boden aufnehmen, oder wenn es trinken will. In älteren Beschreibungen wird behauptet, daß die Girafe zu diesem Ende auf die vorderen Fußwurzelgelenke

(Knie) niederfalle. Dies ist falsch. Sie bewirkt die Erniedrigung ihres Vordertheiles, indem sie beide Vorderläufe so weit auseinander stellt, daß sie bequem mit dem langen Halse auf den Boden herabreichen kann. Wer dies nicht selbst gesehen hat, hält es geradezu für unmöglich. Während des Schlafes liegt sie zum Theil auf der Seite und schlägt dabei beide oder nur eins ihrer Vorderbeine ein; den Hals wendet sie rückwärts, den Kopf läßt sie gern auf den Hinterschenkeln ruhen. Ihr Schlaf ist sehr leise und dauert nur kurze Zeit. Sie kann auch viele Tage lang den Schlaf entbehren und scheint sich dann stehend auszuruhen.

Es versteht sich von selbst, daß die Nahrung der Girafe im Einklange steht mit ihrer Gestalt und ihrem Wesen. Das Thier ist wenig geeignet, Gras vom Boden abzuweiden, umsomehr aber befähigt, Laub von den Bäumen zu brechen. Hierbei unterstützt es seine ungemein bewegliche Zunge sehr wesentlich. Wie bekannt, gebrauchen die meisten Wiederkäuer die Zunge zum Abpflücken ihrer Nahrung; kein einziger aber bedarf dieses Werkzeug so ausschließlich wie die Girafe. Was dem Elefanten der Rüssel, ist ihr die Zunge. Sie vermag die kleinsten Gegenstände damit aufzunehmen, das zarteste Blatt zu pflücken und in den Mund zu ziehen. In der Freiheit sind es hauptsächlich die Zweige, Knospen und Blätter der Mimosen, welche der Girafe zur Nahrung dienen. Bei saftiger Nahrung kann sie, wie das Kamel, lange Zeit des Wassers entbehren. Für gewöhnlich genügt ihr die Feuchtigkeit der frischen Blätter und Schößlinge, und man trifft sie daher auch in Gegenden, wo auf Meilen hin kein Wasser zu finden ist. In der trockenen Jahreszeit aber, wenn die Bäume größtentheils ihres Blätterschmuckes beraubt sind und die hohen, verdorrten Gräser ihr dürftige Kost bieten, geht sie oft meilenweit nach pfuhligen Wasserbecken oder zu den übrig gebliebenen Tümpeln der während der Regenzeit fließenden Ströme herab, um sich zu tränken.

Die höheren Begabungen stellen die Girafe sehr hoch. Ihre Sinne, zumal Gesicht und Gehör, sind vortrefflich entwickelt, die geistigen Fähigkeiten nicht minder ausgebildet. Sie ist klug und verständig, auch äußerst liebenswürdig und im Verhältnisse zu ihrer Größe ein höchst gutmüthiges, friedliches und sanftes Geschöpf, welches nicht bloß verträglich mit seines Gleichen, sondern auch mit anderen Thieren lebt, so lange ihr diese nicht beschwerlich oder gefährlich werden. Im Nothfalle weiß sie sich recht gut zu vertheidigen, – nicht mit ihren Hörnern, welche überhaupt bloß zum Schmucke zu dienen scheinen, sondern mit kräftigen Schlägen ihrer langen, sehnigen Füße. In dieser Weise kämpfen die verliebten Männchen unter sich um die Weibchen; durch Ausschlagen beschützt die Girafenmutter ihr Junges vor der tückisch herbeischleichenden Katze, und die Kraft des Schlages ist so gewaltig, daß er selbst einen Löwen fällen kann. Wärter in den Thiergärten müssen sich manchmal sehr in Acht nehmen vor den Girafen, obgleich sie sonst recht gut mit diesen auskommen.

Über die Fortpflanzung der Girafe hat erst die Neuzeit uns belehrt. Aus den bisherigen, in verschiedenen Thiergärten gesammelten Beobachtungen geht hervor, daß die Paarung im März oder anfangs April, der Wurf im Mai oder Juni stattfindet, die Dauer der Tragzeit also 431 bis 444 Tage beträgt. Während der Paarungszeit vernahm man von beiden Geschlechtern ein sanftes Blöken. Die Männchen sprangen ohne besondere Heftigkeit auf einander los und rieben sich gegenseitig mit ihren Stirnzapfen den Rücken und die Seiten. Ernste Kämpfe wurden nicht ausgefochten. Die Geburt ging schnell und leicht von statten. Das junge Thier kam zuerst mit den Vorderfüßen und dem Kopfe zur Welt. Nach seiner Geburt lag es etwa eine Minute bewegungslos, dann begann die Athmung; nach einer halben Stunde versuchte es aufzustehen, zwanzig Minuten später wankte es nach der Mutter hin. Diese blickte ziemlich gleichgültig auf ihren Sprößling herab, und man mußte am andern Tage eine Kuh herbeibringen, an welcher die junge Girafe etwa einen Monat lang saugte. Zehn Stunden nach der Geburt lief das Junge umher, am dritten Lebenstage übte es sich bereits in Sätzen. Bei seiner Geburt war es 2,1 Meter lang, die Vorderglieder hatten eine Höhe von 1,5 Meter, der Schwanz maß bereits 50 Centimeter. Etwa neun Monate nach der Geburt dieses Jungen nahm die Mutter das Männchen von neuem an und warf nach 431 Tagen wiederum ein Junges, welches zwölf Stunden nach seiner Geburt kräftig an dem Euter der Alten saugte. Nach drei Wochen genoß es Pflanzen, und mit dem Alter von vier Monaten begann es wiederzukäuen. In der ersten Woche seines Lebens war es zwei, nach neun Monaten bereits drei Meter hoch.

Leider ertragen die nach Europa gebrachten Girafen die Gefangenschaft nur bei bester Pflege längere Zeit. Die meisten gehen an einem eigenthümlichen Knochenleiden zu Grunde, welches man »Girafenkrankheit« genannt hat. Ursachen der letztern dürften Mangel an Bewegung und ungeeignete Nahrung sein. Nach den Erfahrungen, welche ich an Elchen gemacht habe, glaube ich, daß namentlich Gerbsäure dem Girafenfutter zugesetzt werden muß, um ihr Wohlbefinden zu fördern; denn gerade die Mimosenblätter sind besonders reich an diesem Stoffe. Ein großer Raum vor und ein warmer Fußboden in dem Stalle der Girafe sind außerdem unerläßliche Bedingungen für ein erträgliches Gefangenleben des theilnahmswerthen Geschöpfes.

Die Elefanten

Unsere Elefanten, die einzigen gegenwärtig noch lebenden Vertreter der gleichnamigen Familie (Elephantina), kennzeichnen der lange, bewegliche Rüssel und die Zähne, namentlich die Stoßzähne, welche man als umgebildete Schneidezähne betrachtet.

Das wichtigste Glied des Elefanten ist eben der Rüssel, eine Verlängerung der Nase, ausgezeichnet durch seine Beweglichkeit, Empfindlichkeit und vor allem durch den fingerartigen Fortsatz an seinem Ende. Er ist zugleich Geruchs-, Tast- und Greifwerkzeug. Ring- und Längsmuskeln, nach Cuvier etwa vierzigtausend einzelne Bündel, setzen ihn zusammen und befähigen ihn nicht allein zu jeder Wendung, sondern auch zur Strekkung und Zusammenziehung. Dem Munde ersetzt er die fehlende Oberlippe, dem Thiere selbst ermöglicht er das Leben. Der Leibesbau erlaubt dem Elefanten nicht, den Kopf bis zur Erde herabzubringen, und es würde dem Dickhäuter deshalb schwer werden, sich zu ernähren, würde nicht jenes sonderbare Werkzeug ihm zur Lippe, zum Finger, zur Hand und zum Arme zugleich. Dieser Rüssel heftet sich an der platten Gesichtsfläche des Schädels, auf den Stirnbeinen, dem Oberkiefer, dem Nasenbein und dem Zwischenkiefer an, ist oben gerundet, unten verflacht, und verdünnt sich allmählich von der Wurzel zur Spitze.

Alle übrigen Glieder und selbst die Sinneswerkzeuge des Elefanten erscheinen weniger beachtenswerth. Die Augen sind klein und von blödem, aber gutmüthigem Ausdrucke, die Ohren dagegen sehr groß, Lederlappen vergleichbar. Der mittellange, ziemlich gerundete Schwanz reicht bis an das Beugegelenk und endet mit einem aus sehr dichten, groben, drahtähnlichen Borsten bestehenden Büschel.

Sehr merkwürdig ist das Gebiß. Der Elefant trägt im Oberkiefer zwei außerordentlich entwickelte Stoßzähne, aber weder Schneidezähne, noch Eckzähne, sondern bloß noch einen einzigen gewaltigen Backenzahn in jedem Kiefer. Dieser Zahn besteht aus einer ziemlich bedeutenden Anzahl einzelner Schmelzplatten, welche mit einander verbunden sind. Wenn er sich durch das Kauen soweit abgenutzt hat, daß er nicht vollständig mehr seine Dienste thut, bildet sich hinter ihm ein neuer Zahn, welcher allmählich weiter nach vorn rückt und vor dem Ausfallen des letzten Stummels in Thätigkeit tritt. Man hat beobachtet, daß dieser Zahnwechsel sechsmal vor sich geht und darf deshalb von vierundzwanzig Backenzähnen sprechen, welche das Thier während seines Lebens besitzt. Die Stoßzähne haben ein ununterbrochenes Wachsthum und können daher eine ungeheure Länge, sowie ein Gewicht von fünfundsiebzig bis neunzig Kilogramm erreichen.

Der Elefant (Elephas indicus) ist ein mächtiges, plumpes, vierschrötiges Thier mit massigem, breitstirnigem Haupte, kurzem Halse, gewaltigem Leibe und säulenartigen Beinen. Sein Kopf, welcher fast senkrecht gehalten wird, trägt wesentlich dazu bei, den überwältigenden Eindruck, welchen das riesige Thier auf den Beschauer ausübt, zu erhöhen. Gewaltig in seinen Verhältnissen, erscheint derselbe bei aller Einfachheit der Formen reich gegliedert.

Die Maße des Elefanten werden gewöhnlich überschätzt. Es beträgt bei sehr großen Männchen die Gesammtlänge von der Rüssel- bis zur Schwanzspitze ungefähr 7 Meter, wovon etwa 2,25 Meter auf den Rüssel und 1,4 Meter auf den Schwanz kommen, und die Höhe am Widerriste 3,5 bis höchstens 4 Meter; größere Stücke dürften kaum gefunden werden. Das Gewicht soll zwischen drei- und viertausend Kilogramm schwanken.

Es kann keinem Zweifel unterliegen, daß der Afrika bewohnende Elefant von dem indischen unterschieden werden muß. Derselbe, der so genannte Fihl der Araber, übertrifft seinen indischen Verwandten wahrscheinlich an Größe, steht jedoch insofern hinter ihm zurück, als er auf den Beschauer bei weitem nicht den majestätischen Eindruck ausübt wie die indische Art. Seine Erscheinung ist unschöner, der Leib kürzer, aber höher gestellt als bei dem Verwandten; auch sein flacher Kopf mit dem dünnen Rüssel und den ungeheuren Ohren, seine ausdruckslos geschwungene Rückenlinie, seine schmale Brust und seine häßlichen Beine bilden eine Vereinigung von Merkmalen, welche ihn bestimmt von jenem unterscheiden.

Beide Elefantenarten waren den Alten wohlbekannt und wurden schon in früher Zeit oft lebend nach Europa gebracht. »Die alten Egypter«, fügt Dümichen hier an, »kannten nicht bloß die afrikanische Art, sondern auch den Elefanten des fernen Indien und schätzten beide hoch. Die so werthvollen Stoßzähne dieser Riesen der Thierwelt bildeten zu allen Zeiten des egyptischen Reiches einen Hauptbestandtheil des jährlichen Tributes, welchen die Bewohner ›des elenden Kusch‹ und die noch südlicher wohnenden Neger wie die unter egyptischer Oberhoheit stehenden Völker Asiens an den Pharao zu entrichten hatten.«

Wie bei den alten Egyptern waren auch bei anderen Völkern des Alterthums der Name des Elefanten und die Bezeichnung des Elfenbeins gleichlautend. Erst Herodot meint unter dem Namen »Elephas« wirklich das Thier. Ktesias, der Leibarzt von Artaxerxes von Nemon, war der erste Grieche, welcher einen Elefanten nach eigener Anschauung beschrieb. Er sah einen lebenden in Babylon, wohin derselbe aus Indien gekommen sein mochte; er war es auch, welcher zuerst das Märchen verbreitete, daß der Elefant keine Gelenke in den Beinen habe, weder sich legen noch aufstehen könne und deshalb stehend schlafen müsse. Darius ist geschichtlich der erste, welcher die Elefanten in der Schlacht und zwar gegen Alexander den Großen verwendete. Von den durch letzteren erbeuteten Elefanten bekam Aristoteles einige zu Gesicht und konnte nunmehr das Thier ziemlich genau beschreiben. Von dieser Zeit an kommen die Elefanten oft in der Geschichte vor. Fast dreihundert Jahre nach einander werden sie selbst in Europa in den endlosen Kriegen verwendet, welche die verschiedenen Völker um die Weltherrschaft führen, bis die Römer endlich siegreich aus den Kämpfen hervorgehen. Neben den indischen Elefanten aber wurden auch afrikanische gebraucht, und namentlich die Karthager verstanden es, diese Thiere, welche man später für unzähmbar erklären wollte, zum Kriege abzurichten und in derselben Weise zu verwenden wie die indischen.

Die Römer brauchten ihre Elefanten hauptsächlich zu den Kampfspielen, und schon ihnen sollen wir die Schuld zuzuschreiben haben, daß die Thiere im Norden des Atlas ausgerottet wurden. Wie weit die afrikanischen Elefanten abgerichtet wurden, mag daraus hervorgehen, daß die römischen Schauspieler sie gelehrt hatten, Buchstaben mit einem Griffel zu zeichnen, auf einem schräg gespannten Seile auf- und abzugehen, zu Viert auf einer Sänfte einen Fünften zu tragen, welcher den Kranken vorstellte, nach dem Takte zu tanzen, von einer prächtig besetzten Tafel aus Gold- und Silbergeschirr mit aller Beobachtung der feinen Sitte und des Anstandes zu speisen. Soviel Gelegenheit aber auch die Alten hatten, Elefanten im Leben zu beobachten, so wenig zuverlässig sind die Beschreibungen, welche auf uns gekommen sind. Sonderbarerweise haben sich gewisse Märchen und Fabeln hartnäckig erhalten, und eigentlich kennen wir erst seit der allerneuesten Zeit die riesigen Dickhäuter wirklich. Gegenwärtig liegen eine Reihe vortrefflicher Beobachtungen über beide Arten vor, und es läßt sich somit ein eingehendes und richtiges Lebensbild der Thiere zeichnen.

Tennent schreibt: »Der gewöhnlichen Meinung entgegen, meidet der Elefant das Sonnenlicht so viel als möglich und bringt deshalb den Tag in den dichtesten Gehegen des Waldes zu, während er gerade die kühle, dunkle Nacht zu seinen Ausflügen erwählt. Er ist, wie fast alle Dickhäuter, mehr Nacht- als Tagthier; denn obgleich er bei Tage ab und zu weidet, bildet doch die stille, ruhige Nacht die eigentliche Zeit, in welcher er des Lebens sich freut. Wenn der Wanderer zufällig oder der Jäger auf vorsichtigem Schleichgange bei Tage einer Herde nahe kommt, sieht er sie in der größten Ruhe und Gemüthlichkeit bei einander stehen.

Ihre ganze Erscheinung ist geeignet, alle die Erzählungen von ihrer Bosheit, Wildheit und Rachsucht zu widerlegen. Im Schatten des Waldes hat die Herde in den verschiedenartigsten Stellungen sich gelagert und aufgestellt. Einige brechen mit dem Rüssel Blätter und Zweige von den Bäumen, andere fächeln sich mit Blättern, welche sie abbrechen, und einige liegen und schlafen, während die jungen spiellustig unter der Herde umherlaufen: das anmuthigste Bild der Unschuld, wie die Alten das der Friedfertigkeit und des Ernstes sind. Dabei bemerkt man, daß jeder Elefant, wie die zahmen auch thun, in einer sonderbaren Bewegung sich befindet. Einige wiegen ihr Haupt einförmig in einem Kreise oder in Bogen von der rechten zur linken Seite, andere schwingen einen ihrer Füße vor- und rückwärts, andere schlagen ihre Ohren an das Haupt oder bewegen sie hin und her, andere heben oder senken in gleichen Zeiträumen ihre Vorderbeine auf und nieder. Mehrere Reisebeschreiber haben geglaubt, daß die sonderbaren Bewegungen, welche man alle auch an den Gefangenen beobachten kann, nur eine Folge von der langen Seereise wäre: sie haben aber niemals Elefanten in der Wildnis gesehen. Sobald eine Herde von Menschen überrascht wird oder sie auch nur wittert, entflieht die ganze Gesellschaft furchtsam in die Tiefe des Waldes und zwar gewöhnlich auf einen der von ihr gebahnten Pfade.«

Großes Geschick und unermüdliche Ausdauer beim Besteigen hoher Berge wird auch von gezähmten Elefanten bethätigt. Reisende Thierschausteller führen, wie Wallis mir mittheilt, solche bis zu den am höchsten gelegenen Städten Kolumbiens und Ecuadors hinauf, obgleich sie, um auf die dreitausend Meter über dem Meere gelegenen Hochebenen zu gelangen, Pässe von viertausend Meter unmittelbarer Höhe und darüber übersteigen müssen. Den Chimborassopaß erklimmt selbst der abgehärtetste Reisende nicht immer ohne Schaden, und doch sind Elefanten über ihn hinweggeführt worden.

Eine Bedingung muß der von Elefanten gewählte Aufenthaltsort stets erfüllen: an Wasser darf es nicht fehlen. Von einem

Regenstrome zum anderen, von diesem Sumpfe oder Pfuhle zum nächsten führen die Wechsel, und jede Lache unterwegs bildet einen Ort der Ruhe, der Erquickung, weil sie stets benutzt wird, die Haut durch Bäder oder wenigstens durch Überspritzen zu nässen, zu säubern und von Kerbthieren zu reinigen

So häufig die Elefanten im Inneren Afrikas auch sind, so schwierig ist es zuweilen, ihren augenblicklichen Aufenthalt ausfindig zu machen, da sie ein sehr unstetes Leben führen. In hellen Mondscheinnächten hört man, wie Heuglin bemerkt, einen Trupp scheinbar in nächster Nähe, muß aber schon vor Tagesgrauen zu Stelle sein, wenn man ihn noch antreffen will, weil die Thiere, nachdem sie sich gesättigt haben, in der Regel einen anderen Theil ihres Gebietes aufsuchen und so rasch sich bewegen, daß sie heute hier, morgen zweihundert Kilometer weiter sein können. Bei solchen Ortsveränderungen folgen sie regelmäßig bestimmten Wechseln oder bahnen sich neue, gleichviel ob sie ihren Weg durch Wälder oder Sümpfe, über steile Höhen oder durch enge Schluchten nehmen müssen. Bodenhindernisse scheint es für sie überhaupt nicht zu geben: sie durchschwimmen Ströme und Seen, arbeiten sich ohne Mühe durch den dicksten Urwald, an steilen, steinigen und felsigen Höhen hinan, auf festem Boden oft förmliche Straßen herstellend, weil sie bei ihren Zügen nicht allein geschlossene Gesellschaften bilden, sondern sich auch in lange Reihen zu ordnen pflegen, welche dann verhältnismäßig schmale Wechsel hinterlassen. Solche Straßen bemerkte ich in allen dichteren Waldungen Innerafrikas, welche noch von ihnen bewohnt werden. In allen größeren Urwaldungen zu beiden Seiten des oberen Blauen Nils konnte ich nur auf diesen Wegen in den Urwald eindringen: dort waren die Elefanten geradezu als Straßenbauer anzusehen. Das leitende Mitglied einer Herde geht ruhig durch den Wald, unbekümmert um das Unterholz, welches es unter seinen breiten Füßen zusammentritt, unbekümmert auch um die Äste, welche von stärkeren Bäumen herabhängen; denn diese werden einfach mit dem Rüssel abgebrochen und bis auf die stärkeren Theile verspeist. Auf freien, sandigen oder auch staubigen Flächen des Waldes scheint die Elefantenherde gewöhnlich Rast zu halten und ein Staubbad zu nehmen, wie die Hühner es thun. Ich beobachtete an solchen Orten tiefe, der Größe des Elefanten entsprechende Kessel, welche wahrscheinlich mit Hülfe der Stoßzähne ausgewühlt worden waren und deutlich zeigten, daß die gewaltigen Thiere hier sich gepaddelt hatten. In der freien Steppe dürften sie, laut Schweinfurth, mit Vorliebe die schmalen Wege begehen, welche der Mensch im Hochgrase gebahnt hat, obgleich sie kaum zur Ausnahme eines Viertheils ihrer Körperbreite ausreichen; im Gebirge dagegen legen sie sich, ebenso wie im Walde, Pfade an, und zwar mit einer Klugheit, welche selbst menschliche Straßenbauer in Erstaunen setzt.

Der Elefant ist nur scheinbar plump, in Wirklichkeit sehr geschickt. Für gewöhnlich geht er einen ruhigen, gleichmäßigen Paß, wie das Kamel und die Girafe; dieser ruhige Gang aber kann so beschleunigt werden, daß ein Reiter Mühe hat, dem trabenden Elefanten nachzukommen. Anderseits versteht dieser es, so leise durch den Wald zu schleichen, daß man ihn kaum noch gehen hört. »Anfangs«, sagt Tennent, »stürzt eine wilde Herde mit lautem Geräusche durch das Unterholz; bald aber sinkt der Lärm zur vollständigen Geräuschlosigkeit herab, so daß ein Neuling glauben muß, die flüchtenden Riesen hätten nur wenige Schritte gethan und sich dann ruhig wieder aufgestellt.« Beim Überschreiten sehr bedeutender Steilungen wird der Elefant geradezu zum kletternden Thiere. An einem Gefangenen, welchen ich pflegte, habe ich mit wahrem Vergnügen gesehen, wie geschickt er es anfängt, schroffe Gehänge zu überwinden. Er biegt zunächst sehr klug seine Vorderläufe in den Handgelenken ein, erniedrigt also den Vorderleib und bringt den Schwerpunkt nach vorn, dann rutscht er auf den eingeknickten Beinen vorwärts, während er hinten mit gerade ausgestreckten Beinen geht. Bergauf also fördert die Wanderung noch ziemlich gut, bergab dagegen hat das schwere Thier selbstverständlich wegen seines ungeheuren Gewichtes größere Schwierigkeiten zu überwinden.

Wollte der Elefant in seiner gewöhnlichen Weise fortgehen, so würde er unbedingt das Gleichgewicht verlieren, nach vorn sich überschlagen und solchen Sturz vielleicht mit seinem Leben bezahlen. Das kluge Geschöpf thut dies jedoch nicht, kniet vielmehr am Rande des Abhanges nieder, so daß seine Brust auf den Boden zu liegen kommt und schiebt nun seine Vorderbeine höchst bedächtig vor sich her, bis sie irgendwo wieder Halt gewonnen haben, zieht hierauf die Hinterbeine nach und gelangt so, gleitend und rutschend, nach und nach in die Tiefe hinab. Zuweilen kommt es übrigens doch vor, daß der Elefant auf seinen nächtlichen Wanderungen einen schweren Fall thut. Im oberen Mensathale sah ich hiervon unverkennbare Spuren. Eine starke Herde war beim Übergang des Hauptthales längs einer Bergwand hingegangen und dabei auf einen schmalen Weg gerathen, welchen das Regenwasser hier und da unterwaschen hatte. Ein theilweise überragender Stein war von einem Elefanten betreten und dadurch zur Tiefe herabgestürzt worden, hatte aber auch zugleich das schwere Thier aus dem Gleichgewichte gebracht und nach sich gezogen. Dieses mußte einen gewaltigen Burzelbaum geschossen haben; denn Gras und Büsche waren in einer Breite, welche der Länge eines Elefanten etwa entsprach, auf mindestens sechzehn Meter nach unten niedergebrochen und theilweise ausgerissen. Ein stärkeres und dichteres Gebüsch hatte den Rollenden endlich aufgehalten; denn von dort aus führte die Fährte wieder zum Hauptwege empor. Einige Kreuzschmerzen mochte das gute Thier wohl davon getragen haben, ernstlichen Schaden aber hatte es nicht erlitten.

Der alte Glaube, daß der Elefant sich nicht niederlegen könne, wird von jedem, den wir in Thierschaubuden sehen, aufs gründlichste widerlegt. Allerdings schläft unser Dickhäuter nicht immer im Liegen, sondern oft auch im Stehen; wenn er es sich aber bequem machen will, läßt er sich mit derselben Leichtigkeit, mit welcher er sich anderweitig bewegt, nieder oder erhebt sich vom Lager. Nicht minder leicht schwimmt der ungeschlachte Gesell, er wirft sich daher mit wahrer Wollust in das Wasser und versenkt sich nach Belieben in die Tiefe desselben. Falls es ihm gefällt, schwimmt er in gerader Richtung über die breitesten Ströme, und manchmal lagert er sich förmlich unter Wasser, wobei er dann einzig und allein die Spitze seines Rüssels über die Oberfläche emporstreckt.

Die wunderbarsten Bewegungen, deren der Elefant überhaupt fähig ist, führt er mit seinem Rüssel aus. Dieses vorzügliche Werkzeug erscheint ebenso ausgezeichnet wegen seiner gewaltigen Kraft als wegen der Mannigfaltigkeit der Biegungen und Drehungen, deren es fähig ist, oder der Geschicklichkeit, mit welcher es etwas angreifen kann. Mit dem fingerartigen Fortsatze am Ende erfaßt der Elefant die kleinsten Dinge, leichte Silbermünzen oder Papierschnitzel zum Beispiel, mit ihm bricht er aber auch starke Bäume um. Man kann wohl sagen, daß der Rüssel zu jeder Arbeit und in jeder Richtung verwendet werden kann; denn es würde geradezu unmöglich sein, alles aufzuzählen, was das Thier mit seiner langen Nase auszuführen im Stande ist.

Nächst dem Rüssel benutzt der Elefant auch die Zähne zu mancherlei Arbeiten. Er hebt mit ihnen Lasten auf, wälzt Steine um, wühlt Löcher und gebraucht sie endlich wohl auch als Waffen zur Abwehr oder zum Angriffe, schont sie übrigens so viel als möglich; denn in ihnen liegt seine wahre Stärke nicht! Mercer sandte an Tennent die Spitze eines Elefantenzahns von zwölf Centimeter im Durchmesser und zwölf Kilogramm Gewicht, welche im Kampfe von einem anderen Elefanten abgeschlagen worden war. Eingeborene hatten ein eigenthümliches Geräusch gehört, waren dem Schalle nachgegangen und an zwei kämpfende Elefanten gekommen, einen Zahntragenden und ein Weibchen ohne Zahn, welches jenem mit einem Rüsselschlage den halben Zahn abbrach.

Alle höheren Fähigkeiten des Elefanten stehen im Einklange mit den bereits erwähnten Begabungen. Das Gesicht scheint nicht besonders entwickelt zu sein; wenigstens hegen alle Jäger die Meinung, daß das Gesichtsfeld des Thieres ein sehr beschränktes ist. Um so besser aber sind Geruch und Gehör ausgebildet, und Geschmack und Gefühl, wie man an Gefangenen leicht sich überzeugen kann, wenigstens verhältnismäßig fein. Von dem scharfen Gehöre des Thieres wissen alle Jäger zu berichten. Der geringste Laut ist hinreichend, um einen Elefanten aufmerksam zu machen; das Brechen eines kleinen Zweiges genügt, um seine Behaglichkeit zu unterbrechen. Der Geruch ist fast ebenso scharf wie bei den Wiederkäuern: jeder geübte Jäger vermeidet es sorgfältig, weidenden Elefanten mit dem Winde sich zu nähern. Im Rüssel hat auch der Tastsinn seinen bevorzugten Sitz, und zumal der fingerförmige Fortsatz an der Spitze desselben wetteifert an Feinheit der Empfindung mit dem geübten Finger eines Blinden.

Die geistigen Fähigkeiten der Elefanten werden von allen, welche mit den Thieren zu thun haben, in ihrem vollen Werthe anerkannt. Scharfer, überlegener Verstand läßt sich nicht verkennen. Der Blick verräth allerdings wenig von hervorragenden geistigen Eigenschaften, wohl aber nur deshalb, weil das verhältnismäßig kleine Auge der gewaltigen Leibesmasse gegenüber kaum zur Geltung kommt. Jede Beobachtung lehrt bald erkennen, welch ein ausgezeichnet kluges Geschöpf man in dem Elefanten vor sich hat. Wie Heuglin mittheilt, erkennen alle Neger den hohen Verstand des Thieres willig an, und schätzen ihn so hoch, daß sie den Glauben hegen, ursprünglich von diesem Riesen abzustammen, ebenso, wie viele Muselmanen des Sudân in ihm den Urvater des Menschengeschlechtes erblicken wollen und aus diesem Grunde sein Fleisch nicht genießen. Im Umgange mit dem Menschen entwickelt sich der Verstand unseres Dickhäuters zuletzt zu einer wahrhaft bewunderungswürdigen Höhe. Der Elefant steht den klügsten Säugethieren, einem Affen, Hunde oder Pferde, ziemlich gleich. Er überlegt, bevor er handelt, verbessert und vervollkommnet sich mehr und mehr, ist für Lehre empfänglicher als jedes andere Thier und erwirbt sich mit der Zeit einen wahren Schatz von Kenntnissen. Für diese Behauptung ließen sich aus den vielen Geschichten, welche von Elefanten erzählt wurden, die nöthigen Beweise leicht finden.

Zwei Belege mögen genügen. Raxava, ein Kaffeepflanzer, erzählte Tennent, daß er mehr als einmal beobachtet habe, wie die wilden Elefanten bei Gewittern plötzlich die Wälder verließen und sich fern von allen Bäumen auf freie Wiesenflächen lagerten, so lange die Blitze leuchteten und der Donner noch rollte! Diese einzige Angabe spricht besser als die ausführlichste Geschichte für einen sehr scharfen Verstand: sie zeigt uns den Elefanten, wie er sich benimmt, wenn er einzig und allein auf sich selbst angewiesen ist. In der Gefangenschaft, im Umgange mit dem Menschen, tritt die hohe Begabung des Thieres noch schärfer hervor. »Eines Abends«, sagt Tennent, »ritt ich in der Nähe von Kandy durch den Wald. Plötzlich stutzte mein Pferd über ein Geräusch, welches aus dem ziemlich dichten Wald herübertönte und in einer Wiederholung von dumpfen, wie ›urmf, urmf‹ klingenden Lauten bestand. Dieses Geräusch erklärte sich beim Näherkommen. Es rührte von einem zahmen Elefanten her, welcher eben mit harter Arbeit beschäftigt und ganz auf sich selbst angewiesen, d. h. ohne Führer war. Er bemühte sich nach Kräften, einen schweren Balken, welchen er über seine Zähne gelegt hatte und wegen des engen Weges nicht gut fortbringen konnte, wegzutragen. Die Enge des Pfades zwang ihn, um überhaupt durchzukommen, sein Haupt beständig bald nach dieser, bald nach jener Seite zu kehren, und diese Anstrengung erpreßte ihm die beschriebenen mißwilligen Töne. Als das kluge Thier uns erblickte, erhob es sein Haupt, besah uns einen Augenblick, warf plötzlich den Balken weg und schob sich rückwärts gegen das Unterholz, um uns den Weg frei zu machen. Mein Pferd zögerte. Der Elefant bemerkte dies, drückte sich noch tiefer in das Dickicht und wiederholte sein ›Urmf‹, aber entschieden in viel milderem Tone, offenbar in der Absicht, uns zu ermuthigen. Noch zitterte mein Pferd. Ich war viel zu neugierig auf das Beginnen der beiden klugen Geschöpfe, als daß ich mich eingemengt hätte. Der Elefant wich weiter und weiter zurück und wartete ungeduldig auf unseren Vorüberzug. Endlich betrat mein Pferd den Weg, zitternd vor Furcht. Wir kamen vorüber, und augenblicklich trat der Elefant aus dem Dickicht hervor, erhob seine Last von neuem und setzte seinen mühseligen Weg fort wie vorher.«

Der wildlebende Elefant bekundet mehr Einfalt als Klugheit. Seine Geistesfähigkeiten erheben sich kaum zur List, weil die reiche Natur, welche ihn umgibt und ernährt, ihn der Nothwendigkeit überhebt, seinen Verstand anzustrengen. Anfänglich will es dem Beobachter scheinen, als wäre er das stumpfsinnigste aller Geschöpfe. Das Gemessene und die Bedachtsamkeit seines Auftretens, die Ruhe und Harmlosigkeit seines Wesens werden verkannt oder unterschätzt, und erst, wenn üble Erfahrungen ihn mißtrauisch gemacht haben, Gefahr und Noth, welche ihm bisher fremd waren, durch den Menschen über ihn verhängt wurden, offenbart er seine herrlichen Geistesgaben. Es ist falsch, wenn von ihm behauptet wird, daß er ein reizbares Thier sei. Sein Wesen ist mild und ruhig. Er lebt mit jedem Geschöpfe in Freundschaft und Frieden. Ungereizt greift er niemals an, weicht im Gegentheile allen Thieren, selbst kleinen, ängstlich aus. »Der ärgste Feind des Elefanten«, sagt Tennent, »ist – die Fliege.« »Eine Maus«, behauptet Cuvier, »entsetzt den zahmen Elefanten, daß er zittert.« Alle die so schön ausgedachten Erzählungen von Kämpfen zwischen Elefant und Nashorn oder Elefant, Löwe und Tiger müssen unerbittlich in das Reich der Fabeln geworfen werden. Jedes Raubthier hütet sich, den Elefanten anzugreifen, und dieser gibt keinem Geschöpfe Veranlassung zum Zorn oder zur Rachsucht. Einzelne Thiere, namentlich einzelne Vögel, leben in besonderer Freundschaft mit ihm. Im Inneren Afrikas folgt seinen Herden regelmäßig ein Wildschwein nach, im Süden des Erdtheils begleiten jene die Madenhacker, in Nordostafrika die kleinen Kuhreiher, in Indien ähnliche gutmüthige Vögel, welche das große Säugethier beständig von Ungeziefer zu reinigen suchen. Insbesondere der Kuhreiher gehört wesentlich zum Bilde des afrikanischen Elefanten. Schwerlich kann man sich einen hübscheren Anblick denken als einen der gewaltigen, dunklen, ruhig dahinschreitenden Riesen, auf welchem ein ganzes Dutzend der anmuthigen, blendend weißen Vögel sitzt oder umherwandelt, der eine ruhend, der andere sich putzend, der dritte alle Falten der Haut untersuchend und hier und dort jagend, ein Kerbthier oder einen Egel, welchen sich der Dickhäuter bei seinem nächtlichen Bade geholt, aufnehmend. Ebenso verträglich und friedlich würde der Elefant auch mit dem Menschen leben, verdiente dieser das Vertrauen des edlen Geschöpfes. Noch heutigen Tages geschieht es, wie Heuglin angibt, im Inneren Afrikas, zumal in Gegenden, wo Elefanten wenig Verfolgung erleiden, daß diese einen Menschen, welcher sich zufällig mitten unter ihnen befindet, kaum zu beachten scheinen, und ebenso trifft man, nach Kirks Versicherung, in Südafrika zuweilen auf zahlreiche Herden, welche bei Annäherung des Menschen nicht entfliehen; die Erfahrung eines Tages aber genügt, um sie für immer mißtrauisch zu machen. Ängstlich meiden sie dann die Nähe des Erzfeindes aller Thiere und seine Niederlassungen, ja sogar die nur zeitweilig von ihm begangenen Pfade, und wandern deshalb Gegenden zu, welche ihnen Sicherheit, Frieden und Ruhe gewähren. »Bei dem hohen Alter, welches sie erreichen«, meint Schweinfurth, »mag es wohl kein bejahrtes Stück mehr geben, welches nicht öfters in seinem Leben von Menschen angegriffen wurde.« Solche Erfahrungen lassen die ängstliche Scheu der Thiere begreiflich erscheinen und erklären es, daß der Elefant sofort flüchtet, wenn er die Nähe seines furchtbaren Feindes auch nur ahnt. Wittert einer Unrath, so hebt er, laut Heuglin, den Rüssel hoch, windet und legt, indem er den Kopf seitlich umbiegt oder hoch aufrichtet, ein Ohr zurück, um sich genau zu überzeugen, woher Gefahr naht, stößt, so bald er diese erkannt, einen Warnungslaut aus, und gibt damit das Zeichen zur Flucht, auf welcher alle Glieder des Rudels ihm folgen.

Jede Elefantenherde ist eine große Familie und umgekehrt, jede Familie bildet ihre eigene Herde. Kein anderer Elefant findet Zutritt und derjenige, welcher so unglücklich war, durch irgend welchen Zufall von einer Herde getrennt zu werden, vielleicht übrig zu bleiben oder aus der Gefangenschaft zu entfliehen, ist gezwungen, ein Einsiedlerleben zu führen. Er mag weiden in der

Nähe der Herde, dieselben Trink- und Badeplätze besuchen, der Familie nachziehen, wohin sie will: immer muß er in einer gewissen Entfernung sich halten, und niemals wird er in den eigentlichen Familienkreis aufgenommen. Wagt er sich einzudrängen, so gibt es Schläge und Stöße von allen Seiten; selbst das harmloseste Elefantenweibchen schlägt mit seinem Rüssel auf ihn los. Solche Elefanten werden von den Indianern Gundâs, oder, falls sie sich bösartig zeigen, Rogues genannt. Sie sind vorzugsweise gefürchtet. Während die Herde ruhig und still ihres Weges geht, dem Menschen immer ausweicht und nur im äußersten Nothfalle an ihm sich vergreift, während sie sogar sein Besitzthum achtet, kennen die Rogues derartige Rücksichten nicht: das einsame, unnatürliche Leben hat sie erbittert und wüthend gemacht. Auf sie werden in Indien besondere Jagden angestellt, und niemand hat mit einem Rogues Mitleid; man mag ihn nicht einmal in der Gefangenschaft haben. Die Indier, welche wir unbedingt als die größten Elefantenkenner betrachten müssen, versichern, daß jede Familie durch ihre Ähnlichkeit sich auszeichnet, und die Engländer bestätigen, daß einzelne Hindus Familienangehörige einer Herde mit aller Sicherheit erkennen, die Familie mag zerstreut sein, wie sie will. In allen Herden überwiegen die Weibchen; in manchen gibt es gar keine männlichen Elefanten, wahrscheinlich, weil sie der größeren Zähne wegen den Nachstellungen bereits zum Opfer gefallen waren. Durchschnittlich kann man annehmen, daß auf einen männlichen sechs bis acht weibliche Elefanten kommen.

Der klügste Elefant pflegt der Herde vorzustehen. Sein Amt ist, die Herde zu führen, auf alle Gefahren zu achten, die Gegend zu untersuchen, kurz für die Sicherheit derselben Sorge zu tragen. Alle wilden Elefanten sind, wie bemerkt, im höchsten Grade scheu und vorsichtig; der Leitelefant aber zeigt diese Eigenschaften gleichsam verzehnfacht. Sein Amt ist ein sehr mühevolles: er ist sozusagen ununterbrochen in Thätigkeit. Aber dafür lohnt ihn auch der unbedingteste Gehorsam seiner Untergebenen. Widerspruch gegen seine Anordnungen kommt niemals vor; er geht voran, und alle übrigen folgen ihm rücksichtslos nach und sei es in das Verderben. »In der Höhe der dürren Jahreszeit«, erzählt Major Skinner, »trocknen bekanntlich alle Ströme aus, und die Teiche und Lachen ebenso. Die indischen Thiere leiden dann des Wassers wegen bittere Noth, und sammeln sich massenhaft um diejenigen Teiche und Tümpel, welche das ihnen so nothwendige Element am längsten behalten. In der Nähe eines solchen Teiches hatte ich einmal Gelegenheit, die erstaunliche Vorsicht der Elefanten zu beobachten. An der einen Seite des Pfuhles und hart an seinem Ufer begann ein dichter Urwald, auf der anderen umgab ihn offenes Land. Es war eine jener prachtvollen, klaren Mondlichtnächte, die fast ebenso hell sind als unser nordische Tag, in welcher ich beschloß, die Elefanten zu beobachten. Die Örtlichkeit war meinem Zwecke günstig. Ein gewaltiger Baum, dessen Zweige über den Teich weg hingen, bot mir ein sicheres Unterkommen in seiner Höhe. Ich begab mich bei Zeiten an meinen Platz und achtete mit der gespanntesten Aufmerksamkeit auf alles, was vorging. Die Elefanten waren keine fünfhundert Schritte von mir entfernt; aber doch mußte ich zwei volle Stunden warten, bevor ich einen von ihnen zu sehen bekam. Endlich schlüpfte, etwa drei hundert Schritte vom Teiche entfernt, ein großer Elefant aus dem dunkeln Walde, ging mit höchster Vorsicht beiläufig zweihundert Schritte vor und stand dann still, um zu lauschen. Er war so ruhig gekommen, daß nicht das leiseste Geräusch gehört werden konnte, und blieb mehrere Minuten stehen, bewegungslos wie ein Felsblock. Dann erst rückte er in drei Absätzen weiter und weiter vor, zwischen jedem Vorrücken mehrere Minuten lang anhaltend und die mächtigen Ohren nach vorwärts öffnend, um auch das leiseste Geräusch aufzufangen. So bewegte er sich langsam bis an das Wasserbecken. Er dachte nicht daran, seinen Durst zu löschen, obgleich er dem Wasser so nahe stand, daß seine gewaltige Gestalt in ihm sich widerspiegelte. Minutenlang verweilte er lauschend, ohne ein Glied zu rühren. Dann drehte er sich vorsichtig und leise um und ging nach derselben Stelle des Waldes zurück, von woher er gekommen war. Nach einer kleinen Weile zeigte er sich wieder nebst fünf anderen, mit denen er wiederum ebenso vorsichtig, aber weniger lautlos als früher, auf das Wasser losging. Die fünf wurden als Wächter aufgestellt. Er kehrte in den Wald zurück und erschien nochmals, umgeben von der ganzen aus etwa achtzig bis hundert Stück bestehenden Herde und führte diese über die Blöße mit solcher Stille, daß ich trotz der Nähe die Thiere nur sich bewegen sah, nicht aber auch bewegen hörte. In der Mitte der Blöße blieb die Herde stehen. Der Leitelefant ging von neuem vor, verkehrte mit den Wächtern, untersuchte alles, überzeugte sich von der vollständigen Sicherheit, kehrte zurück und gab nun Befehl zum Vorrücken. In demselben Augenblick stürzte die Herde gegen das Wasser los und warf sich ohne jede Scheu und ohne an Gefahr zu denken, mit aller Wollust in die Fluten. Von ihrer Schüchternheit und Furchtsamkeit war keine Spur zu bemerken. Alle vertrauten ihrem Führer so vollkommen, daß sie sich um nichts mehr zu kümmern schienen. Nachdem die verschmachteten Thiere den Teich eingenommen hatten und als auch der letzte, der Leitelefant, eingetreten war, überließen sie sich gleichsam frohlockend der Wonne, ihren Durst zu stillen sowie der Wohlthat des Badens. Niemals hatte ich solche Menge von thierischem Leben in einem so engen Raume gesehen. Es wollte mir erscheinen, als tränken die Elefanten den ganzen Teich trocken. Ich beobachtete sie mit der größten Theilnahme, bis sie sich mit Trinken und Baden Genüge gethan hatten. Dann versuchte ich, welche Wirkung ein unbedeutendes Geräusch auf sie ausüben würde. Nur einen kleinen Zweig brauchte ich zu brechen, und die ganze feste Masse kam augenblicklich in Aufruhr und floh dahin wie eine Herde aufgescheuchten Wildes in toller Hast und Eile.«

Kommt eine Elefantenherde auf einen mit saftigem Grase bewachsenen Platz, so weidet sie davon, packt mit dem Rüssel einen Busch, reißt ihn sammt den Wurzeln aus dem Boden, klopft diese Wurzeln gegen einen Baum, um sie von der ihnen anhängenden Erde zu befreien, und steckt sich dann einen nach dem anderen in den Schlund. Auf den nächtlichen Weidegängen wird wohl auch ab und zu einmal ein Feld besucht, und dann freilich thut die Herde in ihm großen Schaden. Aber schon das einfachste Scheusal oder die leichteste Umzäunung genügt, um unsere Dickhäuter von den Feldern abzuhalten. Die Indier lassen zwischen ihren Pflanzungen breite Wege für die zur Tränke gehenden Elefanten und umzäunen die Felder mit leichten Rohrstäben; ein einziger Schlag mit dem gewaltigen Rüssel würde eine ganze Wand dieser Pfähle niederwerfen, aber niemals kommt es vor, daß die Elefantenherde die Umzäunung durchbricht; nur die Gondahs thun dies zuweilen. Dieselbe Herde geht aber sofort auf die Felder, wenn die Thüre dazu geöffnet ist. Nach der Ernte des Reises zum Beispiel überlassen die Indier den Elefanten das leere Stroh und halten deshalb die Umhegungen nicht mehr verschlossen. Sobald dies geschieht, dringen die Thiere ein und fressen alles übriggebliebene auf.

»Elefanten«, sagte mir ein Schëich am Blauen Flusse, »werden dir nichts zu leide thun, wenn du sie in Frieden läßt, wie sie mir und meinen Vorfahren nie etwas gethan haben. Wenn die Zeit der Ernte herankommt, hänge ich an hohen Stangen Schutzbriefe auf, und diese genügen den gerechten Thieren; denn sie achten das Wort des Gottgesandten Mahammed – über welchem der Friede des Allbarmherzigen walten möge! sie fürchten die Strafe, welche den Gotteslästerer ereilen wird: sie sind eben gerechte Thiere!« Jedenfalls hindert diese Gerechtigkeitsliebe die Elefanten nicht, dann und wann ein Feld zu plündern und Büschelmais oder Kafferhirse zu fressen, gleichviel ob die Ähren reif sind oder nicht.

Wie die Nahrung, führt der Elefant auch seine Getränke mit Hülfe des Rüssels zum Munde: er saugt beide Röhren desselben voll und spritzt sich den Inhalt dann in das Maul. Sobald eine Herde an das Wasser kommt, ist dies ihr wichtigstes Geschäft, und erst wenn der Durst gestillt ist, denken die Thiere daran, in derselben Art und Weise auch ihren Körper zu nässen. Der Rüssel ist übrigens nicht bloß zum Aufsaugen des Wassers, sondern auch zur Aufnahme von Sand und Staub geeignet. Diese Stoffe werden angewendet, um die so lästigen Kerbthiere zu verscheuchen.

Wie leicht erklärlich, ist die Vermehrung unserer Landriesen eine geringe. Man erkennt den Zustand des brünstigen Elefanten zunächst daran, daß zwei Drüsen neben den Ohren eine übelriechende Flüssigkeit in reichlicher Menge ausschwitzen. Das Thier selbst ist sehr erregt; sogar das gezähmte wird oft furchtbar wild gegen seine Treiber, welche es sonst vortrefflich behandelt. Früher glaubte man, daß die Elefanten im Freien, fern von allem menschlichen Treiben, sich paarten, und wollte deshalb von einer großen Schamhaftigkeit des Thieres reden; Corse aber beobachtete, daß zwei frisch gefangene Elefanten vor einer Menge Zuschauer sich begatteten. Vorher erwiesen sie sich mit ihren Rüsseln Liebkosungen; dann paarten sie sich in sechszehn Stunden viermal ganz nach Art der Pferde. Die Brunstzeit ist nicht bestimmt. Das eine Mal zeigte sie sich im Februar, das andere Mal im April, ein drittes Mal im Juni, ein viertes Mal im September und ein fünftes Mal im Oktober. Aufgeregt sind die paarungslustigen Thiere immer, und die kleinste Veranlassung kann sie in Zorn bringen. Drei Monate nach der Paarung bemerkte Corse die ersten Anzeichen der Trächtigkeit des Weibchens. Nach einer Tragzeit von zwanzig Monaten und achtzehn Tagen warf es ein Junges, welches sofort nach seiner Geburt zu saugen anfing. Die Mutter stand dabei, das Junge legte den Rüssel zurück und ergriff das Euter mit seinem Maule. Fast alle Beobachter stimmen darin überein, daß die Liebe der Mutter zu ihrem eigenen Kinde nicht besonders groß ist; dagegen bemerkte man, daß sich alle weiblichen Elefanten eines jungen mit gleicher Zärtlichkeit annehmen. Die wilden sollen sämmtlichen Kleinen ohne Ausnahme ihr Euter bieten. Letztere, welche bei der Geburt etwa 90 Centim. hoch sind, nehmen rasch an Größe zu und sind bereits nach Ablauf des ersten Jahres 1,2 Meter hoch geworden. Sie erscheinen vom Anfange an verhältnismäßig weniger plump als andere junge Thiere, sogar als niedliche und drollige Geschöpfe, halten sich in der ersten Zeit ihres Lebens vorzugsweise unter dem Leibe und zwischen den Beinen ihrer Mutter auf und verlassen diesen sicheren Platz auch dann nicht, wenn letztere einen rascheren Gang einschlägt. Wie es scheint, stehen sie mehrere Jahre, jedenfalls bis zur Geburt eines Geschwisters, unter Obhut der Alten, welche sie bald zum Fressen anleitet und ihnen nöthigenfalls durch Abbrechen von Ästen oder Bäumen ihr Lieblingsfutter, laubige Zweige, verschafft.

Ein Elefant wächst zwanzig bis vierundzwanzig Jahre, ist aber wahrscheinlich schon im sechzehnten Jahre zur Fortpflanzung geeignet. Der erste Zahnwechsel findet im zweiten, der zweite im sechsten, der dritte im neunten Lebensjahre statt. Später dauern seine Zähne länger aus.

Der Elefant zählt leider ebenfalls zu denjenigen Thieren, welche ihrem Untergange entgegengehen. Man jagt die edlen Geschöpfe nicht, um wegen des von ihnen verübten Schadens sich zu rächen, sondern des kostbaren Elfenbeins halber und hat deshalb von jeher einen Vernichtungskrieg gegen sie geführt. Der Schaden, welchen die Vielhufer anrichten, ließe sich ertragen, obgleich diese zuweilen durch sonderbare Gelüste unangenehm werden. So zogen sie den indischen Straßenbaumeistern wiederholt die Merkpfähle aus dem Boden, welche die Leute mühsam zur Bezeichnung der anzulegenden Straßen gesetzt hatten, und andere fielen hartnäckig immer und immer wieder in eine und dieselbe Pflanzung ein, so daß der Besitzer genöthigt war, die berüchtigtsten Jäger zu sich zu erbitten. Wenn ich die Jäger, anstatt berühmt, berüchtigt nenne, habe ich leider guten Grund dazu. Die meisten von ihnen betragen sich der Jagd, welche sie betreiben, vollkommen unwürdig. Es sind hauptsächlich Engländer, welche der Elefantenjagd obliegen, und dies sagt genug. Aber die Jäger in Indien verfahren nicht besser: Tennent läßt dies deutlich genug merken. Sie sind ebenso schamlos, wie unsere Großen früher es waren, wenn sie hunderte von edlen Thieren in einen engen Raum zusammentreiben ließen und sie dann von einem hohen Sitze aus niedermeuchelten. Die prahlenden Elefantenjäger

Indiens haben einen guten Theil ihrer Beute in den Corrals oder Fangplätzen, welche wir bald kennen lernen werden, erlegt. Sie haben die in einem engen Raume eingepferchten Thiere kaltblütig niedergeschossen und dann verfaulen lassen, aus dem einfachen Grunde, um in ihr schändliches Jagdregister einige Zahlen mehr eintragen zu können. Sie haben Alte und Junge zusammengeschossen, ohne die Leichname nützen zu können. Zu solchen Scheußlichkeiten sind von den sogenannten gebildeten Völkern wahrhaftig nur Engländer fähig! Aber die Jäger in Indien verfahren nicht besser.

Die Zähmung des Elefanten ist ziemlich einfach. Nach etwa drei Tagen beginnt er ordentlich zu fressen und bekommt dann in der Regel einen zahmen zum Gesellschafter. Zwei Männer streicheln ihm den Rücken und reden ihm in sanften Tönen zu. Anfangs ist er wüthend und schlägt mit seinem Rüssel nach allen Seiten; vorn aber stehen andere Männer, welche alle seine Schläge mit der Spitze ihrer Eisenstangen auffangen, bis das Vorderende des Rüssels so wund wird, daß das Thier ihn endlich einzieht und dann selten wieder zum Angriffe benutzt. So lernt er zuerst die Macht des Menschen fürchten. Später helfen die zahmen Elefanten seine Erziehung weiter führen.

Während ihre Größe keinen besonderen Einfluß auf die Dauer ihrer Abrichtung zu haben scheint, sind die Männchen gewöhnlich minder leicht zu behandeln als die Weibchen. Die, welche anfangs die heftigsten und widerspenstigsten sind, werden am schnellsten und wirksamsten gezähmt und bleiben gewöhnlich gehorsam unterworfen; die mürrischen oder tückischen aber langsamer, und es ist ihnen selten zu trauen. Überhaupt darf man einem gefangenen Elefanten nie mit unbegrenztem Vertrauen begegnen. Auch die zahmsten und sanftesten bekommen mitunter Anfälle von Halsstarrigkeit, und selbst nach jahrelangem Gehorsam macht sich ihre Reizbarkeit und Rachsucht bemerklich.

Im allgemeinen kann die Gegenwart der zahmen Elefanten nach zwei Monaten entbehrt und der eingefangene allein geritten werden; nach drei bis vier Monaten läßt er sich zur Arbeit verwenden; nur darf man ihn nicht zeitig dazu bringen, da es oft vorgekommen ist, daß ein werthvolles Thier beim ersten Mal Anschirren sich niedergelegt hat und, wie die Einwohner sagen, ›am gebrochenen Herzen gestorben ist‹, jedenfalls verendet ist, ohne daß irgend eine Ursache nachgewiesen werden konnte.

Als Lastthier muß der Elefant zart behandelt sein; denn seine Haut ist äußerst empfindlich und Eiterungen in hohem Grade ausgesetzt. Ebenso bekommt er leicht böse Füße und ist dann monatelang nicht zu gebrauchen. Auch von Augenentzündungen wird er häufig heimgesucht, und gerade in dieser Beziehung leisten die Elefantenärzte wirklich so viel, daß sie seit den Zeiten der alten Griechen berühmt geworden sind.

Die alte Angabe, daß der Elefant ein Alter von zwei- bis dreihundert Jahren erreiche, wird durch einzelne Beispiele auf Ceilon allerdings bestätigt, wo einzelne in der Gefangenschaft länger als hundertundvierzig Jahre zugebracht haben. Indeß glaubt man jetzt, daß ihre eigentliche Lebensdauer etwa siebzig Jahre betrage. Der Glaube an ihr fast unbegrenztes Alter kommt jedenfalls daher, daß der Leichnam selten oder nie in den Wäldern gefunden wird. Nur nach einer verheerenden Seuche finden sich solche vor. Ein Europäer, welcher sechsunddreißig Jahre lang ununterbrochen in dem Dschungel gelebt und die Elefanten fleißig beobachtet hat, pflegte oft seine Verwunderung auszusprechen, daß er, der doch viele tausende lebendiger Elefanten gesehen, noch nie das Geripp eines einzigen todten gefunden habe, ausgenommen solche, welche durch eine Krankheit gefallen waren. Diese Bemerkung gilt übrigens nur von den Elefanten auf Ceilon; denn in Afrika werden die Gebeine der in den Waldungen gestorbenen Elefanten häufig gefunden. Der Eingeborene in Ceilon glaubt, daß jeder Elefantentrupp seine Todten begrabe. Außerdem behauptet er auch, daß der Elefant, welcher seinen Tod herannahen fühle, stets ein einsames Thal zu seinem Sterbeplatze erwähle, welches zwischen den Bergen östlich von Adams Peak liegt und einen klaren See umschließt.

In unseren Thiergärten hält sich der afrikanische Elefant

ebenso gut wie der indische, auch unter Umständen, welche seinen natürlichen Bedürfnissen wenig entsprechen. In der Regel höchst gutmüthig und folgsam, kann der eine wie der andere zuweilen doch alle Rücksichten gegen den sonst warm geliebten Wärter vergessen und dann sehr gefährlich werden. Die Brunstzeit erregt ihn stets im hohen Grade und macht äußerste Vorsicht des ihn bedienenden Mannes zur gebieterischen Nothwendigkeit. Freundliche Behandlung erkennt jeder Elefant und erweist sich derselben gegenüber dankbar; Unfreundlichkeit und Ungerechtigkeit vergibt er in den meisten, aber keineswegs in allen Fällen. Gleichwohl richtet er nur selten Unglück an und ist deshalb weniger zu fürchten als jeder bösartige Wiederkäuer, als jeder Wildstier, jeder größere Hirsch, jede stärkere Antilope. Seine vortrefflichen Sinne, sein scharfer Verstand, sein mildes Wesen machen sich jedem Beobachter in ersichtlicher Weise bemerkbar. Er lernt spielend leicht und »arbeitet« willig und gern, bildet deshalb auch eines der hervorragendsten Zugthiere jeder Thierbude, wie er bald zum erklärten Lieblinge der Besucher eines Thiergartens wird. Die Menge der Nahrung, deren er bedarf, ist sehr bedeutend: laut Schmidt erhält der im Frankfurter Thiergarten lebende, etwa funfzehn Jahre alte Elefant täglich acht Kilogramm Weizenkleie, fünf Kilogramm Brod, achtzehn Kilogramm Heu und einen Tag um den anderen je drei Kilogramm gekochten Reis, abgesehen von den ihm seitens der Besucher zugesteckten Leckerbissen, in Gestalt von Weiß- und Schwarzbrod, Rüben, Obst und ähnlichen Dingen. Dasselbe Thier leert, je nach der Jahreszeit, täglich vier bis achtzehn mit Wasser gefüllte Stalleimer.

Der Delfin

Kein anderer Wal, kein anderes Seethier überhaupt, hat die Dichter und Naturforscher der Alten in gleicher Weise beschäftigt, zu den glühendsten Schilderungen und zu der wunderlichsten Fabelei begeistert wie der Delfin. Er ist es, welcher Arion nach Tänarium zurückbringt, bezaubert von dem herrlichen Spiele und Gesange des Dichters, den räuberische Schiffer gezwungen hatten, ins Meer zu springen; er ist es, von dem Plinius die hübsche Geschichte des Knaben erzählt, welcher durch wiederholtes Füttern mit Brod in solchem Grade die Liebe eines Delfins sich erwarb, daß dieser ihn mehrere Jahre lang täglich über den Lucrinischen See nach Puteoli in die Schule trug und auf dieselbe Weise wieder nach Hause brachte. »Als der Knabe starb, erschien der Delfin noch immer am gewohnten Orte und grämte sich bald darauf über den Verlust seines Lieblings zu Tode.« Weiter wird gefabelt, daß im Alterthume die Delfine beim Fange der Meerbarben behülflich waren, indem sie dieselben scharenweise in die Netze trieben und für diesen Dienst mit einem Theile der Beute und mit Brod belohnt wurden, welches in Wein getränkt war. Als ein König von Carien einen gefangenen Delfin im Hafen festketten ließ, erschien eine große Anzahl der noch freien und gab durch deutliche Zeichen die Bitte kund, ihren Gefährten freizulassen, so daß der König nicht widerstehen konnte. Plinius erzählt ganz ernsthaft, daß jüngere Delfine stets von einem älteren begleitet würden, welcher als Leiter oder Hofmeister anzusehen wäre. Auch soll man Delfine gesehen haben, welche einen Todten wegtrugen, damit er nicht von anderen Fischen zerrissen würde etc. Der alte Geßner nimmt nicht allein die vorstehenden Angaben als unzweifelhafte Thatsachen gläubig hin, sondern weiß sie, dank seiner Belesenheit, noch durch viele andere zu vervollständigen, vergißt auch nicht zu erzählen »von würdigkeit der Delphinen und wie hoch sie geachtet«.

Der Delfin, Schnabelfisch oder Springer, von den alten Griechen »Delphis«, von den alten Römern »Delphinus«, von den Franzosen »Dauphin«, von den Engländern »Dolphin«, den Italienern »Delfino«, von den Spaniern »Delfin« und »Tonino« genannt (Delphinus Delphis), erreicht durchschnittlich eine Länge von 2 Meter, welcher eine etwa 30 Centim. hohe Rückenfinne und eine 55 bis 60 Centim. lange und 15 bis 18 Centim. breite Brustfinne entspricht. Der verhältnismäßig kleine Kopf nimmt ungefähr den vierten Theil der ganzen Körperlänge ein; die langgeschlitzten, herzsternigen Augen liegen in geringer Entfernung hinter und über den Mundwinkeln, das überaus kleine Ohr nahe hinter dem Auge, das Spritzloch zwischen den Augen. Die Anzahl der Zähne unterliegt bedeutenden Schwankungen. Gewöhnlich findet man zweiundvierzig bis funfzig in jedem Kiefer, hat jedoch auch schon Delfine erlegt, welche deren jederseits oben und unten dreiundfunfzig, also im ganzen die erstaunliche Anzahl von zweihundertundzwölf hatten. Die Zähne selbst stehen in gleichmäßigen Abständen, durch kleine Zwischenräume getrennt, neben einander, so daß die oberen zwischen die unteren und die unteren zwischen die oberen eingreifen.

Alle Meere der nördlichen Halbkugel sind die Heimat dieses berühmten Thieres, welches so erheblich zur Unterhaltung der Seefahrer und Reisenden beiträgt. In seinem Wesen und Treiben erinnert der Delfin in jeder Beziehung an seine begabteren Verwandten, nur zeigt er sich womöglich noch spiellustiger und launenhafter als alle. Bald treibt er sich, von der Küste entfernt, im hohen Meere herum, bald steigt er weit in den Flüssen empor. Seine Trupps kommen auf die Schiffe zu, umspielen diese lange Zeit, ehe sie wieder eine andere Richtung nehmen, tauchen ohne Unterlaß auf und nieder, erheben den Rücken des Kopfes auf Augenblicke über die Oberfläche des Wassers, wechseln unter schnaubendem Geräusche, indem sie einen dampfartigen Strahl ausstoßen, Luft und verschwinden wieder in der Tiefe. Sie schwimmen so außerordentlich rasch, daß sie nicht allein dem Gange des schnellsten Dampfschiffes mit Leichtigkeit folgen, sondern dabei noch allerlei Gaukeleien treiben und, wenn sie wollen, das Schiff nach Belieben umschwärmen, ohne dabei zurückzubleiben. Nach eigenen Beobachtungen halten sie sich meist nur in geringer Tiefe unter der Oberfläche und immer in einem dichtgedrängten Trupp, so daß der eine unmittelbar neben oder vor dem anderen dahineilt. Gelegentlich schnellt dieser oder jener über das Wasser empor, fällt, ohne lautes Geräusch zu verursachen, kopflings wieder in die Tiefe hinab und nimmt eilfertig seine frühere Stellung wieder ein. Lösche schildert, meine Beobachtungen bestätigend, aber wesentlich erweiternd, ihr heiteres Treiben in trefflicher Weise. »Jeder Seemann«, sagt er, »freut sich immer wieder, wenn er eine sogenannte ›Schule‹ oder Schar von Delfinen sieht. In einen langen und verhältnismäßig schmalen Zug geordnet, eilen die lustigen Reisenden durch die leicht bewegte See; mit hurtigen Sprüngen und einer Schnelligkeit, als gälte es ein Wettrennen, verfolgen sie ihren Weg. Ein bis zwei Meter weit schnellen sich die glänzenden Leiber in zierlichen Bogen durch die Luft, fallen kopfüber in das Wasser und schießen von neuem heraus, immer dasselbe Spiel wiederholend. Die Übermüthigsten der Schar überschlagen sich in der Luft, indem sie dabei in urkomischer Weise mit dem Schwanze wippen; andere lassen sich flach auf die Seite oder auf den Rücken fallen; noch andere springen kerzengerade empor und tanzen, indem sie sich drei-, viermal mit Hülfe des Schwanzes vorwärts schnellen, aufrecht stehend oder wie Sprenkel gebogen über die Oberfläche dahin. Kaum sehen sie ein Schiff, welches unter allen Segeln vor der leichten Brise herläuft, so schwenken sie ab und kommen auf dasselbe zu. Nun beginnt erst die wahre Lust. In weitem Bogen umkreisen sie das Fahrzeug, hüpfen vor ihm her und an den Seiten entlang, kehren zurück und geben ihre schönsten Kunststücke zum besten. Je schneller das Schiff segelt, um so ausgelassener ist ihr Treiben.«

Sie bilden enggeschlossene Schulen von zehn, hundert und

auch vielen hundert Mitgliedern. Lösche hat in den Meeren unter den Wendekreisen solche gesehen, welche vielleicht viele tausende zählten. Geselligkeit ist in der That ein Grundzug ihres Wesens, scheint aber mehr auf der Gemeinsamkeit der von ihnen verfolgten Zwecke als gegenseitiger Anhänglichkeit zu beruhen. Die Alten glaubten freilich das letztere und wußten die gegenseitige Liebe und Zuneigung der Delfine nicht hoch genug zu rühmen.

In Wirklichkeit scheint sich die Sache doch wohl anders zu verhalten. Daß die Delfine treu zusammenhalten und sich unter Umständen gegenseitig vielleicht auch vertheidigen und schützen, darf wohl nicht gänzlich in Abrede gestellt werden: ob aber die zarteren Gefühle wirklich auch den Sieg über ihre, hinter der keines anderen Delfines zurückstehende Gefräßigkeit und Raubgier in allen Fällen davontragen, dürfte sehr fraglich sein. Während unserer Reise auf dem Rothen Meere wurde unser Dampfschiff regelmäßig von Delfinen umschwärmt, und mehrmals kamen diese unmittelbar vor dem Buge des Schiffes so hoch zur Oberfläche empor, daß ein erfolgreicher Schuß auf sie abgegeben werden konnte. Sogleich nach dem Schusse färbte sich das Wasser roth von dem gewaltsam ausströmenden Blute; der getroffene Delfin drehte sich einige Male um sich selbst herum und kam dann langsam zur Oberfläche empor. Alle übrigen Mitglieder der Bande blieben augenblicklich beim Leichname zurück, nach Versicherung unseres erfahrenen Schiffsführers aber nur in der edlen Absicht, den liebwerthen Genossen aufzufressen. Das Gebiß bekundet deutlich genug, daß der Delfin zu den schlimmsten Räubern des Meeres gehört.

Seine Nahrung besteht aus Fischen, Krebsen, Kopffüßlern und anderen Seethieren. Am liebsten jagt er den Sardellen, den Häringen und mit besonderer Gier den fliegenden Fischen nach. Er ist es hauptsächlich, welcher diese sonderbaren Bewohner des Meeres über den Wasserspiegel emportreibt; denn gar nicht selten sieht man ihn selbst hinter den aufgestiegenen und dahinrauschenden Flugfischen emporschnellen und dann eilig in der von jenen angegebenen Richtung weiter schwimmen. Nach drei- bis viermaligem Auftreiben hat er die fliegenden Fische gewöhnlich so abgehetzt, daß sie ihm leicht zur Beute werden. Bei dieser Fangart sind Möven, Tölpel und andere Seevögel seine treuen Gehülfen, indem sie die aus dem Wasser in die Luft getriebenen Fische während des Fliegens verfolgen und sie wiederum dem unten auflauernden Räuber zutreiben.

Zehn Monate nach der Paarung, welche im Herbst geschieht, wirft das Weibchen ein Junges von 50 bis 60 Centim. Länge, und beweist ihm geraume Zeit die größte Zärtlichkeit. Wie behauptet wird, sind die Jungen erst nach zehn Jahren vollkommen erwachsen; dafür sollen sie aber auch, wie ein alter griechischer Schriftsteller angibt, bis hundertunddreißig Jahre alt werden. Fischer, welche gefangenen Delfinen Stücke aus der Schwanzfinne geschnitten hatten, wollen in Erfahrung gebracht haben, daß die Lebensdauer zwischen fünfundzwanzig bis dreißig Jahre beträgt.

Der Delfin hat in dem Schwertfische einen schlimmeren Feind als in dem Menschen; denn dieser verfolgt ihn nur, wenn ihn Mangel an frischem Fleisch dazu treibt. Noch heutigen Tages genießt unser Wal seitens des Menschen eine gewisse Verehrung. Doch vereinigen sich hier und da wohl einige Fischer, umringen mit ihren Booten nach altgriechischer Fangweise eine Schar von Delfinen, erschrecken sie durch plötzliches Geschrei und versuchen, sie nach dem Strande hinzutreiben, wo sie angsterfüllt auf das Trockene laufen. Dann vernimmt man ein seufzerartiges Gestöhn von den zu Tode geängstigten Thieren. Auch Walfänger, welche sich nach frischem Fleische sehnen, erlegen dann und wann einen Delfin, während dieser in gewohnter Weise das Schiff umspielt. »Die ganze Mannschaft«, so schildert Lösche, »versammelt sich am Buge und pfeift in allen Tonarten eine wahre Katzenmusik zu dem Tanze im Wasser; denn der sehr musikliebende Delfin soll hierdurch zum Bleiben ermuntert werden, bis die Harpune tückisch an eine kurze Leine befestigt und diese durch einen im oberen Tauwerke befestigten Block gezogen ist. Nun schwingt sich der Harpunier hinaus in das Tauwerk, während zwanzig bis dreißig Hände das innere Ende der Leine fassen. Ein halbes Dutzend Delfine schießt eben unter ihm vorüber; einen Augenblick folgt er, mit der Waffe zielend, einer der schlanken Gestalten: dann sendet er sie mit sicherem Wurfe in den Rücken derselben. ›Fest!‹ schreit er, und die das innere Ende der Leine haltenden Leute laufen trampelnd nach hinten und entreißen im Nu den Getroffenen seiner kristallenen Heimat. Eine Schlinge wird über des Zappelnden Schwanz geworfen, und bald liegt der lustige Springer todt auf dem Decke. Seine Genossen sind verschwunden: so schnöder Undank mußte sie vertreiben. Doch eine Meile vom Schiffe entfernt tauchen sie wieder auf und setzen in gleicher Weise, wie sie gekommen, die Reise fort. Vielleicht umspielen sie schon in der nächsten Stunde ein anderes Schiff.« Früher verzehrten auch die meisten Küstenbewohner das Fleisch erlegter Delfine mit Behagen; namentlich geschah dies in katholischen Ländern während der Fastenzeit, weil der Delfin als echter Fisch angesehen oder doch erklärt wurde. Engländer und Franzosen richteten das Fleisch in künstlicher Weise zu und erzielten dadurch eine wenigstens ziemlich schmackhafte Speise. Gegenwärtig ist man aber fast überall von dem Genusse abgekommen. Bei den alten Römern spielte der Delfin eine Rolle in der Heilkunde. Die Leber galt als ein vortreffliches Mittel bei Anfällen vom Wechselfieber; mit dem Leberthrane heilte man Geschwüre, mit dem Rauche des angezündeten Speckes Unterleibsbeschwerden. Es wurden ganze Delfine verbrannt, die gewonnene Asche und Honig vermischt, und die Salbe dann zu allerhand Quacksalbereien verwandt. Gegenwärtig will man auch von dieser Benutzung des Wales nichts mehr wissen.

Schon im Jahre 1819 veröffentlichte Humboldt Beobachtungen über einen die süßen Gewässer Südamerikas bewohnenden Delfin, ohne jedoch eine nähere Beschreibung desselben zu geben. Desmarest erhielt im folgenden Jahre das fragliche Thier aus dem Museum zu Lissabon und beschrieb es, aber noch immer sehr kurz und unvollständig. Genauere Nachrichten übergaben im Jahre 1831 unsere verdienstvollen Landsleute Spix und Martius der Öffentlichkeit; erst dem Franzosen D'Orbigny jedoch verdanken wir die endgültige Beschreibung. Dieser Forscher, welcher bald nach Spix und Martius Peru bereiste, war so glücklich, das Thier selbst zu erhalten. Mit den Forschungen unserer Landsleute unbekannt, erfuhr er zu seiner nicht geringen Verwunderung, daß tief im Inneren des südamerikanischen Festlandes, fünfhundert Meilen vom Atlantischen Weltmeere, ein großer »Fisch« lebe, welchen er, der Beschreibung nach, nur als Delfin zu deuten vermochte. Leider waren die Indianer mit dem Gebrauche der Harpune so wenig vertraut, daß sie ihm das fragliche Thier nicht zu liefern vermochten. Endlich erlangte er den Delfin bei dem brasilianischen Grenzposten Principe Dobeira, dessen Soldaten mit diesem Fange sich beschäftigten, und erhielt hierdurch Gelegenheit, ihn zu zeichnen und zu beschreiben.

Schomburgk beobachtete Flußdelfine, die »Inias«, in den Flüssen Tukutu und Zuruma in Guiana, wohin sie, seiner Meinung nach, leicht gekommen sein konnten, indem sie ihren Weg vom Amazonenstrome aus durch den Rio Negro und Rio Branco nach dem mit ihnen verbundenen Takutu genommen hatten. Sie erschienen besonders häufig während und kurz nach der Regenzeit, wenn die vermehrte Wassermasse die Stromschnellen noch bedeckt. »Nicht selten erschienen ihrer sechs bis acht, paarweise sich zusammenhaltend, zu gleicher Zeit, entweder pfeilschnell nahe der Oberfläche umherschwimmend, oder in ewigem Wechsel auf- und niedertauchend, wobei sie nicht allein ihre spitzige Schnauze, sondern meist auch einen großen Theil ihres Leibes über das Wasser erhoben. Sowie der Kopf über der Oberfläche sichtbar ward, trieben sie unter lautem Geräusche, welches viele Ähnlichkeit mit dem Schnauben der Pferde hatte, das beim Schlucken in die Schnauze getretene Wasser als feinen Regen aus den Spritzlöchern, was dem stillen Landschaftsbilde einen ungemeinen Reiz verlieh.«

Durch Bates erfahren wir, daß der Amazonenstrom von mindestens drei verschiedenartigen Delfinen bewohnt wird, und daß diese Wale überall zahlreich, hier und da aber in überraschender Menge auftreten. »An den breiteren Stellen des Strombettes«, sagt der treffliche Beobachter, »von seiner Mündung an bis zu funfzehnhundert englischen Meilen aufwärts, hört man beständig, namentlich aber bei Nacht, eine oder die andere Art rollen, blasen und schnarchen, und gerade diese Laute tragen nicht wenig dazu bei, im Busen des Reisenden das Gefühl der Meeresweite und Meeresöde hervorzurufen. Die Art und Weise des Auf- und Niedersteigens unterscheidet den Bonto sofort von dem mit ihm den unteren Lauf des Stromes theilenden Tucuxi (Steno Tucuxi). Während letzterer beim Emporkommen in wagerechter Lage sich erhebt, so daß seine Rückenfinne zuerst sichtbar wird, athmet und dann, den Kopf voran, gefällig oder sanft in die Tiefe zurücksinkt, zeigt ersterer beim Aufsteigen zunächst seinen Kopf, athmet und taucht unmittelbar darauf wieder den Kopf unter, worauf nach und nach die ganze Außenlinie des gebogenen Rückens und seine Finne zum Vorscheine kommt. Am liebsten halten sich die Inias in den klaren und tiefen Buchten ihrer Wohngewässer oder aber da auf, wo Flüsse in die Ströme münden, offenbar nur deshalb, weil solche Stellen die meisten Fische beherbergen. Sie verursachen argen Lärm und werden dadurch den Reisenden oft lästig. Wie man beobachtet hat, ziehen sie gern dem Feuer nach und sammeln sich manchmal um ein solches in so großer Menge, daß die am Ufer Lagernden genöthigt sind, das Feuer auszulöschen, um ruhig schlafen zu können.

Über die Zeit der Paarung und die Dauer der Tragzeit weiß man nichts. Das Weibchen welches D'Orbigny untersuchte, warf während der letzten sechs Stunden seines Lebens ein Junges von kaum mehr als einem Fuß Länge.

Die Inia wird von den Eingeborenen nicht verfolgt. Ihr Fleisch soll hart, ihr Speck gering, ihre Haut höchstens zur Verfertigung von Schilden geeignet, der Fang also wenig lohnend sein. Auf die Geringfügigkeit des Nutzens, welchen sie gewährt, begründet sich die ihr zu Theil werdende Schonung aber nicht, vielmehr auf absonderliche Anschauungen über ihr Wesen und Sein. Geheimnisvolle Erzählungen gehen, wie Bates noch mittheilt, über sie unter den Eingeborenen von Munde zu Munde. In den Augen der Bewohner Egas ist sie nichts anderes als eine verführerische Nixe, befähigt, in Gestalt eines wunderschönen, mit lang herabwallenden Haaren besonders geschmückten Weibes aufzutreten, um junge, unerfahrene Männer vom Pfade der Tugend ab- und ins Verderben zu locken. So zieht sie nachts durch die Straßen von Ega, und mehr als Einer ließ sich fesseln von ihren hohen Reizen. Hoffnungsvoll folgte er der Sirene bis zum Ufer des Stromes und liebestrunken sank er dort in ihre Arme; mit gellendem, siegjubelndem Schreie aber stürzte sie sich mit dem umstrickten Buhlen in die lebenvernichtenden Fluten. Über kein Thier des Amazonenstromes fabelt man mehr als über den Flußdelfin Bonto, ob nach eigener Erfindung, ob nach den Einflüsterungen der spanischen Geistlichen, vermag Bates nicht zu entscheiden. Niemand tödtet einen Flußdelfin absichtlich, niemand verwendet den zur Füllung der Lampen vorzüglich geeigneten Thran eines solchen, weil eine mit Bontofett genährte Lampe, anstatt zu leuchten, Blindheit verursacht, mindestens sonstwie gefährdet. Mehrere Jahre bemühte sich Bates vergeblich, einen Indianer zu überreden, Bontos für ihn zu fangen, und als er endlich, die Kassenebbe eines armen Schelmes benutzend, einen Fischer fand, welcher sich zu solcher Jagd überreden ließ, geschah dies nur auf Kosten der Seelenruhe des abergläubischen Mannes, welcher später reuevoll erklärte, seit der Zeit des verhängnisvollen Todtschlages vom Glücke verlassen worden zu sein.

VÖGEL

Der Wellensittich

Unter allen Papageien, welche in unseren Käfigen gezüchtet werden, steht ein kleiner australischer Sittich unbedingt obenan. Schwerlich eignet sich auch ein Papagei in dem Maße zum Stubenvogel wie er. Andere Sittiche bestechen durch die Pracht ihrer Färbung, der Wellensittich, welchen ich meine, durch Anmuth und Liebenswürdigkeit, ich möchte sagen, durch seinen Liebreiz. Schönheit besitzt auch er im hohen Grade, aber seine Liebenswürdigkeit ist größer als die Pracht seines Gefieders. Er gereicht jedem Zimmer zur Zierde und erwirbt sich bald auch das sprödeste Herz.

Der Wellensittich (Melopsittacus undulatus), bis jetzt der einzig bekannte Vertreter der Singsittiche, gehört zu den kleineren Papageien; doch läßt ihn der lange Schwanz größer erscheinen, als er ist. Seine Länge beträgt zwanzig bis zweiundzwanzig, die Schwanzlänge fast zehn Centimeter. Seine Gestalt ist höchst zierlich, der Leib schlank; Stirn und Oberkopf sind schwefelgelb, seitlich geschmückt durch je vier hochblaue Flecke, von denen der auf den Wangen stehende der größte ist, während die drei übrigen wie runde Tüpfel erscheinen; Hinterkopf, Mantel, Schultern und der größte Theil der Flügeldecken haben grünlichgelbe Färbung, jede Feder aber wird durch vier feine, schwarze Querlinien gezeichnet; Hinterrücken, Bürzel und obere Schwanzdecken sind prachtvoll grasgrün, die beiden Spießfedern des Schwanzes düster dunkelblau, die übrigen Steuerfedern grünblau mit breitem, citrongelbem Mittelfleck.

Shaw war der erste Naturforscher, welcher den Wellensittich kennen lernte und beschrieb, Gould der erste Reisende, welcher uns einiges über das Freileben mittheilte. Gegenwärtig wissen wir, daß der Vogel in ungeheueren Scharen das ganze innere Australien und zwar hauptsächlich die mit Gras bewachsenen Ebenen bewohnt und hier von den Samen der Gräser sich nährt. Alle Beobachter, welche ihn im Freien sahen, sind ebenso einstimmig in ihrem Lobe wie die Liebhaber, welche ihn nur im Käfige beobachten konnten.

Als Gould im Anfange des December die Ebenen des Inneren besuchte, sah er sich von Wellensittichen umgeben und beschloß, längere Zeit an einer und derselben Stelle zu verweilen, um ihre Sitten und Gewohnheiten zu beobachten. Sie erschienen in Flügen von zwanzig bis hundert Stück in der Nähe einer kleinen Lache, um sich zu tränken, und flogen von hier zu regelmäßigen Zeiten nach den Ebenen hinaus, um dort die Grassämereien, ihre ausschließliche Nahrung, aufzunehmen. Am häufigsten kamen sie frühmorgens und abends vor dem Dunkelwerden zum Wasser. Während der größten Tageshitze saßen sie bewegungslos unter den Blättern der Gummibäume, deren Höhlungen gerade jetzt von brütenden Paaren bewohnt wurden. So lange sie sich auf den Bäumen ruhig hielten, waren sie schwer zu entdecken; wenn sie aber zur Tränke gehen wollten, setzten sie sich frei und in Massen auf die abgestorbenen Zweige der Gummibäume oder auf die zum Wasser herniederhängenden Äste.

Ihre Bewegungen sind wundervoll. Der Flug ist gerade und reißend schnell, falken- oder schwalbenartig, dem anderer Papageien kaum ähnelnd, der Gang auf dem Boden verhältnismäßig gut, ihr Klettern im Gezweige wenigstens nicht ungeschickt. Im Fluge lassen sie eine kreischende Stimme vernehmen; im Sitzen unterhalten sie sich mit kosendem Gezwitscher, welches man nur deswegen nicht Gesang nennen kann, weil die einzelnen Töne der lautgebenden Vögel mit denen unzähliger anderer sich vermischen und hierdurch ein Wirrwarr von Tönen entsteht.

Auch während der Brutzeit halten sich die Wellenpapageien in Gesellschaften zusammen, obwohl die einzelnen Paare unter diesen, ihres treuinnigen Zusammenhanges wegen, leicht zu erkennen sind. Das Nest steht in den Löchern und Spalten der Gummibäume und enthält im December vier bis sechs Eier von rein weißlicher Farbe und ziemlich rundlicher Gestalt. Ende December sind die Jungen gewöhnlich ausgeflogen und im Stande, sich selbst zu versorgen. Sie sammeln sich dann in großen Flügen, welche mit den ungepaarten Alten umherschweifen; denn diese schreiten, wenn man von dem Benehmen der Gefangenen schließen darf, zu einer zweiten und dritten Brut.

Nach Beendigung des Brutgeschäftes treten die Scharen ihre Wanderung an. Sie ziehen regelmäßig von Süden nach Norden und kehren erst dann wieder zu ihrem Brutorte zurück, wenn die Grassamen reif sind. In ganz Südaustralien erscheinen sie im Frühlinge, unserem Herbste also, mit gleicher Regelmäßigkeit wie unsere Zugvögel.

Goulds Mittheilungen sind durch einen Bericht, welchen ich der Freundlichkeit Engelharts danke, wesentlich erweitert worden, und ich lasse denselben daher hier folgen, obgleich ich ihn bereits in den »Gefangenen Vögeln« veröffentlicht habe. »Jeder hohle Stamm, jedes Astloch, im Nothfalle sogar jeder geeignete Raum im Wurzelstocke, wird zum Nestbaue benutzt. In wenigen Wochen ist alles lebendig von Sittichen. Der reiche Grassamen dient als vortreffliche Atzung für die Jungen. Wer um diese Zeit zufällig in eine solche Gegend sich verirren sollte, könnte leicht hunderte dieser letzteren mit den Händen fangen. In zahlreichen Scharen fliegen sie vor seinem Fußtritte von dem Rasen auf, setzen sich in langen Reihen auf die nackten Zweige, mit zwitscherndem Gesange sich unterhaltend, und sehen harmlos zu, wie der mordsüchtige Mensch seine Flinte nimmt, um ihnen eine Ladung zuzusenden, welche oft Dutzende auf einmal fällt. Endlich sind die Vorräthe an Sämereien aufgezehrt; vielleicht ist auch Wassermangel eingetreten, und der Wandertrieb regt sich in den prächtigen Vögeln und führt sie weiter. Ihr nächstes Ziel sind die Alexandrina- und Wellingtonseen, welche beide vom Murray durchströmt werden, ehe er in das Meer mündet. Diese Schilderung gilt, wie nochmals zu bemerken, nur für die Jahre, in denen es reichlich regnet. In anderen dagegen, in denen der Regenfall hinter dem jährlichen Durchschnitte zurückbleibt, scheinen die Wellensittiche gänzlich verschwunden zu sein. Ohne Zweifel sind sie dann dem fernen Norden zugezogen, weil hier oft im heißen Sommer heftige Gewitterregen fallen und in kurzer Zeit aus einer vollständigen Sandwüste eine grasreiche Steppe zaubern. Es ist, als ob alle wandernden Papageien dies im voraus wüßten. Denn da, wo ihnen die Natur den Tisch gedeckt hat, ja man möchte fast sagen, da wo sie ihnen den Tisch decken wird, stellen sie sich ein.«

Nach Mittheilung eines anderen Deutschen, welcher viele Jahre in Australien lebte, werden die Wellensittiche gegen Abend in großen Beutelnetzen zu hunderten und tausenden gefangen, in rohe Kistenkäfige gesperrt und so den Händlern übermittelt. Nach Melbourne bringt man sie in unglaublicher Menge. Wenn ihrer viele auf dem Markte sind, kauft man das Paar im einzelnen mit ungefähr 2,5 Mark unseres Geldes, während bei Massenkäufen höchstens 1,5 Mark für das Pärchen gezahlt wird. Nach der Fangzeit füllt man mit ihnen alle größeren lichtvollen Räume der Schiffe, und mancher Kapitän tritt während der Heimreise von Australien nach Europa den Vögeln seine Kajüte ab. Noch vor zwei Jahrzehnten waren sie seltene Erscheinungen auf unserem Thiermarkte; gegenwärtig treffen sie alljährlich annähernd zu derselben Zeit in größerer oder geringerer Menge ein, je nachdem drüben der Fang günstig ausfiel, und ebenso, je nachdem ein Schiffsführer Glück oder Unglück mit ihnen gehabt hatte. Aufmerksamere Vogelhändler setzen sie in Australien gesellschaftsweise in kleine Käfige, deren Sitzstangen wie Treppenstufen hinter- und übereinander liegen, damit auf möglichst wenig Raum die größtmöglichste Anzahl von Vögeln Platz finden kann. Ein solches Reisegebauer gewährt ein überaus liebliches Bild. Die ganze Gesellschaft sitzt auf den Stangen in Reih und Glied, und eine Reihe Gesichter schaut über die Köpfe der anderen herüber; aller Augen richten sich nach dem Beschauer, und jedes scheint um Erlösung aus der engen Haft zu bitten. Streit und Zank, wie er bei anderen Papageien so häufig vorkommt, werden bei dem Wellensittich wohl auch, aber doch immer nur ausnahmsweise beobachtet. Bis zur Brutzeit leben tausende äußerst verträglich unter einander, und zwar die gleichen Geschlechter ebensowohl wie die Pärchen. Ich habe in London das große Zimmer eines Vogelhändlers, welcher eben eine neue Sendung der Wellensittiche erhalten hatte, mit mehr als tausend Paaren und große Zuchträume mit mehreren hunderten dieser Vögel erfüllt gesehen und auch hier dieselbe Eintracht bemerkt wie im Käfige.

Der Wellensittich gehört nicht zu denjenigen Papageien, welche aus Trauer über den Verlust ihres Gefährten oft dahinwelken und sterben, verlangt aber Gesellschaft und erklärlicherweise am liebsten die des entgegengesetzten Geschlechtes seiner eigenen Art. Im Nothfalle findet er auch in einem verschiedenartigen kleinen Papagei einen Ersatz; niemals jedoch behandelt er einen anderen Vogel mit jener liebenswürdigen Zärtlichkeit, welche er gegen seinesgleichen an den Tag legt. Es ist deshalb nothwendig, ihn immer paarweise zu halten; erst dann gibt er seine ganze Liebenswürdigkeit kund. Sollte einer der Gatten des Paares durch irgend welchen unglücklichen Zufall sein Leben verlieren, so ersetzt ein anderer Gefährte des betreffenden Geschlechtes den verlorenen rasch und vollständig wieder.

Ein wesentlicher Vorzug des Wellensittichs ist seine Genügsamkeit. Kein zweiter Stubenvogel verlangt so wenig Abwechslung in seinem Futter wie jener kleine Papagei. Ihm genügt ein und dieselbe Nahrung jahrelang. Wir ersetzen ihm die Grassämereien Australiens durch Hirse, Kanariensamen und Hanf: dabei befindet er sich wohl und zufrieden. Vielfache Versuche, ihn an andere Körner zu gewöhnen, haben keinen Erfolg gehabt. Dagegen nimmt er gern saftige Pflanzenblätter zu sich, vor allem Salat, Kohl, Kraut und ähnliches Grünzeug, Mäusegeschirr und dergleichen. Früchte, Zucker und andere Leckereien verschmäht er anfänglich gewiß, läßt sich jedoch nach und nach daran gewöhnen. Trotz seiner Liebhaberei für trockenes Futter trinkt er sehr wenig, zuweilen wochenlang nicht; demungeachtet darf man nicht versäumen, ihn fortwährend mit frischem Wasser zu versehen. Salz, Kalk und Sand gehören zu seinen unabweislichen Bedürfnissen. Es springt in die Augen, daß die Leichtigkeit der

Erhaltung wesentlich dazu beiträgt, den Vogel beliebt zu machen.

Aber der Wellensittich versteht es auch noch in anderer Weise die Zuneigung des Menschen sich zu erwerben. An geistigen Begabungen steht er unzweifelhaft hinter den größeren Sittichen zurück, läßt jedoch diesen Mangel kaum merkbar werden. In seinen Bewegungen kommt er jedem seiner Ordnungsverwandten gleich. Sein Gang ist ein geschicktes, rennendes, trotz der kleinen Schritte förderndes Laufen, sein Klettern ein vollendetes Turnen, sein Flug ein köstliches, jeden Beobachter begeisterndes Durcheilen der Luft. Man muß gesehen haben, wie ein freigekommener und entfliehender Wellensittich dahinjagt, um seine volle Fluggewandtheit beurtheilen zu können. Er jagt mit einem Falken um die Wette, führt die zierlichsten Wendungen, Schwenkungen und Biegungen im Fluge aus, versteht es, die größten und geringsten Entfernungen abzumessen, und läßt sich mit einem Worte nur den vollendetsten Fliegern an die Seite stellen. Erwirbt schon diese Beweglichkeit dem Vogel unsere Zuneigung, so bewahrt er sich dieselbe dauernd durch seine Stimme. Die meisten anderen Papageien, selbst jene Arten, welche wahre Menschenvögel genannt werden können, werden, so liebenswürdig sie sonst sind, zuweilen unerträglich durch ihre Stimme. Diejenigen unter ihnen, welche sich in Worten mit ihren Pflegern unterhalten, können ihrem angeborenen Hange zum Lärmen oft nicht widerstehen, und zwischen den nachgeschwatzten Worten der menschlichen Sprache gellt das abscheuliche Kreischen hindurch. Es gibt wenige Menschen, welche diese Ungezogenheit der Papageien auf die Dauer ertragen können. Ganz anders ist es bei den Wellensittichen. Auch sie haben reiche Stimmmittel; aber sie verwenden diese niemals in lästiger, vielmehr in anmuthender Weise. Es ist nicht zuviel gesagt, wenn man behauptet, daß der männliche Wellenpapagei den Singvögeln beigezählt werden muß; denn sein Geplauder ist mehr als ein Gezwitscher: es wird zu einem, wenn auch bescheidenen, so doch recht ansprechenden Liedchen. Für mich hat der Gesang dieses Prachtvogels etwas höchst angenehmes, und andere Thierzüchter sind nicht bloß derselben Meinung, sondern haben auch erfahren, daß der Wellensittich Lehre annimmt, die reichen Lieder anderer guter Sänger nämlich, welche er hört, bald täuschend nachahmt. Einzelne haben sogar gelernt, Worte nachzusprechen.

Der Thierzüchter, welcher Wellensittiche paarweise hält, sie entsprechend pflegt, möglichst wenig stört und ihnen passende Nisthöhlen schafft, wird fast ausnahmslos die Freude erleben, daß sich seine Gefangenen vermehren. Geschieht dies nicht, so liegt die Schuld in der Regel am Pfleger. Es handelt sich dabei keineswegs um geringe Versehen, sondern in den meisten Fällen um unverantwortlich grobe Fehler. Man läßt es dem Pfleglinge an dem nöthigsten fehlen und ist dann thöricht genug, ihm aufzubürden, was man selbst verschuldet. Am vortheilhaftesten ist es freilich, wenn man einen Schwarm dieser Vögel zusammenbringen und ihm einen größeren, womöglich freistehenden und luftigen Raum gewähren kann. Dann erregt ein Männchen das andere, die Eifersucht thut das ihrige und läßt die Liebe eher und stärker zum Durchbruche kommen. Ein kleines Zimmer, welches, ohne die Vögel zu stören, beliebig gelüftet und geheizt werden kann, dessen Fußboden mit Sand bestreut ist, und dessen Wände mit Nistkästen behangen sind, genügt allen Erfordernissen, welche die bescheidenen Wellensittiche an einen Aufenthaltsort stellen. Nicht gerade nöthig, aber doch sehr zu empfehlen ist, wenn der Nistbaum außerdem noch durch lebende und durchaus unschädliche Pflanzen geziert werden kann; denn diese bieten der munteren Schar geeignete Orte zum Ruhen und Versteckespielen. Eine dauernde Annehmlichkeit bietet man den Vögeln dadurch freilich nicht. Denn sie verwüsten, wie alle Papageien, grüne Zweige oder Gewächse in kürzester Frist. Allein solche sind ihrem Wohlbefinden entschieden förderlich, und man thut deshalb wohl, ihnen zu bieten, was man im Sommer leicht und ohne Schaden gewähren darf. Ein Bündel frisch abgeschnittener Weiden- oder sonstiger Baumzweige überhaupt wird mit ersichtlicher Befriedigung, um nicht zu sagen, dankbar angenommen und binnen kürzester Frist entblättert und entschält. Dabei fressen die Vögel Knospen, Blatt und Schalentheile und verschaffen sich so eine unbedingt zuträgliche Abwechselung in dem Einerlei ihrer täglichen Nahrung. Selbst im Winter kann man ihnen solche Annehmlichkeit verschaffen; denn auch entblätterte Zweige behagen ihnen sehr. Noch mehr lieben sie unreife Ähren unserer Getreidearten, vor allem Hafer, so lange die Körner noch milchig sind. Schneidet man ihnen davon ein Büschel ab, so stürzen sie sich mit wahrer Gier auf dasselbe und verlassen es nicht, bevor das letzte Korn ausgeklaubt und verzehrt worden ist. Zu den Nisthöhlen eignen sich am besten hohle Weidenbäume, deren inneren Raum man an mehreren Stellen durch Bretter abgetrennt hat, um das ganze Stück für mehrere Paare bewohnbar zu machen. Es genügt aber auch schon ein gewöhnlicher Nistkasten mit entsprechend engem Loche, welcher dem brütenden Weibchen erwünschte Sicherheit vortäuscht. Da sie nach Art der meisten Papageien überhaupt ihre Eier einfach auf den Boden legen, empfiehlt es sich, solchen seicht auszuhöhlen und mit grobem Sägemehle zu bestreuen. Sie sorgen dann selbst für Herstellung einer geeigneten Mulde, indem sie nach eigenem Belieben so viel von dem Sägemehle aus dem Kasten werfen, als ihnen erforderlich erscheint. Ein derartig ausgerüstetes Brutzimmer liefert die günstigsten Ergebnisse; doch genügt in den meisten Fällen auch schon ein mittelgroßer Bauer. Wer es über sich gewinnen kann, Wellensittiche im Zimmer frei umherfliegen zu lassen, kann einer besonderen Vogelstube gänzlich entbehren. »Ich kenne«, so schreibt mir Oberforstinspektor von Hinkeldey, »keinen Vogel, welcher sich so dazu eignet, in einem großen Wohnzimmer frei umherzufliegen wie der Wellensittich. Man hänge das Gebauer, in welchem man sie beherbergt, an einen beliebigen Ort im Zimmer, lasse nach wenigen Tagen die Käfigthüre offen, das Futter aber im Bauer stehen, und man wird bemerken, daß die Sittiche zwar sehr bald aus ihrem Gebauer heraus, aber nach einigen Rundflügen im Zimmer auch wieder in ihn zurückfliegen. Binnen wenigen Tagen gewöhnen sie sich, ihr

Futter im Bauer zu nehmen, setzen sich niemals an einen anderen Ort, und die Folge davon ist, daß sie fast gar keinen Schmutz im Zimmer verursachen und durch ihren raschen Flug und ihre prächtigen Bewegungen dem Liebhaber neues Vergnügen gewähren. Noch nie flog ein Wellensittich bei mir gegen ein Fenster an oder zur offenen Stubenthüre hinaus. Unmittelbar an mein Wohnzimmer grenzt eine Schlafkammer, welche durch eine Doppelthüre getrennt ist. Diese ist stets offen und in der Kammer, ja sehr oft auch in der Stube, ein Fenster unverschlossen; es ist mir aber noch nie ein Wellensittich entflogen. In diesem Frühjahre ließ ich drei von ihnen, welche kürzlich zu Schiffe angekommen waren, in meinem Wohnzimmer fliegen, und sie gewöhnten sich sofort an die vorbeschriebene Lebensart. Die täglichen Geschäfte im Wohnzimmer beeinträchtigen die Vögel nicht im mindesten. Ihre Nistkästen hängen an der Wand.«

Ich habe zu vorstehendem nur das eine zu bemerken, daß nicht alle Wellensittiche offen stehende Fenster so unbeachtet lassen wie die von Hinkeldey geschilderten; im übrigen glaube ich gern, daß sie unter den erwähnten Umständen noch mehr Vergnügen gewähren als sonst.

Man muß selbst die liebenswürdigen Thiere gepflegt und ihre Fortpflanzung beobachtet haben, um die Begeisterung verstehen zu können, mit welcher alle wahren Liebhaber von ihnen sprechen. Je länger man sie kennt, um so mehr gewinnt man sie lieb. Die Beobachtung ihres Treibens und Lebens, ihrer Sitten und Gewohnheiten ist eine unversiegliche Quelle von Vergnügen und Genuß. Während der Paarungszeit wird eigentlich ihre ganze Liebenswürdigkeit erst kund und offenbar. »Das Männchen«, sagt Devon, »ist ein Muster von einem Gatten, wie das Weibchen das Muster einer Mutter ist. Jenes beschäftigt sich ausschließlich mit seinem erwählten und nie mit einem anderen Weibchen, welches etwa zugleich in demselben Raume sein möge; es ist stets eifrig aufmerksam glühend, ja sogar sinnlich gegen sein Weibchen. Auf einem Zweige vor der Öffnung des Nestes sitzend, singt er ihr seine schönsten Lieder vor, und während sie brütet, atzt er sie mit ebensoviel Eifer als Vergnügen. Er ist niemals traurig, still oder schläfrig, wie so viele andere Papageien, sondern immer heiter und liebenswürdig.« Wer selbst Wellensittiche gepflegt hat, wird diesen Worten beistimmen. Alles, was man von der Zierlichkeit und Anmuth, der Liebenswürdigkeit, gegenseitigen Anhänglichkeit und Hingebung der Zwergpapageien sagen kann, gilt, und wohl in noch reicherem Maße, auch für die Wellensittiche. Das gegenseitige Benehmen beider Gatten ist das anmuthigste, welches man sehen kann. Jeder beeifert sich in ersichtlicher Weise, dem anderen zu Gefallen zu leben; insbesondere das werbende Männchen zeigt sich dem selten versagenden Weibchen gegenüber äußerst liebenswürdig. »Immer begehrlich«, sagt ein Liebhaber, »erzwingt es doch niemals seinen Willen wie andere Vögel, durch Verfolgung des Weibchens bis zu dessen Ermattung. Den Abweisungen der Gattin fügt es sich achtungsvoll und harrt geduldig, bis sich dieses seinen Zärtlichkeiten und Wünschen aus freiem Antriebe ergibt. Die Begattung selbst erinnert in ihrer Innigkeit an das Märchen der Alten von Leda und dem Schwane. Das Weibchen, den Kopf nach dem Männchen zurückgebogen und von demselben Schnabel in Schnabel erfaßt und mit seinen langen Schwingen umschlungen, empfängt seinen Eindruck in nachhaltiger Lust. In der Fütterung des Weibchens und in seiner Zärtlichkeit gegen dasselbe, wenn es auf Augenblicke die Nisthöhle verläßt, ist es unerschöpflich; aber freilich kommt seiner Zärtlichkeit auch seine Eifersucht gleich.«

Der Ausbau des Nestes ist ausschließlich Sache des Weibchens. Es arbeitet mit dem Schnabel so lange an dem Eingangsloche, bis dieses seinen Wünschen entspricht, nagt dann im Inneren größere oder kleinere Spänchen los und legt auf sie in Zwischenräumen von zwei Tagen seine vier bis acht kleinen, rundlichen, glänzend weißen Eier, welche das Gelege bilden. Dann brütet es sehr eifrig sechzehn bis zwanzig Tage, und während der ganzen Zeit wird es von dem Männchen gefüttert, verläßt deshalb auch nur seine Nisthöhle, um den dringlichsten Bedürfnissen zu genügen. Die Jungen, welche etwa dreißig bis fünfunddreißig Tage im Neste verweilen, verlassen letzteres erst dann, wenn sie ganz befiedert sind. Während der ganzen Zeit ist das Weibchen eifrig bemüht, das Nest rein zu halten; es kehrt wie eine ordentliche Hausfrau jeden Morgen sein Zimmer aus und putzt und reinigt seine Kinder mit unvergleichlicher Sorgfalt. Sofort nach dem Ausfliegen gehen die Jungen ans Futter, und wenige Tage später benehmen sie sich ganz wie die Alten; doch muß man um die Zeit des Ausfliegens eine gewisse Vorsicht anwenden, namentlich wenn man nur ein Paar Brutvögel im Käfige hat; denn die erwähnte Eifersucht des Vaters macht sich dann oft in unbegreiflicher Weise geltend. Derselbe Vogel, welcher seine Brut mit hingebender Zärtlichkeit fütterte, fällt zuweilen über die flügge gewordenen Kinder wüthend her, greift sie mörderisch an und verletzt sie nicht selten so, daß sie infolge der jetzigen Lieblosigkeit zu Grunde gehen. Noch unfreundlicher als die Männchen zeigen sich einzelne Weibchen, allerdings nicht gegen ihre eigenen, so doch ihresgleichen Kinder. Solche dürfen selbstverständlich nicht unter der Gesellschaft geduldet, sondern müssen sobald als möglich herausgefangen und verbannt werden.

Sofort, nachdem die erste Brut selbständig geworden ist, schreiten die Alten zu einer zweiten, und wenn diese ausgeflogen, gewöhnlich zu einer dritten und vierten; ja, Franz Schlegel, Vorsteher des Thiergartens zu Breslau, hat beobachtet, daß ein Paar ein volles Jahr lang ununterbrochen brütete! Solche Fälle gehören zu den Ausnahmen: Die großen Geschwister zeigen sich gleich von Anfang an ebenso liebenswürdig wie die Eltern. Sie haben eine wahre Sucht, ihre jüngeren Geschwister zu pflegen, und füttern diese trotz der Alten. Dabei äffen sie sich gegenseitig alles nach: was der eine thut, unternimmt auch der andere, im Klettern, Fliegen, Fressen und Schwatzen. Der Lärm in solchen Kinderzimmern wird oft betäubend und manchmal selbst den Alten zu toll, welche sich dann bemühen, ihm aus dem Wege zu gehen; und wenn nun erst ein ganzer Schwarm zusammengehalten wird, wenn vielleicht zehn Elternpaare zu gleicher Zeit

Junge ausbrüten und in die Welt schicken, geht es meist lustig und erregt im Raume her. Dann wird auch der Frieden selten gestört; denn die Vorsicht des Männchens kommt kaum oder nicht zur Geltung, wahrscheinlich weil sie sich nicht auf einen Gegenstand richten kann, sondern auf hunderte richten müßte.

Wie nothwendig es ist, Wellensittiche paarweise zusammen zu halten, sieht man erst dann, wenn man längere Zeit zwei desselben Geschlechtes gepflegt hat. Wird zu solchen ein Genosse des anderen Geschlechtes gebracht, so gibt es augenblicklich ein Pärchen und brennende Eifersucht. Neubert, welcher zwei Paar Wellenpapageien besaß, verlor beide Männchen und erhielt erst nach geraumer Zeit Ersatz für eines von ihnen. Die beiden Wittwen hatten sich recht hübsch zusammen gefunden; sie waren munter und lebten gemüthlich miteinander, als ob sie Männchen und Weibchen wären. Als aber das neue Männchen in den Bauer gebracht wurde, änderte sich dieses schöne Verhältnis augenblicklich. »Die beiden Weibchen«, erzählt er, »saßen in der Höhe des Käfigs dicht beisammen, als das Männchen hineinflog, und beobachteten dasselbe sehr aufmerksam. Nach wenigen Augenblicken sah es zu ihnen empor, rührte sich aber nicht von der Stelle und gab einen eigenthümlichen Lockton von sich, welcher von dem einen Weibchen beantwortet wurde. Als es den Lockton wiederholte, schoß das antwortende Weibchen herab, und es gab jetzt eine Scene wie nach lang erwarteter Heimkehr. Das andere Weibchen sah ganz ruhig zu; als aber das Liebespärchen nach oben und in die Nähe der Wittwe kam, da wurde diese fast rasend, fuhr auf die beglückte Braut los, hing sich ihr an den Schwanz und zerrte so lange daran, bis die Federn ausgingen. Nun war es Zeit einzuschreiten. Sie wurden auseinander getrieben, die Xantippe gefangen und von ihrem neuen Herren, welcher sie vermählen wollte, mitgenommen. Spätere Nachrichten sagten aber, daß sie sich mit dem ihrer harrenden Bräutigam gar nicht in gutes Vernehmen setzen wollte, sondern, als seltene Ausnahme, ein sehr mürrisches Leben mit ihm führte.«

Wollte ich alle von mir und anderen gesammelten Beobachtungen über das Fortpflanzungsgeschäft der Wellensittiche hier wiedergeben, ich müßte noch mehrere Seiten füllen. Wer sich des genaueren hierüber unterrichten will, möge auf meine »Gefangenen Vögel« verwiesen werden. Sie enthalten alle Mittheilungen, welche angehenden Züchtern erwünscht sein mögen, auch Winke und Belehrungen, für welche das »Thierleben« nicht der Ort ist. Dafür will ich noch eine Beobachtung mittheilen, welche ich selbst an meinen Papageien machte. Das erste Pärchen, welches ich besaß, liebte sich ebenfalls sehr zärtlich, dachte aber nicht an die Fortpflanzung, weil die rechte Zeit hierzu noch nicht gekommen war. Es bewohnte einen großen Bauer und schien sich in demselben sehr wohl zu fühlen: die goldene Sonne aber, welche oft freundlich durch das Fenster hereinlachte, mochte doch in ihm Sehnsucht nach der Freiheit erweckt haben. Eines Tages hatte sich das Weibchen geschickt einen Ausgang zu verschaffen gewußt, und ehe wir es uns versahen, war es durch das Fenster hinaus ins Freie entflohen. Ich lernte es jetzt von einer ganz anderen Seite kennen als bisher; denn ich hatte Gelegenheit, den prachtvollen Flug zu beobachten. Und ich muß gestehen, dieser Flug entzückte mich so, daß mein Ärger über den wahrscheinlichen Verlust des Vogels mit jedem Augenblicke mehr zu schwinden begann. Das entflohene Weibchen stieg hoch auf in die Luft und schwirrte und schwebte mit unvergleichlicher Schnelligkeit über den benachbarten Garten dahin. Bald hatte es sich meinen Blicken gänzlich entzogen: aber siehe da, nach einigen Minuten war es wieder im Garten erschienen, wahrscheinlich infolge des eifrigen Rufens seines Gatten; denn diesen hatte ich selbstverständlich sofort ans Fenster gebracht. Jetzt antwortete es dem Genossen im Käfige und ließ sich dicht unter dem Fenster auf einem Baume nieder, eifrig rufend, lockend und zwitschernd. Dies hatte noch etwas anderes zur Folge, woran ich nicht gedacht. Der Liebhaber, welcher Wellenpapageien gehalten hat, wird erfahren haben, daß deren Lockton zuweilen täuschend dem unserer Sperlinge gleicht. Ich hatte früher darauf wenig geachtet, mußte dies aber jetzt wohl thun, weil mich neben dem Papagei bald auch die Sperlinge beschäftigten. Es war gerade Hochsommer und alle Dächer umher bedeckt mit jungen Spatzen. Unter ihnen nun zeigte sich sofort, nachdem der schöne Fremdling erschienen war, lebhafte Bewegung. Der Wellensittich hatte sich auf einem Pflaumenbaume unter dem Fenster niedergelassen und unterhielt sich von dort aus mit seinem Gatten. Die jungen Spatzen aber mochten meinen, daß sein lockendes »Tschilp« wohl ihnen gelten könne, und kamen in Scharen herbei, ungeachtet des warnenden und bedenklichen »Zerrrr« der älteren Weisen ihres Geschlechtes. Diese schienen allerdings auch verwundert zu sein, ließen sich jedoch als erfahrene Vögel durchaus nicht täuschen, sondern sahen sich zunächst den grünen Australier vor sich an; die jungen Sperlinge hingegen umringten ihn bald in Menge. Er beachtete sie nicht im geringsten; sie aber ließen sich deshalb nicht zurückhalten, wurden förmlich zudringlich, hüpften dicht an ihn heran, beschauten ihn scheinbar höchst erfreut und erwiderten sein »Tschilp« nach Kräften. Wenn er, ärgerlich hierüber, sich erhob und einem anderen Baume zuflog, folgte die ganze Rotte, und nur, wenn er einige seiner prächtigen Flugbewegungen ausführte, blieben die schwerfälligen Spatzen verdutzt unten sitzen. Dieses Schauspiel mochte wohl eine halbe Stunde währen, und der Garten war schließlich förmlich erfüllt von allen Sperlingen weit und breit, bis die Sehnsucht nach dem Gatten den Wellensittich bewog, ins Zimmer zurückzufliegen. Hier wurde er eingefangen, wieder in den Käfig gesperrt, höchst zärtlich von seinem Männchen begrüßt, und damit löste sich von selbst die Volksversammlung draußen im Garten.

Zum Schlusse will ich noch anführen, daß Wellenpapageien sich auch bei uns im Freien erhalten können. Auf dem Gute eines bedeutenden Thierliebhabers in Belgien entflogen im Frühlinge des Jahres 1861 zwei Paar Wellenpapageien aus einem Gebauer. Sie verloren sich alsbald in den Baumwipfeln einer großen Parkanlage und wurden längere Zeit gar nicht oder nur sehr flüchtig gesehen. Doch blieben sie in ihrem Gebiete wohnen, und wie sich später ergab, hatten sie hier sogar in Baumhöhlen genistet und eine Anzahl Junge erzogen. Der Besitzer überraschte im Herbste einen ganzen Flug von zehn bis zwölf Stück in einem Haferfelde, woselbst sie sich gütlich thaten. Von nun an wurden die Vögel durch vorsichtiges Füttern allgemach herbeigelockt und vor Eintritt des Winters zehn Stück von ihnen gefangen. Es kann keinem Zweifel unterliegen, daß Wellensittiche in unserem Klima vortrefflich gedeihen würden, und es erklärt sich daher, daß von dieser und jener Seite vorgeschlagen worden ist, ihre Einbürgerung bei uns zu Lande zu versuchen. Was aber würden wir damit gewinnen? Angenommen auch, daß die an das Wandern gewöhnten Vögel in einem ihnen sozusagen angewiesenen Gebiete während des Winters verbleiben und nicht, was wahrscheinlicher ist, davon und dem Süden zufliegen würden; angenommen ferner, daß die »erbärmlichen Flinten«, welche Buxtons Versuchen so hinderlich wurden, bei uns zu Lande nicht in Wirksamkeit treten sollten: würden wir in dem Wellensittiche einen zwar sehr schönen aber auch recht schädlichen Vogel uns erwerben und damit in noch höherem Grade als bisher das unverständige Geschrei unerfahrener Vielschreiber über schädliche und nützliche Vögel herausfordern.

Der Kukuk

Eine arten- und gestaltenreiche Familie umfaßt die Kukuksvögel (Cuculidae), von denen fast zweihundert Arten beschrieben worden sind. Die Mitglieder dieser Familie verbreiten sich über die Alte Welt und Neuholland. Sie sind in Indien und Afrika besonders zahlreich, im Norden aber nur durch eine einzige Art vertreten. Alle, ohne Ausnahme, gehören dem Walde an und entfernen sich bloß zeitweilig aus der Nähe der Bäume. Den größeren Arten der Familie sagt man nach, daß sie kleine Wirbelthiere, Lurche z. B., nicht verschmähen, und alle gelten, vielleicht nicht ganz mit Unrecht, als Nesträuber, welche die Eier nicht bloß wegnehmen, sondern auch verschlingen. Dieses einigermaßen auffallende Raubgelüst erklärt sich durch die Fortpflanzung der Kukuke. Sämmtliche Arten der Familie unterziehen sich nämlich der Bebrütung ihrer Eier nicht selbst, sondern bürden die Pflege ihrer Brut anderen Vögeln auf, indem sie ihre Eier in deren Nester legen. Dabei pflegen sie meistens ein Ei aus dem Neste der erkorenen Pflegeeltern herauszunehmen, und dieses ist es, welches gelegentlich auch mit verschlungen wird. Die Thatsache ist oft geleugnet worden, unterliegt aber, vielfachen Beobachtungen zufolge, keinem Zweifel. Über die Ursache des Nichtbrütens hat man sehr verschiedene Annahmen aufgestellt und zu unterstützen gesucht, bis jetzt aber noch keinen schlagenden Grund zu entdecken vermocht.

Manchem scheint es fraglich, ob wir die Kukuke als nützliche oder schädliche Vögel anzusehen haben. Unbestreitbar leisten sie große Dienste durch Aufzehren der gegen die Angriffe anderer Kerbthierräuber gewappneten haarigen Raupen; aber ebenso unzweifelhaft verursachen sie durch das Unterschieben ihrer Eier einigen Schaden, da die Erziehung eines Kukuks regelmäßig, bei denjenigen Arten, welche ihre Eier in die Nester kleinerer Vögel legen, immer die Vernichtung der Stiefgeschwister nach sich zieht. Dagegen läßt sich nun freilich wieder einwenden, daß ein Kukuk in Vertilgung der Kerbthiere mehr leiste als fünf oder sechs kleine Sänger, und so wird es als wohlgethan erscheinen, wenn wir den Kukuken unseren vollsten Schutz gewähren.

Unser Kukuk oder Gauch (Cuculus canorus) ist auf der Oberseite aschgraublau oder dunkelaschgrau, auf der Unterseite grauweiß; die Schwingen sind bleischwarz, die Steuerfedern schwarz, weiß gefleckt. Das Auge ist hochgelb, der Schnabel schwarz.

Verwundern darf es nicht, daß ein so gewandter Flieger wie der Kukuk ebenso große Strecken durchreist wie andere weit minder flugbegabte Zugvögel. Nach meinen und allen übrigen Beobachtungen wandert er schnell, läßt sich wenigstens im Norden Afrikas oder in Syrien wie in Südeuropa nicht erheblich früher vernehmen als in Deutschland, und verzögert aus leicht begreiflichen Gründen erst weiter gegen den Norden hin seine Reise. Bei uns zu Lande erscheint er in der Regel um die Mitte des April: »Am achtzehnten kommt er, am neunzehnten muß er kommen«, heißt es im Volksmunde. Ausnahmsweise trifft er auch schon früher, unter Umständen sogar schon im Anfange des Monats ein, gleichviel ob die Witterung günstig ist oder nicht. So vernahm Schacht, ein in jeder Beziehung trefflicher Beobachter, im Jahre 1875 schon am fünften April, »als der Wald noch kahl war und selbst die Birke noch blätterlos dastand«, seinen Ruf. »Oft lag des Morgens wieder eine weiße Schneedecke auf Wald und Flur; doch der Kukuk schlug sich schlecht und recht durch. Wenn aber die Sonne das Gewölk durchbrach, dann rief er laut sein ›Kukuk‹, obschon immer nur einmal: ein Zeichen, daß es ihm doch noch nicht ganz wohl ums Herz war.«

Obwohl Baumvogel, ist er doch nicht an den Wald gebunden, ebenso wenig als sein Aufenthalt nach der Art des Baumbestandes sich richtet. Nach meinen in drei Erdtheilen und mit besonderer Vorliebe für den Gauch gesammelten Beobachtungen stellt er als erste Bedingung an seinen Aufenthaltsort, daß derselbe reich an kleinen Vögeln, den Zieheltern seiner Jungen, sei. Sieht er diese Bedingung erfüllt, so begnügt er sich mit äußerst wenigen Bäumen, mit niedrigen Sträuchern, Gestrüpp und Röhricht, und wenn selbst das letztere fehlt, fußt er auf einem Erdklumpen und erhebt von hier aus seine Stimme. Ausnahmsweise läßt er sich auch durch zeitweilig an einer Stelle ihm winkende reichliche Nahrung beeinflussen, in der Regel aber während seiner Fortpflanzungszeit nicht aus einem Gebiete weglocken, welches sein tolles Liebesleben besonders begünstigt. Stets wird man finden, daß die Anzahl der Kukuke in gleichem Verhältnisse mit der Anzahl der Pflegeeltern wächst.

Jedes Kukuksmännchen wählt sich ein Gebiet von ziemlichem Umfange und vertheidigt dasselbe hartnäckig gegen einen etwaigen Nebenbuhler. Wird ein Kukuk verdrängt, so siedelt er sich dicht neben dem Eroberer an und ficht mit diesem dann fast tagtäglich einen Strauß aus. Daß ein und derselbe Vogel zu demselben Orte zurückkehrt, hat Naumann durch Beobachtungen festgestellt: er kannte einen Kukuk, welcher sich durch seine auffallende Stimme vor den übrigen kennzeichnete, und erfuhr, daß derselbe während zweiunddreißig Jahren in jedem Frühlinge in demselben Gebiete sich seßhaft machte. Genau dasselbe gilt nach Walters Feststellung auch für das Weibchen, wie eigenthümlich gefärbte, von anderen abweichende Eier, welche man jedes Jahr in demselben Gebiete und bei derselben Vogelart wiederfindet, fast außer Zweifel stellen. Das Gebiet, in welchem das Weibchen sein erstes Ei untergebracht hat, wird ihm zur engeren Heimat; doch verweilt es in ihm immer kürzere Zeit als das Männchen. Seinen Standort durchschweift dieses ohne Unterlaß, und deshalb erscheint er mit einer gewissen Regelmäßigkeit auf bestimmten Bäumen tagtäglich mehrere Male. Nicht ebenso verhält es sich mit dem Weibchen, wie ich ebenfalls nach eigener Beobachtung mit aller Bestimmtheit behaupten darf. Meine Neckereien mit den Kukuken, welche ich in jedem Frühjahre und bei jeder Gelegenheit wiederhole, haben mich belehrt, daß die Anzahl der Weibchen bei weitem geringer ist als der Bestand der Männchen. Mäßig angeschlagen, dürften auf jedes der ersteren mindestens doppelt so viele Männchen kommen. Während nun diese ein immerhin umgrenztes Gebiet behaupten und in der angegebenen Weise sich umhertreiben, achtet das Weibchen derartige Grenzen nicht, sondern schweift im Laufe des ganzen Sommers, beziehentlich so lange seine Legezeit währt, regellos durch verschiedene Gebiete der Männchen, bindet sich an keines von diesen, gibt sich vielmehr allen hin, welche ihm genehm sind, läßt sich nicht suchen, sondern zieht seinerseits auf Liebesabenteuer aus, und kümmert sich, nachdem seine Wünsche Befriedigung fanden, nicht mehr um den Liebhaber, welchen es eben begünstigt hatte. Ein an einer abgeschossenen Schwanzfeder kenntliches Weibchen, welches ich in der Nähe von Berlin beobachtete, besuchte, so weit ich ergründen konnte, die Gebiete von nicht weniger als fünf Männchen, wird seine Streifzüge jedoch wahrscheinlich noch weiter ausgedehnt haben. Jedes andere Weibchen verfährt nun unzweifelhaft ebenso, wie andere Beobachtungen fast bis zur Gewißheit beweisen. »Oft habe ich gesehen«, bemerkt Walter, »wie ein von einem Männchen begleitetes Weibchen bei seinen Streifereien in ein weiteres Gebiet, z. B. über einen großen See, plötzlich vom Männchen verlassen wurde, welches letztere zuerst in weitem Bogen, dann in gerader Richtung in sein eigentliches Revier zurückflog. Hatte das Weibchen in letzterem schon ein Ei untergebracht, dann kehrte es, wenn auch erst am anderen Tage, dorthin zurück. Nur in dem Falle, daß es in der Nähe des zuerst benutzten Nestes kein zweites auffinden konnte, blieb es länger aus und ließ sich mitunter tagelang nicht wieder sehen.« Dagegen durchstreifen nun fortwährend andere Weibchen dasselbe Gebiet, und so erntet dieser wie jener Kukuk, wenn auch nicht von jedem, so doch von irgend einem Weibchen heißbegehrter Minne Lohn. Auch auf gesellige Freuden braucht er nicht gänzlich zu verzichten. Denn Abends spät, wenn das Roth im Westen schon beinahe verglommen, findet im günstigen Falle ein Weibchen in seinem Gebiete sich ein, fliegt verstohlen bis in die Nähe des Baumes, von welchem er seinen Abendgruß herabruft, und läßt ihn, unerwartet laut und verheißend aufschreiend, ein erfreuliches Morgen erhoffen. Diese Ungebundenheit und Unstätigkeit des Weibchens erklärt nach meinem Dafürhalten gewisse bis jetzt noch räthselhafte Vorkommnisse beim Legen der Eier auf das einfachste und befriedigendste.

Unter den mir bekannten Verwandten ist der Kukuk der flüchtigste, unruhigste und lebhafteste. Er ist in Bewegung vom Morgen bis zum Abend, in Skandinavien sogar während des größten Theiles der Nacht. Es übte einen eigenthümlichen Eindruck auf mich, bei meinen nächtlichen Jagden den Kukuksruf noch nach elf Uhr abends und schon vor ein Uhr morgens zu vernehmen. Während seiner Streifereien frißt er beständig; denn er ist ebenso gefräßig als bewegungs- und schreilustig. Mit leichtem und zierlichem Fluge, welcher dem eines Falken ähnelt, ihn an Schnelligkeit jedoch nicht erreicht, nicht einmal mit dem einer Turteltaube zu wetteifern vermag, kommt er angeflogen, läßt sich auf einem Aste nieder und sieht sich nach Nahrung um. Hat er eine Beute erspäht, so eilt er mit ein paar geschickten Schwenkungen zu ihr hin, nimmt sie auf und kehrt auf denselben Ast zurück oder fliegt auf einen anderen Baum und wiederholt hier dasselbe. In Skandinavien sitzt er besonders gern auf den Geländern, welche die Wege von den Feldern abgrenzen, treibt sich überhaupt viel mehr in der Nähe der Ortschaften umher als bei uns. Übrigens ist der Kukuk nur im Fliegen geschickt, in allem übrigen täppisch. Obwohl dem Namen nach ein Klettervogel, vermag er in dieser Beziehung durchaus nichts zu leisten, ist aber auch im Gehen ein Stümper ohne gleichen, überhaupt nur hüpfend im Stande, auf flachem Boden sich zu bewegen. Gewandter zeigt er sich im Gezweige, obschon er auch hier einen einmal gewählten Sitz nur ungern und dann meist fliegend verläßt. Im Frühlinge versäumt er nie, nach dem Aufbäumen viele Male nacheinander seinen lauten Ruf erschallen zu lassen, und wenn die Liebe in ihm sich regt, treibt er so argen Mißbrauch mit seiner Stimme, daß er zuletzt buchstäblich heiser wird. Fast in allen Sprachen ist sein Name ein Klangbild dieses Rufes, so wenig richtig letzterer in der Regel auch wiedergegeben wird. Wie vielen anderen Vogelstimmen fehlen dem Kukuksrufe Mitlauter gänzlich, und wenn wir solche zu hören vermeinen, fügen wir sie den Selbstlautern zu. Der Ruf lautet nicht »Kukuk«, sondern in Wirklichkeit »u-uh«. Da nun aber das erste »U« schärfer ausgestoßen wird als das zweite, glauben wir »gu« zu vernehmen, ebenso wie wir das zweite gedehntere »U« zu Anfang und zu Ende durch einen G- oder K-Laut vervollständigen, obgleich derselbe nicht vorhanden ist. Wer wie ich jeden schreienden Kukuk durch Nachahmung seiner Stimme herbeiruft, weiß sehr genau, daß auf den Ruf »Kukuk« kein einziger kommt. Naumann sagt, daß man den Kukuksruf auf der Flöte durch die Töne Fis und D der mittleren Oktave täuschend nachahmen kann: ich habe die beiden Töne mir vorspielen lassen und muß zugestehen, daß sie dem Rufe ähneln, finde jedoch, daß die Klangfarbe der Flöte eine ganz andere ist als die des Kukuksrufes und bezweifle sehr, daß ein Kukuk durch letztere herbeigelockt werden würde oder könnte. Mit Bestimmtheit darf ich behaupten, daß der Ruf auf dem Klaviere sich nicht wiedergeben läßt und ebensowenig durch unsere Kukuksuhren richtig ausgedrückt wird, so zweckentsprechend auch erscheint, zwei verschiedene Pfeifen zu verwenden. Im Anfange seines Hierseins ruft der Kukuk selten eifrig; das wahre Feuer lodert erst dann auf, wenn er bereits die Freuden der Liebe gekostet hat. Während seiner Begattungszeit, welche freilich kaum länger währt, als er schreit, ruft er nicht allein nach dem Aufbäumen, sondern auch während des Fluges, in den Morgen- und Abendstunden wie unmittelbar vor oder nach Regen am eifrigsten, aber auch sonst zu allen Stunden des Tages, und bestimmt läßt er sich hören, wenn er durch Nachahmung seiner Stimme hierzu angereizt wird. Während er ruft, senkt er die etwas ausgebreiteten Flügel und hebt dafür den Schwanz ein wenig über die wagerechte Linie empor, bläst die Kehle auf, stößt sein »Gu-guh« aus und wendet sich nun, während er es funfzehn, zwanzig, dreißig, vierzig, selbst sechzig Mal nacheinander hören läßt, auf dem Aste hin und her, dreht sich in der Regel auch mehrmals um und schreit so seinen Ruf und Namen in alle Richtungen der Windrose hinaus. Wird er durch einen Nebenbuhler besonders erregt, so verdoppelt er den ersten, höheren Laut, und der ganze Ruf lautet dann nach gewöhnlicher Schreibweise »Guguguh«. Wird er während des Schreiens durch kleine Vögel geneckt, stößt namentlich einer von diesen auf ihn, während er sich blähend auf einem Aste sitzt, so bricht er im Schreien plötzlich ab und unterdrückt regelmäßig die letzte Silbe. Kommt ein Weibchen in Sicht, so wiederholt er den dreifachen Ruf zweimal oder verdoppelt, also viermal, nacheinander und fügt ihm dann fast unwandelbar heisere Laute bei, welche man durch die Silben »Quawawa« oder »Haghaghaghag« übertragen hat, in Wirklichkeit aber weder wiedergeben noch auch nachahmen kann. Ärgert er sich über einen Nebenbuhler, den er zunächst noch nicht sehen kann, so läßt er unmittelbar vor oder nach dem Aufbäumen einen ähnlichen, aber einzeln ausgestoßenen, obschon zwei- bis viermal wiederholten heiser würgenden Laut vernehmen, welcher mit dem Knarren eines Teichfrosches verglichen und durch »Quorr« oder »Quorrg« übertragen werden mag. Wird ihm das Necken des Kleingeflügels zu arg, und hilft das Beißen nach demselben nicht mehr, so vernimmt man endlich noch ein heiseres, ungefähr wie »Särrr« klingendes Zischen, welches er namentlich im Fluge ausstößt. Vorherrschend bleibt immer das »Gu-guh«. Es folgt bei längerem Schreien binnen fünf Sekunden viermal, selten aber öfter als zwanzig- bis dreißigmal unmittelbar nacheinander; denn in jedem längeren Satze treten kurze Stillstände ein, welche eine bis anderthalb Sekunden länger währen, als der gewöhnliche Zeitraum zwischen dem Verklingen des einen und dem Anheben des anderen Rufes beträgt. Nach dem ersten einleitenden Theile des ganzen Satzes tritt solche, dem unachtsamen Hörer vielleicht kaum merkliche Pause ein, wahrscheinlich nur, um einen Augenblick lang zu lauschen, ob ein anderer Gauch dem Rufe antwortet; hierauf folgt oft ein von dem nächsten ebensoweit geschiedener Ruf, manchmal auch noch einer; und nunmehr erst beginnt der zweite Theil des Satzes, welcher in der angegebenen Weise mehrmals unterbrochen werden kann, bis endlich der stattgefundene Aufwand an Kraft längere Ruhe erheischt.

Man hat den Kukuk als einen höchst unfriedfertigen Vogel verschrieen: ich kann dieser Ansicht jedoch nicht beistimmen. In Kampf und Streit liegt er nur mit anderen seiner Art: die ganze übrige Vogelwelt läßt ihn gleichgültig, insofern es sich nicht darum handelt, ihrer Angriffe sich zu erwehren oder einem Ziehvogel sein Ei aufzubürden. Gefangene, welche man unter Kleingeflügel hält, vertragen sich mit allen Genossen vortrefflich und denken nicht daran, mit ihnen zu streiten oder zu hadern. Aber freilich ein männlicher Kukuk ist dem anderen ein Dorn im Auge. So brutfaul der Vogel, so verliebt ist er. Obgleich er Entgegenkommen findet, scheint ihn die Liebe doch geradezu von Sinnen zu bringen. Er ist buchstäblich toll, so lange die Paarungszeit währt, schreit unablässig so, daß die Stimme überschnappt, durchjagt unaufhörlich sein Gebiet und sieht in jedem anderen einen Nebenbuhler, den hassenswerthesten aller Gegner.

Demjenigen, welcher den Gauch wirklich beobachtet hat, wird kein Zweifel aufstoßen, daß zwischen zwei männlichen Kukuken, welche sich gegenseitig hören, die ausgesprochenste Nebenbuhlerschaft besteht und bei jeder Gelegenheit zur Äußerung gelangt. Jeder Kukuk, welcher bis dahin harmlos seinen wohltönenden Namen in die Welt schrie, geräth in Aufregung, sobald er einen wirklichen oder vermeintlichen Nebenbuhler rufen hört. Lebhafter werden in solchem Augenblicke seine Bewegungen; ununterbrochen folgen sich die einzelnen Rufe eines Satzes; spähenden Auges und lauschenden Ohres beugt der Vogel sich weiter vor als gewöhnlich, und bei jedem einzelnen Rufe wendet er sich zur Rechten und zur Linken, um sich über die Richtung, aus welcher der unwillkommene Laut ihm entgegenschallt, auf das genaueste zu vergewissern. Zunächst verläßt er seinen Platz noch nicht, scheint im Gegentheile abwarten zu wollen, ob jenes Herz von demselben Muthe beseelt sei wie das seinige, ruft noch einigemal in langer Folge und späht und lauscht von neuem. Erscheint der Nebenbuhler nicht, so entschließt er sich, ihn zu suchen. Geradezu bewunderungswürdig ist die Sicherheit, mit welcher er Richtung und Entfernung zu bestimmen vermag. Wenn ich bei meinen Neckereien den Platz verändere, erscheint der Kukuk, dessen Eifersucht ich erregte, mit aller Bestimmtheit auf derselben Stelle, von welcher ihm der erste Ruf entgegentönte, und dennoch kommt er fast niemals in gerader Richtung, sondern regelmäßig in einem weiten Bogen an, welchen er offenbar zu dem Zwecke unternimmt, um des vermeintlichen Nebenbuhlers ansichtig zu werden. Hier nun setzt er sich von neuem nieder und ruft lauter und eifriger als zuvor. Gewahrt er keinen anderen Kukuk, so folgen auf die klangvollen Laute die einzelnen heiseren, ein untrügliches Zeichen seines Ärgers. Einmal erregt, folgt er dem vermeintlichen Nebenbuhler ein bis zwei Kilometer weit nach oder verweilt halbe Stunden lang in seiner Nähe. Naht sich, durch dieselbe Täuschung betrogen, ein zweiter Kukuk, so beginnt augenblicklich der Kampf. Mit vollstem Rechte sagt Naumann, daß der Kukuk kein anderes Männchen in seinem Bezirke oder in der Nähe seines Weibchens dulde und mit grimmigen Bissen fortzujagen suche. Letzteres habe ich allerdings nicht gesehen, sondern immer nur bemerkt, daß die beiden Nebenbuhler einander in raschem Fluge verfolgen und dabei ab und zu aufeinander stoßen, hierauf wiederum sich niederlassen, von neuem zu rufen beginnen und nochmals eine ähnliche Verfolgung aufnehmen.

Der Ruf des Kukuks hat, wie meine Beobachtungen bestimmt mich annehmen lassen, zunächst den Zweck, das Weibchen anzulocken. Daß dieses sich herbeiziehen läßt, glaube ich unzählige Male ermittelt zu haben. Fliegt es in dringenden Geschäften durch das Gebiet eines Männchens, so achtet es scheinbar nicht im geringsten auf dessen Liebesseufzer, sondern schleicht sich durch das Gezweige, von einem Baume, einem Busche zum anderen sich wendend; hat es dagegen sein Ei glücklich untergebracht, und zieht es auf Liebesabenteuer aus, so antwortet es, in unmittelbare Nähe des rufenden Männchens gelangt, indem es seinen eigenthümlichen, volltönenden, kichernden oder lachenden Lockruf zu hören gibt. Dieser besteht aus den äußerst rasch auf einander folgenden Lauten »Jikikickick«, welche auch wohl wie »Quickwickwick« in unser Ohr klingen, einem harten Triller ähneln und durch ein nur in der Nähe hörbares, sehr leises Knarren eingeleitet werden. Der Ruf ist verlockend, verheißend, im voraus gewährend, seine Wirkung auf das Männchen eine geradezu zauberische. Augenblicklich verläßt es seinen Sitz, ruft »Guguh, gugugguh, guguguh«, verdoppelt auch wohl diesen Ausdruck höchster Erregung, fügt ihm das »Quawawawa« hinzu und jagt hinter dem Weibchen her. Dieses wiederholt die Einladung, der verliebte Gauch antwortet wiederum, alle in Hörweite schreienden Männchen fliegen ebenfalls herbei, und eine tolle Jagd beginnt. Nicht allzu selten folgen einem Weibchen zwei, drei, selbst vier Männchen nach. Jenes feuert die Bewerber durch nochmaliges Kichern an und versetzt sie schließlich in Liebesraserei. Unter vielfachen Schwenkungen fliegt es zwischen Baumkronen und Gebüschen dahin, ein oder das andere Männchen unmittelbar hinter ihm drein, das zweite in wechselndem Abstande diesem nach, jedes voll Begierde, der nächste und voraussichtlich glücklichste Bewerber zu werden. Jedes einzelne vergißt des solchen Hochzeitszug neckend begleitenden Kleingeflügels, vergißt selbst des sonst üblichen Zweikampfes oder stößt doch nur ein und das andere Mal, gleichsam gelegentlich, auf den verhaßten Nebenbuhler; jedes bestrebt sich, ja keine Zeit zu verlieren. Das Weibchen ist nicht minder erregt als sein Gefolge, der eifrigste Liebhaber ihm auch sicherlich der willkommenste, sein scheinbares Sprödethun nichts anderes als das Bestreben, noch mehr anzufeuern. Willig und widerstandslos gibt es sich jedem Männchen hin; Schranken der Ehe kennt es eben nicht.

Die Begattung wird in der Regel auf einem dürren Baumwipfel oder einem sonstigen geeigneten freien und erhabenen Platze, in den Steppen Turkestans selbst auf ebenem Boden vollzogen, niemals ohne viel Lärmen, verdoppeltes Rufen und Kichern.

Daß ein Männchen das andere hierbei stören sollte, habe ich bisher nicht beobachtet; das Männchen hat hierzu auch keine Veranlassung.

Erscheint das Weibchen spät abends auf dem Schlafplatze eines Männchens, so versetzt es, da es wohl nie versäumt, sich zu melden, den Gauch auch jetzt noch in Liebesrausch. Für heute aber verbleibt es beiderseitig beim Wünschen und Begehren. Weder der Kukuk noch das Weibchen verlassen nach Beginn der Dämmerung den gewählten Ruhesitz, ebensowenig als sie morgens vor eingetretener Helle umherfliegen. Auf geschehene Meldung der Buhlin antwortet er in üblicher Weise, sie wiederum in der ihrigen, und so währt das Rufen und Kichern fort, bis der Ziegenmelker zu spinnen beginnt, manchmal noch länger. Dann endlich wird es still: beide haben sich wohl verständigt – für morgen.

Wer bezweifelt, daß der Gauch in Vielehigkeit lebt, braucht bloß solche Schlafplätze wiederholt zu besuchen. Heute vernimmt man die Stimme des Weibchens, die heiße Werbung des Männchens, morgen nur noch den Ruf des letzteren: jenes beglückt dann vielleicht den Nachbar, vielleicht einen ganz anderen Werber. Deshalb gerade ist es so schwierig, ein klares Bild des tollen Liebeslebens unseres Kukuks zu gewinnen. Ich habe ihn während eines Menschenalters beobachtet, eine Wahrnehmung an die andere gefügt, ihn viel hundertmal herbeigerufen, mich noch in diesem Frühlinge halbe Wochen lang so gut als ausschließlich mit ihm beschäftigt und doch nur einen Theil seines Lebens zu erforschen vermocht.

Schon den Alten war bekannt, daß der Kukuk seine Eier in fremde Nester legt. »Das Bebrüten des Kukukseies und das Aufziehen des aus ihm hervorkommenden Jungen«, sagt Aristoteles, »wird von demjenigen Vogel besorgt, in dessen Nest das Ei gelegt wurde. Der Pflegevater wirft sogar, wie man sagt, seine eigenen Jungen aus dem Neste und läßt sie verhungern, während der junge Kukuk heranwächst. Andere erzählen, daß er seine Jungen tödte, um den Kukuk damit zu füttern; denn dieser sei in der Jugend so schön, daß seine Stiefmutter ihre eigenen Jungen deshalb verachte. Das meiste von dem hier erwähnten wollen Augenzeugen gesehen haben; nur in der Angabe, wie die Jungen des brütenden Vogels umkommen, stimmen nicht alle überein: denn die einen sagen, der alte Kukuk kehre zurück und fresse die Jungen des gastfreundlichen Vogels, die anderen behaupten, weil der junge Kukuk seine Stiefgeschwister an Größe übertreffe, so schnappe er ihnen alles weg, und sie müßten deshalb Hungers sterben; andere wieder meinen, er, als der stärkere, fresse sie auf. Der Kukuk thut gewiß gut daran, daß er seine Kinder so unterbringt; denn er ist sich bewußt, wie feige er ist, und daß er sie doch nicht vertheidigen kann. So feig ist er, daß alle kleinen Vögel sich ein Vergnügen daraus machen, ihn zu zwicken und zu jagen«. Wir werden sehen, daß an dieser Schilderung sehr viel wahres ist; ich will aber auch sogleich eingestehen, daß wir noch heutigen Tages keineswegs vollkommen unterrichtet sind. Daß ich auf Annahmen, Muthmaßungen, Folgerungen, Zweckmäßigkeitslehren und dergleichen, mit denen jede Naturgeschichte des Kukuks oder jede vogelkundige Zeitschrift überhaupt überfüllt ist, nicht eingehe, werden meine Leser begreiflich finden.

Wenn wir nun auch das Warum des Nichtbrütens noch nicht erkannt haben, so steht doch die Thatsächlichkeit desselben so unwiderleglich fest, daß man nur im höchsten Grade erstaunt sein kann, immer und immer noch die Meinung des Gegentheils aussprechen zu hören. Geradezu unbegreiflich mußte es erscheinen, noch neuerdings und zwar in einem unserer verbreitetsten Blätter von der Hand Adolf Müllers, eines keineswegs unerfahrenen Beobachters, zu lesen, daß ein Kukuk auf seinem Neste brütend gefunden worden sei. Nur eine Verwechselung dieses Vogels mit dem Nachtschatten erklärt einen so gröblichen Irrthum.

Das thatsächliche, d.h. durch Beobachtung festgestellte hinsichtlich des Fortpflanzungsgeschäftes unseres Vogels ist folgendes: Der Kukuk übergibt seine Eier einer großen Anzahl verschiedenartiger Singvögel zum Ausbrüten. Schon gegenwärtig kennen wir ungefähr siebzig verschiedene Pflegeeltern; es unterliegt aber keinem Zweifel, daß sich diese Kunde bei genauerer Durchforschung des gesammten Verbreitungsgebietes dieses merkwürdigen Vogels noch wesentlich erweitern wird.

Die Eier des Kukuks sind im Verhältnisse zur Größe des Vogels außerordentlich klein, kaum größer als die des Haussperlings, in frischem Zustande haben sie meist eine mehr oder weniger lebhafte gelbgrüne Grundfärbung, violettgraue oder mattgrünliche Unterflecke und braune, scharf begrenzte Pünktchen, sind aber bald größer, bald kleiner, überhaupt veränderlich gestaltet und so verschiedenartig gefärbt und gezeichnet wie bei keinem anderen Vogel, dessen Brutgeschäft man kennt. Jede, selbst die auffallendste Färbung der Eier ähnelt aber mehr oder weniger der Eifärbung derjenigen Vögel, in deren Nester jene gelegt werden, und deshalb ist je nach den verschiedenen Örtlichkeiten bald diese, bald jene Färbung vorherrschend. Jedes Weibchen legt nur ein Ei in dasselbe Nest und zwar in der Regel bloß dann, wenn sich bereits Eier des Pflegers in ihm befinden. Wahrscheinlich legt es auch bloß in die Nester ein und derselben Art und höchstens im Nothfalle in die anderer Vögel. Diese Thatsache hat zuerst Baldamus aufgeklärt und begründet, und ich habe sie deshalb auch fast mit seinen eigenen Worten gegeben.

Nach neuerlichen Beobachtungen trete ich den vorstehenden Sätzen im wesentlichen bei. Allerdings findet man in vielen Nestern Eier, welche von denen der Pflegeeltern abweichen, unter Umständen ihnen gar nicht ähnlich sind: sie rühren, wie ich annehmen zu dürfen glaube, von solchen Kukuksweibchen her, welche in ihrer Legenoth ein passendes Nest nicht zu finden vermochten und mit einem anderen vorlieb nehmen mußten. Vergleicht man die Eier nicht bloß mit denen sozusagen gezwungen gewählter Pflegeeltern, sondern mit denen aller kleinen Vögel überhaupt, welche in einer bestimmten Gegend zur Aufzucht der Jungen erwählt werden, so findet man sicher die Ähnlichkeit der Eier des Kukuks und irgend eines anderen Ziehvogels heraus. Dies hat schon vor nunmehr zwölf Jahren Päßler ausgesprochen. Auf seine reichen Erfahrungen gestützt, glaubt Päßler, daß das zuerst gelegte Ei eines Kukuks den Eiern der Nestinhaber ähnele, es jedoch, da das Kukuksweibchen in einem Jahre stets nur gleichgefärbte Eier hervorbringt, allerdings geschehen möge, daß es für dieselben nicht immer die passenden Pflegeeltern findet und somit auch in Nester von solchen Vögeln lege, deren Eier mit den seinigen nicht übereinstimmen. Daß ein und dasselbe Kukuksweibchen so viel als immer möglich die Nester einer Ziehvogelart erwählt, unterliegt kaum einem Zweifel, und es erscheint mindestens höchst wahrscheinlich, daß es solche aufsucht, in denen es selbst erwachsen ist. »Die Weibchen«, bemerkt Walter, »haben sich ihre Kinderstube von oben und unten, innen und außen betrachtet, als sie schon flugfähig waren und doch noch acht Tage im wohnlichen Neste blieben, haben auch ihre Pflegeeltern kennen und von anderen Vögeln unterscheiden gelernt. Denn in der letzten Woche ihres Verweilens im Neste hatte sich ihr Geist ebenso kräftig entwickelt wie ihr Körper, und diejenigen, welche beispielsweise glücklich einem Zaunkönigsneste entschlüpften, haben gewiß nicht Ursache, im nächsten Jahre einem anderen Vogel ihr Ei zu übergeben. Denn das wohnliche Häuschen des Zaunkönigs hatte sie sicher geschützt vor Sturm und Hagel, als zu Anfange des Juni das Unwetter losbrach, welches die ganze Umgegend verwüstete. Gegen den anprallenden Hagel zeigte sich das Häuschen bombenfest. Einer Bombe nicht unähnlich stand es am anderen Morgen da, als ich ringsum die Nester anderer Vögel vom Hagel zerschlagen, vom Sturme zerrissen auffand, und mein jüngst entdeckter junger Kukuk schaute äußerst vergnügt aus dem runden Fenster seiner Wohnung heraus.« Anderweitige Beobachtungen des genannten Berichterstatters lassen darauf schließen, daß dasselbe mehr oder weniger für alle übrigen Vögel gilt. Ein und derselbe Kukuk scheint also genau zwischen verschiedenen Nestern zu unterscheiden, und gerade dies läßt die vorstehend gegebene Annahme glaublich erscheinen. Meine Beobachtungen über das Durchstreifen verschiedener Gebiete seitens eines Kukuksweibchens lassen den Schluß zu, daß dasselbe hauptsächlich aus dem Grunde ein so wesentlich von dem der Männchen verschiedenes, umherschweifendes Leben führt, um in jeder Beziehung passende Nester aufzusuchen. Sind die Bedingungen für die Fortpflanzung des Kukuks besonders günstige, finden auf einer und derselben Örtlichkeit viele Pflegeeltern der gleichen Art Nahrung und Herberge: so wird man bemerken, daß die Kukukseier im großen und ganzen in überraschender Weise sich ähneln. Und dennoch darf man mit aller Bestimmtheit behaupten, jedes Brutgebiet werde von vielen Kukuksweibchen durchstreift.

Noch bevor das Ei legereif geworden ist, fliegt das Weibchen aus, um Nester zu suchen. Hierbei wird es vom Männchen nicht begleitet; denn letzteres scheint sich überhaupt um seine Nachkommenschaft nicht zu bekümmern. Das Nestersuchen geschieht auf sehr verschiedene Weise, entweder während das Weibchen fliegt oder indem es in den Büschen umherklettert oder endlich indem es den Vogel, welchem es die Ehre der Pflegeelternschaft zugedacht hat, beim Nestbaue beobachtet. »Zweimal in diesem, einmal im vorigen Jahre«, erzählt Walter, »konnte ich das Kukuksweibchen beim Nestersuchen belauschen. Das erste Mal sah ich, versteckt am Wasser stehend, einen Kukuk vom jenseitigen Ufer vorüberkommen und diesseits in einer nicht hohen Schwarzpappel aufbäumen. Von dort flog er bald darauf in einen nächsten Weidenstrauch, schon im Fluge von einem Schilfsänger heftig verfolgt, so heftig, daß er durch seitliche Schwenkungen dem stoßähnlichen Anfliegen des Schilfsängers auszuweichen suchte. Mit Vergnügen sah ich den kecken Angriffen des kleinen Sängers zu, welcher auch nicht von seiner Verfolgung abließ, als der Kukuk den ersten, dann den zweiten Strauch durchschlüpfte. Fünf Minuten später erhob sich der Kukuk und suchte das weite. Jetzt durchforschte ich sorgfältig den ersten, dann den zweiten Weidenbusch und fand in letzterem ein Nest des Uferschilfsängers mit zwei Eiern. Nachdem ich das Ergebnis an Ort und Stelle niedergeschrieben hatte, setzte ich meinen Weg fort und suchte am folgenden Tage um neun Uhr Vormittags dieselbe Stelle wieder auf. Es lagen nun im Neste zwei Schilfsängereier und ein Kukuksei, auf dem unmittelbar vor dem Neste herabhängenden Grase lag oder hing ein an einer Längsseite eingedrücktes, also offenbar vom Kukuk herausgeworfenes Schilfsängerei.« Im Gegensatze zu seiner sonstigen Scheu kommt dieser bei dieser Gelegenheit sehr oft in unmittelbare Nähe der Wohnungen, ja selbst in das Innere der Gebäude, z. B. in Schuppen und Scheuern. Die Zeit des Legens ist nicht bestimmt. In den meisten Fällen mag sie allerdings in die Vormittagsstunden fallen; doch liegen auch bestimmte Beobachtungen vor, daß Kukuksweibchen erst des Nachmittags und gegen Abend ihre Eier absetzten. Erlaubt es der Standort oder die Bauart des Nestes, so setzt sich das legende Weibchen auf das Nest, ist dies nicht der Fall, so legt es sein Ei auf die Erde, nimmt es in den Schnabel und trägt es in diesem zu Neste. Für die letztere Angabe liegen verschiedene, unter sich im wesentlichen übereinstimmende Beobachtungen vor. Adolf Müller hat mit bewaffnetem Auge deutlich gesehen, wie ein Kukuk in der Nähe eines Bachstelzennestes unter absonderlichem Gebaren, Nicken des Kopfes und Schlagen der Flügel und des Schwanzes auf einer kleinen Stelle umhertrippelte, mit einem Male zu zittern begann, die etwas ausgebreiteten Flügel senkte, eine Weile in niedergedrückter Stellung verharrte, sodann das währenddem gelegte Ei mit weit geöffnetem Schnabel bei etwas schief zu Boden geneigter Lage des Kopfes aufnahm und mit ähnlichen Kopfbewegungen wie zuvor dem Neste der Pflegeeltern zutrug. Nachdem die Alte das Ei gelegt hat, behält sie das Nest noch im Auge, kehrt wiederholt zu demselben zurück, und wirft Eier und selbst Junge, niemals aber ihre eigenen, aus dem Neste. Walter stellt diese Angaben in Abrede. »Der Kukuk«, sagt Baldamus, »ist als ein Nesträuber verschrieen, welcher nicht nur die Eier aus dem Neste wirft, sondern auch gelegentlich eines oder das andere verschlingt. Geht man der Sache auf den Grund, dann ist er gar nicht der Barbar, welcher er zu sein scheint. Er macht es nicht anders als die übrigen Vögel. Jeder Vogel dreht sich beim Nestbau im

Kreise herum, um Unebenheiten niederzudrücken und das Nest zu runden, und thut dies noch kurz vor dem Legen. Ebenso verfährt der Kukuk. Die im Neste liegenden fremden Eier sind für ihn nur Unebenheiten, welche nicht in sein Nest gehören. Er dreht sich also darin im Kreise mit angedrücktem Leibe herum und wirft durch dieses Drehen die Eier heraus oder drückt sie in den Boden des Nestes, vorausgesetzt, daß er sich in letzterem überhaupt drehen kann. Geht dies nicht, so entfernt er die Eier mit dem Schnabel, ebenso wie andere Vögel das nicht ins Nest gehörige mit dem Schnabel herausnehmen würden. Nun zerbrechen die Eier der kleinen Vögel sehr leicht, und wenn dies dem Kukuk schon mit seinen eigenen Eiern beim Hineintragen ins Nest geschieht, so kommt dies noch leichter mit den zerbrechlichen, fremden Eiern vor, welche er ja überdies nicht zu schonen hat. Zerbricht ihm ein Ei, und kommt der Inhalt ihm in den Schnabel, so schluckt er es auch wohl hinunter.« Baldamus ist der Ansicht, daß das Weibchen unseres Schmarotzers nicht täglich ein Ei des Pflegers aus dem Neste entfernt, dies mindestens nicht absichtlich thut; wohl aber, meint er, mag es infolge der steten Beunruhigung durch die Nesteigenthümer geschehen, daß ein oder einige Eier der letzteren verletzt und dann doch von dem Kukuksweibchen aus dem Neste geworfen werden. Bliebe ein zerbrochenes Ei im Neste zurück, so würde dies jedenfalls verlassen werden.

Bekundet sich nun schon hierein eine gewisse Fürsorge des Kukukweibchens seiner Nachkommenschaft gegenüber, so wird solche durch bestimmte Beobachtungen von Baldamus geradezu bewiesen. Wie dieser Naturforscher bereits in seinen »Vogelmärchen«, einem überaus anmuthenden Büchlein, erzählt hat, sind es namentlich zwei neuerdings gewonnene Beobachtungen, auf welche er dabei sich beruft. Gegen Ende Juni, abends sechs Uhr, befand sich Baldamus in der Nähe von Halle am linken Ufer der Saale, als er, durch eine alte Kopfweide gedeckt, vom rechten Ufer her, dicht über dem Wasser dahinfliegend, einen Kukuk nach dem dort steileren Lehmufer streichen und hier sich niederlassen sah. Baldamus merkte genau die Stelle, schlich sich hinter dem Ufergebüsch heran, beugte sich vorsichtig über und sah nun den Kukuk mit gesträubtem Gefieder und geschlossenen Augen, offenbar in schweren Wehen, dicht vor ihm auf einem Neste sitzen. Nach einigen Minuten glättete sich das Gefieder, der Vogel öffnete seine Augen, erblickte unmittelbar über sich ein Paar andere, erhob sich, strich nach dem jenseitigen Ufer zurück und verschwand im Ufergebüsche. In dem fertiggebauten Bachstelzenneste aber lag das noch ganz warme, durchsichtige, dem der Nesteigenthümer täuschend ähnliche Kukuksei. Nach kurzem Überlegen, ob das Ei zu behalten oder die äußerst günstige Gelegenheit zu weiteren Beobachtungen wahrzunehmen sei, siegte die letztere Erwägung. Baldamus legte das schöne Ei ins Nest zurück, verbarg sich so, daß er letzteres im Auge behielt und sah zu seiner Freude schon nach wenigen Minuten den Kukuk zurückkehren, das Ei mit dem Schnabel aus dem Neste nehmen und es auf das rechte Ufer hinübertragen.

Nach solchen, jeden Zweifel ausschließenden Beobachtungen läßt sich die beregte Fürsorge der Kukuksmütter kaum noch bestreiten. Ob sie von dieser in allen Fällen geübt wird, ist eine andere Frage. So spricht es nicht für unbedingte Fürsorge des Vogels, daß er sein Ei in Nester legt, welche gar nicht zum Brüten bestimmt oder bereits verlassen worden sind. Fast alle mit Aufmerksamkeit beobachtenden Vogelkundigen haben Kukukseier in verlassenen oder unfertigen Nestern gefunden, so außer Liebe unter anderen auch Päßler in einem Neste des Steinschmätzers, welches von den Brutvögeln verlassen worden war, so Walter in den ganz unbrauchbaren, nur zum Schlafen bestimmten Nestern, welche sich der Zaunkönig außer seinen Brutnestern errichtet.

Die Fortpflanzung des Kukuks richtet sich wie das ganze Leben des Vogels nach dem Brutgeschäft der kleinen Vögel. Mit einiger Überraschung vernahm ich auf der Höhe des Riesengebirges noch Ende Juli den Kukuksruf, während derselbe sechs- oder achthundert Meter tiefer schon längst verklungen war. Aber oben auf der kahlen, nur mit Knieholz bedeckten Höhe beschäftigten sich die Wasserpieper noch mit ihrer zweiten Brut, und dies war Grund und Ursache genug für den Kukuk, der Höhe sich zuzuwenden, welche er in den Monaten vorher zwar nicht gänzlich gemieden, aber doch weit spärlicher besucht hatte als jetzt. Aus dieser Beobachtung wage ich zu folgern, daß der Kukuk erforderlichenfalls während seiner Legezeit wandert, um neue für ihn noch brauchbare Nester aufzusuchen.

»Zu bewundern ist«, sagt Bechstein, »mit welchem großen Vergnügen die Vögel eine Kukuksmutter sich ihrem Neste nahen sehen. Anstatt daß sie dort ihre Eier verlassen, wenn ein Mensch oder sonstiges Geschöpf ihrem Neste zu nahe kommt, oder vor Betrübnis wie todt zur Erde niederfallen, so sind sie hier im Gegentheile ganz außer sich vor Freude. Das kleine Zaunkönigsmütterchen z. B., welches über seinen eigenen Eiern brütet, fliegt sogleich von denselben herab, wenn der Kukuk bei seinem Neste ankommt, und macht ihm Platz, damit er sein Ei um so bequemer einschieben könne. Es hüpft unterdessen um ihn herum und bewirkt durch sein frohes Locken, daß das Männchen auch herbeikommt und Theil an der Ehre und Freiheit nimmt, welche ihm dieser große Vogel macht.« An einer anderen Stelle fügt Bechstein vorstehendem noch folgendes hinzu. »Man könnte das Geschrei der kleinen Vögel, welches sie hören lassen, wenn sie einen Kukuk gewahr werden, nach dem, was ich alles von dem zwischen den eigentlichen Eltern, Pflegeeltern und ihm zur Erhaltung seiner Nachkommenschaft so unentbehrlichen Vögeln obwaltenden guten Einvernehmen gehört habe, vielmehr als ein Freudengeschrei betrachten, welches diese Vögel von sich geben. Vielleicht wollen sie ihn gar herbeilocken, um ihnen auch ein Junges zur Erziehung anzuvertrauen. Wer die Sprache der Vögel versteht, wird vielleicht diese Anmerkung begründeter und richtiger finden, als wenn man diese Töne für ein Angstgeschrei ausgeben wollte, welches die Täuschung hervorbrächte, weil sie den Kukuk wegen seiner Sperberschwingen und seines Sperberfluges beim ersten Anblick für einen Sperber hielten, welcher diesen kleinen Vögeln so fürchterlich ist.« Das klingt wunderschön, ist aber leider nicht wahr. Alle Vögel, denen die zweifelhafte Ehre zugedacht wird, Kukuke groß zu ziehen, bekunden im Gegentheile in nicht mißzudeutender Weise ihre Angst vor dem ihnen drohenden Unheile und bemühen sich nach allen Kräften, den Kukuk abzuwehren. Sie kennen den Gauch sehr wohl und irren sich in der Beurtheilung desselben durchaus nicht. Kein einziger von ihnen verwechselt ihn mit dem Sperber. Dies wird bei einigermaßen eingehender und vorurtheilsfreier Beobachtung auch dem blöderen und ungeübteren Auge ersichtlich. So gerne kleine Vögel Falken necken, mit so deutlichen Angst- und Lärmrufen einzelne von ihnen selbst den Sperber verfolgen, so verschieden benehmen sie sich hierbei im Vergleiche zu ihren Angriffen auf den Kukuk. Wie ich unzählige Male beobachtet habe, verfolgen sie den letzteren keineswegs bloß, wenn er fliegt, sondern auch dann, wenn er ruhig auf seinem Baume sitzt und ruft. Sie erscheinen, unzweifelhaft herbeigezogen durch den ihnen wohlbekannten Ruf, und stoßen fliegend auf den sitzenden herab, halten sich sogar, wie sie wohl Eulen, niemals aber Falken gegenüber thun, mit schwirrenden Flügelschlägen oder rüttelnd neben ihm in der Luft und führen so ihre Angriffe aus. Dies geschieht, im Vollbewußtsein der Sicherheit, mit so viel Keckheit und Ausdauer, daß der Kukuk nicht allein durch sie im Schreien gestört und gezwungen wird, seinen Ruf abzubrechen, sondern förmlich sich vertheidigen muß. Er thut dies, indem er unter Ausstoßung des beschriebenen heiseren, wie »Särr« klingenden Lautes nach ihnen beißt; seine Abwehr wird aber selten durch den erwünschten Erfolg gekrönt. Denn immer von neuem stoßen die kleinen Vögel auf den unwillkommenen Gesellen herab, und zuletzt zwingen sie ihn doch, seinen Standort zu verlassen, worauf dann die Jagd erst recht beginnt. Nähert sich der Kukuk aber einem Neste, so bekunden die Besitzer desselben durch Geschrei und Geberden, welche von niemand mißverstanden werden können, wie sehr besorgt sie sind um ihre gefährdete Brut. Der Kukuk liebt es auch gar nicht, in Gegenwart der Pflegeeltern sein Ei in deren Nest zu legen. Er kommt an »wie ein Dieb in der Nacht«, verrichtet sein Geschäft und fliegt eilig davon, sobald es vollendet. Auffallend bleibt es, daß dieselben Vögel, denen jede Störung ihres Nestes verhaßt ist, und welche infolge einer solchen aufhören zu brüten, das Kukuksei nicht aus dem Neste werfen, sondern im Brüten fortfahren. Sie hassen die Kukuksmutter, entziehen deren Ei oder Brut ihre Pflege aber nicht.

Der junge Kukuk entschlüpft dem Eie in einem äußerst hülflosen Zustande, »macht sich aber«, wie Naumann sagt, »an dem unförmlich dicken Kopfe mit den großen Augäpfeln sehr kenntlich. Er wächst anfangs schnell, und wenn erst Stoppeln aus der schwärzlichen Haut hervorkeimen, sieht er in der That häßlich aus. Mir wurde einige Male erzählt, daß man im zufälligen Vorübergehen und bei flüchtigem Ansehen geglaubt habe, es säße eine große Kröte im Neste.« Ein junger Kukuk, welchen Päßler fand, war drei Tage später noch einmal so groß und mit blauschwarzen Kielen und Stoppeln bedeckt, aber noch blind. Am elften Tage füllte er das ganze Nest aus, ja Kopf und Hals, sowie der Steiß ragten über den Rand des Nestes hinweg. Die Augen waren geöffnet. Er zeigte braune Flügeldeckfedern, blauschwarze Kiele mit dergleichen kurzen Federchen; unter dem Bauche war er ganz kahl. Am sechzehnten war er ausgeflogen. Die Entwickelung verläuft, wie leicht erklärlich, nicht bei allen Kukuken in derselben Weise. Der eine sitzt längere, der andere kürzere Zeit im Neste und der eine sieht auch vielleicht häßlicher aus als der andere; im allgemeinen aber sind die vorstehenden Angaben Naumanns und Päßlers vollkommen richtig. So unbehülflich der eben ausgekrochene Vogel auch ist, so freßlustig zeigt er sich. Er beansprucht mehr Nahrung als die Pflegeeltern beschaffen können, und er schnappt dieselbe, wenn wirklich noch Stiefgeschwister im Neste sind, diesen vor dem Schnabel weg, wirft sie auch, wenn sie nicht verhungern oder nicht durch seine Mutter entfernt oder umgebracht werden, schließlich aus dem Neste heraus. Hieraus erklärt sich, daß man immer nur einen einzigen bereits einigermaßen erwachsenen Kukuk im Neste findet. Von der Thatsache, daß der Gauch seine Stiefgeschwister absichtlich oder doch wirklich aus dem Neste wirft, hat sich Friderich durch zweckentsprechende Versuche überzeugen können. Der erste Fall betraf einen fast nackten jungen Kukuk, welcher höchstens drei Tage alt war. Ihm gesellte der Beobachter, weil jener bereits allein im Neste saß, achttägige Kanarienvögel. Der junge Kobold ruhte fortan nicht eher, als bis er einen durch heftiges Umdrehen und Unterschieben des Kopfes auf seinen Rücken gebracht hatte, richtete sich dann schnell und kräftig hoch auf, bewegte sich rückwärts und warf damit den eingelegten jungen Kanarienvogel hinaus. Genau ebenso verfuhr er mit den anderen. Anstatt junger Vögel nahm Friderich auch zusammengeknitterte Papierballen, legte sie in das Nest und konnte beobachten, wie diese ebenfalls über den Rand desselben geschleudert wurden. Spätere Versuche mit etwas älteren Kukuken ergaben immer dasselbe. Walter wiederholte und vervollständigte Friderichs Versuche. Er legte ein Ei in das Zaunkönigsnest, in welchem ein junger Kukuk saß: es wurde jedoch zu seiner Verwunderung ebenso wenig herausgeworfen wie Papierkugeln, welche er später beifügte. Als der Kukuk sieben Tage alt war, gesellte ihm Walter einen mehrere Tage jüngeren, noch nackten Neuntödter. »Sogleich kehrte sich der Kukuk, welcher bisher den Kopf nach dem Neste gerichtet hatte, um, schob seinen hinteren Theil unter den des Würgers und warf ihn sicher und geschickt zum Loche hinaus.« Wiederholte Versuche ergaben, daß die ins Nest gelegten Eier unbeachtet blieben, junge Vögel dagegen mit derselben Rücksichtslosigkeit hinausgeworfen wurden. Werden wirklich einmal zwei Kukuke in einem Neste ausgebrütet, so erleidet der schwächere dasselbe Schicksal wie sonst die Stiefgeschwister. Man mag dieses Verfahren als vererbte Selbstsucht oder mindestens doch als einen zur Erhaltung des Kukuks nothwendigen Naturtrieb bezeichnen: das Wort thut hierbei nichts zur Sache.

Die Barmherzigkeit der kleinen Vögel, welche sich auch äußert, zeigt sich bei Auffütterung des Kukuks im hellsten Lichte. Mit rührendem Eifer tragen sie dem gefräßigen Unholde, welcher an Stelle der vernichteten eigenen Brut verblieb, Nahrung in Hülle und Fülle zu, bringen ihm Käferchen, Fliegen, Schnecken, Räupchen, Würmer und plagen sich vom Morgen bis zum Abend, ohne ihm den Mund zu stopfen und sein ewiges heiseres »Zis zisis« verstummen zu machen. Auch nach dem Ausfliegen folgen sie ihm noch tagelang; denn er achtet ihrer Führung nicht, sondern fliegt nach seinem Belieben umher, und die treuen Pfleger gehen ihm nach. Zuweilen kommt es vor, daß er nicht im Stande ist, sich durch die enge Öffnung einer Baumhöhlung zu drängen; dann verweilen seine Pflegeeltern ihm zu Gefallen selbst bis in den Spätherbst und füttern ihn ununterbrochen. Man hat Bachstelzenweibchen beobachtet, welche noch ihre Pfleglinge fütterten, als schon alle Artgenossen die Wanderung nach dem Süden angetreten hatten. So weit aber, wie Bechstein es ausdehnt, geht es doch nicht. »Wenn er ausgeflogen ist, setzt er sich auf einen nahe stehenden Baum, streckt sich einige Male aus, zieht die Federn durch den Schnabel und läßt seine rauhe, schnarrende Stimme zum ersten Male hören. Sobald das rauhe, kreischende ›Girrke‹ nur einige Male in der Gegend erschollen ist, so kommen alle kleinen Vögel zusammengeflogen, das Rothkehlchen, die Grasmücke, der Weidenzeisig, die Bastardnachtigall, die Braunelle, schwärmen um ihn herum, begrüßen ihn, besehen ihn von allen Seiten, freuen sich über ihn und tragen ihm alsbald aus allen Kräften zu. Er kann nicht genug den Schnabel öffnen, so häufig wird ihm Futter gebracht. Es ist ein großes Vergnügen zu sehen, wie jeder Vogel vor dem anderen den Vorzug haben will, gegen diesen unbekannten gefällig zu sein, und sowie er nun von einem Baume zum anderen verzieht, um sich im Fluge zu üben, so ziehen auch diese Vögel nach und ernähren ihn so lange, bis er ihrer Unterstützung entbehren kann.« Leider ist diese Behauptung Bechsteins nicht wahr. Mein Vater setzte einen jungen Kukuk, als er recht hungrig war, auf das Hausdach. Es liefen Bachstelzen und Hausrothschwänze auf dem Dache herum: sie besahen ihn, brachten ihm aber nichts zu fressen. Ein anderer junger Kukuk wurde auf demselben Dache ausgesetzt und spärlich gefüttert, so daß er immer schrie. Aber kein Sänger, keine Bachstelze erbarmte sich seiner. »Um meiner Sache gewiß zu werden«, sagt mein Vater, »nahm ich ihn von meinem Dache herab und trug ihn hinaus in ein Thal, wo es in dem Gebüsche viele Sänger giebt. Hier setzte ich ihn auf einen Baumast, ohne ihn anzubinden; denn er konnte nur wenig fliegen. Ich wartete lange, während der Kukuk aus vollem Halse schrie. Endlich kam ein Laubsänger, welcher nicht weit davon Junge hatte, mit einem Kerbthiere im Schnabel, flog auf den Kukuk zu, besah ihn – und brachte das Futter seinen Jungen. Ein anderer Sänger näherte sich ihm nicht.« Schade um die hübschen Geschichten von Bechstein!

Junge, dem Neste entnommene Kukuke lassen sich leicht auffüttern, nehmen auch mit jeder geeigneten Nahrung vorlieb und verlangen nur eine genügende Menge derselben. Angenehme Stubenvögel aber sind sie nicht. Ihre Gefräßigkeit verleidet dem Pfleger alle Freude an ihnen. In frühester Jugend dem Neste entnommene Vögel werden sehr bald zahm, ältere wehren sich aus Angst gegen den ihnen nahenden Menschen, erheben die Flügel wie Raubvögel und beißen auch wohl mit dem Schnabel nach der Nahrung spendenden Hand. Bechstein und nach ihm andere Beobachter bezeichnen deshalb den jungen Kukuk als einen sehr boshaften Vogel, thun ihm hierin jedoch entschiedenes Unrecht an. Meine Gefangenen lebten mit Papageien, Kernbeißern, Kardinälen, Alpen- und Kalenderlerchen usw. zusammen, haben aber, so weit wir erfahren konnten, nicht einen einzigen von ihnen behelligt. Bemerkenswerth ist, daß der gefangene Kukuk im Käfige nicht schreit. Von allen, welche ich pflegte, und es waren derer eine keineswegs unbeträchtliche Anzahl, ließ nicht ein einziger einen Laut vernehmen.

Der erwachsene Kukuk hat wenig Feinde. Seine Fluggewandtheit sichert ihn vor der Nachstellung der meisten Falken, und den kletternden Raubthieren entgeht er wahrscheinlich immer. Zu leiden hat er von den Neckereien des Kleingeflügels, und nicht allein von jenen Arten, denen er regelmäßig seine Brut anvertraut, sondern auch von anderen. In erster Reihe machen sich hier, wie zu erwarten, die muthigen Bachstelzen mit ihm zu schaffen. Alle drei bei uns einheimische Arten verfolgen ihn in der angegebenen Weise, sowie er sich sehen läßt. Außer ihnen habe ich den Pirol, unsere Würger, den großen Fliegenfänger, Laubsänger, die Bastardnachtigall und endlich Grasmücken auf ihn stoßen sehen. Nach Walters Beobachtungen behelligt ihn selbst der Grünspecht und jedenfalls viel ernstlicher als die vorher genannten Vögel. Der stürmische Flieger holt den flüchtenden Kukuk bald ein und ängstigt ihn so, daß er zuletzt vor Angst kaum weiß, was er beginnen soll. Abgesehen von solchen Gegnern und verschiedenen ihn plagenden Schmarotzern hat der ausgewachsene Kukuk von den fluggewandten Raubvögeln zu leiden, jedoch weniger, als man von vorn herein annehmen möchte. Dagegen ist er, so lange er sich noch im Neste befindet, vielen Feinden ausgesetzt. Füchse, Katzen, Marder, Wiesel, Mäuse, Raben, Heher und andere Nestplünderer entdecken den großen Gesellen noch leichter als die rechtmäßige Brut eines solchen Nestes und nehmen ihn als gute Beute mit. Auch der Mensch gesellt sich hier und da aus Unkenntnis und Wahn zu den genannten Feinden. Nach der Auffassung des Volkes verwandelt sich der Kukuk im Winter in einen Sperber, und solchen zu vertilgen erscheint eher als Verdienst denn als Vergehen. Erst wenn der Gauch glücklich dem Neste entronnen und selbständig geworden ist, führt er ein ziemlich gesichertes Dasein. Vor dem Menschen nimmt er sich jetzt in der Regel wohl in Acht, und dem, welcher seine Stimme nicht genau nachzuahmen versteht, wird es schwer, einen Kukuk zu berücken. Noch schwieriger ist es, einen erwachsenen Kukuk lebend in seine Gewalt zu bekommen. Mir ist keine einzige Fangart bekannt, welche sicher zum Ziele führt. Gleichwohl muß es solche geben; denn in Griechenland, woselbst man den Kukuk verspeist und als Leckerbissen betrachtet, bringt man gegen Ende des Juli fette Vögel auf den Markt, welche wahrscheinlich doch gefangen wurden.

Ich thue recht, wenn ich den Kukuk der allgemeinsten Schonung empfehle. Er darf dem Walde nicht fehlen, denn er trägt nicht bloß zu dessen Belebung, sondern auch zu dessen Erhaltung bei. Das Gefühl will uns glauben machen, daß der Frühling erst mit dem Kukuksrufe im Walde einzieht; der Verstand sagt uns, daß dieser klangvolle Ruf noch eine ganz andere, wichtigere Bedeutung hat. »Welches Menschenherz, wenn es nicht in schmählichster Selbstsucht verschrumpft ist«, sagt Eugen von Homeyer, »fühlt sich nicht gehoben, wenn der erste Ruf des Kukuks im Frühlinge ertönt? Jung und alt, arm und reich lauschen mit gleichem Wohlbehagen seiner klangvollen Stimme. Könnte man dem Kukuk auch nur nachsagen, der rechte Verkündiger des Frühlings zu sein, so wäre er dadurch allein des menschlichen Schutzes würdig. Er ist aber noch der wesentlichste Vertilger vieler schädlichen Kerbthiere, welche außer ihm keine oder wenige Feinde haben.« Der Kukuksruf bezeichnet den Einzug eines der treuesten unserer Waldhüter. Kerbthiere aller Art und nur ausnahmsweise Beeren bilden die Nahrung des Vogels. »Wie verschiedene andere Kerbthierfresser läßt er die Raupen unter fortwährendem Beißen sehr geschickt vorwärts und rückwärts quer durch den Schnabel laufen, um den Bissen bequemer schlucken zu können. Größere Raupen schleudert er in so eigenthümlicher Art, daß man die Bewegung dabei auf den ersten Blick hin steif und unbeholfen nennen möchte. Diese Art ist aber durchaus zweckmäßig. Er streckt den Kopf wagerecht weit vor, faßt die Raupe am Ende und schlägt sie nicht etwa gegen den Boden oder den Ast, auf welchem er sitzt, sondern führt Lufthiebe mit ihr, indem er mit dem Schnabel eine Linie beschreibt, die genau der entspricht, welche die Hand beim Rechts- und Linksklatschen mit der Peitsche beschreibt. Damit bezweckt er nicht allein vollständige Streckung und Tödtung der Raupe, sondern auch Beseitigung des wässerigen Inhaltes.« Trotz dieser sorgfältigen und zeitraubenden Zubereitung frißt er verhältnismäßig viel und wird dadurch sehr nützlich. Sein unersättlicher Magen gereicht dem Walde zur Wohlthat, seine Gefräßigkeit ihm selbst zur größten Zierde, mindestens in den Augen des verständigen Forstmannes. Wer im Sommer in einem vom Raupenfraße heimgesuchten Walde verständig beobachtet, wird immer finden, daß die jetzt nicht mit der Fortpflanzung beschäftigten Kukuke von nah und fern herbeieilen, um an so reich gedeckter Tafel ihrer kaum zu stillenden Freßlust Genüge zu leisten. Wenn die Raupenpest einmal ausgebrochen ist, vermögen freilich auch die Kukuke ihr nicht mehr zu steuern; sie aber einzudämmen, zu mindern, vielleicht gar nicht zum Ausbruche gelangen zu lassen, das vermögen sie wohl. Und darum ist es die Pflicht jedes vernünftigen Menschen, dem Walde seinen Hüter, uns den Herold des Frühlings zu lassen, ihn zu schützen und zu pflegen, so viel wir dies im Stande sind, und blindem Wahne, daß dieser Vogel uns jemals Schaden bringen könnte, entgegenzutreten, wo, wann und gegen wen immer es sei.

Unser Wanderfalk

Unter allen Raubvögeln gebührt meiner Ansicht nach den Edelfalken, zu welchen wir den Wanderfalk zählen dürfen, die erste Stellung. Sie sind unter den Vögeln dasselbe, was die Katzen unter den Raubthieren: die vollendetsten aller Raubvögel überhaupt. »Ihre geistigen Eigenschaften«, so habe ich früher von ihnen gesagt, »gehen mit ihren leiblichen Begabungen Hand in Hand. Sie sind Räuber der schlimmsten Art; aber man verzeiht ihnen das Unheil, welches sie anrichten, weil ihr ganzes Leben und Wirken zur Bewunderung hinreißt. Stärke und Gewandtheit, Muth und Jagdlust, edler Anstand, ja, fast möchte man sagen, Adel der Gesinnung, sind Eigenschaften, welche niemals verkannt werden können.«

Die Edelfalken zeigen das Gepräge der Raubvögel am vollkommensten. Die Fänge sind verhältnismäßig die größten und stärksten, welche Raubvögel besitzen. Der Schenkel ist stark und muskelig. Alle Erdtheile und alle Gegenden beherbergen Edelfalken. Sie finden sich von der Küste des Meeres an bis zu den Spitzen der Hochgebirge hinauf, vorzugsweise in Waldungen, kaum minder häufig aber auf Felsen und alten Gebäuden, an menschenleeren Orten ebensowohl wie in volksbelebten Städten. Sämmtliche Edelfalken sind äußerst bewegungsfähige Thiere. Ihr Flug ist sehr ausgezeichnet, weil ungemein schnell, anhaltend und im hohen Grade gewandt. Der Falk durchmißt weite Strecken mit unglaublicher Raschheit und stürzt sich beim Angriffe zuweilen aus bedeutenden Höhen mit solcher Schnelligkeit zum Boden herab, daß das Auge nicht fähig ist, seine Gestalt aufzufassen. Bei den wahren Edelfalken besteht der Flug aus schnell auf einander folgenden Flügelschlägen, welche nur selten durch kurze Zeit währendes gleitendes Schweben unterbrochen werden. Die Morgen- und die Abendstunden bilden die Jagdzeit der Edelfalken. Während des Mittags sitzen sie gewöhnlich mit gefülltem Kropfe an einer erhabenen und ruhigen Stelle regungslos und still, mit gesträubtem Gefieder, einem Halbschlummer hingegeben, um zu verdauen. Sie schlafen ziemlich lange, gehen aber erst spät zur Ruhe; einzelne sieht man noch in der Dämmerung jagen.

Geselligkeit ist den Edelfalken zwar nicht fremd, aber doch durchaus kein Bedürfnis. Während des Sommers leben die meisten von ihnen paarweise in dem einmal erwählten Gebiete und dulden hier kein anderes Paar der gleichen Art, nicht einmal einen anderen Raubvogel. Während ihrer Reise scharen sie sich mit anderen derselben Art und mit Verwandten zusammen, und einzelne Arten bilden dann ziemlich bedeutende Schwärme, welche, wie es scheint, wochen- und monatelang zusammenhalten. Gegen Adler und Eulen zeigen aber auch diese Scharen denselben Haß, welchen die einzelnen in ihrer Heimat an den Tag legten. Keiner dieser stärkeren Raubgesellen bleibt unangefochten.

Der Horst der Edelfalken wird verschieden angelegt, am liebsten in passenden Höhlungen steiler Felswände, auf hohen Gebäuden und auf dem Wipfel der höchsten Waldbäume; doch horsten einzelne Arten da, wo es an Bäumen und Felsen mangelt, auch auf der bloßen Erde oder erwählen sich eine geräumige Baumhöhlung zu demselben Zwecke. Sehr gern nehmen sie auch die Nester anderer großen Vögel, namentlich der verschiedenen Raben, in Besitz. Besondere Mühe geben sie sich mit dem Nestbaue nicht. Der selbst zusammengetragene Horst ist regelmäßig flach und an der Stelle der Nestmulde nur ein wenig mit feineren Würzelchen ausgekleidet. Das Gelege besteht aus drei bis sieben Eiern von sehr übereinstimmendem Gepräge. Das Weibchen brütet allein und wird, so lange es auf den Eiern sitzt, vom Männchen ernährt, welches auch für die Unterhaltung der beschäftigten Gattin Sorge trägt, indem es angesichts derselben seine Flugkünste übt. Die Jungen werden von beiden Eltern aufgefüttert, mit großer Liebe behandelt und gegen Feinde, bis zu gewissen

Grade auch gegen den Menschen, muthvoll vertheidigt und nach dem Ausfliegen sorgfältig unterrichtet.

Leider gehören die stärkeren Edelfalken zu den schädlichen Vögeln und können bei uns zu Lande deshalb nicht geduldet werden; nicht einmal alle kleineren Arten sind nützliche Thiere, welche Schonung verdienen. Außer den Menschen haben sie wenig Feinde, die schwächeren Arten, wenn sie erwachsen sind, solche wohl nur in den größeren Verwandten. Den Eiern und den Jungen mögen kletternde Raubsäugethiere zuweilen verderblich werden; doch ist dies nur eine Vermuthung, nicht durch Erfahrung bestätigte Thatsache.

Dagegen sind die Edelfalken seit altersgrauer Zeit von den Menschen benutzt worden und werden es in mehreren Ländern Asiens und Afrikas noch heutigen Tages. Sie sind die »Falken« unserer Dichter, diejenigen, welche zur Baize abgerichtet worden. Lenz hat alles hierauf bezügliche so übersichtlich und gedrungen zusammengestellt, daß ich nichts besseres zu thun weiß, als ihn anstatt meiner diesen Gegenstand besprechen zu lassen: »Die Kunst, Falken zur Baize abzurichten, ist uralt. Schon ums Jahr 400 vor Christus fand sie Ktesias bei den Indern. Ums Jahr 480 nach Christus verbreitete sich die Liebhaberei dafür schon so weit, daß Jagdfalken und Jagdhunde im Jahre 506 auf der Kirchenversammlung zu Agda den Geistlichen verboten wurden. Dieses Verbot half nichts und wurde ebenso vergeblich im Jahre 517 wiederholt. Kaiser Friedrich der Zweite war selbst der geschickteste und leidenschaftlichste Falkner seiner Zeit und schrieb ein Buch darüber und ums Jahr 1270 schrieb Demetrius in griechischer Sprache ein Buch über die Falknerei. Über die Begeisterung, mit welcher auch die Damen jener Zeit die Falknerei trieben, gibt ›De la Curne de Sainte-Palaye‹ (Paris 1759) Auskunft. Kaiser Karl der Fünfte übergab die Insel Malta den Johannitern unter der Bedingung zu Lehen, daß sie jährlich einen weißen Falken liefern sollten. Nachdem den Geistlichen die Falknerei endlich erfolgreich verboten war, behaupteten doch die Barone das Recht, ihre Falken während des Gottesdienstes auf den Altar zu setzen.«

»Landgraf Ludwig der Vierte von Hessen«, so berichtet Landau nach alten Urkunden, »verbot am fünften Mai 1577 das Ausnehmen der Falkennester und das Wegfangen der Falken bei strenger Strafe. Man kennt auch noch einen Brief vom achtzehnten November 1629, an Landgraf Wilhelm den Fünften von Hessen gerichtet, worin beschrieben ist, wie man zur Einübung der Falken Reihern auf jeder Schnabelspitze ein Hollunderröhrchen befestigt hat, damit sie die Falken nicht durch Schnabelstöße beschädigen konnten, wie man ihnen ferner den Hals mit einem Leinwandfutterale verwahrt, damit sie nicht könnten erwürgt werden, und wie man sie endlich mit Gewichten an den Beinen habe fliegen lassen, damit sie sicher von den Falken erhascht werden möchten.

Im Herbste werden die Falken gefangen. Man behält in der Regel nur die Weibchen, und zwar am liebsten die vom selbigen Jahre, weil diese am besten sind; die zweijährigen galten auch noch als brauchbar; ältere läßt man aber wieder fliegen. Der Fang ist so eingerichtet: Der Falkner sitzt gut verborgen auf freiem Felde, und von ihm aus geht ein etwa hundert Meter langer Faden, an dessen Ende eine lebende Taube befestigt ist, welche übrigens frei auf der Erde sitzt. Etwa vierzig Meter vom Falkner geht der genannte Faden durch einen Ring, und neben diesem Ringe liegt ein Schlagnetzchen, von welchem ebenfalls ein Faden bis zum Falkner geht. Ist ein Falk im Anzuge, so wird der Taube mit dem Faden ein Ruck gegeben, wodurch sie emporfliegt, den Falken anlockt und von ihm in der Luft ergriffen wird. In dem Augenblicke, wo dies geschieht, zieht der Falkner die Taube und mit ihr den sie krampfhaft festhaltenden Falken allmählich bis zu dem Ringe, wo plötzlich das Schlagnetz beide bedeckt. Es kommt viel darauf an, es sogleich zu erfahren, wenn ein Falk die Gegend durchstreift, und deswegen bedient sich der Jäger eines eifrigen und scharfsichtigen Wächters, nämlich des Raubwürgers (Lanius excubitor), welcher unweit der Taube angefesselt wird und nicht verfehlt, sobald er einen Falken in unermeßlicher Ferne gewahrt, sein weit schallendes Geschrei zu erheben. Neben ihm ist eine Grube, in welche er sich verkriecht, wenn es noth thut. Der frisch gefangene Falk muß regelmäßig drei Tage hungern und wird während der Zeit und späterhin so viel wie möglich verkappt auf der Hand getragen. Schlaflosigkeit wird nicht angewendet. Bis zum Frühjahre muß der Falk gut abgerichtet sein, und alsdann reisen die Falkenwerther Falkner nach England zum Herzog von Bedford, dem sie sich und ihre Falken auf eine bestimmte Zeit vermieten. Bei den Jagden brechen sie nicht selten, weil über Stock und Stein nachgesprengt und dabei nach oben geguckt werden muß, Hals und Bein. Ein gewöhnlicher Falk dient kaum drei Jahre.

Unser Wanderfalk (Falco peregrinus), auch wohl Berg-, Wald-, Stein-, Baiz-, Kohl-, Blau- und Tannenfalk, Schwarzbakken und Taubenstoßer genannt, ist auf der ganzen Oberseite hell schiefergrau, mit dunkel schieferfarbigen, dreieckigen Flecken bandartig gezeichnet. Die Stirne ist grau, die Kehle und die Oberbrust sind weißgelb, die Unterbrust braungelb gestrichelt und durch rundlich herzförmige Flecke gezeichnet. Die Schwingen sind schieferschwarz, auf der Innenfahne mit rostgelben, bänderartigen Flecken besetzt, die Steuerfedern hell aschgrau gebändert und an der Spitze der Seitenfedern gelblich gesäumt. Im Leben liegt ein graulicher Duft auf dem Gefieder. Das Weibchen zeigt gewöhnlich frischere Farben als das Männchen. Der Schnabel ist hellblau, an der Spitze schwarz, der Mundwinkel, die nackte Stelle ums Auge und der Fuß sind gelb. Die Länge des alten Männchens beträgt siebenundvierzig, die Breite vierundachtzig bis einhundertundvier, die Fittiglänge sechsunddreißig, die Schwanzlänge zwanzig, die Länge des bedeutend größeren Weibchens zweiundfunfzig, die Breite einhundertundzehn bis einhundertundzwanzig, die Fittiglänge zweiundachtzig, die Schwanzlänge zwanzig Centimeter.

Der Steinadler

Der Steinadler, gemeine, schwarze, braune, ringelschwänzige, der Stock-, Berg- und Hasen- oder Rauchfußadler (Aquila fulva) ist der größte und stärkste, auch am gedrungensten gebaute unter den zunächst verwandten Arten, der »Adler« ohne weitere Nebenbezeichnung, der Baizvogel aller innerasiatischen Reitervölker, der Held der Fabel und das Urbild des Wappenthieres, das Sinnbild der Kraft und Stärke. Seine Länge beträgt achtzig bis fünfundneunzig Centimeter, die Breite zwei Meter und darüber, die Fittiglänge achtundfunfzig bis vierundsechzig, die Schwanzlänge einunddreißig bis sechsunddreißig Centimeter. Erstere Maße gelten für das Männchen, letztere für das größere Weibchen. Beim alten Vogel ist der Nacken, einschließlich des Hinterhalses, rostbraungelb, das übrige Gefieder in den ersten beiden Wurzeldrittheilen weiß, an der Spitze sehr gleichmäßig dunkelbraun, der Schwanz in seinem Wurzeldrittheil weiß, sodann schwarz gebändert oder gefleckt, in der Endhälfte schwarz. Die Hosen sind braun, die Unterschwanzdeckfedern weiß. Im Jugendkleide ist das Gefieder durchgehends lichter.

Mit vorstehenden Worten ist nur die am häufigsten vorkommende Färbung beschrieben, demgemäß hinzuzufügen, daß das Kleid dieses Adlers außerordentlich abändert. Ob alle diese Färbungsverschiedenheiten wirklich nur einer Art zustehen oder mehreren zukommen, ist zur Zeit noch nicht entschieden.

Ohne größere Waldungen zu meiden, siedelt sich der Adler doch mit entschiedener Vorliebe im Hochgebirge und an einer mehr oder minder schwer zu ersteigenden, am liebsten gänzlich unzugänglichen Felsenwand an. Das einmal erwählte Gebiet hält das vereinte Paar mit Zähigkeit fest, verläßt es, wenn der Wildreichthum der Gegend es gestattet, auch im Winter nicht, besucht um diese Zeit sogar regelmäßig die Horste, gleichsam als wolle es seine Anrechte auf dieselben wahren. Ungezwungen wandern oder streichen wohl nur junge Vögel, und sie sind es daher auch, welche bei uns zu Lande erlegt werden. Denn der Adler braucht viele, vielleicht sechs, möglicherweise zehn Jahre und darüber, bevor er im eigentlichen Sinne des Wortes erwachsen, das heißt fortpflanzungsfähig ist und durchstreift bis dahin die weite Welt, wahrscheinlich viel ausgedehntere Strecken als wir glauben. Seßhaft wird er erst, wenn er sich gepaart hat und an die Errichtung des eigenen Horstes denkt. Auch dann noch ist sein Gebiet ein sehr ausgedehntes, wie es der bedeutende Nahrungsbedarf des Vogels erfordert. Von dem Nistorte aus unternimmt das Paar tagtäglich Streifzüge, häufig in derselben Richtung. Es verläßt den Ort der Nachtruhe erst längere Zeit nach Sonnenaufgang und streicht nun in ziemlich bedeutender Höhe kreisend durch das Gebiet. Bergzüge werden in gewissem Sinne zur Straße, über welche der Adler meist verhältnismäßig niedrig dahinstreicht, wenn die Berge hoch sind, oft in kaum Flintenschußnähe über dem Boden. »Ich habe«, berichtet Girtanner, »den Steinadler und sein Weib oft ganze Alpengebiete so regelrecht absuchen sehen, daß ich in der That nicht begreifen könnte, wie diesen vier Adleraugen bei so überlegtem Vorgehen auch nur eine Feder hätte entgehen mögen.« Wehe dem nicht allzu schnellen Wilde, welches eines der vier scharfen Augen erspäht: es ist verloren, wenn nicht ein Zufall es rettet. Ebenso wie beide Adler gemeinschaftlich jagen, verzehren sie auch gemeinsam die erlegte Beute; bei der Mahlzeit geht es jedoch keineswegs immer friedlich her: ein leckeres Gericht kann selbst unter den zärtlichsten Adlergatten Streit hervorrufen. Die Jagd währt bis gegen Mittag; dann kehrt der Räuber in die Nähe des Horstes zurück oder wählt sich einen anderen sicheren Punkt, um auszuruhen. Regelmäßig geschieht dies, wenn er im Fange glücklich war. Er sitzt dann mit gefülltem Kropfe und lässig getragenem Gefieder längere Zeit auf einer und derselben Stelle und gibt sich der Ruhe und der Verdauung hin, ohne jedoch auch jetzt seine Sicherheit aus den Augen zu verlieren. Nachdem diese Ruhe vorüber, fliegt der Adler regelmäßig zur Tränke. Es ist behauptet worden, daß ihm das Blut seiner Schlachtopfer genüge: jeder gefangene Adler beweist das Gegentheil. Er trinkt viel und bedarf des Wassers noch außerdem, um sich zu baden. Bei warmem Wetter geht selten ein Tag hin, an welchem er letzteres nicht thut. Nachdem er getrunken und sich gereinigt, tritt er einen nochmaligen Raubzug an; gegen Abend pflegt er sich in der Luft zu vergnügen; mit dem Einbruche der Dämmerung erscheint er vorsichtig und ohne jedes Geschrei auf dem Schlafplatze, welcher stets mit größter Vorsicht gewählt wird. Dies ist, mit kurzen Worten geschildert, das tägliche Leben des Vogels.

Der Adler ist nur im Sitzen und im Fliegen schön und majestätisch, im Laufen dagegen so unbehülflich und ungeschickt, daß er zum Lachen reizt. Wenn er sich sehr langsam auf dem Boden fortbewegt, trägt er sich fast wagerecht und setzt dann gemächlich ein Bein um das andere vor; wenn er sich aber beeilt, sei es, daß er flugunfähig entrinnen will oder sonst in Erregung geräth, hüpft er, unter Zuhülfenahme seiner Flügel in großen, wundersamen Sprüngen dahin, keineswegs langsam zwar, im Gegentheile so rasch, daß man sich anstrengen muß, um ihn einzuholen, aber so unregelmäßig und täppisch, daß man den stolzen Vogel bedauern möchte. Um vom flachen Boden aufzufliegen, nimmt er, in ähnlicher Weise hüpfend, stets einen Anlauf und schlägt langsam und kräftig mit den Flügeln; hat er sich jedoch erst in eine gewisse Höhe aufgeschwungen, so schwebt er oft Viertelstunden lang, ohne einen einzigen Flügelschlag zu thun und nur wenig sich senkend, rasch dahin, steigt, indem er sich gegen den Wind dreht, wieder zu der etwa verlorenen Höhe empor und hilft nur ausnahmsweise durch einige langsame Flügelschläge nach. Wie von dem fliegenden Geier werden die Fittige so weit gebreitet, daß die Spitzen der einzelnen Schwungfedern sich nicht mehr berühren, wogegen die Schwanzfedern stets einander überdecken. Das Flugbild des Vogels erhält durch den gerade abgeschnittenen Schwanz etwas so bezeichnendes, daß man den Steinadler niemals mit einem Geier verwechseln kann;

geübte Beobachter unterscheiden ihn sogar von dem Goldadler, dessen gestrecktere, schlankere Gestalt und längerer, minder gerade abgeschnittener Schwanz eben im Fluge besonders zur Geltung kommen soll. Beim Herabstürzen und Ergreifen des Raubes verfährt dieser wie jener Adler verschieden. Der in hoher Luft kreisende Räuber, welcher eine Beute erspäht, senkt sich gewöhnlich erst in Schraubenlinien hernieder, um den Gegenstand genauer ins Auge zu fassen, legt, wenn dies geschehen, plötzlich seine Flügel an, stürzt mit weit vorgestreckten, geöffneten Fängen, vernehmlich sausend, schief zum Boden herab, auf das betreffende Thier los und schlägt ihm beide Fänge in den Leib. Ist das Opfer wehrlos, so greift er ohne weiteres zu; ist es fähig, ihn zu gefährden, verfehlt er nie, einen Fang um den Kopf zu schlagen, um so gleichzeitig zu blenden und zu entwaffnen. Mein Vater hat an seinem gefangenen Goldadler die Art und Weise des Angriffes oft gesehen und ausgezeichnet beschrieben; seine Schilderung will ich daher, wenn auch nur im Auszuge, wiedergeben. »Beim Ergreifen der Beute«, sagt er, »schlägt er die Nägel so heftig ein, daß man es deutlich hört und die Zehen wie krampfhaft zusammengezogen aussehen. Katzen schlägt er den einen Fang um den Hals, benimmt ihnen so alle Luft und frißt sie an, noch ehe sie todt sind. Gewöhnlich greift er so, daß die Zehen des einen Fanges den Kopf einschließen. Bei einer Katze, welche ich ihm bot, hatte er mit einem Nagel das Auge durchbohrt, und die Vorderzehen lagen so um die untere Kinnlade, daß die Katze den Rachen keine Linie breit öffnen konnte. Die Nägel des anderen Fußes waren tief in die Brust eingedrückt. Um sich im Gleichgewichte zu halten, breitete der Adler die Flügel weit aus und gebrauchte sie und den Schwanz als Stützen; dabei waren seine Augen blutroth und größer als gewöhnlich, alle Federn am ganzen Körper glatt angelegt, der Rachen geöffnet und die Zunge vorgestreckt. Man bemerkte bei ihm aber nicht nur auffallende Wuth, sondern auch ungewöhnliche Kraftanstrengung, bei der Katze das ohnmächtige Streben, ihren überlegenen Feind loszuwerden. Sie wand sich wie ein Wurm, streckte aber alle vier Füße von sich und konnte weder die Nägel noch die Zähne gebrauchen. Wenn sie zu schreien anfing, faßte der Adler mit dem einen Fange weiter und schlug ihn an einer anderen Stelle der Brust ein, den zweiten Fang hielt er beinahe unbeweglich um den Rachen geschlagen. Den Schnabel gebrauchte er gar nicht, und so kam es, daß die Katze erst nach Verlauf von dreiviertel Stunden todt war. So lange hatte der Adler mit eingeschlagenen Nägeln und ausgebreiteten Flügeln auf ihr gestanden. Jetzt ließ er sie liegen und schwang sich auf die Sitzstange. Dieses lange Leiden der Katze machte auf mich einen solchen Eindruck, daß ich ihm nie wieder eine lebend gab.« Andere Opfer hauchen unter der gewaltigen Kralle des Räubers viel eher ihr Leben aus, weil sie weit weniger als die Katze fähig sind, Widerstand zu leisten. Aber der Adler wagt sich auch an noch stärkere Thiere; man hat beobachtet, daß er selbst den bissigen Fuchs nicht verschont. »Wehe dem armen Meister Reineke«, schildert Girtanner, wohl durchaus richtig, »welchem seine Nachtjagd schlecht ausgefallen, und der, noch auf Brodreisen begriffen, in Sicht eines über ihm kreisenden Adlerpaares ein unbesorgt spielendes Steinhühnervolk auf dem Bauche kriechend überfallen wollte und dabei seine Aufmerksamkeit zu sehr auf seine erhoffte Beute richtete, wenn plötzlich mit eingezogenen Schwingen, aber weit geöffneten Fängen der König der Lüfte pfeilschnell seitwärts heransaust. Den einen Fang schlägt er dem unvorsichtigen Schelme im nächsten Augenblicke in die fletschende Schnauze und macht so auch die schärfsten Zähne unschädlich, den anderen begräbt er im Leibe seines Opfers, drückt dasselbe, durch Flügelschläge im Gleichgewichte sich haltend, mit aller Gewalt nieder und beginnt nun, grausam genug, seinen Raub zu zerfleischen, noch ehe dieser sein Leben ausgehaucht.« Daß ein solcher Kampf stattfindet, dürfte zweifellos sein und beweist schlagend den Muth, das Selbstbewußtsein des mächtigen Vogels. Man übertreibt nicht, wenn man behauptet, daß sich letzteres deutlich ausdrückt, wenn der Adler mit kühn blitzendem Auge, gesträubten Nackenfedern und halb gelüfteten Schwingen auf seiner Beute steht und, wie gewöhnlich, ein förmliches Siegesgeschrei ausstößt. Er ist in solcher Stellung ein überwältigendes Bild stolzer Schönheit und markiger Kraft, dessen Eindruck sich niemand entziehen kann. Vollbewußtsein seiner Stärke verleitet ihn zuweilen, sogar an dem Herrn der Erde sich zu vergreifen. Es ist keine Fabel, wenn erzählt wird, daß er auf kleine Kinder gestoßen und sie, falls er es vermochte, davon getragen hat; man kennt sogar verbürgte Fälle, daß er, ohne durch gerechtfertigte Abwehr oder Vertheidigung seines Horstes gezwungen zu sein, erwachsene Menschen anfiel. Nordmann erzählt hierfür ein ergötzliches Beispiel. »Ich erhielt«, sagt er, »einen Steinadler, dessen Gefangennahme mit folgenden ungewöhnlichen Umständen verknüpft war. Der hungrige und tollkühne Vogel stürzte mitten in einem Dorfe auf ein großes umhergehendes Schwein, dessen lautes Schreien die Dorfbewohner in Bewegung setzte. Ein herbeieilender Bauer verjagte den Adler, welcher seine schwere Beute nur ungern fahren ließ, von dem fetten Schweinerücken sich erhebend, sogleich auf einen Kater stieß und sich, mit demselben beladen, auf einen Zaun setzte. Das verwundete Schwein und der blutende Kater stimmten einen herzzerreißenden Zweisang an. Der Bauer wollte nun zwar auch die Katze retten, getraute sich aber nicht, dem grimmigen Vogel unbewaffnet nahe zu treten, und eilte in seine Wohnung nach einem geladenen Gewehre. Als aber der Adler seinen Mahlzeitstörer zum dritten Male wieder erblickte, ließ er die Katze fallen, packte und klammerte sich mit seinen Fängen an den Bauer, und nun schrieen alle drei, der überrumpelte Jäger, das fette Schwein und der alte Kater, um Hülfe. Andere Bauern eilten herbei, packten den Adler mit den Händen und brachten den Missethäter gebunden zu einem Freunde von mir.«

Es ist höchst wahrscheinlich, daß mindestens der größte Theil der Unthaten, welche man dem Geieradler aufgebürdet hat, auf Rechnung des kühnen Adlers zu setzen sind. In Spanien wußte man uns von seiner Frechheit viel zu erzählen, und ein Steinadler übernahm es, vor unseren Augen die Wahrheit der Erzählungen zu bestätigen. Er erhob dicht vor dem Hause, in welchem wir uns befanden, einen fetten Puter und trug denselben so eilig als möglich davon. Der Truthahn wurde ihm glücklich wieder abgejagt, war aber mehr todt als lebendig, und ich begriff nun wohl die Berechtigung des mir bisher auffallend gewesenen Gebarens der Hühner aller Gebirgsbewohner. Diese waren durch die Angriffe des Stein- und des Habichtsadlers so in Furcht gesetzt worden, daß sie beim Erscheinen des kleinsten Raubvogels, z.B. eines Thurmfalken, wie sinnlos in das Innere der spanischen Bauernhäuser gestürzt kamen und hier im Zimmer ihres Herrn ängstlich Zuflucht suchten. In allen Gebirgen, welche er bewohnt, ist das Kleinvieh stets im höchsten Grade gefährdet. Denn trotz der schärfsten Achtsamkeit der Hirten stürzt er sich, wenn der Hunger ihn treibt, auf Lämmer und Zicklein hernieder und trägt sie angesichts des viehhütenden Knaben in die Lüfte. In der Schweiz wie im Süden Europas ist den Viehbesitzern kein Vogel verhaßter, keiner auch schädigt den Bestand der Herden in empfindlicherer Weise als er. Daß er nicht nur die Lämmer unserer Hausschafe, sondern auch die weit größeren der riesigen Wildschafe schlägt, habe ich oben bereits berichtet; daß er unter dem Wildstande des Gebirges schlimmer haust als ein strenger Winter, dürfte kaum in Abrede gestellt werden können.

Viel zu weitläufig würde es sein, wenn ich alle die Thiere aufzählen wollte, auf welche der Adler jagt. Unter unseren deutschen Vögeln sind nur die Raubvögel, die Schwalben und die schnellen Singvögel vor ihm sicher, unter den Säugern, abgesehen von den großen Raubthieren, nur Wiederkäuer, Ein- und Vielhufer. Daß er die Jungen der ersteren und letzteren nicht verschont, haben wir eben gesehen; daß er kleine Thiere nicht verschmäht, ist durch hinlängliche Beobachtung festgestellt worden. Auch für unseren Adler gilt das, was ich im Eingange über die schmarotzenden Bewohner des Adlerhorstes sagte. In seinem Neste siedeln sich namentlich Sperlinge an, und sie wohnen dem Anscheine nach unbehelligt; an gutem Willen, sie abzuwürgen, fehlt es dem Adler aber nicht. Dies beweist eine Beobachtung Radde's, welcher den Steinadler Lerchen fangen sah. »Die

Kalanderlerchen«, sagt er, »verfolgten ihn, sobald er aufflog. Ließ er sich nun auf der nächsten Erhöhung nieder, so setzten sich die kleinen Vögel auf den Boden und waren gar nicht scheu. Plötzlich aber sprang der Adler in die Menge von ihnen hinein, griff blitzschnell zu, und hielt gewöhnlich eine von ihnen als Beute fest.« Aus meines Vaters Beobachtungen geht hervor, daß der Adler sich auch nicht scheut, einen Igel anzugreifen, so unangenehm ihm das Stachelkleid desselben sein mag. Ebensowenig als letzteres den Igel, schützt die eisenharte Schale die Schildkröte vor seinen Angriffen. »Die von Plinius erwähnte Sage«, bemerkt von der Mühle, »daß Äschylos durch eine von einem Adler auf seinen kahlen Kopf geworfene Schildkröte erschlagen worden sei, entbehrt durchaus nicht der Wahrscheinlichkeit. Denn häufig ergreift dieser Adler eine Landschildkröte, erhebt sich mit ihr in die Luft, läßt sie auf einen Felsen fallen und wiederholt dies so oft, bis sie zerschellt, worauf er sich daneben hinsetzt und sie verzehrt.« Viele Thiere, welche durch ihren Aufenthalt Schutz genießen, werden ihm dennoch zur Beute, weil er sie so lange jagt, bis sie ermattet sich ihm hingeben. So ängstigt er Schwimmvögel, welche sich bei seinem Erscheinen durch Tauchen zu retten suchen, bis sie nicht mehr tauchen können und nimmt sie dann ohne Umstände weg. Ungeachtet des nicht wegzuleugnenden Stolzes, welcher ihn bei allen seinen Handlungen beseelt, verschmäht er nicht, zu schmarotzen, läßt andere Räuber, beispielsweise den Wanderfalken, für sich arbeiten und zwingt sie, die eben gewonnene Beute ihm abzulassen. Zuweilen nimmt er selbst dem Jäger erlegtes Wild vor den Augen weg. In unzugänglichen Felsen in der Nähe von Astros in Griechenland hauste ein Steinadlerpaar, welches von der Mühle vier Jahre nach einander beobachtete. Unweit des genannten Ortes befindet sich ein großer Sumpf, in dessen Mitte ein See liegt, welch letzterer im Winter von unzähligen Scharen allerlei Wassergeflügels bewohnt wird. »Dorthin«, so erzählt der genannte, »begab ich mich im Winter oftmals auf die Jagd. Dabei ereignete es sich öfters, daß ein von mir erlegtes Stück weit im Teiche liegen blieb und von meinen Hunden nicht geholt wurde, daher diesen Adlern als Beute anheim fiel. Dies hatten sie sich gemerkt, und zwar so, daß sie jedesmal, wenn ein Schuß an diesem Sumpfe fiel, ihre Felsen verließen, über dem See kreisten und mit unglaublicher Kühnheit mir oft das erjagte Wild vor den Augen wegtrugen, ohne daß ich sie erlegen konnte.« Schon aus diesen Angaben geht hervor, daß der Adler keineswegs immer selbst erworbene Beute erhebt; ich will aber noch ausdrücklich hervorheben, daß er auch auf dem Aase regelmäßig sich einstellt. Allerdings bevorzugt er erst vor kurzem verendete Thiere solchen, welche bereits in Fäulnis übergegangen sind, darf jedoch in dieser Beziehung durchaus nicht als Kostverächter bezeichnet werden. Unter besonderen Umständen, vielleicht bei großem Hunger, verschlingt er sogar Pflanzenstoffe: Reichenow hat Kartoffeln in seinem Magen gefunden.

Da er wie Habichte und Edelfalken nur kleine Stücke verschlingt, bringt er mit dem Kröpfen einer halben Krähe etwa zwanzig Minuten zu. Er frißt mit größter Vorsicht, sieht sich von Zeit zu Zeit um und lauscht nach allen Seiten hin. Bei dem geringsten Geräusche hält er inne, blickt lange nach der Gegend, von welcher es herkam, und fängt erst dann wieder zu fressen an, wenn alles ruhig geworden ist. Nach der Mahlzeit putzt er sich den Schnabel sehr sorgfältig. Haare und Federn sind auch ihm dringendes Bedürfnis; sie scheinen zur Reinigung seines Magens unentbehrlich zu sein. Nach vollendeter Verdauung ballen sie sich zu einem Klumpen zusammen, und diesen, das Gewölle, speit er aus, gewöhnlich alle fünf bis acht Tage einmal. Entzieht man ihm Haare oder Federn, so würgt er Heu oder Stroh hinab. Knochen, welche er sehr gern mit verschlingt, werden vollständig verdaut.

Der Adler horstet frühzeitig im Jahre, gewöhnlich schon Mitte oder Ende März. Sein Horst steht im Gebirge, wenn auch nicht ausnahmslos so doch vorzugsweise in großen, oben gedeckten Nischen oder auf breiten Gesimsen an möglichst unersteiglichen Felswänden, in ausgedehnten Waldungen dagegen auf den Wipfelzweigen der höchsten Bäume, ist daher je nach dem Standorte verschieden. Wenn er auf einem Baume angelegt wurde, besteht er regelmäßig aus einem massigen Unterbaue von starken Knüppeln, welche der Adler entweder vom Boden aufhebt oder, indem er sich aus großer Höhe herab auf dürre Äste stürzt und sie im rechten Augenblicke mit den Fängen packt, von den Bäumen abbricht. Dünnere Zweige bilden den Oberbau, feinere Reiser und Flechten die Ausfütterung der sehr flachen Mulde. Ein solcher Horst hat 1,30 bis 2 Meter, die Mulde 70 bis 80 Centimeter im Durchmesser, wächst aber, da er lange Zeit nach einander benutzt wird, von Jahr zu Jahr, wenn auch nicht an Umfang, so doch an Höhe, und stellt so bisweilen ein wahrhaft riesiges Bauwerk dar. »Mit dem gewaltigen Reiserhaufen«, sagt Girtanner, »hat der junge Adler eigentlich nichts zu schaffen, wohl aber schützt derselbe in erster Linie das Gelege, welches hinter ihm liegt, einigermaßen vor Sturm und Wetter, gegen Kälte und vor Schaden durch Windstöße, erweist dieselbe Wohlthat auch dem brütenden Adler, welcher wohl trotzdem bei der frühen Brutzeit der Kälte, dem Schnee und allem Unwetter ausgesetzt sein mag, und bewahrt später die Jungen in Abwesenheit ihrer Eltern vor dem Sturze in die Tiefe, da sie den hohen, stacheligen Wall wohl nicht so bald zu überschreiten versuchen dürften.« Die Eier sind verhältnismäßig klein, sehr rundlich, rauhschalig und auf weißlichem oder grünlichgrauem Grunde unregelmäßig mit größeren und kleineren graulichen und bräunlichen Flecken und Punkten, welche oft zusammenlaufen, gezeichnet. Man findet ihrer zwei bis drei im Horste, selten aber mehr als zwei Junge, oft nur ein einziges. Das Weibchen brütet ungefähr fünf Wochen. Die aus dem Eie geschlüpften Jungen, welche bereits in den ersten Tagen des Mai das Licht der Welt erblicken, sind wie andere Raubvögel dicht mit graulichweißem Wollflaume bedeckt, wachsen ziemlich langsam heran und werden kaum vor der Mitte, meist erst zu Ende des Juli flugfähig. Anfänglich sitzen sie fast regungslos auf ihren Fußwurzeln, und nur der manchmal sich bewegende Kopf verräth, daß sie leben;

später erheben sie sich dann und wann, nesteln sehr viel im Gefieder, welches beim Heranwachsen unbehagliches Jucken zu verursachen scheint, breiten von Zeit zu Zeit die noch stummelhaften Fittige, stellen, indem sie letztere bewegen, gewissermaßen Flugversuche an, erheben sich endlich auf die Zehen, trippeln ab und zu nach dem vorderen Rande und schauen neugierig in die ungeheure Tiefe hinab oder nach den ersehnten Eltern in die blaue Luft hinauf, bis sie endlich das Nest verlassen und sich selbst zu letzterer aufschwingen können. Beide Eltern widmen sich ihnen mit hingebender Zärtlichkeit, und namentlich die Mutter zeigt sich treu besorgt, ihre Bedürfnisse zu befriedigen. So lange sie noch klein sind, verläßt sie kaum das Nest, hudert sie, um sie zu erwärmen, trägt, wie Girtanner selbst gesehen hat, tagtäglich frische Lärchenzweige in das Nest, um die vom Kothe der Jungen beschmutzten und benetzten, welche vorher weggeschafft wurden, zu ersetzen und so den Kleinen stets ein trockenes Lager zu bereiten, und schleppt endlich mit dem Männchen im Übermaße Beute herbei, um sie vor jedem Mangel zu schützen. In der frühesten Jugend erhalten sie nur solche Atzung, welche bereits im Kropfe der Mutter vorverdaut ist; später zerlegt ihnen diese die gefangene Beute; endlich tragen beide Eltern unzerfleischten Raub in den Horst und überlassen es den Jungen, ihre Mahlzeit zu halten, so gut sie vermögen, um sie allgemach an Selbständigkeit zu gewöhnen. Damit hängt zusammen, daß beide Eltern eines Adlerpaares, mindestens das Weibchen, anfänglich sehr viel im Horste sich aufhalten, wogegen sie später, im Einklange mit der zunehmenden Entwickelung ihrer Jungen, länger und auf weiterhin sich entfernen und zuletzt, wenn sie die Brut mit Nahrung versorgt wissen, sich oft tagelang nicht mehr zu Hause sehen lassen. Gegen das Ende der Brutzeit hin ähnelt der Adlerhorst einer Schlachtbank oder einer förmlichen Luderstätte. Denn so sorgfältig die Alten auch auf Erneuerung der Niststoffe bedacht sind, so gleichgültig lassen sie die Nestvögel zwischen den faulenden, im Horste liegenden Fleischüberresten und dem in Masse herbeigezogenen und dort entstehenden Ungeziefer sitzen. Wie groß die Anzahl der Opfer ist, welche ihr Leben lassen müssen, um das zweier junger Adler zu erhalten, geht aus einer Angabe Bechsteins hervor, laut welcher man in der Nähe eines Horstes die Überbleibsel von vierzig Hasen und dreihundert Enten gefunden haben soll. Diese Schätzung ist vielleicht übertrieben: schlimm genug aber haust das Adlerpaar unter den Thieren der Umgegend, und zwar einer Umgegend im weiteren Sinne des Wortes; denn man hat beobachtet, daß es Reiher zwanzig bis dreißig Kilometer weit dem Horste zuschleppte. In einem Horste, zu welchem sich der Jäger Ragg am zweiten Juli 1877 hinabseilen ließ, lagen ein noch unberührtes und ein zu drei Viertheilen verzehrtes Gemskitz, die Reste eines Fuchses, eines Murmelthieres und von nicht weniger als fünf Alpenhasen. Dem kleineren Herdenvieh wird der Adler während der Brutzeit zu einer wahren Geisel, dem Hirten zur schlimmsten Plage; kein Wunder daher, daß der Herdenbesitzer alles aufbietet, des so furchtbaren Räubers sich zu erwehren.

Die Jagd des Steinadlers verlangt in den meisten Fällen einen guten Bergsteiger und sehr sicheren Büchsenschützen; denn der Vogel ist einzig und allein da, wo er noch niemals Nachstellungen erfuhr, so vertrauensselig, daß er unterlaufen und ohne sonderliche Anstrengungen beschlichen werden kann, weitaus in den meisten Fällen dagegen, und zwar schon in früher Jugend, ungemein vorsichtig und scheu. Mit zunehmendem Alter steigert sich sein Mißtrauen ebenso sehr, als sein Verständnis zunimmt. Auch er unterscheidet den ihm unschädlichen Menschen von dem Jäger, raubt beispielsweise ungescheut in der Nähe des Hirten und flieht schon aus weiter Ferne den bewaffneten Mann, nimmt jedoch in der Regel das gewisse für das ungewisse und entzieht sich weitaus in den meisten Fällen rechtzeitig jeder ihm drohenden Gefahr. Selbst am Horste setzt er die ihm eigene Vorsicht selten aus den Augen, und wenn er vollends erfahren mußte, daß sein Gatte dem mörderischen Blei erlag, ist ihm gar nicht mehr beizukommen. Am leichtesten gelingt es, auf ausgelegtem Luder seiner habhaft zu werden; doch darf man sich längeres Warten in der benachbarten, wohl verdeckten Hütte nicht verdrießen lassen. Gefallenes Wild bevorzugt er allem übrigen Aase, und wenn man in der Nähe eines solchen einen lebenden Uhu aufstellt und sich nebenbei in einen wohl verdeckten Hinterhalt legt, darf man mit ziemlicher Sicherheit auf günstige Jagd rechnen. So erzählte mir Kronprinz Rudolf von Österreich, einer der eifrigsten und glücklichsten Steinadlerjäger, dessen Erfahrung in dieser Beziehung die manches alten, ergrauten Waidmannes bei weitem übertrifft. Leichter als von dem Jäger läßt sich der Adler durch Fallen berücken; ein richtig geköderter Schwanenhals führt ziemlich sicher zum Ziele; auch ein Schlaggarn leistet gute Dienste. Die Chinesen zum Beispiel gebrauchen nur das letztere, um sich unseres Vogels zu bemächtigen.

Jung aufgezogene Adler werden bald zahm und menschenfreundlich, gewöhnen sich so an ihren Gebieter, daß sie ihn vermissen, wenn er längere Zeit nicht bei ihnen war, ihn mit fröhlichem Geschrei begrüßen, wenn er wieder zu ihnen kommt, und ihm nie gefährlich werden. Mit ihresgleichen, auch mit anderen großen Raubvögeln, vertragen sie sich in der Regel gut, aber doch wohl nur dann, wenn sie sich überzeugt haben, daß sie ihren Mitgefangenen nichts anhaben können. Zu trauen ist ihnen ebensowenig wie allen übrigen Raubvögeln. Mehrere Junge namentlich dürfen ohne strenge Beaufsichtigung nicht in einem engen Raume zusammengehalten werden, weil ihnen noch genügende Erkenntnis fehlt und einer aus reinem Unverstande über den anderen herfällt, denselben vielleicht erst nach längeren Kämpfen meistert und dann mit aller Gemüthsruhe verzehrt. Bei alten hat man solche Vorkommnisse weniger zu fürchten, und wenn der Raum groß genug ist, kann man ihnen auch kleinere Raubvögel gesellen, deren Gewandtheit sie vor etwa aufkeimenden räuberischen Gelüsten schützt. Die für sie geeignetsten Genossen sind offenbar die Geier, deren Tölpelhaftigkeit ihnen gestattet, sich stets rechtzeitig eines Futterbrockens zu bemächtigen, und deren achtunggebietende Stärke sie von Hause aus vor Übergriffen bewahrt. Wind und Wetter fechten sie wenig an;

doch verlangen auch sie, wenn sie sich auf die Dauer wohlbefinden sollen, einen geschützten Raum, nach welchem sie sich zurückziehen können, wenn es ihnen beliebt. Zwar sieht man sie selbst bei der strengsten Kälte oder im heftigsten Winde auf den höchsten Zweigen ihres Fluggebauers sitzen, bemerkt aber ebenso, daß sie zuweilen sich förmlich verkriechen, offenbar nur, um vor ungünstigen Witterungseinflüssen sich zu schützen. Wie unbehaglich ihnen naßkalte Witterung oder Regen ist, geht aus ihrem Betragen klar hervor. Während sie bei Sonnenschein sich bewegen, oft und viel schreien, sitzen sie bei Regenwetter lange Zeit auf einer und derselben Stelle, ohne sich zu rühren, und sehen dann ungemein verdrossen aus. An die Nahrung stellen sie geringe Ansprüche. Jede Fleischsorte ist ihnen recht, und Haare und Federn gehören wenigstens nicht zu ihren unabweislichen Bedürfnissen. Dagegen verlangen sie unter allen Umständen viel und reines Wasser, um nach Belieben trinken, und noch mehr, um sich baden zu können. Denn sie sind sehr reinlich, dulden ebensowenig an ihrem Gefieder wie an ihrem Schnabel irgend welchen Schmutz und putzen sich fortwährend. Bei einigermaßen genügender Pflege halten sie viele Jahre in der Gefangenschaft aus. »In der kaiserlichen Hofburg zu Wien«, erzählt Fitzinger, »wo nach einer alten Sitte der Regenten aus dem Hause Habsburg durch mehrere Jahrhunderte hindurch lebende Adler in der Gefangenschaft gehalten und sorgfältig gepflegt wurden, lebte ein Goldadler vom Jahre 1615 bis 1719, und in Schönbrunn starb im Jahre 1809 ein Adler derselben Art, welcher fast volle achtzig Jahre in der Gefangenschaft zugebracht hatte.«

Schon Pallas und nach ihm Eversmann haben uns berichtet, daß Stein- und Goldadler von den Baschkiren und anderen innerasiatischen Völkerschaften zur Jagd abgetragen werden. Auf unserer Reise nach Sibirien und Turkestan habe ich die riesigen Baizvögel selbst gesehen und von den Kirgisen, welche sich mit Vorliebe ihrer bedienen, das nachstehende über Abtragung und Verwendung erfahren. Alle kirgisischen Jäger, welche sich des Steinadlers als Baizvogel bedienen, entnehmen denselben so jung als möglich dem Horste und ziehen ihn mit größter Sorgfalt auf. Der junge Adler wird nur aus und auf der Hand des Falkners gekröpft, um sich von frühester Kindheit auf an seinen Pfleger zu gewöhnen, später, jedoch nicht bevor er vollständig ausgefiedert, nach dem Kröpfen auch jedesmal sorgfältig behäubt. Eine besondere Abtragung hält der Kirgise nicht für nothwendig, begnügt sich vielmehr, den Vogel auf die Faust und an den Anruf zu gewöhnen; vererbte Gewohnheit muß das fehlende ergänzen. Nachdem der Adler vollkommen flugbar geworden, zieht der Falkner mit ihm in die Steppe hinaus, um ihn zunächst auf schwaches Wild, namentlich Bobaks und Zisel, zu werfen. Da der schwere Vogel die durch einen starken Handschuh geschützte Faust bald ermüdet, hat der Reiter entweder vorn am Sattelknopfe oder im Steigbügel eine Stütze angebracht, auf welcher er seinen Vorderarm ruhen läßt. Dank der Fertigkeit aller Kirgisen, auch auf den schwierigsten Wegen zu reiten, erklimmt der berittene Falkner mit seinem Baizvogel stets eine Höhe, welche weitere Umschau gewährt, enthäubt den Vogel, wenn er für ihn geeignetes Wild erspäht hat, und wirft ihn in die Luft. Der Adler stellt sich im Anfange meist ziemlich ungeschickt an, erwirbt sich aber bald die nöthige Fertigkeit, um ein Steppenmurmelthier zu schlagen, bevor es seinen Bau erreicht. Versteht er solche Jagd, so wird er nunmehr auf den Fuchs verwendet. Letzteren scheuchen die Gehülfen des Jägers aus seinem Verstecke, verfolgen ihn zu Pferde und versuchen, ihn so zu treiben, daß er in der Nähe des Falkners vorüber kommen muß. Im geeigneten Augenblicke wirft letzterer seinen Baizvogel. Dieser erhebt sich, beschreibt ein oder zwei Kreise, stürzt sich dann in schiefer Richtung von oben auf den Fuchs herab und schlägt ihm die Fänge in den Hinterleib. Der Fuchs duckt sich augenblicklich nieder, um seinem Gegner einen tödtlichen Biß zu versetzen; dieser aber nimmt den Augenblick wahr und greift jenen im Gesichte an, seine Fänge womöglich in die Augen schlagend. Reineke versucht auch jetzt noch, seiner Haut sich zu wehren, und vereitelt, indem er sich mit dem Adler plötzlich zu Boden wirft und auf dem Rücken wälzt, auch wohl noch einen zweiten oder dritten Angriff; die Reiter aber sind ihm stets auf den Fersen und lähmen, wenn nicht seine Kraft so doch seinen Muth. Auch erkennt der Adler sehr bald, mit welchem gefährlichen Gegner er es zu thun hat, löst in demselben Augenblicke, in welchem der Fuchs sich auf den Rücken drehen will, seine Fänge, erhebt sich in die Luft und schwebt als drohende Gewitterwolke wiederum über dem armen Schelme, bereit, den furchtbaren Fang nochmals um sein Haupt zu schlagen. So wiederholt angegriffen und fortwährend bedroht, ermattet der Fuchs schneller als man annehmen möchte und läßt sich endlich ziemlich widerstandslos festhalten, bis die nacheilenden, durch jauchzenden Zuruf den Adler anfeuernden Jäger herbei kommen und jenen durch einen geschickten Schlag mit der Keule von seinen Leiden befreien. Wenn der Adler auch die Fuchsjagd genügend versteht, wirft ihn der Falkner auf den Wolf, welcher ebenso wie sein Verwandter aufgescheucht wurde. Nicht jeder Adler wagt es, dieses unverhältnismäßig stärkere Raubthier anzugreifen; ein in der Fuchsjagd wohl erfahrener Baizvogel aber thut dies unabänderlich, obwohl stets mit der größten Vorsicht, so genau auch die Art und Weise seines Angriffes der bisher geübten entspricht. Den Wolf ernstlich zu gefährden, wie es hinsichtlich des Fuchses sehr oft der Fall ist, würde für den Adler unmöglich sein; die nachjagenden Reiter aber beeifern sich jetzt mehr als je, rechtzeitig zu Hülfe zu kommen, und daher ist auch der von einem Adler angegriffene Wolf regelmäßig verloren. Ein Adler, welcher Isegrim, den verhaßten, schlägt, und dann ohne weiteres auch auf Antilopen und anderes Wild verwendet werden kann, ist den Kirgisen nicht feil; schon ein Baizvogel, welcher mäßigen Ansprüchen genügt, hat in seinen Augen den Werth von drei bis vier Stuten. Mit zwei Adlern zugleich kann man nicht jagen, weil die Eifersucht beide so erregt, daß sie sich gegen einander kehren und auf Leben und Tod bekämpfen.

Viel allgemeiner als der lebende, findet der todte Adler Verwendung. Schon unter unseren Tyrolern und den mit ihnen demselben Volksstamme angehörigen Oberbayern gelten einzelne Theile des Adlers als kostbarer Schmuck. Obenan stehen die »Adlerflaumen« oder Unterschwanzdeckfedern, welche gerne mit zwei bis fünf Gulden bezahlt werden; nächstdem werden die Krallen geschätzt. Man liebt es, an der meist aus Silber bestehenden Uhrkette die Haken des Edelhirsches, die Fangzähne des Fuchses, die Krallen des Habichtes und Uhus, als höchste Zierde aber die Klauen des Adlers zu tragen. Besonders begehrt ist die Hinterkralle, minder eine oder die andere der beiden größeren und stärkeren Vorderzehen, am wenigsten die schwache der kleinsten Zehe. Für die erstere zahlt der Gebirgsbewohner gern bis zwölf Mark unseres Geldes, und demgemäß steigert sich im Gebirge der Preis eines erlegten Steinadlers meist bis auf sechzig, ja selbst bis auf achtzig Mark. Unter den Chinesen dienen Kopf und Fänge als geschätzte Arzneimittel, die Schwingen zur Herstellung von Fächern und zur Befiederung der Pfeile. Auch bei den Burjäten stehen Schwingen und Steuerfedern hoch im Preise, und von den Mongolen werden sie als Opfergaben den Göttern dargebracht. Hiermit scheint ein Vorurtheil dieser Leute zusammenzuhängen. Man tödtet, wie Radde mittheilt, den Adler nicht gern; geschieht es aber, daß einer verletzt oder gefangen wird, so muß er so rasch wie möglich todt geschlagen werden, widrigenfalls man sich den Zorn der bösen Geister zuziehen würde.

Es ist beachtenswerth, daß unter Indianern Amerikas ähnliche Anschauungen herrschen. »Sie nehmen«, so erzählt der Prinz von Wied, »den großen Adler gern aus dem Horste, um ihn aufzuziehen, und sammeln alsdann seine Schwanzfedern, welche bei ihnen einen hohen Werth haben: eine einzelne Feder wird für den Werth eines Dollars verkauft. Die Federn sind bei allen indianischen Völkerschaften von Nordamerika Zeichen ihrer Heldenthaten, und bei den meisten derselben steckt man eine solche Feder für die Erlegung eines Feindes auf. Mit Zinnober rothgefärbte Adlerfedern, an deren Spitze die Schwanzklapper einer Klapperschlange befestigt wird, haben eine Bedeutung, welche nur in indianischen Augen ehrenvoll ist: sie bezeichnen nämlich die höchst ausgezeichnete und verdienstvolle That eines Pferdediebstahles. Die Indianer verzieren ferner ihre großen Federhauben damit, indem die Federn aufrecht in einer langen Reihe auf einem rothen Tuchstreifen befestigt werden, an welchem oben eine Federmütze angebracht ist. Hat man diese Mütze aufgesetzt, so hängt der rothe Tuchstreifen mit den kammartig aufrecht stehenden Adlerfedern bis zur Erde über den Rücken hinab. Die Mandan-Indianer nennen diesen, bei den größten Festlichkeiten gebräuchlichen Putz ›Mahehsi-akub-haschka‹, und bloß ausgezeichnete Krieger dürfen ihn tragen; auch ist er sehr kostbar, und nur gegen ein schönes Pferd würde der Besitzer einen solchen vertauschen. Ich muß hier nur bemerken, daß man in den meist idealisch zusammengesetzten Bildern des Malers Catlin bei der Bisamjagd der Indianer jene große Federhaube abgebildet sieht. Dies ist gänzlich unrichtig. Der Indianer geht ohne allen Putz zur Jagd wie zum Kriege; nur seinen Talisman wird er nie vergessen. Die große Federhaube wird auch wohl von einem berühmten Anführer in einer großen Schlacht oder einem vorherzusehenden Gefechte getragen, doch nur in seltenen Fällen, und nie auf der Jagd.

Die Nachtigallen

Unsere seit altersgrauer Zeit hochberühmte Nachtigall (Luscinia vera) kann mit wenig Worten beschrieben werden. Das Gefieder der Oberseite ist rostrothgrau, auf Scheitel und Rücken am dunkelsten, das der Unterseite licht gilblichgrau, an der Kehle und Brustmitte am lichtesten; die Schwingen sind auf der Innenfahne dunkelbraun, die Steuerfedern rostbraunroth. Das Auge ist rothbraun, der Schnabel und die Füße sind röthlich graubraun. Das Jugendkleid ist auf röthlich braungrauem Grunde gefleckt, weil die einzelnen Federn der Oberseite lichtgelbe Schaftflecken und schwärzliche Ränder haben. Die Länge beträgt siebzehn, die Breite fünfundzwanzig, die Fittiglänge acht, die Schwanzlänge sieben Centimeter. Das Weibchen ist ein wenig kleiner als das Männchen.

Über die Verbreitung der Nachtigall läßt sich das folgende sagen: sie bewohnt als Brutvogel von Großbritannien an West-, Mittel- und Südeuropa und tritt in Nord-, Mittel- und Süddeutschland häufig auf. Sie bevorzugt die Ebene, meidet aber auch bergige Gelände nicht gänzlich, vorausgesetzt, daß es hier an Laubbäumen und Gesträuchern nicht mangelt; die Ufer größerer Gewässer und Gärten, in denen es heimliche Gebüsche gibt, sind ihre Lieblingsplätze. Hier wohnt Paar an Paar, ein jedes allerdings in einem bestimmt umgrenzten Gebiete, welches streng bewacht und gegen andere muthvoll vertheidigt wird. Wo es Örtlichkeiten gibt, welche ihren Anforderungen genügen, ist sie stets häufig, bei uns zu Lande aber doch in geringerem Grade als in Südeuropa. Hier hat mich die Menge der Nachtigallen, welche einen und denselben Landestheil oder Garten bewohnen in Erstaunen gesetzt. Man sagt kaum zu viel, wenn man behauptet, daß in Spanien zum Beispiel, geeigneten Orts, in jeder Hecke oder in jedem Busche ein Nachtigallenpärchen herbergt. Ein

Frühlingsmorgen auf dem Montserrat, eine abendliche Lustwandlung innerhalb der Ringmauern der Alhambra wird jedem unvergeßlich bleiben, welcher ein Ohr hat, zu hören. Man vernimmt hundert Nachtigallen zu gleicher Zeit; man hört allüberall das eine Lied. Die ganze, große, grüne Sierra Morena darf als ein einziger Nachtigallengarten angesehen werden, und solcher Gebirge gibt es noch viele. Man begreift nicht, wie es möglich ist, daß ein so kleines Stück Erde, wie hier zur Vertheilung kommt, zwei so anspruchsvolle Vögel nebst ihrer zahlreichen Brut ernähren kann. Genau dasselbe gilt nach meinen neuesten Erfahrungen auch für Südungarn, woselbst sie den früher dort häufig gewesenen Sprosser mehr und mehr zu verdrängen scheint und nicht, wie vormals, allein im Gebirge, sondern auch im Donauthale auftritt.

Der Sprosser ist größer, namentlich stärker als die Nachtigall, ihr aber sehr ähnlich. Das Verbreitungsgebiet des Sprossers begrenzt den Wohnkreis der Nachtigall im Norden und Osten. Er ist die häufigste Nachtigall Dänemarks und die einzige, welche in Skandinavien, dem östlichen Pommern und ganz Nord- und Mittelrußland gefunden wird.

Nachtigall und Sprosser stimmen unter sich in allen wesentlichen Zügen ihrer Lebensweise so vollständig überein, daß man bei einer Schilderung derselben sich fast auf eine Art beschränken kann. Auch ich werde dies im nachstehenden thun und vorzugsweise die Nachtigall ins Auge fassen. Da, wo diese köstliche Sängerin des Schutzes seitens des Menschen sich versichert hält, siedelt sie sich unmittelbar bei dessen Behausung an, bekundet dann nicht die mindeste Scheu, eher eine gewisse Dreistigkeit, läßt sich daher ohne Mühe in ihrem Thun und Treiben beobachten. »Im Betragen der Nachtigall«, sagt Naumann, dessen noch heute unübertroffener, nicht einmal erreichter Schilderung ich folgen werde, »zeigt sich ein bedächtiges, ernstes Wesen. Ihre Bewegungen geschehen mit Überlegung und Würde; ihre Stellungen verrathen Stolz, und sie steht durch diese Eigenschaften gewissermaßen über alle einheimischen Sänger erhaben. Ihre

Geberden scheinen anzudeuten, sie wisse, daß ihr dieser Vorzug allgemein zuerkannt wird. Sie ist sehr zutraulich gegen die Menschen, wohnt gern in ihrer Nähe und zeichnet sich durch ein ruhiges, stilles Benehmen aus. Gegen andere Vögel zeigt sie sich sehr friedfertig; auch sieht man sie nur selten mit ihresgleichen zanken.« Gewöhnlich gewahrt man sie, niedrig über dem Boden auf Zweigen sitzend, ziemlich aufgerichtet, den Schwanz erhoben, die Flügel so tief gesenkt, daß ihre Spitzen unter die Schwanzwurzel zu liegen kommen. Im Gezweige hüpft sie selten, wenn es aber geschieht, mit großen Sprüngen umher; auf dem Boden trägt sie sich hoch aufgerichtet und springt, den Schwanz gestelzt, mit förmlichen Sätzen, wie Naumann sagt, »stolz« dahin, immer in Absätzen, welche durch einen Augenblick der Ruhe unterbrochen werden. Erregt irgend etwas ihre Aufmerksamkeit, so schnellt sie den Schwanz kräftig und jählings empor; diese Bewegung wird überhaupt bei jeder Gelegenheit ausgeführt. Ihr Flug ist schnell, leicht, in steigenden und fallenden Bogen, auf kleinen Räumen flatternd und wankend; sie fliegt aber nur kurze Strecken, von Busch zu Busch, und am Tage nie über freie Flächen. Daß sie auch sehr schnell fliegen kann, sieht man, wenn zwei eifersüchtige Männchen streitend sich verfolgen.

Die Lockstimme der Nachtigall ist ein helles gedehntes »Wiid«, dem gewöhnlich ein schnarrendes »Karr« angehängt wird. Geängstigt, wiederholt sie das »Wiid« oft nach einander und ruft nur ab und zu einmal »Karr«. Im Zorne läßt sie ein unangenehmes »Räh«, in behaglicher Gemüthsstimmung ein tief klingendes »Tak« vernehmen. Die Jungen rufen anfangs »Fiid«, später »Kroäk«. Daß alle diese Umgangslaute durch verschiedene Betonung, welche unserem Ohre in den meisten Fällen entgeht, auch verschiedene Bedeutung gewinnen, ist selbstverständlich. Der Schlag, welcher der Nachtigall vor allem anderen unsere Zuneigung erworben hat und den aller übrigen Vögel, mit alleiniger Ausnahme der Sippenverwandten, an Wohllaut und Reichhaltigkeit übertrifft, ist, wie Naumann trefflich schildert,

»so ausgezeichnet und eigenthümlich, es herrscht in ihm eine solche Fülle von Tönen, eine so angenehme Abwechselung und eine so hinreißende Harmonie, wie wir in keinem anderen Vogelgesange wieder finden. Mit unbeschreiblicher Anmuth wechseln sanft flötende Strophen mit schmetternden, klagende mit fröhlichen, schmelzende mit wirbelnden; während die eine sanft anfängt, nach und nach an Stärke zunimmt und wiederum ersterbend endigt, werden in der anderen eine Reihe Noten mit geschmackvoller Härte hastig angeschlagen und melancholische, den reinsten Flötentönen vergleichbare, sanft in fröhlichere verschmolzen. Die Pausen zwischen den Strophen erhöhen die Wirkung dieser bezaubernden Melodien, sowie das in denselben herrschende mäßige Tempo trefflich geeignet ist, die Schönheit derselben recht zu erfassen. Man staunt bald über die Mannigfaltigkeit dieser Zaubertöne, bald über ihre Fülle und außerordentliche Stärke und wir müssen es als ein halbes Wunder ansehen, daß ein so kleiner Vogel im Stande ist, so kräftige Töne hervorzubringen, daß eine so bedeutende Kraft in solchen Kehlmuskeln liegen kann. Manche Strophen werden wirklich mit soviel Gewalt hervorgestoßen, daß ihre gellenden Töne dem Ohre, welches sie ganz in der Nähe hört, wehe thun«.

Der Schlag einer Nachtigall muß zwanzig bis vierundzwanzig verschiedene Strophen enthalten, wenn wir ihn vorzüglich nennen sollen; bei vielen Schlägern ist die Abwechselung geringer. Die Örtlichkeit übt bedeutenden Einfluß aus; denn da die jungen Nachtigallen nur durch ältere ihrer Art, welche mit ihnen dieselbe Gegend bewohnen, gebildet und geschult werden können, ist es erklärlich, daß in einem Gaue fast ausschließlich vorzügliche, in dem anderen hingegen beinahe nur minder gute Schläger gehört werden. Ältere Männchen schlagen regelmäßig besser als jüngere; denn auch bei Vögeln will die edle Kunst geübt sein. Am feurigsten tönt der Schlag, wenn die Eifersucht ins Spiel kommt; dann wird das Lied zur Waffe, welche jeder Streiter bestmöglichst zu handhaben sucht. Einzelne Nachtigallen machen ihren Namen insofern wahr, als sie sich hauptsächlich des Nachts vernehmen lassen, andere singen fast nur bei Tage. Während des ersten Liebesrausches, bevor noch das Weibchen seine Eier gelegt hat, vernimmt man den herrlichen Schlag zu allen Stunden der Nacht; später wird es um diese Zeit stiller: der Sänger scheint mehr Ruhe gefunden und seine gewohnte Lebensordnung wieder angenommen zu haben.

Die Lockstimme des Sprossers klingt anders, – nicht »Wiidkarr«, sondern »Glock-arrr«; der Schlag kennzeichnet sich durch größere Tiefe der Töne und langsameren, mehr gehaltenen, durch längere Pausen unterbrochenen Vortrag, ist stärker und schmetternder als der der Nachtigall, die Mannigfaltigkeit seiner Strophen aber geringer; er steht jedoch demungeachtet mit dem Nachtigallenschlage vollkommen auf gleicher Höhe. Einzelne Liebhaber ziehen ihn dem Liede der Nachtigall vor und rühmen mit Recht die sogenannten Glockentöne als etwas unvergleichliches. Meiner Ansicht nach gibt Gräßner die Unterschiede zwischen Nachtigallen- und Sprosserschlag mit nachstehenden Worten am kürzesten und richtigsten wieder: »Soviel ich von Nachtigallen und Sprossern gehört habe, scheint mir festzustehen, daß die Nachtigallen, auch die größten Gesangskünstlerinnen unter ihnen, in fest gegliederten Strophen, aber in verschiedener Reihenfolge und in verschiedenem Zeitmaße schlagen, je nach Stimmung und Tageszeit, während ein guter Sprosser die ihm eigenen Strophen derart abändert, daß von einer Aufeinanderfolge bestimmter Töne kaum die Rede sein kann. Lautet der Schlag der Nachtigall wie eine bestimmte, mit verschiedenen Einschaltungen und Vertönungen verwebte Weise, so erscheint der Schlag des Sprossers wie ein Recitativ, in welchem der Tondichter dem Sänger außerordentliche Freiheiten des Vortrages gestattet hat, und von denen dieser solch ausgiebigen Gebrauch macht, daß man bei verschiedenen Wiederholungen desselben Stückes, je nach Stimmung und Gefühl vorgetragen, dieses oft gar nicht wieder erkennt: so wunderbar verändert der ausübende Künstler. Der Eindruck ist natürlich tiefer, wenn anstatt der erwarteten Töne, Takte und Strophen ganz andere, neu aus dem Tonschatze gebildete Vertönungen folgen. Und darum gebe ich dem Sprosser den Vorzug vor der Nachtigall, weil er nicht allein Sänger, sondern auch Tondichter ist, weil er die ihm verliehenen Töne selbständig je nach Stimmung verändert.«

Erdgewürm mancherlei Art und Kerbthierlarven, die des Schattenkäfers, der Ameisen z. B., oder kleine glatthäutige Räupchen und dergleichen, im Herbste verschiedene Beeren, bilden die Nahrung der Nachtigallen. Sie lesen diese vom Boden auf und sind deshalb gleich bei der Hand, wenn irgendwo die Erde aufgewühlt wird. Nach fliegenden Kerfen sieht man sie selten jagen. Fast jeder Fund wird durch ausdruckvolles Aufschnellen des Schwanzes begrüßt.

Die Nachtigallen erscheinen bei uns in der letzten Hälfte des April, je nach der Witterung etwas früher oder später, ungefähr um die Zeit, in welcher der Weißdorn zu grünen beginnt. Sie reisen einzeln des Nachts, die Männchen voran, die Weibchen etwas später. Zuweilen sieht man am frühen Morgen eine aus hoher Luft herniederstürzen, einem Gebüsche sich zuwendend, in welchem sie dann während des Tages verweilt; gewöhnlich aber bekunden sie sich zuerst durch ihren Schlag. Eine jede sucht denselben Waldestheil, denselben Garten, dasselbe Gebüsch, in welchem sie vergangene Sommer verlebte, wieder auf; das jüngere Männchen strebt, in der Nähe der Stelle sich anzusiedeln, wo seine Wiege stand. Sofort nach glücklicher Ankunft in der Heimat beginnt das Schlagen; in den ersten Nächten nach der Rückkehr tönt es ununterbrochen, wohl, um der Gattin, welche oben dahinzieht, im nächtlichen Dunkel zum Zeichen zu dienen oder in der Absicht, ein noch freies Herz zu gewinnen. Das Pärchen einigt sich nicht ohne Kampf und Sorge; denn jedes unbeweibte Männchen versucht einem anderen Gattin oder Braut abwendig zu machen. Wüthend verfolgen sich die Gegner, mit »schirkendem« Gezwitscher jagen sie durch das Gebüsch, bis zu den Wipfeln der Bäume hinauf und bis zum Boden herabsteigend; ingrimmig fallen sie über einander her, bis der Kampf entschieden und einer Herr des Platzes und wahrscheinlich auch –

des Weibchens geblieben oder geworden ist. Die Nachtstunden, der frühe Morgen und der späte Abend werden jetzt von dem Männchen dem Gesange und von dem Weibchen dem Zuhören der Liebeslieder gewidmet; die Zwischenzeit füllt die Sorge um das liebe Brod aus. Zu ihr gesellt sich bald die um die Wiege der Kinder. Das Nest wird nunmehr in Angriff genommen und rasch vollendet. Es ist kein Kunstbau, um den es sich handelt. Ein Haufen dürres Laub, namentlich Eichenlaub, bildet die Grundlage, trockene Halmen und Stengel, Schilf und Rohrblätter stellen die Mulde her, welche mit feinen Würzelchen oder Hälmchen und Rispen, auch wohl mit Pferdehaaren und Pflanzenwolle ausgekleidet wird. Ausnahmsweise verwendet die Nachtigall zum Unterbaue starke Reiser, zu den Wandungen Stroh. Das Nest des Sprossers unterscheidet sich, nach Päßler, von dem der Nachtigall durch dickere Wandungen und reichlichere Ausfütterung von Thierhaaren. Das eine wie das andere steht regelmäßig auf oder dicht über dem Boden, in Erdhöhlungen, zwischen jungen Schößlingen eines gefällten Baumes oder an der Seite eines Baumstrunks, im Gestrüppe, in einem Grasbusche. Ausnahmen hiervon sind auch beobachtet worden: eine Nachtigall baute, wie Naumann erzählt, in einen Haufen dürres Laub, welcher im Inneren eines Gartenhäuschens lag; eine andere, nach Dubois, auf das Nest eines Zaunkönigs, welches etwa anderthalb Meter über dem Boden auf einem Tannenaste stand. Die vier bis sechs Eier, welche das Weibchen legt, sind zart- und glattschalig, mattglänzend und grünlich braungrau von Farbe, in der Regel einfarbig, zuweilen dunkler gewölkt.

Sobald das Gelege vollzählig ist und das Brüten beginnt, ändert das Männchen sein Betragen. Die Brut beansprucht auch seine Thätigkeit; es muß das Weibchen wenigstens auf einige Stunden, gegen Mittag, im Brüten ablösen und findet schon um deshalb weniger Zeit zum Singen. Noch schlägt es, der Gattin und sich selbst zur Freude, aber fast nur am Tage, kaum mehr des Nachts. Das Nest bewacht es sorgsam, die Gattin hält es zu eifrigem Brüten an: ein Sprosser, dessen Weibchen Päßler vom Neste jagte, unterbrach sofort seinen Gesang, stürzte sich nach der Gattin hin und führte sie »mit Zornesrufen und Schnabelbissen zur Pflicht der Häuslichkeit zurück«. Nahenden Feinden gegenüber zeigen sich die um die Brut besorgten Nachtigallen sehr ängstlich, aber auch wieder muthig, indem sie rührende und gefährliche Aufopferung bethätigen. Die Jungen werden mit allerlei Gewürm groß gefüttert, wachsen rasch heran, verlassen das Nest schon, »wenn sie kaum von einem Zweige zum anderen flattern können«, und bleiben bis gegen die Mauser hin in Gesellschaft ihrer Eltern. Diese schreiten nur dann zu einer zweiten Brut, wenn man ihnen die Eier raubte. Ihre Zärtlichkeit gegen die Brut erleidet keinen Abbruch, wenn man die Jungen vor dem Flüggewerden dem Neste entnimmt, in ein Gebauer steckt und dieses in der Nähe des Nestortes aufhängt; denn die treuen Eltern füttern auch dann ihre Kinder, als ob sie noch im Neste säßen. Schon kurze Zeit nach ihrem Eintritte in die Welt beginnen die jungen Männchen ihre Kehle zu proben: sie »dichten« oder versuchen zu singen. Dieses Dichten hat mit dem Schlage ihres Vaters keine Ähnlichkeit; der Lehrmeister schweigt aber auch bereits, wenn seine Sprößlinge mit ihrem Stammeln beginnen; denn bekanntlich endet schon um Johanni der Nachtigallenschlag. Noch im nächsten Frühlinge lernen die jugendlichen Sänger. Anfangs sind ihre Lieder leise und stümperhaft; aber die erwachende Liebe bringt ihnen volles Verständnis der herrlichen Kunst, in welcher sie später Meisterschaft erreichen.

Im Juli wechseln die Nachtigallen ihr Kleid, nach der Mauser zerstreuen sich die Familien; im September begibt sich alt und jung auf die Wanderschaft, gewöhnlich wiederum zu Familien, unter Umständen auch zu Gesellschaften vereinigt. Sie reisen rasch und weit, machen sich aber in der Fremde wenig bemerklich. Ich habe sie einzeln in den Waldungen Ostsudâns angetroffen.

Der vielen Feinde halber, welche den Nachtigallen, und zumal ihrer Brut, nachstellen, thut der vernünftige Mensch nur seine Schuldigkeit, wenn er den edlen Sängern Plätze schafft, auf denen sie möglichst geschützt leben können. In größeren Gärten soll man, wie der hochverdiente Lenz räth, dichte Hecken pflanzen, aus Stachelbeerbüschen bestehende zum Beispiel, und alles Laub, welches im Herbste abfällt, dort liegen lassen. Derartige Plätze werden bald aufgesucht, weil sie allen Anforderungen entsprechen. Das dichte Gestrüpp schützt, das Laub wird zum Sammelplatze von Würmern und Kerfen und verräth raschelnd den sich nahenden Feind. Noch mehr, als vor vierbeinigen und geflügelten Räubern, hat man die Nachtigallen vor nichtsnutzigen Menschen, insbesondere gewerbsmäßigen Fängern zu wahren und diesen das Handwerk zu legen, wo und wie man immer vermag. So klug die unvergleichlichen Sänger sind, so wenig scheuen sie sich vor Fallen, Schlingen und Netzen; auch das einfachste Fangwerkzeug berückt sie. Dann kommen alle Leiden der Gefangenschaft über sie. Alte Nachtigallen, welche eingefangen werden, wenn sie sich schon gepaart haben, sterben regelmäßig auch bei der besten Pflege, jüngere, vor der Paarung ihrer Freiheit beraubte, ertragen die Gefangenschaft nur dann, wenn ihnen die sorgsamste Wartung zu theil wird. Ich übergehe deshalb hier die Art und Weise der Pflege im Käfige: derjenige meiner Leser, welcher sich berufen fühlt, Nachtigallen zu pflegen, findet in meinen »Gefangenen Vögeln« alles, was er zu wissen nöthig hat, ausführlicher und verläßlicher dargestellt als irgend sonstwo. Wer schlagende Nachtigallen in seinem Garten, von seinem Fenster aus hören kann, braucht sie nicht im Käfige zu halten; wer dagegen durch seinen Beruf an das beengende Zimmer gebannt ist, wer keine Zeit oder keine Kraft hat, die herrliche Sängerin draußen unter freiem Himmel zu hören, und die rechte Liebe in sich fühlt, mag unbeanstandet nach wie vor seine Nachtigall pflegen.

Die Pinguine

Betrachten wir die Flossentaucher (Spheniscidae), diejenigen Vögel, welche den Übergang von den Vögeln zu den Fischen zu vermitteln scheinen. Ihre Gestalt kann in gewissem Sinne kegelförmig genannt werden, der Schnabel ist ungefähr kopflang und der Fuß höchst eigenthümlich, weil seine vier Zehen, von denen drei durch eine Schwimmhaut verbunden sind, sämmtlich nach vorn sich richten, der Flügel so verkümmert, daß er wirklich eher einer Flosse als einem Fittige gleicht, da seine Federn sich fast zu Schuppen umgebildet haben. Auch das Gefieder erinnert durch die Bildung und dachziegelartige Lage der Federn an die Schuppen der Fische, und somit darf man die Flossentaucher in der That Fischvögel nennen.

Der innere Bau entspricht den äußeren Eigenthümlichkeiten. Alle Knochen weichen von denen anderer Vögel wesentlich dadurch ab, daß sie sehr hart, dicht und schwer sind, keine die Luft zulassende Öffnungen besitzt, und daß selbst die Röhrenknochen öliges Mark enthalten.

Die Flossentaucher oder Pinguine, von denen etwa achtzehn Arten beschrieben wurden, sind nur auf der südlichen Halbkugel zu Hause, leben im Meere zwischen dem dreißigsten und fünfundsiebzigsten Grade der südlichen Breite und besuchen das Land während ihrer Fortpflanzungszeit. Hinsichtlich ihrer Lebensweise unterscheiden sich die einzelnen Arten in mancher Beziehung; demungeachtet läßt sich, unbeschadet wissenschaftlicher Genauigkeit, ein Gesammtbild der Familie entwerfen.

Die Flossentaucher sind den Delfinen zu vergleichen: sie führen nicht bloß eine entsprechende Lebensweise, sondern ähneln diesen räuberischen Walthieren auch in ihren Bewegungen, einzelne Arten kleineren Braunfischen bis zum Verwechseln. Ihr Leibesbau weist sie dem Meere zu; in ihm aber bewegen sie sich mit einer unvergleichlichen Gewandtheit. Wegen der Schwere und der Dichtigkeit ihres Gefieders schwimmen sie, wie Gould bemerkt, sehr tief im Wasser, so daß nur der Kopf und der Hals, seltener der Oberrücken herausragt. Ihre Kraft, in der Tiefe fortzukommen, ist bewunderungswürdig. Sie bedienen sich hierbei ihrer kurzen Flügel und ihrer Beine zugleich und schwimmen so kräftig, daß sie mit größter Leichtigkeit die Wogen des stürmischen Meeres bewältigen und selbst während des heftigsten Sturmes auf- und niedertauchen. Die Sprungtaucher schnellen sich durch einen kräftigen Ruderstoß bis über das Wasser empor, zeigen sich auf Augenblicke frei in der Luft und verschwinden wieder unter den Wellen. In welche Tiefen sie hinabtauchen können, weiß man nicht, ist jedoch berechtigt, anzunehmen, daß sie hierin den ausgezeichnetsten Fuß- und Flügeltauchern nicht nachstehen. Auch auf dem Lande bewegen sie sich mit überraschendem Geschicke. Die Stellung ihrer Beine zwingt sie zu aufrechtem Gange; da sie nun nur kurze Schritte machen können, müssen sie dabei einen Fuß über den anderen wegsetzen, drehen sich also gleichzeitig beständig hin und her und kommen nur langsam von der Stelle; werden sie jedoch erschreckt und zu schnellerer Bewegung genöthigt, so legen sie sich auf die Brust nieder und rutschen nun, die Flossenflügel und die Füße zugleich gebrauchend, so rasch dahin, daß ein gehender Mensch Mühe hat, sie einzuholen.

Über steile Felsenwände werfen sie sich halb rutschend, halb rollend herab, und wenn sie erst einmal wieder das Wasser erreicht haben, sind sie geborgen. Vom Schiffe aus sieht man sie in mehr oder minder zahlreichen Gesellschaften in einer bestimmten Richtung ihres Weges fortschwimmen, stets rascher als das schnellste Fahrzeug die Wogen durchschneidend. Der ganze Zug ist dabei in beständig wechselnder Bewegung; der eine und der andere taucht in die Tiefe und erscheint weiter vorn in der Wegrichtung wieder, ist währenddem von den nicht tauchenden, sondern nur schwimmenden überholt worden und sucht nun seinerseits das versäumte einzubringen. In dieser Weise schwimmen heißt bei ihnen auch jagen; denn sie tauchen eben nur in der Absicht, um Beute zu gewinnen. Letztere besteht aus Fischen der verschiedensten Art und mancherlei Schal- und Weichthieren, welche sie von den Korallenriffen ablesen oder zwischen den Seegewächsen suchen. Einzelne Arten scheinen sich nur auf Fische zu beschränken. Daß sie schwimmend alle übrigen Tagesgeschäfte abmachen, schwimmend auch schlafen, bedarf kaum der Erwähnung; wohl aber glaube ich anführen zu müssen, daß sie weniger Zeit als andere Vögel mit der Instandhaltung ihres Gefieders verlieren, weil ihre Haut ungemein fettig ist und beständig eine ölige Flüssigkeit ausschwitzt, welche zur Einfettung des Gefieders dient.

Einen großen Theil des Jahres bedürfen die Flossentaucher zu ihrer Fortpflanzung, und das sonderbare dabei ist, daß während der Brutzeit auch die nicht brutfähigen Vögel auf dem Lande leben. Auf den altgewohnten Brutplätzen treffen sie zu einer ganz bestimmten Zeit des Jahres ein, auf den Falklandsinseln, nach Abott, gegen Ende des September, auf anderen Eilanden früher oder später, und nunmehr beginnt ein überaus reges Leben. Bennett, welcher die Macquarisinseln im südlichen Stillen Weltmeere besuchte, gibt eine lebendige Schilderung von diesem Treiben. »Die Anzahl der Flossentaucher«, sagt er, »welche sich auf dieser einen Stelle vereinigen, ist unglaublich groß, und es erscheint als reine Unmöglichkeit, abzuschätzen, wie viele ungefähr versammelt sein mögen, weil Tag und Nacht hindurch beständig etwa dreißig- bis vierzigtausend Stück landen und ebenso viele zu Wasser gehen. Die am Lande befindlichen, welche ein noch weit zahlreicheres Heer bilden, sind geordnet wie ein Regiment Soldaten, und zwar nicht bloß in Reihen, sondern auch nach dem Alter. Die Jungen finden sich an einem Orte, die mausernden an einem anderen, die brütenden Weibchen an einem dritten und die freien Männchen an einem vierten. Die Aufstellung wird auch so streng inne gehalten, daß jeder nicht zu einem Haufen gehörige, also nicht berechtigte Fetttaucher keine Aufnahme findet.« Ein Leutnant Liardet, welcher längere Zeit auf den Falklandsinseln verweilte, bestätigt Bennetts Bericht in allen Einzelheiten und schildert den überraschenden Eindruck, welchen die Bewegung der auf einen engen Raum zusammengedrängten tausende auf den Beschauer macht. An schönen Abenden erheben sie, wenn die Abenddämmerung eintritt, ihre Stimme und schreien dann unaufhörlich, eine wahrhaft fürchterliche Musik hervorbringend, welche in gewisser Entfernung Ähnlichkeit mit dem verworrenen Getöne einer zahlreichen Volksmasse hat. Vom Wasser aus bilden sie während der Brutzeit gerade Wege durch das Gras, welche von allen Steinen und Pflanzentheilen gereinigt und so glatt und nett ausgetreten werden, daß man sie für Menschenwerk hält. Solche Wege führen, nach Abotts Beobachtung, auf den Falklandsinseln hier und da meilenweit in das Land.

Einzelne Arten graben sich zur Aufnahme ihrer Eier tiefe Höhlen. Hierzu wählen sie sich einen ebenen Platz, unterwühlen ihn nun in lauter Vierecke, weil die Linien ihrer Fußsteige sich so viel wie immer möglich rechtwinklig durchschneiden. Jedes Viereck dient als Niststelle und wird ausgehöhlt. Das Nest besteht aus einer backofenförmigen Röhre von verschiedener, jedoch nicht unbeträchtlicher, zwischen sechzig und neunzig Centimeter schwankenden Tiefe. Der Eingang ist ziemlich weit, aber sehr niedrig, die Höhle im Inneren mit dem benachbarten unterirdischen Gange verbunden, so daß sie sich also in der Tiefe gegenseitig Besuche abstatten können. Besondere Wege führen um den Brutplatz herum und sind so eben und glatt wie die Seitenwege und Straßen in unseren Städten. Jedes Paar behauptet seine Röhre, und alle, welche einen und denselben Brutplatz bewohnen, bilden eine Familie und gehorchen der gesellschaftlichen Ordnung. Das Männchen sitzt neben dem brütenden Weibchen und schlüpft, wenn dieses das Nest verläßt, selbst hinein, um fortzubrüten, so daß das Ei niemals von beiden Gatten zugleich verlassen wird. Dies aber scheint auch nöthig zu sein, weil die Flossentaucher sich gegenseitig um die Eier bestehlen. Größere Arten treiben ihre Bemutterungssucht so weit, daß sie den schwächeren die Eier mit Gewalt wegnehmen. Es kann geschehen, daß man Junge von allen Arten in einem und demselben Neste findet. Die Eier ähneln denen unserer Gänse und sind auf grünlichem Grunde braun gefleckt. Alle Pinguine brüten mit Hingebung und verlassen das Nest nicht, wenn ein Mensch sich nähert, sondern wenden unter den sonderbarsten und lächerlichsten Bewegungen den Kopf von der einen Seite zur anderen, um den Feind abzutreiben, bedienen sich aber auch ihres Schnabels, wenn dies nichts helfen will. Beim Brüten nehmen die Weibchen das Ei, nach Bennetts Versicherung, zwischen die sich fast berührenden und mit der Bauchhaut verwachsenen Oberschenkel und klemmen es hier so fest ein, daß sie, erschreckt, es oft ziemlich weit mit sich fortschleppen. Die Männchen gehen währenddem beständig ab und zu, d. h. nach dem Meere und wieder zurück, um für das Weibchen und später für die Familie die nöthige Nahrung herbeizuschaffen, widmen sich dieser Aufgabe auch mit so viel Eifer und Erfolg, daß sie Gattin und Kind förmlich mästen. Einzelne Arten brüten in seichten Mulden auf dem Boden und dicht neben einander: Abott z. B. fand einen Brutplatz, welcher bei höchstens fünfhundert Meter Länge nur funfzig Meter Breite einnahm; auf ihm aber lagen die Eier so dicht, daß es unmöglich war, dazwischen zu gehen, ohne einzelne zu zerbrechen. »Ich habe mich«, fügt er hinzu, »gewundert, daß die Vögel, wenn sie aufgeschreckt werden, ihr Nest wieder finden, aber dies ist der Fall; denn sie gehen gerade nach ihrem Eie zu und bringen es mit der größten Sorgfalt wieder zwischen ihre Füße, gerade unter den Brutfleck.« Auf einzelnen Nistplätzen brüten Scharben mitten unter den Flossentauchern und stehlen ihnen auch wohl die wenigen Neststoffe weg, welche sie sich zusammengeschleppt haben; auf anderen Inseln mischen sich Sturmtaucher unter sie und leben anscheinend in Frieden mit ihnen; auch mit Seerobben halten sie gute Freundschaft. Ob alle Arten unter Umständen sich Nisthöhlen graben, oder ob dies nur einzelne thun, scheint mir zur Zeit noch nicht genügend aufgeklärt zu sein.

Die Jungen kommen in einem wolligen, grauen Dunenkleide zur Welt und erhalten so viel Nahrung, daß sie bald heranwachsen. »Ihre Eltern«, so schildert Fitzroy, »stellen sich auf eine kleine Erhöhung, bringen ein lautes Geräusch hervor, ein Mittelding zwischen Brüllen und Quaken, heben den Kopf in die Luft, als ob sie der ganzen Flossentaucherei eine Rede aus dem Stegreife halten wollten, und das Junge steht dicht dabei, aber ein klein wenig niedriger. Nachdem der alte Vogel etwa eine Minute lang geschnattert hat, neigt er sein Haupt herab, öffnet sein Maul so weit wie möglich; das Junge steckt seinen Kopf da hinein, und es sieht nun aus, als ob es ein oder zwei Minuten lang sauge. Das Geplärre wiederholt sich, das Junge wird von neuem geatzt, und so spinnt sich der Vorgang ungefähr zehn Minuten lang fort.« Nachdem die Jungen eine gewisse Größe erreicht haben, d. h. etwas mehr als halbwüchsig geworden sind, wendet sich alles dem Meere zu, und die Brutstätte verödet bis auf wenige Nachzügler, welche sie sich zum Ruheplatze erkoren haben. Solche zurückbleibende Fetttaucher beobachtete wenigstens Abott auf den Falklandsinseln.

Außer dem Menschen dürfte es wenige Geschöpfe geben, welche den Fetttauchern feindlich entgegentreten und sie ernstlich gefährden können. Die kleineren Arten mögen dann und wann in dem Rachen eines Raubfisches ihr Grab finden, die größeren durch räuberische Seevögel ihrer Eier und kleinen Jungen beraubt werden; erhebliche Verluste aber erleidet beider Bestand gewiß nicht. Der Mensch verfolgt auch sie, ebensowohl um Fleisch und Thran zu benutzen als um ihre Häute zu verwenden, ganz abgesehen von der Mordsucht roher Schiffer, welche ihnen zuweilen förmliche Schlachten liefern.

Wie es zugeht, wenn sich Menschen unter brütenden Flossentauchern einfinden, haben uns Lesson und Garnot beschrieben. Das Schiff »Urania«, welches unsere Forscher trug, scheiterte an den Maluinen, und die Mannschaft, welche Mangel an Lebensmitteln litt, wurde ausgeschickt, solche zu suchen. Sie betraten auch die Pinguininsel, einen Brutplatz, welcher ungefähr zweihunderttausend Flossentaucher beherbergte, in der Hoffnung, dort Seehunde zu finden. Bei ihrer Annäherung, welche noch in der Nacht erfolgte, scholl ihnen ein furchtbares Geschrei entgegen; als es Tag wurde, sahen sie tausende von Vögeln am Ufer stehen, welche alle mit einem Male aus vollem Halse schrien. Jeder einzelne hat eine Stimme, welche der des Esels an Stärke kaum nachsteht; man mag sich also das Geschrei vorstellen, welches diese tausende hervorbrachten. Als die Schiffer das Land betreten hatten, entflohen die Flossentaucher so eilig wie möglich und verschwanden theilweise im hohen Grase, theilweise in ihren Röhren. Man bemerkte bald, daß sie nur auf ihren Wegen fortliefen, stellte sich dort auf und konnte sie nunmehr leicht ergreifen. Die Jagd wurde mit Stöcken betrieben und so oft wiederholt, wie nöthig schien, um sich mit Lebensmitteln zu versorgen. Acht bis zehn Mann wurden abgeschickt, schritten still vorwärts, besetzten die Wege und schlugen die Vögel mit kurzen Stöcken zu Boden. Aber man mußte ihnen den Kopf entzwei schlagen, wenn sie nicht wieder aufstehen und entfliehen sollten. Wenn sie sich überrascht sahen, erhoben sie ein herzzerreißendes Geschrei, vertheidigten sich auch mit furchtbaren Schnabelhieben. Beim Gehen traten sie so hart auf, daß man hätte glauben können, kleine Pferde traben zu hören. Nach und nach lernte man die Jagd ausgiebig betreiben, und in fünf bis sechs Stunden wurden gewöhnlich sechzig bis achtzig Stück erlegt. Sie gewährten der Schiffsmannschaft jedoch nur für zwei Tage Lebensmittel oder Nahrung. Jeder Vogel wog zwar fünf bis sechs Kilogramm; davon aber kam ein großer Theil auf die Eingeweide, und außerdem mußte beim Abziehen der Haut alles Fett entfernt werden, so daß kaum mehr als zwei Kilogramm Fleisch von einem Vogel übrig blieben. Ohne die eiserne Noth würde man übrigens gegen die unschuldigen Vögel keinen Krieg geführt haben, denn das Fleisch ist ein sehr schlechtes Nahrungsmittel.

Jung eingefangene Flossentaucher lassen sich leicht zähmen, werden zutraulich und folgen ihrem Herrn wie ein Hund; die Alten dagegen bleiben stets wild und bissig, gehen schreiend und mit dem Flügel klappend selbst auf die größten Hausthiere los und suchen mit ihrem Schnabel so viel wie möglich Unfug zu stiften. Ein Schiffsführer erzählte mir, daß er einmal zwei Flossentaucher sechs Wochen lang auf seinem Schiffe gehalten und mit Speck und Salzfleisch ernährt habe. An diese unnatürliche Nahrung hatten sich die gefangenen so gewöhnt, daß unser Kapitän die beste Hoffnung hatte, sie lebend nach Europa zu bringen. Eines schönen Tages aber fanden die beiden Pinguine bei ihrem Spaziergange auf dem Verdecke eine Luke offen, sahen sehnsüchtig auf das Meer hinab und ehe der besorgte Besitzer zur Stelle kam, schwammen und tauchten beide lustig in ihrem wahren Elemente umher. Erst in der jüngsten Zeit gelang es, lebende Pinguine in unsere Käfige zu liefern; ich habe jedoch zufällig noch keinen gefangenen Vogel dieser Art gesehen und bin daher außer Stande, über ihr Betragen zu berichten.

FISCHE

Der Menschenhai

Gefürchteter als alle übrigen Haifische sind die Menschenhaie (Carchariidae); gewaltige und kühne, raubgierige und freßwüthige Geschöpfe, der Schrecken der Schiffer und Anwohner aller wärmeren Meere, von denen man ungefähr siebzig Arten unterschieden hat. Der Kopf ist flach, der vordere Theil der Schnauze weit vorgezogen; ihr Auge besitzt eine Nickhaut; Spritzlöcher fehlen wenigstens bei den Alten. Große dreieckige, spitzige und schneidende, meistens am Rande gesägte Zähne ordnen sich in mehrere Reihen und bewehren den weiten Rachen.

Unter den Menschenhaien im engeren Sinne, für welche die Familienmerkmale Gültigkeit haben, ist der Blauhai (Carcharias glaucus) einer der bekanntesten. Er erreicht eine Länge von drei bis vier Meter, vielleicht noch darüber. Seine Schnauze ist sehr spitzig; die Zähne der Oberkiefer stehen in vier schiefen Reihen. Ein schönes Schieferblau färbt die Oberseite des Kopfes, Rükkens einschließlich der Rückenflossen und den größten Theil des Schwanzes, auch die obere Fläche der Brust- und Bauchflossen, wogegen die Unterseite des Leibes und der unteren Flossen weiß aussieht.

Vom Mittelmeere aus, welches als die eigentliche Heimat dieses Menschenhaies angesehen wird, verbreitet er sich über einen großen Theil des Atlantischen Weltmeeres, nach Norden hin bis an die Küsten Großbritanniens und Skandinaviens, besucht diese wenigstens während des Sommers ziemlich regelmäßig.

Alle größeren Menschenhaie gleichen sich in ihrer Lebensweise. Sie halten sich vorzugsweise, jedoch keineswegs ausschließlich, in der Nähe der Küsten auf und treiben sich regelmäßig in den oberen Schichten des Wassers umher. Gewöhnlich erblickt man sie schon aus ziemlicher Entfernung, weil sie so hoch zu schwimmen pflegen, daß die Rückenflosse noch um ein gutes Stück aus dem Wasser hervorragt, und daß man, wie ich oft gethan, mit gutem Erfolge eine Büchsenkugel auf sie abgeben kann. So lange sie nicht eine bestimmte Beute vor Augen haben, schwimmen sie gleichmäßig und ziemlich rasch dahin; beim Verfolgen eines Thieres aber steigern sie die Schnelligkeit ihrer Bewegung in so hohem Grade, daß sie den Delfinen kaum etwas nachgeben. An Gelenkigkeit stehen sie allerdings hinter anderen Fischen weit zurück, vermögen beispielsweise nicht, jähe Wendungen auszuführen, sind jedoch viel gewandter, als man gewöhnlich annimmt, und ersetzen durch die jähe Schnelligkeit ihres Angriffes, was ihnen an Gelenkigkeit wirklich abgeht. Ihre Sinne scheinen wohl entwickelt zu sein; jedenfalls steht so viel fest, daß sie sehr gut sehen, und läßt sich mit ziemlicher Sicherheit annehmen, daß auch ihr Geruch feiner ist als der anderer Fische. Mehrere Beobachter wollen geradezu im Geruche den höchst entwickelten ihrer Sinne erkannt haben und behaupten, daß sie von stark riechenden Körpern mehr angezogen werden als von anderen. Ob auch ihr Gehör als scharf bezeichnet werden kann, steht dahin.

Aus dem Gebaren der Haifische geht mit unbestreitbarer Gewißheit hervor, daß ihre geistigen Fähigkeiten ausgebildeter sind als bei allen übrigen Fischen, so oft auch ihre ungestüme Raubsucht und Unbedachtsamkeit beim Anblicke einer Beute dem zu widersprechen scheint. Auf ersteres deuten die Planmäßigkeit ihrer Jagden, welche sie ausführen, die Regelmäßigkeit, mit welcher sie bestimmte Plätze besuchen, das Gedächtnis, welches sie bei solchen Gelegenheiten bekunden, ja, in gewissem Sinne auch ihr Verhältnis zum Lotsenfische, dessen Dienste sie sich zu Nutzen machen, die Hartnäckigkeit, mit welcher sie Schiffe begleiten, von denen immer etwas für sie abfällt, die Liebe, welche sie gegen ihre Jungen bethätigen, zum mindesten bethätigen sollen, und anderes mehr. Aber freilich, ihr unersättlicher Heißhunger, ihre unglaubliche Freßgier stellt jene Eigenschaften oft tief in Schatten und läßt sie geradezu sinnlos handeln. Gefräßigkeit darf als eine der hauptsächlichsten Eigenschaften aller Fische bezeichnet werden; unter dem gefräßigen Heere aber sind sie unbedingt die gefräßigsten. Wenn von ihrer Unersättlichkeit gesprochen wird, muß dies buchstäblich verstanden werden. Es quält sie wirklich ein niemals zu stillender Heißhunger. Alle Nahrungsmittel, welche sie verschlingen, gehen nur halbverdaut wieder ab, und deshalb sind sie genöthigt, den fortwährend rasch sich entleerenden Magen immer von neuem zu füllen. Sie fressen alles genießbare, ja sogar alles, was genießbar scheint; denn man hat oft auch unverdauliche Gegenstände aus ihnen herausgeschnitten. Der Magen eines Weißhaies enthielt einen halben Schinken, einige Schafbeine, das Hintertheil eines Schweines, das Haupt und die Vorderbeine eines Bulldoggen, eine Menge von Pferdefleisch, ein Stück Sackleinen und einen Schiffskratzer. Andere Haie sah man die verschiedenartigsten Dinge verschlingen, welche man ihnen vom Schiffe aus zuwarf, Kleidungsstücke ebensowohl wie Speck oder Stockfisch und dergleichen, pflanzliche Stoffe mit gleicher Gier wie thierische, wirklich nährfähige. Bennett vergleicht sie mit dem Strauße und meint, man müsse annehmen, daß ihrer Verdauungsfähigkeit nichts unmöglich sei, da sie die Zinnkannen, welche sie verschlucken, doch wieder los werden müßten; Cetti versichert, daß man in den Tonaren Thiere dieser Art fange, welche anderthalb- bis zweitausend Kilogramm wiegen, und setzt hinzu, daß allerdings auch ein sehr großer Körper erforderlich sei, um acht bis zehn Tunfische auf einmal zu verschlucken, wie diese Haie es im Stande sind. Die Besitzer der Tonaren werden durch sie ununterbrochen in Furcht gehalten, weil die Haifische unter den Tunen entsetzlich hausen und, wenn sie gefangen werden, durch den Gewinn, welchen sie abwerfen, den Fischern die ausgestandene Angst doch nur mäßig vergüten. Auf hohem Meere füllen sie sich den Wanst mit dem verschiedenartigsten Seegethiere, welches ihnen vorkommt. Einer, welcher auf hoher See gespießt und von Bennett untersucht wurde, hatte den Magen zum Platzen mit kleinen Fischen der verschiedensten Art, Kalmars und anderen Tintenfischen, vollgestopft, zur Verwunderung unseres Forschers, welcher anfänglich nicht begreifen konnte, wie es dem Riesen möglich, derartige behende Beute in solchen Massen zu fangen, und erst später zu dem Schlusse geführt wurde, daß der Hai keineswegs, wie man gewöhnlich annimmt, sich auf die Seite wälzt, um eine Beute aufzunehmen, sondern auch mit aufgesperrtem Maule durch die Wellen zieht und alles verschlingt, was sich bei dieser Gelegenheit fängt.

Das einstige Glück des Propheten Jonas wird Menschenkindern unserer Tage äußerst selten und niemals in gleichem Umfange zu theil. Ein ähnlicher Fall soll verbürgt, ein Matrose nämlich, welcher von einem Haifische verschlungen worden war, wieder ausgespieen worden sein, als der Führer des Schiffes den Räuber mit einer glücklich treffenden Kanonenkugel zum Tode verwundet hatte. Ich gebe diese Mittheilung, ohne sie zu vertreten, da sie mir durchaus nicht glaublich erscheint. Dagegen dürfte es begründet sein, daß der Hai zuweilen einen von ihm ergriffenen Menschen wieder losläßt, und ebenso, daß schwimmende Männer mit Erfolg einen Kampf mit ihm bestehen. Es wird noch heutigen Tages behauptet, daß es an der Westküste Afrikas Neger geben soll, welche, mit einem scharfen Messer in der Hand, den Hai im Meere angreifen und ihm den Bauch aufschlitzen. Auf die vielen Fälle, welche mit solchen Abenteuern in geradem Widerspruche stehen, brauche ich nicht weiter einzugehen, weil fast jeder Reisende, welcher längere Zeit zur See war, von solchen zu berichten weiß. Schon Geßner erzählt, daß man in einzelnen Haifischen ganze Menschen gefunden haben soll; die neueren Fischkundigen könnten von hundert und mehr ähnlichen Geschichten berichten. Ein Mensch, welcher selbst im Mittelmeere vom Schiffe aus in die See fällt, findet regelmäßig sein Grab im Magen der Haifische, und wenn letztere einmal Menschen verschlungen haben, werden sie unglaublich frech. Während meines Aufenthaltes in Alexandria war es unmöglich, im Meere zu baden, weil ein Haifisch kurz nach einander unmittelbar an den Häusern der Stadt Menschen weggeholt hatte. Im südlichen Rothen Meere strandete eines der Ungeheuer bei der

Verfolgung eines Badenden, welcher noch rechtzeitig des Feindes ansichtig geworden, so eilig wie möglich auf das Land sprang und von diesem bis dahin verfolgt wurde. Auch Dr. Alexander wurde bei Singapore, als er knietief im Wasser stand, um Muscheln zu suchen, von Haifischen überfallen und verlor dabei den rechten Stiefel, das halbe rechte Hosenbein und ein Stück Haut vom Schienbeine, würde auch unzweifelhaft selbst zum Opfer gefallen sein, hätte ein herbeigeeiltes Boot die Fische nicht in die Flucht geschlagen. Bei längeren Seereisen gewähren die dem Schiffe folgenden, von ihren Lotsen begleiteten Haie dem Beobachter angenehme Unterhaltung; wenn aber das gelbe Fieber auf dem Schiffe haust und in kurzen Zwischenräumen eine Leiche nach der anderen ins Meer geworfen werden muß, sind sie wohl geeignet, auch ein muthiges Herz mit Angst und Schrecken zu erfüllen. Während der Seeschlacht bei Abukir sah man die Haifische zwischen den Schiffen beider Flotten umherschwimmen und auf die ihnen vom Borde zufallenden Kämpfer lauern; sie ließen sich also nicht einmal durch den furchtbaren Kanonendonner zurückschrecken.

Über die Fortpflanzung weiß man noch immer nichts bestimmtes. Hinsichtlich der Begattung stimmen die Berichte ziemlich überein. Eine solche soll nämlich wirklich geschehen, die Haifische sich dem Ufer nähern, mehrere Männchen um die Weibchen streiten und beide Geschlechter während der Begattung selbst nahe der Oberfläche des Wassers dahinschwimmen. Die dreißig bis funfzig Eier entwickeln sich im Leibe der Mutter; die Jungen werden als reife, ernährungsfähige Wesen geboren, sollen jedoch noch eine geraume Zeit von der Mutter geführt und geschützt werden, nöthigenfalles auch im Maule oder Magen derselben eine Zuflucht finden. Daß man lebende Junge in dem Magen großer Haifische gefunden hat, unterliegt keinem Zweifel; die außerordentliche Lebenszähigkeit der Thiere läßt jedoch auch eine andere Deutung zu, als sie die alten Schriftsteller gegeben haben und die Schiffer unserer Tage zu geben belieben.

Zur Vertilgung der Haie erweisen sich handliche Schußwaffen fast unwirksam. Wenn einer von ihnen durch eine Büchsenkugel verwundet wird, entfernt er sich mit rasender Eile, und man bleibt im Zweifel, ob ihm der Schuß tödtlich geworden oder nicht. Netze lassen sich nicht wohl zu seinem Fange verwenden, weil er sie gewöhnlich entweder zerreißt oder mit seinem furchtbaren Gebisse zerschneidet und sich so befreit; doch geschieht es, daß einer oder der andere auf diese Weise gefangen wird. Am wirksamsten ist eine starke Angel, welche an einer Kette befestigt sein muß. Der Köder kann in einem Fische oder in einem Speckstücke, nöthigenfalles auch in einem Bündel Werch bestehen; denn das Ungethüm schnappt eben nach allem, was vom Schiffe aus ihm zugeworfen wird. Als Heuglin im südlichen Rothen Meere reiste, erlegte er einen Tölpel, welchen ihm der gefällige Bootsmann zu bringen gedachte, deshalb ins Meer sprang, den Vogel auch wirklich holte und mit ihm das Schiff erreichte. Kaum aber saß »die alte Mumie«, vom Seewasser noch triefend, wieder am Steuer, als am Hintertheile des Schiffes ein Hai erschien und, nach Beute suchend, rechts und links am Kiele vorübersauste. »Raschid, der Bootsmann, war sprachlos vor Schrekken und machte mich bloß durch Zeichen auf den ungebetenen Gast aufmerksam. Währenddem erschien schnell wie ein Pfeil ein zweiter und gleich darauf ein dritter Hai, der letztere von erstaunlicher Größe. Einstimmig beschloß man, eine Jagd auf diese ›Hiänen‹ des Meeres zu veranstalten. Ein etwa dreißig Centimeter langer eiserner Angelhaken sammt verhältnismäßiger Kette ward hervorgeholt, ein halbgeräucherter Seefisch als Köder daran gehängt, das ganze an ein Tau befestigt und vom Hintertheile des Fahrzeuges aus dem gefräßigen Ungethüme dargereicht. Noch war der Köder keinen halben Faden unter Wasser, als schon der kleinste der Fische in gerader Linie darauf zuschwamm, sich halb seitwärts neigte und anbiß. Der Matrose, welcher das Angeltau führte, zog an, aber einen Augenblick zu früh; denn der Hai ließ los, obschon nur, um gleich wieder besser und vollständiger zu fassen. Im Triumphe wurde er nunmehr an das Vordertheil des Schiffes gezogen, das Tau um eine Rolle geschlagen, die Last mit vereinten Kräften über Bord gehoben und das gefangene Ungeheuer dort mit einem Hagel von Schlägen mittels Bootshaken, Beilen und Prügeln behandelt und betäubt. Ein neuer Köder wurde auf die Angel gegeben, und fünf Minuten später meldete sich der zweite Gast am Borde, woselbst ihm kein besseres Schicksal als seinem Kameraden blühte. Indeß war der größte außer Sicht gekommen, und erst nach einiger Zeit erschien er wieder. Vergeblich boten wir ihm ein Stück Hammelfleisch dar; er umkreiste es ruhig, scheinbar ohne sich darum zu kümmern. Nun tauchte man die Angel tiefer und tiefer. Bedächtig näherte sich der Hai nochmals und biß ebenfalls an. Ihn lebend aufs Deck zu bringen, wagte man nicht, sondern schoß ihm, während er zwischen Himmel und Erde schwebte, erst zwei Kugeln durch den Schädel, führte in eine der Wunden einen Bootshaken ein und warf ihn nunmehr mit Mühe und Anstrengung vollends auf das Schiff. Er maß gegen drei Meter, und die Leute schätzten sein Gewicht auf mindestens zweihundert Kilogramm.

Unmittelbar nachdem ein Hai die Angel spürt, geberdet er sich wie rasend. Zuweilen dreht er sich mit wunderbarer Schnelligkeit so lange um die eigene Ache, daß er das Tau zerschleist oder sich so in ihm verfitzt, daß man nicht im Stande ist, ihn ohne Zerschneidung des Seiles herauszulösen. Von kleinen Booten aus darf man den Fang größerer Haie nicht betreiben, weil ein schwach bemanntes Fahrzeug dieser Art nicht im Stande ist, der Kraft des Fisches zu begegnen.

Das Fleisch ist, wie Geßner sagt, »fest, harter däuwung, gebirt viel wust, vnd ein melancholisch Blut«. Ungefähr ebenso spricht sich Bennett aus: »Als einen Nahrungsgegenstand«, meint er, »kann man den Hai nicht betrachten, und auf den Tisch eines Epikuräers gehört er nicht; denn das Fleisch ist hart, geschmacklos und unverdaulich; doch behaupten manche Leute, daß sie junge Haie den Tunarten noch vorziehen«.

Über das Betragen der zu unserer Familie zählenden Haie in

der Gefangenschaft ist mir noch keine Kunde geworden; ich erinnere mich nur, gelesen zu haben, daß man in Amerika in einem riesenhaften Becken derartige Fische eine Zeitlang am Leben erhalten hat.

Unser Goldfisch

Der King-Jo, unser Gold- oder Silberfisch hat ungefähr die Gestalt des Karpfens, erreicht eine Länge von fünfundzwanzig bis dreißig, höchstens vierzig Centimeter und zeigt auf zinnoberrothem Grunde einen prachtvollen Goldglanz. Es kommen jedoch sehr viele Spielarten vor, ja, man kann durch fortgesetzte Zucht mehr oder weniger ständige Rassen erzeugen, wie die Chinesen, hierin Meister, es schon seit Jahrhunderten thun.

Das Thierchen gelangte von China aus wahrscheinlich zuerst nach Portugal und verbreitete sich, nachdem er hier sich eingebürgert, allgemach weiter über Europa. Das Jahr der Einführung wird verschieden angegeben. Einzelne Schriftsteller nennen 1611, andere 1691, wieder andere 1728. Gewiß ist, daß das Fischchen zur Zeit der berüchtigten Pompadour bereits in Frankreich vorhanden war, weil bestimmte Angaben vorliegen, daß man ihr Goldfischchen als etwas außerordentliches schenkte. Gegenwärtig hat er sich über die ganze Erde verbreitet, so weit dieselbe von gebildeten Menschen bewohnt wird.

Du Halde berichtet in seiner Geschichte Chinas ausführlich über den kleinen Fisch. Die Fürsten und Großen des Himmlischen Reiches lassen in ihren Gärten für ihn eigene Teiche graben oder halten ihn in prachtvollen Porzellanvasen, welche zwei- bis dreimal wöchentlich mit frischem Wasser angefüllt werden. Mit dem Ansehen der artigen Bewegungen, mit der Fütterung und Zähmung dieser Fische verbringen die langzopfigen Herren viele Zeit in einer für sie höchst angenehmen Weise, wie denn überhaupt die Chinesen warme Thierfreunde sind.

Gezüchtet wird er gegenwärtig auch hier und da in Deutschland, insbesondere im Königreiche Preußen sowie in Oldenburg durch Christian Wagner, welcher alljährlich gegen dreimalhunderttausend Stück in den Handel bringt und besondere Zuchtrassen erzielt hat. Die Zucht geschieht im allgemeinen ebenso wie die des Karpfens, nur daß sie mehr und kleinere Teiche benöthigt und strengere Aufsicht erfordert. Durch geschickte Behandlung bringt man die Goldfische dahin, im Laufe des Sommers drei-, selbst viermal zu laichen, sehr frühzeitig sich zu färben und ihre Färbung innerhalb gewisser Grenzen zu verändern. Glückliche Zucht bringt in jedem Falle mehr ein als Karpfenzucht. Mit der Verbreitung des Goldfisches wächst die Liebhaberei für denselben, und wenn auch der Großflosser geeignet erscheint, ihm nach und nach die Gunst vieler Liebhaber zu schmälern, gewinnt seine Schönheit ihm wiederum neue Freunde.

Im Zimmer hält man den Goldfisch gewöhnlich in halbkugeligen Gläsern, besser aber in größeren Glasbecken, welche reichlich mit Wasserpflanzen ausgestattet und ausgeschmückt wurden. Als Futter wirft man täglich einige zerriebene Ameisenpuppen, Semmelkrumen oder Oblatenstückchen ins Wasser, darf jedoch des guten nicht zu viel thun, weil das wenige Wasser, welches ein Goldfischchenglas enthält, ohnehin bald so schlecht wird, daß minder begehrliche und zärtlichere Fische unmöglich in ihm aushalten würden, Übermaß an Futter aber einen selbst den Goldfischen unerträglichen Schleim erzeugt. Um die Fische längere Zeit am Leben zu erhalten, ist es unbedingt nothwendig, das Wasser von Zeit zu Zeit zu wechseln und täglich mehrmals mittels eines kleinen, mit einer feinen Spitze versehenen Blasebalges Luft ins Wasser zu treiben. Letzteres ist in einem größeren, mit Pflanzen bestandenen Becken aus dem Grunde nicht so nöthig, weil die Pflanzen selbst Sauerstoff absondern. Vor Berührung oder Störung der Fische muß man sich übrigens hüten, weil sie solche nicht vertragen; auch empfiehlt es sich sehr, in einem Glase mindestens zwei oder drei, in einem größeren Becken mehrere von ihnen zusammenzuhalten, weil sie Geselligkeit lieben und den Verlust gewohnter Gefährten gewöhnlich nicht lange überleben. Bei sorgfältiger Pflege gewöhnen sie sich bald an den Gebieter, und wenn dieser sonst geschickt ist, kann er sie ebenso weit bringen wie die Chinesen die ihrigen, daß sie das vorgehaltene Futter aus der Hand nehmen oder, wenn sie in größeren Becken, Springbrunnen, kleinen Teichen gehalten werden, auf ein Zeichen mit der Glocke herbeikommen.

Der Zitteraal

Der Zitteraal (Gymnotus electricus) gehört der Familie der Nacktaale an und vertritt die Sippe der Drillfische (Gymnotus). Ihre Merkmale gibt Johannes Müller mit folgenden Worten: »Das Maul wird vorne vom Zwischenkiefer, an den Seiten vom Oberkiefer begrenzt: der Schultergürtel ist am Kopfe selbst aufgehängt; sie haben Blinddärme, und ihr After liegt an der Kehle; die Eierstöcke sind schlauchartig, die Hoden mit Samengängen«. Dem dürfen wir noch hinzufügen, daß die Rückenflosse fehlt, aber eine sehr lange Afterflosse vorhanden ist und zwei durch Luftgänge vereinigte Schwimmblasen sich finden. Die Drillfische unterscheiden sich von den übrigen Mitgliedern der Familie durch das Fehlen der Schuppen, die mit einer dicken Haut überzogene Brust- und Afterflosse und das Gebiß, welches aus sehr vielen feinen, spitzigen Zähnen in den Kiefern, einer kleinen Reihe solcher am vorderen Gaumen und zwei Reihen hinter den vorderen des Unterkiefers besteht.

Der Zitteraal kann eine Länge von zwei Meter und ein Gewicht von funfzehn bis zwanzig Kilogramm erreichen. Ein mehr als meterlanger Fisch, welchen Humboldt untersuchte, wog fünf Kilogramm. Die Färbung der Oberseite ist, laut Sachs, ein schönes, vielfach dunkler schattirendes Olivengrün, die der Unterseite ein schönes Orangeroth; zwei oder mehrere Reihen kirschengroßer, hellgelber Flecke, welche gleichständig über den Rücken vom Kopfe bis zum Schwanzende verlaufen, schmükken den Rücken und die Seiten; die lange Afterflosse ist schieferfarbig und weiß, bei einzelnen Stücken aber roth gesäumt. Jeder der erwähnten Flecke umschließt eine Ausführungsröhre, und die Haut des Thieres ist auch beständig mit einem Schleime überzogen, welcher, wie Volta gezeigt hat, die Elektricität zwanzig- bis dreißigmal besser leitet als reines Wasser. Die fleischige

Zunge ist mit gelben Wärzchen bedeckt, der Magen schwielig, die ungewöhnlich große, achtzig Centimeter lange Schwimmblase läuft weit über das Ende des Darmes hinaus, neben den Rückenmuskeln fort, wogegen der Mastdarm dicht am Kopfe, im ersten Funfzehntel der Leibeslänge, mündet. Etwa vier Fünftheile der letzteren werden von den elektrischen Organen eingenommen. Diese, ihrer vier an der Zahl, liegen an den Bauchseiten des Fisches und reichen von dem hinteren Ende der Leibeshöhle bis zur Schwanzspitze, wiegen daher ein volles Drittheil des Gesammtgewichtes. Sie bilden eine hell röthlichgelbe, weiche, durchscheinende, gallertartige Masse und bestehen aus Längsbündeln, welche ihrerseits aus einer großen Anzahl häutiger, nahe an einander liegender, fast wagerechter Plättchen zusammengesetzt und durch Längshäute in Zellen getheilt sind. Über die Wirkungen haben die früheren Beobachter manches richtige mitgetheilt. Sehr bald erkannte man, daß es vollkommen in der Willkür des Fisches liegt, Schläge auszutheilen. Bajon berührte einen Zitteraal mit dem Finger, ohne etwas zu empfinden, bekam aber kleine Schläge, wenn er den Finger auf den Rücken legte. Als derselbe Fisch beim Wechseln des Wassers auf den Boden gefallen war und kein Neger ihn aufheben wollte, ergriff er ihn selbst am Schwanze, bekam aber einen so fürchterlichen Schlag, daß er fast umfiel und sein Kopf eine Zeitlang eingenommen war. Eine Katze, welche einen fast todten Zitteraal anbeißen wollte, sprang mit heftigem Geschreie zurück; ein Hund, welcher einen anderen beleckte, desgleichen. Walsh brachte ein Metallplättchen auf eine Glasscheibe, spaltete sie in der Mitte von einander, reizte den Fisch, mit welchem er das Metallplättchen in Verbindung brachte, und machte so einen Funken sichtbar. Hält man, laut Humboldt, zwei Leiter, aber nur einen Centimeter von einander, an den feuchten Leib, so empfängt bald der eine, bald der andere einen Schlag; der Aal hat mithin jeden Theil des Leibes in seiner Gewalt, ist also nicht mit einer elektrischen Maschine zu vergleichen. Trennt man durch Abschneiden des Kopfes Hirn und Herz vom Leibe, so endigt die elektrische Wirkung wie die

Muskelbewegung, während die Schlangen und der Flußaal beim geringsten Reize in Krämpfe gerathen. Das ausgeschnittene Herz des Zitteraales schlug eine Viertelstunde lang, beim Galvanisiren nach zwanzig Minuten aufs neue; der ausgeschnittene Kopf bewegte zehn Minuten lang die Kiefer, rührte sich aber ebensowenig wie irgend ein anderer Leibestheil bei der Anwendung von Zink und Silber. Bei anderen Thieren pflegen die Erscheinungen umgekehrt zu sein. Man hat geglaubt, man müsse, um einen Schlag zu fühlen, eine Kette bilden, also mit zwei Punkten des Fisches in Berührung kommen; allein man empfängt den Schlag, auch wenn man auf einem Nichtleiter steht und den Fisch nur an einer Stelle berührt. Thut man dies vermittels trockenen Holzes, so fühlt man nichts; stellt man sich auf dieses nichtleitende Holz und reizt man ihn mit einem Drahte, so empfindet man die Schläge im Arme und im Knie, ohne daß man den Durchgang durch die Schenkel merkt. Hierdurch unterscheiden sich also die Aale vom Zitterrochen. Hält man diesen auf eine Metallplatte, so fühlt man nichts, wohl aber, sobald man mit der anderen Hand sein elektrisches Organ berührt. Glas, Siegellack, Schwefel oder trockenes Holz leiten nicht, Zink am besten, Gold, Eisen, Silber, Kupfer, der Reihenfolge nach, schwächer. Berühren sich zwei Personen, so fühlen oft beide die schwachen Ströme, einen starken aber nur diejenigen, welche mit dem Fische in Verbindung stehen. »Der Schlag geht nicht durch das Wasser, wenn man auch den Finger bis einen Millimeter dem Fische nähert.« Frühere Beobachter sagen gerade das Gegentheil. Van der Lot erzählt, ein Mensch habe nahe an dem Ende eines mit Wasser gefüllten Nachens, in welchem ein Zitteraal sich befand, seine Finger gesteckt und, als Lot den etwa sechs Meter von jenem entfernten Zitteraal berührt, einen Schlag gefühlt. Auch Bancroft versichert, erfahren zu haben, daß der Schlag auf drei Meter weit im Wasser wirke. Humboldt erklärt den scheinbaren Widerspruch durch die Annahme: alles hängt vom Belieben des Thieres ab. Einen ihm genäherten Draht fühlt der Aal nicht, sieht aber wohl die Fische und schickt ihnen durch das Wasser eine

Ladung zu, wenn ihm danach gelüstet. Mehrere Zitteraale, in einen Raum gesperrt, vertragen sich gut, können einander auch nichts anhaben, wie man erfährt, wenn man vermittels eines Drahtes den Schlag des einen auf den anderen überführt. Steckt man eine Zinkplatte in einen Einschnitt der Brustflosse und berührt man die Spitze der Platte mit Silber, so geräth das ganze Thier in Krämpfe, ohne daß der Mensch, durch welchen der Strom geht, selbst etwas empfindet; mithin muß die Elektricität des Thieres unendliche Male größer sein als die fremde Elektricität, welche seine Muskeln in Bewegung setzt. Der Schmerz des Thieres muß dabei groß sein, weil es sich so gewaltig krümmt und selbst den Kopf aus dem Wasser herausstreckt. Sachs, welcher, hauptsächlich um den Zitteraal zu beobachten, Südamerika bereiste, ist durch jähen Tod leider verhindert worden, die hierüber gewonnenen Ergebnisse seiner Beobachtungen zu veröffentlichen, und läßt so noch manche Lücke offen, welche auszufüllen er sicherlich in hohem Grade befähigt war.

Der Zitteraal ist über einen großen Theil Südamerikas, namentlich über ganz Nordostbrasilien, Guayana und Venezuela, verbreitet, hält sich aber nur in Gewässern auf, welche eine Wärme von sechsundzwanzig bis siebenundzwanzig Grad haben, meidet daher Gebirge, in deren kälterem Wasser seine Kraft bedeutend abnehmen soll, so gut wie gänzlich. Sein Wohngebiet scheint sich mehr oder weniger auf die Gewässer der Llanos zu beschränken. Laut Sachs sind schmale, schlammige, in dunklem Schatten gelegene Bäche oder Lachen Lieblingsplätze von ihm. Hier liegt er, wenigstens übertages, auf dem Grunde des Gewässers, steigt jedoch in Zwischenräumen von durchschnittlich einer halben Minute zur Oberfläche empor, streckt die Mundöffnung aus dem Wasser heraus, schluckt mit hörbarem Geräusche Luft ein und taucht sofort wieder unter, wobei die verbrauchte Luft durch die Kiemenspalten entweicht. Wirkliche Kiemenathmung findet, nach eingehenden Beobachtungen des genannten, niemals statt; die Eingeborenen erkennen daher das Vorhandensein eines Zitteraales gerade an diesem deutlich vernehmbaren

Athemschöpfen. Mit Eintritte der Dunkelheit beginnt unser Fisch sich zu regen und zu jagen. Seine elektrische Batterie stempelt ihn zu einem weit furchtbareren Feinde seiner geschuppten Klassengenossen, als der gefräßigste Raubfisch ist. Er frißt alle für ihn verschlingbare Beute, welche in das von ihm bewohnte Gewässer geräth, Fische wie Krabben oder in das Wasser fallende Kerbthiere. Unter wellenförmig schlängelnden Bewegungen seiner weichhäutigen, dem Kiele eines Schiffes vergleichbaren Afterflosse und mit Unterstützung seiner kurzen Brustflossen schwimmt er entweder geradeaus oder in sanftem Bogen dahin, zierlicher als irgend ein anderer Fisch und mit gleicher Meisterschaft rückwärts wie vorwärts, indem er die Wellen auf erstgenannter Flosse ebenso gut von hinten nach vorne wie von vorne nach hinten laufen lassen kann. In der Nähe eines von ihm verfolgten Opfers angelangt, entladet er einen seiner lähmenden Schläge, und die Wirkung desselben ist eine so heftige, daß einen Augenblick später alle Fische und Krabben innerhalb des Bereiches jenes Schlages sofort umgewendet und regungslos umhertreiben. Nunmehr wählt er ein ihm zusagendes Opfer und verschluckt es mittels einer heftigen Saugbewegung, welche knallähnliches Geräusch hervorruft. Mit Beginne der Trockenheit wühlt er sich, wie neuerdings auch Bates beobachtete, tiefe, runde Löcher in den Schlamm, indem er sich beständig im Kreise herumdreht. In diese Löcher zieht er sich zurück, wenn das Wasser seines Wohnortes zu versiegen droht, und es ihm nicht möglich war, rechtzeitig auszuwandern. Letzteres thut er, falls er kann, jedesmal; denn er ist nicht befähigt, über Land zu wandern, nicht einmal im Stande, im feuchten Schlamme zu entrinnen, geht vielmehr ebenso gut wie andere Fische zu Grunde, wenn er von anderen Tümpeln abgeschnitten wurde.

Über die Fortpflanzung konnte Sachs ebensowenig wie seine Vorgänger Beobachtungen anstellen oder sammeln. Als bemerkenswerth hebt er hervor, daß die Zitteraale die Neigung haben, unter Umständen je nach dem Geschlechte in Banden sich zu vereinigen; einmal wenigstens fing unser Gewährsmann nur

Männchen, ein anderes Mal ausschließlich Weibchen. Bei letzteren fand er im Februar legreife Eier von einem bis zwei Millimeter Durchmesser vor. Sachs spricht die Vermuthung aus, daß diese zeitweilige Absonderung der Geschlechter in Beziehung zum Laichgeschäfte stehen möge; es ist jedoch nicht recht einzusehen, inwiefern dies der Fall sein könnte, falls nicht die Angabe der Eingeborenen Guayanas, der Zitteraal bringe lebende Junge zur Welt, trotz des Befundes von Sachs dennoch auf Wahrheit beruht.

Von den Eingeborenen wird der Zitteraal gefürchtet und gehaßt. Das ungemein grätenreiche Muskelfleisch schmeckt zwar nicht besonders gut, jedoch auch nicht ganz schlecht; das elektrische Organ aber ist schmierig und hat einen unangenehmen Geschmack; man sondert es daher vorsichtig von dem übrigen ab und wirft es weg. Um so sorgsamer bewahrt man die Wirbelsäule des Fisches auf; denn ihr, beziehentlich einem aus ihr bereiteten Pulver, schreibt man geburtbefördernde Wirkungen zu und verfehlt nie, bei schweren Entbindungen dieses Mittels sich zu bedienen. Gehaßt wird der Zitteraal, wie Humboldt uns belehrt, weil man es ihm vorzüglich zuschreibt, daß die Sümpfe und Teiche der Llanos so fischarm sind. Ein Zitteraal tödtet ihrer viel mehr, als er verzehrt. Die Indianer erzählen, wenn man in sehr starken Netzen junge Krokodile und Zitteraale zugleich fange, so sei an letzteren nie eine Verletzung zu bemerken, weil jene die Krokodile lähmen, ehe sie ihnen etwas anhaben können. Alle Bewohner der Gewässer fliehen die Gesellschaft dieser Fische: Eidechsen, Schildkröten und Frösche suchen Sümpfe auf, in denen sie vor ihnen sicher sind. Bei Uritucu mußte man einer Straße eine andere Richtung geben, weil die Zitteraale in einem Flusse sich so vermehrt hatten, daß alle Jahre eine Menge Maulthiere, welche mit ihrer Last durch den Fluß zu waden hatten, umkamen. Frösche, Schildkröten und andere Lurche oder Kriechthiere, welche man zu gefangenen Zitteraalen setzt, versuchen so eilig wie möglich aus der gefährlichen Nachbarschaft zu entrinnen. Auch Sachs fand in einem Tümpel einzig und allein Zitteraale, keinen anderen Fisch weiter, und folgert gewiß mit Recht, daß jene sämmtlich diesen zum Opfer gefallen sein mußten.

Über gefangene Zitteraale liegen viele Berichte vor, da sie nicht allein von reisenden Forschern in ihrer Heimat beobachtet, sondern lebend auch nach Europa gebracht, namentlich im Londoner Thiergarten gepflegt worden sind. Ich will mich auch bei Besprechung dieses Gegenstandes auf Sachs berufen. Der Fang selbst geschieht heute nicht mehr wie zu Humboldts Zeiten, sondern mit Netzen, gegen welche die Fische getrieben werden. Man rechnet auf ihre Neugierde, wirft Steinchen ins Wasser, um sie herbeizulocken, sperrt hierauf mittels eines Netzes einen Theil des Flüßchens oder Baches ab und schleppt ein weiter flußaufwärts eingesenktes, unten mit bleiernen Gewichten beschwertes Netz dem ersten zu. »Vergebens«, schildert Sachs, »schleudert jetzt der zornige Zitteraal seine Donnerkeile; doch todte Fische und Frösche, welche plötzlich auf der Oberfläche erscheinen, sowie mancher Ach- und Wehruf der im Wasser stehenden Fischer verkünden die Kraft seiner elektrischen Schläge. Er ist umringt, wird zwischen den beiden Netzen aus dem Wasser gehoben und zappelt auf dem Sande.« Hier wälzt er sich lebhaft schlängelnd umher und sucht nach dem Wasser zu entkommen. In ein enges Gefäß gebracht, schwimmt er unruhig im Kreise herum und versucht, über den Rand hinweg zu entschlüpfen, was ihm auch nicht selten gelingt. Sobald er aber in ein weites, bequemes Becken versetzt ist, ergibt er sich in sein Schicksal, streckt sich geradlinig aus und verharrt in der Regel während des ganzen Tages, abgesehen von seinen Athembewegungen, unthätig am Boden, sucht hier auch die dunkelsten Stellen auf. Mit Beginne der Nacht wird er lebendig. Plötzliche Erleuchtung seines Beckens versetzt ihn jetzt in höchste Erregung. Obwohl im Stande, wochenlang zu hungern, zeigt er sich doch ungemein gefräßig, falls er über eine beliebige Menge von Nahrung verfügen kann. Wenn Sachs seinen Pfleglingen junge Fische oder Krebse in ihr Becken warf, begann sofort eine ergötzliche Jagd. Meist reichte ein einziger Schlag hin, die Opfer zu lähmen;

mitunter jedoch gelang es den verfolgten Thieren, sich im Sprunge über die Wasserfläche zu erheben; dann schwang sich nicht selten auch der Verfolger blitzschnell aus dem Wasser und erhaschte seine Beute im Sprunge, um sie sodann wie üblich mit Stumpf und Stiel zu verschlingen. Daß die Schläge eines Zitteraales seine Artgenossen vollständig gleichgültig lassen, stellte auch Sachs durch eingehende Beobachtungen unumstößlich fest.

Wie viel wir noch in der Thierkunde zu lernen haben, beweist schlagend einer unserer verbreitetsten und gemeinsten Flußfische, der Aal. Seit Aristoteles' Zeiten zerbrach man sich den Kopf über seine Fortpflanzung, und noch heutigen Tages hat diese Frage nicht vollständig gelöst werden können. So hat man geglaubt, daß Pferdehaare, welche ins Wasser geworfen würden, nach und nach aufschwellen und junge Aale hervorbringen sollten, und ähnliches mehr. »Schneidet«, sagt Helmont, »zwei mit Maithaue benäßte Rasenstücke aus, legt eines auf das andere, die begrasten Seiten einwärts, gebt sie der Sonnenhitze preis, und in wenigen Stunden wird eine große Anzahl junger Aale erzeugt worden sein.« Selbstverständlich belächeln wir heutzutage derartige Sagen. Allerdings kennen wir die Art und Weise noch immer nicht, wie die Aale sich fortpflanzen, weil wir hierüber noch keine Beobachtungen anstellen konnten; wohl aber wissen wir so viel, daß auch sie Eier legen, und dürfen getrost annehmen, daß ihre Erzeugung sich von der vieler anderen Fische wenig oder nicht unterscheiden wird.

INSEKTEN

Der Mistkäfer

Wie wir überall Ausnahmen von der Regel finden, so kommen Käfer und Larven vor, welche sich von Aas ernähren. Abgesehen von den zahlreichen Sippen und Untersippen, lassen sich die Blatthörner in zwei Horden bringen, in die Mistkäfer und Laubkäfer, wenn wir eine annähernde deutsche Bezeichnung von der Lebensweise der Thiere entlehnen wollen. Um nicht zu ausführlich zu werden, übergehen wir die Unterschiede zwischen diesen beiden Horden, welche umständlich auseinandergesetzt werden müßten.

Die Mistkäfer im engeren Sinne (Coprophaga) bestehen zum größten Theile aus kleinen oder mittelgroßen Kerfen, welche, wie ihre Larven, im Miste und zwar vorzugsweise dem der Hufsäugethiere leben, durch ihren scharfen Geruchssinn aus weiter Ferne jede frische Bezugsquelle wittern, sofort herbeigeflogen kommen und in kürzester Zeit eine solche Stätte bevölkern. Die unter dieser entstehenden größeren oder kleineren Löcher deuten an, daß der Boden von ihren Gängen unterminirt und die Nester für ihre Brut angelegt wurden, welche von gewissen Arten hier in der Erde, mit Nahrung von oben her versorgt, ihren Aufenthalt angewiesen bekommt, von anderen in dem Düngerhaufen selbst.

Der heilige Pillendreher (Ateuchus sacer) ist ein in biologischer wie in archäologischer Hinsicht höchst interessanter Käfer, welcher die Mittelmeerländer bewohnt und in dem Thierkultus der alten Egypter eine Rolle gespielt hat. Sie fanden nämlich im Treiben und in der Gestalt des Käfers das Bild der Welt, der Sonne und des muthigen Kriegers, so daß sie ihn auf Denkmälern darstellten und, in kolossalem Maßstabe aus Stein gehauen (die sogenannten »Scarabäen«), in ihren Tempeln aufstellten. Älian sagt: »Die Käfer (cantharos nennt er sie) sind sämmtlich männlichen Geschlechts; sie bilden aus Mist Kugeln, rollen sie fort, bebrüten sie achtundzwanzig Tage, und nach deren Ablauf kriechen die Jungen aus«, während Plinius von ihnen erzählt: »Sie machen ungeheure Pillen aus Mist, rollen sie rückwärts mit den Füßen fort und legen kleine Würmchen (sind Eier gemeint) hinein, aus denen neue Käfer ihrer Art entstehen sollen, schützen sie auch vor der Kälte des Winters«.

Gegen das viertägige Fieber soll man, wie er an einer anderen Stelle anführt, neben verschiedenen anderen Mitteln, welche die klinische Heilkunde vorschreibt, auch den Käfer, welcher Pillen dreht, an sich binden. Dergleichen kindliche Vorstellungen hatten die Alten von der Entwickelungsgeschichte eines Mistkäfers!

Wir können uns nach Angabe jener Faseleien nicht versagen, unseren Lesern dieses Wunderthier nun in seiner natürlichen Gestalt und in seiner richtig gewürdigten Lebensweise vorzuführen, und bemerken in Bezug auf erstere, daß der halbkreisförmige Kopf mit tief sechszähnigem Vorderrande, das vollständig in eine obere und untere Hälfte getheilte Auge jederseits, die neungliederigen Fühler, die seitlich nicht ausgebuchteten Flügeldecken, welche sich hinten abstutzen und den Steiß freilassen, der Mangel der Füße an den fingerförmig gezähnten Vorderschienen, der eine Enddorn an den übrigen sehr schlanken und die sechs Bauchringe die Gattung charakterisiren, dagegen zwei Höckerchen an der Stirn, die innen an der Wurzel gekerbten Vorderschienen, die glatte Steißplatte, schwache Längsriefen der Flügeldecken, schwarze Fransen an Kopf, Halsschild und Beinen, rothbraune an den weiblichen Hinterschienen und die schwach glänzende schwarze Farbe des platten Körpers die genannte Art. Sie, wie alle Pillendreher, haben ihren Namen von den pillenähnlichen Kugeln erhalten, welche sie für ihre Nachkommen anfertigen. Wie bei den Todtengräbern beide Geschlechter für deren Unterkommen Sorge tragen, nicht bloß das Weibchen, so auch hier. Zuerst wird von einem der beiden Ehegatten der zur Pille bestimmte Theil des Mistes, besonders Kuhdüngers, mittels des strahligen Kopfschildes vom Haufen abgetragen, mit Hülfe der Beine geballt, von dem Weibchen mit einem Eie inmitten beschenkt und nun gewälzt, indem der eine Käfer mit den Vorderbeinen zieht, der andere mit dem untergestemmten Kopfe nachschiebt.

Durch diese Behandlung wird nach und nach das anfangs weiche und unebene Stück zu einer festen und glatten Kugel von nahezu fünf Centimeter Durchmesser. Kleinere Arten drehen kleinere Pillen. Sodann graben die Käfer eine tiefe Röhre, in welche sie die fertige Kugel versenken. Das Zuwerfen der Röhre beschließt die mühevolle Arbeit, welche nöthig war, um einem Nachkommen seine Stätte zu bereiten. Ein zweites, drittes Ei usw. bedingt dieselbe Arbeit, mit welcher die kurze Lebenszeit ausgefüllt wird. Entkräftet von der Arbeit bleiben die Käfer zuletzt am Schauplatze ihrer Thaten liegen und verenden.

In der vergrabenen Kugel erblüht neues Leben, das Ei wird zur Larve, und diese findet den hinreichenden Vorrath, um dadurch zu ihrer vollen Größe heranzuwachsen. Diese Larve bedarf mehrere Monate zu ihrer Entwickelung. Im nächsten Frühjahre arbeitet sich der fertige Käfer aus seiner Geburtsstätte hervor, und die jungen Pärchen, dem Beispiele ihrer Eltern folgend, das sie ihnen nicht mit eigenen Augen ablauschen konnten, drehen Pillen in gleicher Weise und gleicher Absicht, wie jene. Es können aber auch Thätigkeiten anderer Art vorkommen. Höchst interessant ist die Mittheilung eines deutschen Malers. Derselbe beobachtete bei seinen ländlichen Streifzügen in Italien einen Käfer (die Art wird nicht näher bezeichnet), welcher auf etwas unebenem Untergrunde mit dem Rollen seiner Kugel beschäftigt war. Unglücklicherweise gerieth dieselbe hierbei in eine Grube, die alle Anstrengungen des Käfers, jene wieder herauszurollen, scheitern ließ. Derselbe, im Bewußtsein seiner Ohnmacht, begab sich nach einem benachbarten Dunghaufen, verschwand in demselben, kam aber bald wieder hervor – in Begleitung von drei anderen seinesgleichen. Alle vier Käfer arbeiteten nun mit gemeinsamen Kräften, um die Hindernisse hinwegzuräumen, und es gelang ihnen endlich, die Kugel aus der

Versenkung herauszufördern. Kaum waren ihre Bemühungen mit dem gewünschten Erfolge gekrönt, so verließen die drei Gehülfen den Ort und begaben sich in dem ihnen eigenen steifbeinigen Marsche nach ihrer Wohnstätte zurück. Können wir auch hierin, wie etwa in dem angeborenen Pillendrehen, eine bloße Naturnothwendigkeit, einen »Instinkt« erkennen, oder zeugt diese Handlungsweise nicht von bewußtem, eine gewisse Überlegung voraussetzendem Handeln? Man erinnere sich jener Todtengräber, welche den Stab umwühlten, an dem der Maulwurf hing und daher nicht einsinken wollte; man denke an jenen Laufkäfer, der zur Bewältigung eines Maikäfers sich ebenfalls einen Gefährten herbeiholte, und man sieht, daß jene Beobachtung an den Pillendrehern nicht vereinzelt dasteht.

Livingstone erzählt von einer Art aus Kuruman, in der Volkssprache »Skanvanger-Beete« genannt, wahrscheinlich auch ein Ateuchus, welcher die Dörfer rein und sauber erhält, indem er den frischen Mist sofort zu Kugeln verarbeitet, nicht selten von der Größe eines Billardballes, und vergräbt. Wahrscheinlich auch ein Ateuchus, hieß es; denn es gibt noch mehrere andere Gattungen, welche eine gleiche Sorgfalt für ihre Nachkommen an den Tag legen und zum Schutze und zur Nahrung der Larve Pillen drehen, wie der langbeinige, Kalkboden liebende Sisyphus Schäfferi und andere. Ich besitze eine solche Pille, welche mir ein Freund aus Spanien mitgebracht hat; dieselbe ist nach und nach an der Luft vollkommen ausgetrocknet und so fest, daß sie durchgesägt werden mußte, um unter Erhaltung ihres Baues das Innere untersuchen zu können. Der Durchmesser beträgt 34 Millimeter, eine Schicht von 5,5 Millim. ist vollkommen dicht und bildet eine Kugelrinde, die Ausfüllung dagegen läßt das lokkere und faserige Gefüge des Düngers sehr wohl unterscheiden, und hat sich durch das Eintrocknen von der festen Schale gleichfalls in Form einer Kugel etwas abgelöst. Um das Ganze nicht weiter zu zerstören, mochte ich keine Gewalt anwenden, ohne welche nicht weiter vorzudringen ist. In der sehr hart gewordenen, faserigen Innenkugel befindet sich wahrscheinlich das vertrocknete Ei oder die in ihrer Jugend zu Grunde gegangene Larve, welche zu ihrer vollkommenen Entwickelung ohne Zweifel die ganze Innenkugel aufgezehrt haben würde, während die Kugelrinde der Puppe gleich einem Gehäuse zum Schutze gedient hätte.

Die Ameisen

Die Familie der Ameisen (Formicina) gehört zu den geselligen Aderflüglern, deren Gesellschaften sich zu gewissen Zeiten aus dreierlei Ständen zusammensetzen, den geflügelten Weibchen und Männchen und den stets ungeflügelten Arbeitern oder verkümmerten Weibchen. Die Ameisenstaaten sind, wie die der Honigbiene, mehrjährig.

Der Kopf der Ameise ist verhältnismäßig groß bei den Arbeitern, klein bei den Männchen. An ihm fallen die kräftigen Kinnbacken am meisten in die Augen; die Zunge gelangt nicht zu der Entwickelung wie bei den übrigen geselligen Immen.

Der Hinterleib besteht aus sechs, beim Männchen aus sieben Ringen und ist immer in einer Weise gestilt, daß man bei seiner Formbestimmung den Stiel für sich und den Hinterleib für sich, jenen also für ein besonderes Mittelgebilde zu betrachten pflegt, welches dem Hinterleibe entschieden eine große Beweglichkeit verleiht. Durch diese Theile, durch den kleinen Kopf, längere und dünnere Beine, schmälere Kinnbacken und der vermehrten Gliederzahl unterscheiden sich die Männchen leicht von ihren Weibchen, verlieren auch nach dem Schwärmen die Flügel nie, wie diese. Die weiblichen und arbeitenden Ameisen, bissige Geschöpfe, lassen eine kräftige, nach ihnen benannte Säure in die Wunde fließen und zwar aus der zu diesem Zwecke nach vorn gebogenen Hinterleibsspitze, andere führen, wie die Stechimmen, einen Stachel und wehren sich mit diesem. In beiden Fällen erzeugt die der Wunde mitgetheilte Ameisensäure Brennen und schwache Entzündung.

Die wurmförmigen, fußlosen, durchaus unselbständigen Larven können sich nicht von der Stelle bewegen und müssen gefüttert werden. Sie sind in ihrer ersten Jugend von allen Ständen übereinstimmend und unterscheiden sich nur später durch unbedeutende Formveränderungen, auffälliger aber durch die Größenverhältnisse. Mag der Unterschied zwischen Männchen und Weibchen im Eie verborgen liegen, der zwischen Weibchen und Arbeitern in ihren verschiedenen Formen bildet sich wahrscheinlich erst im Larvenstande aus, durch welche Verhältnisse aber, wissen wir nicht; denn daß es durch veränderte Kost sei, wie bei der Honigbiene, läßt sich darum nicht annehmen, weil diese immer nur in Flüssigkeitstropfen der fütternden Arbeiter besteht: die reife Larve fertigt bei den einen ein längliches, schmutzig weißes oder bräunliches Gespinst, in welchem sie zu einer gemeiselten Puppe wird. Diese eingehüllten Puppen bilden unter dem falschen Namen der »Ameiseneier« als beliebtes Futter für gewisse Stubenvögel einen Handelsartikel. Andere spinnen niemals und wieder andere halten insofern die Mitte zwischen beiden, als sich nackte und eingehüllte Puppen beisammen im Neste finden. In einem solchen Falle ist die Spinnfähigkeit der Larven erwiesen, und anzunehmen, daß diejenigen, welche nicht spinnen, durch die Fütterung oder durch sonstige Verhältnisse nicht hinreichenden Spinnstoff in ihren Drüsen zur Entwickelung bringen konnten.

Wie alle Aderflügler, so ernähren sich auch die Ameisen nur von süßen Flüssigkeiten, welche ihnen die verschiedensten Gegenstände, Obst, Pflanzensäfte aller Art, Fleisch, saftige Thierleichen, in erster Linie aber die Blatt- und Schildläuse in ihren Exkrementen und erstere außerdem aus den sogenannten Honigröhren liefern. Daher finden sich Ameisen auch immer zahlreich da ein, wo die Blattläuse hausen, und gehen ihnen nach, wo sie sich auf Pflanzen einstellen. Ebenso füttern sie nur mit wasserhellen Tropfen, welche sie aus dem Munde treten lassen, die Larven, die Männchen und Weibchen ihres Nestes, oder einen anderen Arbeiter ihrer Gesellschaft, der sie anbettelt. Vorräthe tragen sie daher nicht ein, wie die Honigbienen und andere gesellige Blumenwespen. Außer der bezeichneten Nahrung bedürfen sie einen gewissen Feuchtigkeitsgrad zu ihrem Gedeihen, und dieser bestimmt auch den Ort ihrer Nestanlage.

Die meisten Ameisennester finden sich in der Erde. Je kleiner die Gesellschaft, desto einfacher das Nest; je größer, desto mehr Gänge und Hohlräume dehnen sich in der Ebene und in Stockwerken über einander aus und bilden ineinander verlaufende Irrgänge, welche durch Wände, Pfeiler, Stützen der stehen gebliebenen oder hier und da aufgebauten Stoffe (Erde, Holz) von einander getrennt und gestützt werden. Bestimmte Wege führen nach außen, oft in weitere Entfernungen, und stellen die Verbindung des Nestes mit den Weideplätzen der Bewohner her. Nicht selten findet man größere Bodenflächen mit zahlreichen Nestern einer und derselben Art besetzt, welche alle unter einander in Verbindung stehen, während umgekehrt unter einem Steine zwei bis drei Arten von Ameisen in so naher Nachbarschaft leben, daß sich die Gänge der einen zwischen die der anderen winden und dennoch Scheidewände die einzelnen Baue vollkommen von einander abschließen.

Nicht nur das Bauen und Erhalten der Nester, sondern auch die häuslichen Geschäfte fallen den Arbeitern anheim, und diese sind, wie wir sogleich sehen werden, hinsichtlich der Fürsorge für die Brut wahrlich keine leichten. Bei denjenigen Ameisen, deren Arbeiter in verschiedenen Formen auftreten, scheint bis zu einem gewissen Grade Arbeitstheilung einzutreten, wenigstens hat man beobachtet, daß die großköpfigen, sogenannten Soldaten, welche bei den Streifzügen nicht die Vertheidiger, sondern mehr die Ordner und Führer bilden, mit ihren größeren Kinnbacken das Fleisch und die sonstige Beute zerschroten und die zarter gebauten Arbeiter dadurch in die Lage versetzen, ihren Kräften entsprechende Stückchen wegschleppen zu können. Überdies können wir oft genug beobachten, daß da, wo für den einzelnen Arbeiter die Kraft nicht ausreicht, ein zweiter und dritter zu Hülfe kommt und mit vereinten Kräften oft unmöglich scheinendes erreicht wird. In der Vereinigung fühlt sich die Ameise überhaupt nur stark und zeigt nur dann ihren vollen Muth und ihre Kampfeslust, wenn sie auf Beihülfe von ihresgleichen rechnen kann; als einzelne oder fern vom Neste weicht sie jedem Zusammenstoße gern aus.

Die Brutpflege erstreckt sich hier auf Eier, Larven und Puppen. Erstere, frisch gelegt, sind länglich, weiß oder lichtgelb, schwellen aber vor dem Ausschlüpfen an, biegen sich an dem einen Ende etwas und werden glasig. Nachdem sie vom Weibchen in einer Kammer auf ein Häufchen gelegt worden sind, werden sie von den Arbeitern wieder aufgenommen, fleißig beleckt, wie es scheint, hierdurch mit einer nährenden Feuchtigkeit versehen, in ein oberes Stockwerk des Hauses aufgehäuft, wenn es warm wird, oder tiefer geschafft, wenn die Witterung rauh und unfreundlich ist. Dasselbe wiederholt sich mit den Larven, die außerdem mit den ausgebrochenen Tropfen gefüttert, beleckt und von dem anhaftenden Schmutze gereinigt werden. Auch die Puppen werden den ihrem Gedeihen entsprechenden Witterungsverhältnissen nach umgebettet, hier- und dorthin getragen, und wer hätte nicht schon gesehen, wie beim Aufheben eines Steines, unter welchem sie während des Sonnenscheines an der Oberfläche des Baues liegen, die sorgsamen Pflegerinnen sogleich heraufgestürzt kommen, eine ergreifen und damit eiligst im Inneren der Gänge verschwinden, um sie vor der Störung von außen zu schützen und in Sicherheit zu bringen. Als Trage dienen bei diesen Arbeiten die Kinnbacken; in der Eile wird auch einmal eine Bürde verloren, und da sind es die Fühler, welche allein nur das Wiederauffinden vermitteln. Selbst dann noch, wenn die junge Ameise im Begriffe steht, ihre Puppenhülle zu verlassen, sind die Schwestern hülfreich bei der Hand, zerreißen das Gespinst und unterstützen das Befreiungswerk, welches in allen anderen Fällen dem neugeborenen Kerbthiere allein überlassen bleibt. Somit erreicht bei den Ameisen die Brutpflege den höchsten Grad der Entwickelung unter allen gesellig lebenden Hautflüglern. Bedenken wir nun, daß ohne Beihülfe von Flügeln die eigene Nahrung und durch sie der Überschuß für die Brut zu bestimmten Zeiten für die zahlreichen Weibchen und Männchen herbeigeschafft werden muß, die alle nicht selbst für ihre Erhaltung sorgen, daß die Anlage, Erweiterung und Erhaltung des Nestes, alle diese mühsamen Verrichtungen dem Arbeiterstande zufallen, so ist es eben nur durch dessen Emsigkeit möglich, den schweren Pflichten nachzukommen, und er würde schließlich der Arbeit unterliegen, wenn nicht durch das Schwärmen der Überfüllung des Nestes und einer Überbürdung der Arbeiter von der Natur vorgebeugt worden wäre; doch hiervon später.

Im weiteren Verlaufe einer allgemeinen Schilderung des Ameisenlebens können wir uns nur an einzelne, besonders auffällige Erscheinungen halten, da es sich nicht nur bei einer und derselben Art je nach den äußeren Verhältnissen (Örtlichkeit, Jahreszeit, Witterungsverhältnisse usw.), sondern in noch viel höherem Maße bei den verschiedenen Arten außerordentlich mannigfach gestaltet und, wollen wir ehrlich sein, zum großen Theile nur stückweise und noch sehr unvollkommen zu unserer Kenntnis gelangt ist. Die Lebensdauer einer vollendeten Ameise läßt sich am schwierigsten feststellen, allenfalls vergleichungsweise behaupten, daß die der Männchen, welche nur der auf bestimmte Zeiten fallenden Fortpflanzung dienen, die kürzeste und die der befruchteten Weibchen länger als die der sich aufreibenden Arbeiter sein werde. Man nimmt an, daß die Stammmütter bis wenig mehr als ein Jahr ihr Leben fristen können. Dieselben leben öfters in Mehrzahl in einem Neste, da sie die Eifersucht der Bienenköniginnen nicht kennen, geflügelte, also noch nicht befruchtete Weibchen und Männchen finden sich meist nur zu bestimmten Zeiten.

Zunächst wird es den Männchen, die zu Luftthieren geboren sind, in den unterirdischen Räumen zu eng, sie lustwandeln auf der Außenfläche des Haufens umher, besteigen Gräser und andere Pflanzen in der nächsten Nachbarschaft und verrathen große Unruhe. Zwischen ihnen erscheinen Arbeiter, fassen sie mit den Zangen und suchen sie in das Nest zurückzubringen. Diese Aufregung währt einige Tage, dann aber bietet sich dem Blicke des Beobachters ein überraschendes Schauspiel, eine Hochzeit der Ameisen dar. Nichts Menschliches gibt einen Begriff von dem wirbelnden Aufbrausen, von dem man nicht weiß, ob es Liebe, ob es Wuth bedeute. Zwischen dem Volke wilder

Brautpaare, welche von nichts zu wissen scheinen, irren Ungeflügelte umher und greifen besonders die an, welche sich am meisten verwickelt haben, beißen sie, zerren sie so stark, daß man meinen sollte, sie wollten sie vernichten. Das ist aber nicht ihre Absicht, sie wollen sie vielmehr zum Gehorsam, zu sich selbst zurückbringen. Diese Jungfrauen überwachen also die Liebenden und führen eine strenge Aufsicht über die Vorfeier der Hochzeit, dieses wahre Volksfest. Jetzt grenzt die Wildheit an Raserei: in taumelndem Wirbel erheben sich die Männchen, nach ihnen die Weibchen und in wechselndem Auf- und Absteigen gelangen sie zu bedeutenden Höhen. Die Männchen stürzen sich auf ein Weibchen, von den kleineren bisweilen mehrere gleichzeitig, und verbinden sich mit ihm. Ein höherer Gegenstand dient ihnen gewissermaßen als Wahrzeichen bei diesem Gaukelspiele: ein Baumgipfel, eine Thurmspitze, ein Berggipfel, selbst ein einzelner Mensch in einer ebenen Gegend. So geschah es Huber, dem wir so viel über die Sitten der Ameisen verdanken, daß ein Schwarm sich über seinem Haupte langsam mit ihm fortbewegte. Wie lästig sie bei dieser Gelegenheit werden können, erfuhr ich 1869 in Gesellschaft einiger Damen. Als wir die dunkle Treppe in dem Aussichtsthurme des Kynast hinaufkrochen, warnten herabkommende Reisende wegen eines Ameisenschwarmes vor dem weiteren Vordringen. Wir wollten jedoch den herrlichen Blick auf das Hirschberger Thal von jenem Punkte aus kennen lernen und gingen muthig weiter. Die Tausende von Ameisen, welche sich an uns setzten, namentlich an eine lichtgekleidete Dame, verkümmerten uns den Aufenthalt da oben ungemein; denn hier und da, wo sie auf die bloße Haut kamen, zwickten sie in das Fleisch und bewiesen in jeder Hinsicht eine ungewöhnliche Aufgeregtheit. Dergleichen Erfahrungen kann man ab und zu in der beliebten Reisezeit auf allen Aussichtsthürmen machen. Am 4. August 1856 regnete es bei St. Saphorin in der Schweiz Myriaden schwarzer, geflügelter Ameisen. Am 10. August, abends 5 Uhr 20 Minuten bis 6 Uhr, wurde von Wattwyl bis Liechtenstein, der Thur entlang, eine von Südwest nach Nordost ziehende Wolke geflügelter Ameisen von schwarzbrauner Farbe in etwa dreihundert Fuß Höhe beobachtet. Zwischen beiden Orten löste sie sich auf und zertheilte sich auf Bäume, Häuser und Gräser. Im September 1814 berichtet ein englischer Chirurg vom Bord eines Schiffes, daß eine acht bis zehn Fuß breite Kolonne von sechs Zoll Höhe, bestehend aus großen Ameisen, das Wasser auf eine Strecke von fünf bis sechs (englischen) Meilen bedeckt habe. Auch die alten Chroniken erzählen von dergleichen Dingen. Am 2. August 1687, um 3 Uhr nachmittags, schwärmte eine solche Menge von Ameisen über dem Thurme der Elisabethkirche zu Breslau, daß das Volk sie für Rauch ansah und einen Brand fürchtete. Kurz darauf wiederholte sich dieselbe Erscheinung um die übrigen Thürme; es dauerte aber kaum eine Stunde, so fielen sie zu Boden, daß man sie hätte haufenweise aufraffen können. Am 19. Juli 1679, gegen 2 Uhr, ist eine Wolke großer Ameisen über Preßburg geflogen und nach einer Viertelstunde so dicht heruntergefallen, daß man auf dem Markte keinen Fuß vorsetzen konnte, ohne einige Dutzend zu zertreten; sie hatten alle die Flügel verloren, schlichen langsam umher und waren nach zwei Stunden gänzlich verschwunden. Genug der Beispiele. Legen wir uns jetzt die zwei Fragen vor: Wie sieht es während der Schwärmzeit im Neste aus, und was wird aus den Schwärmern?

Bei den schon einige Tage vor dem Schwärmen bemerkbaren Bemühungen der Arbeiter, unter dem geflügelten Volke Ruhe und Ordnung wieder herzustellen, gelingt es doch, ein oder das andere Weibchen und Männchen zurückzuhalten, welche sich in der nächsten Nestnähe paaren. Eins oder einige solcher Weibchen sind es, die sie in das Nest zurückbringen, ihnen die Flügel abreißen, denselben alle Fürsorge erweisen, sie belecken, füttern und in gleicher Weise behandeln, wie Bienen es tun. Diese Stammmutter sorgt nun durch Eierlegen für das Fortbestehen des Nestes. Die Schwärmer gelangen entfernt vom Geburtsneste, wie wir bereits sahen, schließlich wieder auf die Erde, tausende und aber tausende werden eine Beute anderer Kerfe oder solcher

Thiere höherer Ordnungen, welche Geschmack an ihnen finden, oder die Männchen sterben nach wenigen Tagen planlosen Umherirrens einen natürlichen Tod, während die nicht verunglückten Weibchen Gründerinnen neuer Nester werden, sicher auf verschiedene Weise bei den verschiedenen Arten, auf welche aber, ist bisher noch bei keiner durch unmittelbare Beobachtung festgestellt worden. Zunächst entledigt sich das befruchtete Weibchen mit Hülfe seiner Beine der Flügel, gräbt sich an einem ihm passenden Plätzchen ein und legt Eier. Es liegt nun nahe, anzunehmen, daß es, wie die Wespen-, die Hummelmutter, für deren Entwickelung zu Arbeiterameisen Sorge trage und diesen die Nestanlage und alles weitere überlasse, für sich selbst nur das Eierlegen in Anspruch nehmend. Nie hat man aber eine vereinzelte Ameisenmutter mit Puppen angetroffen und nie hat es bei den verschiedensten Versuchen in der Gefangenschaft gelingen wollen, durch Vermittelung eines befruchteten Weibchens Arbeiterameisen zu erhalten. Infolge dieser Erfahrungen hat man gemeint, daß Arbeiter derselben Art ein »herabgeregnetes«, befruchtetes Weibchen aufgriffen und mit ihm eine neue Kolonie ins Leben riefen. Hierauf bezügliche Versuche sind aber gleichfalls mißglückt und jenes meist als fette Beute von Arbeitsameisen verzehrt worden. Somit bliebe die Frage über die Entstehung neuer Nester noch eine offene, und es wird bei der Gründung ebensowenig an der größten Vielgestaltigkeit fehlen, wie im übrigen Leben der so höchst interessanten kleinen Wesen. Aus diesem noch einige Züge mitzutheilen, ziehen wir für unsere Zwecke einer Unterscheidung zahlreicher Ameisenarten vor, wollen aber auch die folgenden Mittheilungen nur als eine Skizze betrachtet wissen. Es darf nicht Wunder nehmen, daß auch in den Ameisennestern fremde Einwohner vorkommen. Dieselben stehen in sehr verschiedenen Verhältnissen zu den Ameisen, aber entschieden in anderen als Schmarotzer.

Zunächst wohnen verschiedene Ameisenarten in einem Neste, eine Erscheinung, welche man mit dem Namen der gemischten Kolonien bezeichnet hat. In denselben sind zwei wesentlich von einander verschiedene Fälle auseinander zu halten. Entweder nämlich lebt die eine Art in ihren drei Formen in dem Neste der anderen und bildet ihren Gast, oder es finden sich nur Arbeiter einer anderen Art vor, welche von den Arbeitern des Nestes im Larven- oder Puppenstande aus einem anderen Neste geraubt worden sind, weshalb man die letzteren Raubameisen genannt hat.

Die Ameisenfreunde sind weitere Bewohner der Ameisennester. Mehrere Forscher haben diesen Gegenstand mit besonderer Vorliebe verfolgt und lange Verzeichnisse von diesen Thieren angefertigt, auch das Verhalten der Ameisen zu ihnen zu ermitteln sich bemüht. Hiernach lassen sich dieselben in drei Gruppen ordnen: 1. Ameisenfreunde, welche nur als Larven oder Puppen geduldet werden. 2. Ameisenfreunde, welche in ihrem vollkommenen Zustande in den Nestern anzutreffen sind, hier aber nicht ausschließlich. Dahin gehören beispielsweise diejenigen Blattläuse, welche nicht freiwillig, sondern, von den Ameisen hineingetragen, bei ihnen als »Milchkühe« leben müssen. Sie betasten dieselben mit ihren Fühlern, belecken sie und wissen ihnen durch allerlei Liebkosungen auch Saft aus den Honigröhren zu entlocken, sie zu »melken«, wie man dieses Verfahren kurz bezeichnet hat. Um dies bequemer haben zu können, entführen sie die wehrlosen, schwachen Thierchen in ihre Nester und legen dabei weniger mütterlichen Sinn, als ganz gemeine Selbstsucht an den Tag. 3. Ameisenfreunde, welche auf allen ihren Lebensstufen ausschließlich in den Nestern bestimmter Ameisen leben, ohne welche sie überhaupt nicht bestehen würden. Hierher gehört der gelbe Keulenkäfer.

Das geschäftige Treiben der Ameisen hat ihnen vor tausenden anderer Kerfe von jeher die regste Theilnahme derer abgenöthigt, welche überhaupt Sinn für solche Dinge haben, wie uns die zum Theil treffenden Bemerkungen der griechischen und römischen Naturforscher aus dem grauen Alterthume beweisen. Das Leben der Ameisen ist nach Plutarch gewissermaßen der Spiegel aller Tugenden: der Freundschaft, der Geselligkeit, Tapferkeit,

Ausdauer, Enthaltsamkeit, Klugheit und Gerechtigkeit. Kleanthes behauptet zwar, die Thiere hätten keine Vernunft, erzählt aber doch, er habe folgendes gesehen: Es wären Ameisen in die Nähe eines fremden Ameisenhaufens gekommen und hätten eine todte Ameise getragen. Aus dem Haufen wären nun dem Leichenzuge Ameisen wie zur Unterredung entgegengekommen, dann wieder zurückgegangen. Dies wäre zwei- bis dreimal geschehen. Endlich hätten die Ameisen aus dem Haufen einen Wurm hervorgeschleppt und hätten ihn den Trägern der Leiche übergeben, um letztere von ihnen loszukaufen. Diese hätten den Wurm angenommen und die Leiche dagegen abgelassen. – Jedenfalls bemerkt man überall bei sich begegnenden Ameisen, wie sie die Tugend der Bescheidenheit üben, indem alle, die leer gehen, den Beladenen ausweichen; wie sie ferner Dinge, die nicht gut fortzuschaffen sind, weislich theilen, so daß die Last dann auf mehrere vertheilt werden kann. Sie schützen mit außerordentlich kluger Berechnung die Körner vor dem Verderben: Volle Sicherheit vor Nässe können sie denselben nicht geben, und die natürliche Folge davon ist, daß sie weich werden und keimen wollen. Dem Keimen beugen sie dadurch vor, daß sie aus jedem Korne den Keim herausbeißen. – Es ist zwar unrecht, wenn man einen Ameisenhaufen öffnet und durchsucht, wie wenn man ihn anatomiren wollte, allein Leute, welche dies dennoch gethan, versichern, vom Eingange aus gehe kein gerader Weg in die inneren Gemächer, durch welchen dann auch andere Thiere hineinkriechen könnten; der Weg führe vielmehr vielfach gekrümmt und gebrochen in die drei Gemächer. Von diesen sei das eine die gemeinsame Wohnung, das zweite die Vorrathskammer, das dritte die Todtenkammer.

Plinius schreibt: »Wie groß ist ihre Anstrengung bei der Arbeit, wie anhaltend ihr Fleiß! Und weil sie, ohne von einander zu wissen, aus verschiedenen Gegenden Waaren zusammentragen, so haben sie bestimmte Markttage, an welchen allgemeine Musterung gehalten wird. Dann wimmelt's und grimmelt's und die einander Begegnenden befragen und besprechen sich mit großer

Sorgfalt. Man sieht Steine, in welche sie nach und nach Wege getreten haben und man erkennt hieraus, wie viel selbst die Emsigkeit schwacher Geschöpfe vermag. Die Ameisen sind, außer dem Menschen, die einzigen Thiere, welche die Todten begraben. In Sicilien gibt es nur ungeflügelte«.

Abgesehen von dem Begraben der Todten, welcher Irrthum möglicherweise dadurch entstanden ist, daß jede lahme oder hülfsbedürftige Ameise von den ihr begegnenden Schwestern in das Nest geschleppt und verpflegt wird, ist das Wesen der Ameisen schon von Alters her richtig erkannt und gewürdigt worden, vor allem ihre große Arbeitsamkeit, Klugheit und das Vermögen, Mittheilungen unter sich auszutauschen. Es sind in dieser Hinsicht in späteren Zeiten allerlei Ansichten laut geworden, eine Zeichensprache an verschiedenen Beispielen nachgewiesen und ziemlich allgemein angenommen, namentlich aber die Fühlhörner als das wichtigste Werkzeug zu der Aufnahme der Eindrücke von außen angesehen worden. Neuerdings meint Landois den Beweis geliefert zu haben, daß den Ameisen außerdem eine wirkliche Tonsprache zukomme, welche allerdings für das menschliche Ohr meist nicht warnehmbar sei.

Die Schmetterlinge

Die Schmetterlinge sind die bunten Lieblinge unserer naturforschenden Jugend. Die drei vollkommen verwachsenen Brustringe, der frei davor sitzende Kopf mit seinen geraden, immer deutlich bemerkbaren Fühlern, der durchweg mit Chitinmasse gepanzerte Körper und die vier Flügel, welche ihre Inhaber befähigen, den feuchten, unsaubern Erdboden zu verlassen und im lustigen Gaukelspiele die würzigen Lüfte zum gewöhnlichen Aufenthalte zu wählen, dies alles, aber auch außerdem das Verlangen nach Süßigkeit und nach den Perlen des Thaues, um das kurze Leben zu fristen, und die scharf geschiedenen drei Entwickelungsstufen haben die Schmetterlinge mit den Aderflüglern gemein.

Die Mundtheile sind saugende. Wie schon früher bemerkt, bildet hier der Unterkiefer, auf der Innenseite jeder Hälfte halbröhrenförmig ausgehöhlt, einen längeren oder kürzeren, aufrollbaren Saugapparat, die sogenannte Rollzunge, welche Bezeichnung freilich die Wissenschaft nicht billigen kann.

Die vier Flügel, deren vordere die hintersten an Größe in den meisten Fällen bedeutend übertreffen, werden in ziemlich gleichmäßiger Weise vorherrschend von Längsadern durchzogen.

Der »Naturselbstdruck«, in welchem auf verschiedenen Gebieten bisher die Wiener Staatsdruckerei das Beachtenswertheste im großen geleistet hat, wurde längst schon auf sehr einfache, aber wesentlich verschiedene Weise zum Übertragen von Schmetterlingen auf Papier angewendet. Dieses Verfahren hat gelehrt, daß in sehr vielen Fällen die Rückseite der Flügelschüppchen mit ihrer Oberseite übereinstimmt. Selbstverständlich kann man nur die Flügel auf Papier übertragen, den Leib mit den Fühlern und Beinen muß man mit dem Pinsel ergänzen. Wer sich ein Schmetterlings-Bilderwerk auf diese Weise selbst beschaffen will, merke folgendes. Eine nicht zu flüssige Lösung von recht reinem Gummi arabicum mit einem geringen Zusatze von Trachantgummi, welches jenem den Glanz benimmt, wird als Bindemittel benutzt. Man bestreicht nun, annähernd in der Form, welche etwa die vier Flügel eines gut ausgebreiteten Schmetterlings einnehmen würden, mit dieser Lösung das Papier in dünner Schicht, muß aber wegen des raschen Trocknens die Flügel, welche abgedruckt werden sollen, in Bereitschaft halten. Ein frisch gefangener Schmetterling eignet sich dazu am besten, ein alter muß auf feuchtem Sande erst aufgeweicht werden, weil seine Schuppen fester sitzen, als bei jenem. Mit Vorsicht gibt man nun, natürlich ohne zu schieben, den Flügeln auf dem Gummi die Lage, welche sie einnehmen sollen, läßt für den nachzutragenden Mittel- und Hinterleib den nöthigen Zwischenraum zwischen der rechten und linken Seite, legt dann ein Stück glattes Papier über die Flügel und reibt mit dem Fingernagel vorsichtig, damit keine Verschiebung möglich, unter mäßigem Drucke über die abzuklatschenden Flügel, alle ihre einzelnen Theile berücksichtigend. Ist alles in Ordnung, so muß man beim nachherigen Abheben der Flügel das Bild derselben auf dem Papier, keine Schuppe mehr auf der Innenseite dieser finden. Die über die Ränder hinausstehenden, das Auge möglicherweise verletzenden Fleckchen des Bindemittels lassen sich durch Wasser und Pinsel ohne Mühe entfernen. Dieses Verfahren kann man durch Umbrechen des Papiers, wenn man Vorder- und Rückseite zugleich haben will, in Kleinigkeiten abändern, wird aber bei Beachtung der Hauptsache und bei einiger Übung immer den gewünschten Erfolg haben.

Außer Mundtheilen und Flügeln, als den Trägern des Ordnungscharakters, verdienen auch die übrigen Stücke des Körpers eine wenigstens flüchtige Beachtung. Am zottig behaarten oder gleichfalls beschuppten Kopfe nehmen den größten Theil der Oberfläche die halbkugelig vortretenden, großen Netzaugen ein. Die vielgliederigen Fühler sind in den meisten Fällen borsten-

oder fadenförmig und werden für die Tagfalter durch eine knopfähnliche Anschwellung an der Spitze zu einem Erkennungszeichen. Auch hier sind es wieder die Männchen, welche durch einfache oder doppelte Reihen einfacher oder doppelter Kammzähne vor den Weibchen etwas voraus haben und hierdurch, wie zum Theil durch das lebhaftere Farbenspiel, durch schlankere, mehr Ebenmaß herstellende Gestalt des Hinterleibes für gewisse Fälle das Streben der Natur andeuten, dieses Geschlecht vor dem weiblichen zu bevorzugen.

Die Larven oder Raupen der Schmetterlinge kennt man vollständiger als diejenigen irgend einer anderen Kerfordnung, weil sich nirgends mehr, wie hier, die Laien der Erforschung unterzogen haben. Wir haben allen Grund, die einen ebenso wegen ihrer Schönheit zu bewundern, wie die anderen um ihrer Gefräßigkeit willen zu fürchten. Jede Raupe besteht außer dem hornigen Kopfe aus zwölf fleischigen Leibesgliedern. An dem Leibesende stehen mit wenigen Ausnahmen zwei fleischige und ungegliederte Füße nach hinten hervor, die sogenannten Nachschieber. Eine Raupe kann höchstens sechzehn, aber auch nur zehn, in sehr seltenen Fällen sogar nur acht Füße haben, ein Mehr kennzeichnet sie als Afterraupe einer Blattwespe. In Südamerika soll es indeß Schmetterlingsraupen mit zwanzig Beinen geben. Wo nur ein oder zwei Paare am Bauche vorkommen, wird der Gang ein eigenthümlicher, den Raum durchspannender, die Raupe streckt sich lang aus, und wenn sie mit dem Vordertheile Fuß gefaßt hat, zieht sie den Hinterkörper, die Mitte in eine Schleife biegend, nach, setzt die vordersten Bauchfüße hinter die hintersten der Brust, läßt letztere los, streckt den Vorderkörper lang vor und kommt auf diese Weise sehr schnell von der Stelle. Man nennt diese Raupen Spannraupen und ihre Schmetterlinge Spanner. Bei den einen ist die Haut nackt, oder so gut wie nackt, weil nur sehr vereinzelte Haare hier und da kaum bemerkbar sind, bei den anderen verdeckt ein dichtes Haarkleid den Untergrund, ein Haarkleid, welches, abgesehen von der Färbung, den verschiedensten Eindruck auf das Auge des Beschauers machen kann, je nach der Vertheilung, der Gedrängtheit und der Länge der Haare. Nicht selten stehen sie in Büscheln, welche auf diesem und jenem Gliede lang über die anderen hervorragen. Wir werden mit der Zeit einen Begriff von der unendlichen Mannigfaltigkeit bekommen, welche in Bezug auf die Gestalt und die äußere Erscheinung der Raupen überhaupt herrscht, und begnügen uns jetzt mit diesen kurzen Andeutungen, und fügen nur noch eins hinzu: der Kopf, welchen im wesentlichen zwei seitliche Hornschalen zusammensetzen, hat vollständig entwickelte beißende Mundtheile, und eine mikroskopische Öffnung in der Unterlippe, aus welcher der in den beiden Spinndrüsen sich entwikkelnde Spinnstoff in Form feiner Fäden entleert wird, da fast jede Raupe spinnen kann. An der vorderen Ecke jeder Schale steht eine Gruppe von fünf bis sechs Äugelchen und davor ein aus wenigen zapfenartigen Gliedern zusammengesetzter Fühler.

Auch in Ansehung der Lebensweise kommen größere Unterschiede vor, als man denken sollte. Die einen finden sich immer nur einzeln, weil die Eier vereinzelt wurden, die anderen für kürzere oder längere Zeit gesellschaftlich bei einander, mit oder ohne gemeinsames Gespinst, in welchem sie wohnen. Die meisten leben auf den Blättern der verschiedensten Pflanzen. Wie sie sich auf ihren Blättern einrichten, ist eine andere Frage, deren Beantwortung je nach der Art sehr verschieden ausfällt. Beim Fressen pflegt eine jede wenigstens mit dem vorderen Körpertheile auf dem Blattrande zu reiten, weil die Schmetterlingsraupen, sobald sie die ersten Tage zarter Jugend hinter sich haben, nur vom Rande her die Blätter abweiden, sie nicht durchlöchern, wie manche Afterraupen, Käferlarven und die blätterfressenden Käfer selbst; daher ist der Raupenfraß als solcher immer leicht zu erkennen. Die Unterschiede in den Gewohnheiten beziehen sich also auf die Ruhe. Die einen pflegen derselben auf dem Blatte selbst, an einer beliebigen Stelle der Fläche oder lang ausgestreckt auf der Mittelrippe, oben oder auf der schattigen Unterseite, andere verlassen das Blatt und kriechen auf den benachbarten Stengel, bei Bäumen an den Stamm, zwischen die Risse der Rinde, oder unter die Futterpflanze auf die Erde, von den Wurzelblättern jener bedeckt, auch flach unter die Erde, wie besonders die an Gras und anderen niedrigen Pflanzen bloß im Dunkeln fressenden Raupen vieler Nachtschmetterlinge. Diese ziehen mit wenigen Fäden einen Theil des Blattrandes über sich und sitzen in der dadurch gebildeten Höhlung, oder verwandeln das ganze Blatt in eine Röhre, in welcher sie mit gleicher Gewandtheit rück- und vorwärts kriechen, um sich vor feindlichen Angriffen zu schützen; jene wieder kleben zwei Blätter mit ihren Flächen an einander und betten sich zwischen dieselben, oder sie fertigen ein verschieden geartetes Säckchen aus den Abnagseln der Futterpflanze, in welchem sie leben, wie die Schnecke in ihrem Hause. Es gibt aber auch zahlreiche Raupen, welche sich für immer unseren Blicken entziehen, weil sie entweder im Holze oder in den Stengeln krautartiger Gewächse, besonders der Gräser, in Früchten, Blättern oder Wurzeln leben und das Tageslicht scheuen. Dergleichen Raupen sehen meist bleich, schmutzigweiß aus und jede hat wieder ihre besondere Art, wie sie minirt oder bohrt, und verräth dadurch ihre Gegenwart.

Manche Raupen gelten dem gemeinen Manne für giftig und werden darum oft mehr gefürchtet, als wegen des Schadens, den sie an Kulturpflanzen anrichten. Giftorgane hat keine Raupe, bei manchen aber sind die Haare oder die fleischigen, mit beweglichen Seitenästen reichlich versehenen Zapfen hohl, enthalten sehr verdichtete Ameisensäure und nesseln daher beim Abbrechen der Spitzen. So haben wenigstens einige Larven ein Schutzmittel, während auch nicht ein Schmetterling im Stande ist, sich zu vertheidigen, sondern bei drohender Gefahr durch seine Schwingen einzig auf schleunige Flucht angewiesen ist, oder durch Herabfallen von seinem erschütterten Ruheplatze und Erheucheln des Todes auf dem Boden seine Verfolger zu täuschen sucht.

Unter mehreren Häutungen, mit welchen häufiger ein Farben- als ein Formenwechsel verbunden ist, wachsen die Raupen in kürzerer oder längerer Zeit, welche nicht selten einen Winter in sich schließt, heran und werden reif zur Verpuppung. Die Puppe ist hier mehr verwahrt, als bei jedem anderen Kerbthiere; denn die einzelnen Glieder hüllen sich nicht nur in die zarten Häute, welche wir auch anderwärts finden, sondern werden außerdem noch von einer gemeinsamen, gegliederten Chitinschale umschlossen, weshalb man die Puppe eine bedeckte genannt hat. Sie athmet durch die ihr an jeder Seite bleibenden neun Luftlöcher, deren hintere sich mit der Zeit schließen, und läßt auf dem Rücken meist neun Ringel unterscheiden, mithin drei weniger als die Raupe hatte, indem die vordersten zum künftigen Brustkasten verwachsen sind. An der Bauchseite sind die Flügel, Fühler, Augen und der Rüssel, mehr oder weniger deutlich auch die Beine zu unterscheiden. In Ansehung der Form und Farbe, welch letztere sich manchmal nach dem Alter verändert, der Bekleidung und Bildung der Afterspitze (Kremaster) sowie der Art der Anheftung kommen wieder eine Menge Unterschiede vor, welche theilweise auf die Sippe schließen lassen, welcher der künftige Schmetterling angehört. Die Puppen der meisten Spinner stecken in einem besonderen Gehäuse, welches sie zwischen Blätter oder an Zweige befestigen; andere ruhen mit oder ohne solchem in der Erde. Wenn zuletzt die Zeit der Entwickelung gekommen ist, so löst sich im Nacken die Naht, welche hinter den Fühlerscheiden hinläuft, und mit ihr die Gesichtsseite der Puppe bis zu den Flügelscheiden, der Rücken des Mittelleibes spaltet sich von oben her der Länge nach, und der Schmetterling kommt heraus, früh am Morgen, wenn er den Tag und die Sonne liebt, gegen Abend, wenn er zur Nachtzeit seine Thätigkeit entfaltet. Hat er erst Fuß gefaßt, so sitzt er vollkommen still und ruht von den gehabten Anstrengungen aus. Die zu erwartenden Flügel stehen auf dem Rücken wie ein Paar gekrümmte, zarte Läppchen, mit den Außenseiten gegen einander gekehrt. Man kann sehen, wie sie wachsen. In einer halben Stunde bei Schmetterlingen gewöhnlicher Größe, in etwas längerer Zeit bei den größten Arten, haben sie ihre volle Entwickelung erreicht, die Zeichnung war schon beim Auskriechen deutlich vorhanden, indem die bunten Schuppen sich sehr früh in der Puppe entwickeln. Die Flügel verharren noch kurze Zeit in dieser Lage, dann bringt sie der Schmetterling in die seiner Art eigenthümliche und beweist damit, daß er nun vollständig entwickelt sei. Aber auch jetzt noch sind sie zart und weich und erhärten erst an der austrocknenden Luft. Nach wenigen Stunden können sie ihre Thätigkeit übernehmen, bei den kleinen Faltern früher als bei den großen.

Speyer schätzt die Anzahl sämmtlicher Schmetterlinge auf zweihunderttausend, welche in gewissen Arten beinahe überall auf der Erde vertreten, im wesentlichen aber von der Pflanzenwelt, als der Ernährerin ihrer Raupen, abhängig sind. Wegen ihrer Zartheit konnten sich fossile Überreste schwieriger erhalten, als von anderen Kerfen und kommen daher auch seltener vor; indessen haben wir aus dem Tertiärgebirge mehrere wohl erhaltene Schwärmer und als Einschluß in Bernstein kleinere und zartere Formen.

An der Spitze stehen die Tagfalter, Tagschmetterlinge (Diurna). Die Raupe derer heftet mittels eines Endhäkchens die Spitze ihres Hinterleibes einem feinen Polster auf, welches sie an eine Planke, einen Ast, Baumstamm usw. spinnt, krümmt sich bogenförmig, streift durch Windungen ihres Körpers die Haut ab und erscheint nun als eine mit dem Kopfe nach unten gerichtete Puppe, oder stützt sich vorher durch einen Gürtel um den Leib und ruht senkrecht oder wagerecht mit der Bauchseite auf ihrer Unterlage; in selteneren Fällen findet man die Puppe auch unter Steinen, nie aber hat sie weder ein geschlossenes Gehäuse noch loses Gespinst um sich. Abgesehen davon, daß einige Raupen in ihrer Jugend ein Nest fertigen, welches ihnen besonders für den Winter als Schutz dient, haben sie wenig Veranlassung zu spinnen, darum bleibt auch das dazu dienende Organ ziemlich unentwickelt.

Hinsichtlich des Verhaltens der Tagschmetterlinge zu dem Winter läßt sich wenigstens für die deutschen Arten der Entwikkelungsstand angeben, auf welchem sich eine jede während dieser Zeit befindet. Nach Werneburg stellt sich heraus, daß von hundert nur neun als Ei, etwa eine gleiche Zahl als Schmetterling, neunundfunfzig als Raupe und achtundzwanzig als Puppe überwintern.

Welchen Einfluß Licht und Wärme gerade auf die Glieder dieser Familie ausüben, ersieht man aus der örtlichen Verbreitung und der Farbenpracht, welche nur solchen im vollen Maße zukommt, die unter fast immer senkrechten Sonnenstrahlen heimisch sind, wo sie stellenweise in solchen unglaublichen Massen vorkommen, daß sie den Mangel an Blüten im Urwalde reichlich ersetzen. In den nördlicheren Breiten, für welche der vierundsiebzigste Grad die äußerste Grenze des Schmetterlingslebens bildet, und auf höheren Gebirgen, deren Schmetterlingsgrenze je nach den Breitengraden zwischen zweitausendachthundertundzwölf und viertausendundachtzig Meter schwanken kann, werden jene Grenzen von den Tagfaltern meist nicht erreicht. Während in Deutschland nicht volle zweihundert Arten von Tagfaltern angetroffen werden, in ganz Europa, einschließlich der asiatischen, in dieser Beziehung nicht wohl zu trennenden Grenzländer, kaum vierhundert, fliegen bei Pará in Brasilien sechshundert Arten. Dies eine Beispiel wird genügen, um ihren vorwaltenden Reichthum in den Gleichergegenden erkennen zu lassen. Die Annahme von fünftausend Tagfalterarten dürfte daher eher zu niedrig, als zu hoch gegriffen sein. Dieser Reichthum erschwert die Auswahl der wenigen Arten, welche hier zur Besprechung kommen können, wesentlich.

Der große Kohlweißling (Pieris brassicae) zunächst zeichnet sich durch die schwarze Spitze der Vorderflügel und den schwarzen Wisch am Vorderrande der hinteren Flügel aus. Dieser schlichte »Sommervogel«, welcher im weiblichen Geschlechte bis 6,5 Centimeter spannt, treibt sich vom Juli ab auf Feldern, Wiesen und in Gärten umher, in welch letzteren er die etwa vorhandenen Kohlpflanzen, Levkojen und spanische Kresse vorzugsweise umflattert, wenn es sich um das Ablegen der Eier handelt; kommt es ihm dagegen auf den Honig an, so sind ihm natürlich alle Blumen genehm. Gleich weißen Papierschnitzeln, welche der Wind hin und her weht, beleben sie selbst, besonders im August, das laute Menschengetümmel auf den Straßen und freien Plätzen der Städte, vorausgesetzt, daß es in der Nähe nicht an Blumenfenstern und Gärten fehlt, wo sie Nahrung und Brutplätze finden; ja, man sieht sie bisweilen die längste Zeit vor einem geschlossenen Fenster hin- und herflattern, hinter welchem bunte Blumen ihr Verlangen nach Honig erweckt haben. Verweilen wir einige Zeit bei einem Gartenbeete, auf welchem Kohlrabi oder Kopfkohl wächst, und sehen dem munteren Treiben zu, aber vorurtheilsfrei und unbekümmert um den Schaden, welchen dieses Geziefer veranlaßt. Da ist ein Weibchen, welchem wir an dem schäbigen Kleide ansehen, daß es schon länger zwischen den großen Blättern umhergeflattert ist. Eben kommt es unter einem solchen hervor. Sehen wir uns dieses an. Mehr denn hundert gelbe Eierchen stehen dicht bei einander, wie eine kleine Insel auf der grünen Fläche. An anderen Blättern finden sie sich auf der Oberfläche, auch in geringerer Anzahl, jedoch immer zu mehreren bei einander. Bemerken wir ein einzelnes, so rührt es vom kleinen Kohlweißlinge her, welcher in Gesellschaft des großen ebenfalls hier ist und sich in seinem Betragen lediglich durch das vereinzelte Legen der Eier unterscheidet. An einem anderen Blatte in der Nähe der Mittelrippe sitzen dicht gedrängt beisammen gelbe, schwarz gefleckte Raupen, deren Größe ihr noch jugendliches Alter verräth, während die Löcher in der Blattfläche beweisen, daß sie ihre Freßlust schon befriedigt haben. Hier fesselt ein anderes Gebilde unsere Aufmerksamkeit: kahle Rippen starren in die Luft, ihr zartes Fleisch ist verschwunden, und wo noch eine Spur davon in den Winkeln zu erblicken, da sitzt eine wohlgenährte Raupe von eben jener Färbung und rauh durch kurze Haare, welche damit beschäftigt ist, auch diese letzte Blattähnlichkeit zu verwischen. So kann es geschehen, daß wir in Weißlingsjahren, d. h. solchen, welche besonders reich an diesen Faltern sind, Eier, Raupen jeder Größe, Schmetterlinge und auch Puppen neben einander finden. Ein seltener Fall, alle Stände eines Kerbthieres zu derselben Zeit beisammen zu haben. Die

Puppen sitzen indessen schwerlich an einer der Pflanzen. Die erwachsene Raupe hat nämlich die Gewohnheit, diese zu verlassen und an einer benachbarten Wand, an einem Baumstamme in die Höhe zu kriechen und hier ihre Verwandlung zu bestehen. Mit der vorgerückten Jahreszeit mehren sich die gelben, schwarz gefleckten Puppen und kleben untermischt mit noch unverwandelten Raupen an den benachbarten Wänden, Planken und anderen etwas hervorragenden Gegenständen, die Bauchseite der Unterlage zugekehrt, den Kopf nach oben gerichtet, wenn sie nicht unter einem Wetterdache zur Abwechselung eine wagerechte Richtung einnehmen. Viele Raupen liegen auch gebettet auf gelben Gehäusen (nicht Eiern, wie der Unkundige meint) und werden nimmermehr zu Puppen, weil ihnen eine kleine Schlupfwespe ein Leid anthat, deren Larven jetzt das Sterbebett der Raupe gesponnen haben. Die gesunden Puppen überwintern. Aus ihnen schlüpfen im April oder Mai des nächsten Jahres die Schmetterlinge, welche zu dieser Zeit nur einzeln fliegen, und nicht so in die Augen fallen, wie die zweite Brut, deren Treiben eben geschildert wurde. In einem warmen Sommer, dem sich ein schöner Herbst anschließt, sind deren drei zwar möglich, obschon nur zwei Bruten die Regel bilden; denn die Raupen wachsen schnell und überstehen ihre vier Häutungen glücklich, wenn nicht gerade viel Nässe während einer derselben eintritt.

Der Landmann hat einen Begriff von der Menge, in welcher diese Schmetterlinge bisweilen vorhanden sind, und kann sie am besten beurtheilen nach dem Schaden, welchen ihm die Raupen zufügten. Jene Begriffe übersteigen aber noch einige Aufzeichnungen, welche sich in entomologischen Werken finden. Dohrn erzählt von einem Eisenbahnerlebnisse, welches ihm 1854 zwischen Brünn und Prag begegnete. Der Zug hatte eben einen kleinen Tunnel hinter sich, als er plötzlich auffallend langsamer ging, ohne daß doch an das gewöhnliche Langsamfahren vor einer Haltestelle zu denken war. Aus der langsamen wurde sofort eine schleppende Fahrt, und gleich darauf hielt der Zug vollständig still. Natürlich sah alles aus den Fenstern; einige Reisende stiegen aus und begaben sich zu den Eisenbahnbeamten, welche vorn neben der Maschine deren Räder prüfend beobachteten, unter ihnen auch der Berichterstatter. »Da sah ich denn«, fährt dieser fort, »den allerdings ebenso unvermutheten als unglaublichen Grund der Lähmung eines Eisenbahnzuges in voller Fahrt. Was einem Elefanten, einem Büffel nicht gelingen würde – etwa den Fall ausgenommen, daß ihre zerschmetterte Leiche den Zug aus den Schienen gebracht hätte – das hatte die unbedeutende Raupe von Pieris brassicae durchgesetzt. Auf der linken Seite des Schienenstranges befanden sich nämlich einige Felder, an deren abgefressenen Kohlstrünken die Leistungen besagter Raupe deutlich genug zu erkennen waren. Da sich nun in einiger Entfernung rechts von den Schienen noch einige Kohlbeete wahrnehmen ließen, deren Pflanzen noch im vollen Blätterschmucke prangten, so war offenbar kurz vorher in einer Raupen-Volksversammlung einstimmig beschlossen worden, nach der Regel ubi bene ibi patria das enge Vaterländchen des Kleinherzogthums Linksstrang mit dem Großherzogthum Rechtsstrang zu vertauschen. Infolge dessen waren gerade im Augenblicke, als unser Zug mit voller Geschwindigkeit heranbrauste, die Schienen auf mehr denn zweihundert Fuß Länge mit den Kohlraupen dicht bedeckt. Daß auf den ersten sechzig bis achtzig Fuß die unglücklichen Fuß- und Afterfußwanderer durch die tölpischen Räder der Maschine in einer Sekunde zerquetscht waren, das war natürlich – aber die schmierige Masse der tausende von kleinen Fettkörpern legte sich auch gleich mit solcher Kohäsion an die Räder, daß diese in den nächsten Sekunden nur mit Schwierigkeit noch Reibung genug besaßen, um vorwärts zu kommen. Da aber jeder Schritt vorwärts durch neues Raupenquetschen neues Fett auf die Räder schmierte, so versagten diese vollständig den Dienst, noch ehe die marschirende Kolonne der Pieris-Larven durchbrochen war. Es dauerte länger als zehn Minuten, ehe mit Besen die Schienen vor der Lokomotive gekehrt und mit wollenen Lappen die Räder der Lokomotive und des Tenders so weit geputzt waren, daß der Zug wieder in Bewegung gesetzt werden konnte.« Die anderen

Beweise von massenhaftem Auftreten beziehen sich auf unermeßliche Züge des Schmetterlings. Gegen Ende des Sommers 1846 ward ein solcher bei Dover beobachtet, welcher aus dem großen und kleinen Kohlweißlinge bestand und von Deutschland gekommen sein sollte. Wahrscheinlich von denselben Schmetterlingen sah Pastor Kopp am 26. Juli 1777 nachmittags 3 Uhr bei Culmbach einen gewaltigen Heereszug. Die Schmetterlinge flogen in solcher Anzahl, daß man sie überall sah, wo man das Auge hinwendete. Sie flogen weit und breit, nicht in einerlei Höhe, theils so hoch, daß man sie kaum bemerken konnte, in der Höhe des Kirchthurmes, theils auch niedriger, ohne sich niederzulassen, in gerader Richtung, als wollten sie eine weite Reise machen, beeilten sich aber nicht zu sehr dabei, da ihr Flug bekanntlich kein eben lebhafter ist. Bald kam ein einzelner, bald ein Trupp von zwanzig, dreißig, hundert und noch mehr. So ging es ein paar Stunden fort in der Richtung von Nordost nach Südwest. Die Luft war heiß und windstill. Man hat dergleichen Züge auch anderwärts beobachtet, so auch im heurigen (1876) heißen Sommer, kann aber nicht angeben, was die Schmetterlinge dazu veranlaßt haben mag.

Daß der kleine Kohlweißling (Pieris rapae) ein getreuer Begleiter des großen ist, wurde bereits erwähnt. Er spannt durchschnittlich 5 Centimeter und gleicht dem vorigen sehr in der Färbung. Dagegen unterscheidet sich die Raupe wesentlich. Sie ist schmutziggrün, infolge dichter und kurzer Behaarung etwas sammetartig und auf dem Rücken und an den Seiten mit je einer feinen, bisweilen etwas unterbrochenen, gelben Längslinie, gezeichnet.

Der allbekannte Citronenfalter (Rhodocera Rhamni) gehört gleichfalls der Sippe an, obgleich Flügelschnitt und Lebensweise abweichen. Das blaßgelbe, befruchtete Weibchen überwintert. Man kann es bei der Frühlingsfeier am blühenden Weidenbusche zwischen Bienen und Hummeln, welch letztere mit ihm in gleicher Lage sind, und zwischen manchen anderen Kerfen theilnehmen sehen, freilich ohne Sang und Klang, sondern stumm wie alle Tagfalter. Von da sucht es einen eben sprossenden Kreuzdorn (Rhamnus) auf, um seine Eier einzeln abzusetzen. Die Raupen, welche aus denselben entstehen, nähren sich von den Blättern und sind grün. Sie verwandeln sich in eckige, grüne, seitwärts hellgelb gestreifte und rostbraun gefleckte Puppen mit stumpfkantig heraustretenden Flügelscheiden. Der Falter fliegt im Juli und August; das Männchen zeichnet sich durch citronengelbe Färbung vor dem blasseren Weibchen aus.

Allbekannt sind die Perlmutterfalter (Argynnis), welche der Unterseite der Hinterflügel ihren Namen verdanken. Hier stehen in mehreren Reihen Flecke oder Striemen von dem Silberglanze der Perlmutter, während schwarze, damenbretähnliche Zeichnungen den orangerothen Grund auf der Oberseite bedekken. Sie sind Bewohner des Waldes und dessen Umgebungen. Einzelne Arten oder mehrere, untermischt mit anderen Sommervögeln, besuchen das blühende Heidekraut, den Rasen des rothen Quendels auf freien Waldplätzen oder dürren Triften. Im heißen Sonnenscheine umflattern sie die genannten und andere Honigquellen, daß man, wenn ihrer viele vorhanden, manchmal den Flügelschlag vernehmen kann. An den tausenden von Blütchen löst einer den anderen ab, um jenen die Süßigkeiten zu entlocken. Spielend und tändelnd fliegt dieser jenem nach; weit ab vom reichen Weideplatze schwinden sie unserem Blicke. Bald ist der eine von dieser, der andere von jener Seite wieder da, verjagt eine gleichfalls durstige Fliege, einen anderen Kameraden von der Blüte, auf welche er sich niederläßt, oder kehrt auf den Blättern eines benachbarten Eichengebüsches die volle Fläche seiner Schwingen der Sonne zu, welche sie als Gold zurückstrahlt. In diesem bunten Durcheinander gibt es weder Ruhe noch Rast, denn jenes Liebäugeln mit der Sonne ist eben auch nur ein Spiel von kurzer Dauer. Und doch, welch ein Gegensatz zwischen dieser Geschäftigkeit und der der emsigen Biene, der streitbaren Wespe, der sorgsamen Wegwespe und anderer Aderflügler, welche an solchen Stellen nicht minder vertreten sind! Jetzt verbirgt sich die Beherrscherin des Tages hinter einer dicken Wolke.

Plötzlich sitzt alles still, es sei denn, daß allzu große Nähe eine kleine Balgerei zur Folge hat. Verweilen wir etwas näher bei dieser und jener Erscheinung.

Unser größter Perlmutterfalter ist der Silberstrich oder Kaisermantel (Argynnis paphia), der mindestens 6 Centimeter spannt. Die orangerothen Flügel führen im Saumfelde drei Reihen schwarzer Flecke, die vorderen im Wurzelfelde nahe dem Vorderrande eine Zeichnung, aus welcher man rechts mehr oder weniger deutlich die Zahl 1556 herauslesen kann – auf dem linken Flügel folgen natürlich die Ziffern in umgekehrter Reihe. Auf der grünen Unterseite der Hinterflügel schimmern vier Perlmutterstreifen violett. Die gelb bedornte braune Raupe lebt an Veilchen, Nesseln, Himbeergesträuch in Wäldern, besonders der Ebene. Sie überwintert ziemlich jung. Europa hat mit den Perlmutterfaltern im ganzen fünfundzwanzig Arten, von denen achtzehn in Deutschland vorkommen und Namen wie Niobe, Daphne, Lathonia und ähnliche führen.

Der große Eisvogel oder Aspenfalter (Limenitis populi) zählt zu den stattlichsten europäischen Tagschmetterlingen, denn solche von sieben Centimeter Flügelspannung gehören noch nicht zu den größten. Ein Bewohner der Wälder – denen des nordwestlichen Deutschland scheint er zu fehlen – beherrscht er die höheren Luftschichten und hält es unter seiner Würde, sich auf den Blumen unter das kleine Gesindel zu mischen. Man sieht ihn besonders die Pfützen der Waldwege aufsuchen, wo er eifrig saugt und, obschon sonst sehr scheu, sich leicht fangen läßt. Ich sah vor Zeiten Mitte Juni, denn nur zu dieser Zeit fliegt der Schmetterling einige Wochen, eines der viel selteneren und von den Sammlern gesuchten Weibchen hoch oben in den Lüften über eine Lichtung im Walde herbeigeflogen kommen und neben einem Bache förmlich einfallen, als wenn es von weitem das Wasser gewittert hätte. In diesem Zuge und Fluge lag etwas ganz anderes, als man für gewöhnlich bei den Schmetterlingen beobachtet und welches in Worte übersetzt etwa so lauten würde: »Ich habe gar nichts zu versäumen; komme ich heute nicht hierher, so ist morgen auch noch ein Tag, und komme ich morgen nicht, so liegt wenig daran, das Wohin bleibt sich ja ganz gleich, wenn ich nur meine Zeit in gemächlicher Bewegung verbringe«. Jenes Weibchen wußte, wohin es wollte, die Ausführung seines Willens gereichte ihm freilich zum Verderben; denn es gerieth in die Gewalt des Jägers, bedeckt mit dem Netze, war es um seine Freiheit, um sein Leben geschehen. Bei ihm wird die tiefbraune Oberfläche der am Saume etwas geschwungenen Flügel durch eine weiße Fleckenbinde, die quer über die Hinterflügel läuft, unterbrochen, auf den vorderen durch einzelne weiße Flecke, deren mittlere sich gleichfalls zu einer schrägen Querbinde ordnen. Im Vergleiche zu dieser eintönigen, mehr düsteren Färbung überrascht die lebhafte und bunte Färbung der Unterseite. Die Raupe lebt im Mai und anfangs Juni von der ersten Brut und dann wieder im Juli und August auf hohen Zitterpappeln, und hängt sich zur Verpuppung gern an den Blättern auf. Die gelbliche, braun und schwarz gefleckte Puppe ist am Kopf und Brustrücken höckerig und hat an letzterem einen henkelartigen Auswuchs; die der ersten Brut kriecht schon nach acht bis neun Tagen aus.

Das große Ochsenauge, Sandauge, der Riedgrasfalter oder gemeine Wiesenvogel (Epinephele Janira), beweist durch seine vielen Namen, daß er einer der gemeinsten und bekanntesten Äugler ist; und in der That treibt er sich vom Juni ab ein Vierteljahr auf allen Wiesen umher und bietet hinreichende Gelegenheit, seine unbedeutende Persönlichkeit kennen zu lernen. Männchen und Weibchen unterscheiden sich hier mehr als bei mancher anderen Art. Jenes ist oben dunkelbraun. Der augenlose Hinterflügel trägt sich hier graubraun und deutet das Streben an, nach dem Saume hin eine lichte Binde zu bilden. Das Weibchen sieht bedeutend lichter aus und hat einen rothen Fleck um das weiß gekernte Auge auf der Oberseite der Vorderflügel. Die grüne oder gelblichgrüne Raupe hat einen weißen Längsstreifen über den Füßen und kurze, gekrümmte Härchen über den ganzen Körper. Sie frißt verschiedene Gräser, besonders Wiesenrispengras.

Der Mauerfuchs, Mauer- oder Bandargus (Pararge Megaera), liebt es, sich mit halb offenen Flügeln an Lehmmauern, an steile Wände der Hohlwege oder Gräben, in Steinbrüche oder auf die nackte Erde zu setzen und legt somit wenig Sinn für das Grün des Wiesenteppichs oder Laubdaches und für bunte Blumen an den Tag; denn er fliegt auch nur an jenen Stellen, wo er ausruht, auf und ab in schlaffer Haltung seiner rothgelben, schwarz bandirten und gefleckten Schwingen und läßt sich höchst selten auf Blumen betreffen. Die behaarten Augen unterscheiden die Scheckenäugler (Pararge) von den Ochsenaugen (Epinephele), mit welchen sie die an der Wurzel schwielig verdickte Vorderrandsrippe und innere Mittelrippe gemein haben. Der Mauerfuchs fliegt in mehreren Bruten vom Frühjahre bis tief in den Herbst hinein; verspätete Schmetterlinge sollen auch überwintern, wie bei der Raupe Regel ist. Dieselbe lebt an allerlei Gräsern, ist sammetartig behaart, blaßgrün von Farbe; an den Seiten, über die dunklen Luftlöcher hinweg, läuft ein weißer, vorn allmählich verschwindender Streifen. Die schwärzlichgrüne Puppe trägt zwei Reihen heller Knöpfchen auf dem Rücken.

Die eigentlichen Bläulinge (Lycaena) haben ihren Namen von der schön blau gefärbten Oberseite der männlichen Flügel; auf denen der Weibchen herrscht Dunkelbraun vor, und Blau bleibt nur an der Wurzel oder als Schiller übrig. Einige Arten, welche früh im Jahre an Buschwerk fliegen, haben je ein zartes Schwanzspitzchen am Hinterflügel, welches den meisten übrigen fehlt. Man kennt mehrere hundert Arten aus allen Welttheilen, welche sämmtlich aus Asselraupen entstehen. Alle diese kleineren Falter treiben ihr munteres Spiel überall im Hochsommer auf den Blumen der Wiesen und Felder, der Wälder und dürren Heideflächen, scheinen aber weitere Ausflüge nicht zu unternehmen.

Der schöne Argus, Adonis (Lycaena Adonis), ist entschieden der prächtigste unserer deutschen Bläulinge, denn das Blau seiner Flügel wird in Feuer und Glanz von keinem anderen erreicht; in Jahren, welche ihn zahlreich erzeugten, kommen auch Weibchen vor, deren sonst braune Flügel reich in Blau erglänzen. Der

Falter hat zwei Bruten und lebt als Raupe auf Klee und anderen Schmetterlingsblümlern, scheint aber nur strichweise vorzukommen; dem nördlichen Tieflande fehlt er. Bei Halle und im Saalthale weiter aufwärts findet er sich dagegen häufig.

Die Dickköpfe (Hesperidae) unterscheiden sich leicht von allen anderen Tagfaltern durch die in der deutschen Benennung ausgesprochene Eigenschaft und durch zwei Sporenpaare, welche bei den meisten die Hinterschienen bewehren. Ihre Raupen leben zwischen zusammengezogenen Blättern. Es gibt hunderte von Arten, deren meiste wiederum Südamerika bewohnen, von denen viele durch kräftigere Gestalt, lebhafte Farben, lichte Fensterflecke, lange Schwänze an den Hinterflügeln und andere Eigenthümlichkeiten ausgezeichnet sind. Die Europäer erreichen etwa die mittlere Größe der Bläulinge, sind aber untersetzter und eintöniger in den Farben. In ziemlich raschem und straffem Fluge erscheint der Dickkopf auf einer Blume, an der er saugt, oder auf dem Erdboden, sperrt die Hinterflügel weit auseinander, während er die vorderen in die Höhe richtet. So schnell wie er kam, so schnell verschwindet er wieder. Alle seine Bewegungen weisen auf eine gewisse Federkraft im Körper und Bestimmtheit wie Keckheit im Willen hin. Statt aller werde hier das Strichfalterchen (Hesperia comma) genannt, welches sich im Juli und August überall zeigt und bis zu den höchsten Alpen hinaufgeht.

Die Heuschrecken

Es folgt jetzt das große Heer der springenden Geradflügler, welche die Volkssprache unter den verschiedensten Namen, wie Heuschrecken, Graspferde, Grashüpfer, Heupferde, Sprengsel, Grillen und anderen zu bezeichnen pflegt. Sie alle ernähren sich vorzugsweise von Pflanzen, und manche können durch ihr massenhaftes Auftreten zeitweilig der menschlichen Wirtschaft im höchsten Grade verderblich werden, verschmähen jedoch in ihrer Gefräßigkeit weder ihres Gleichen noch andere Kerfe. Als unermüdliche Musikanten beleben sie im Hochsommer und Herbste Wald und Feld und Wiese, die eine auf die eine, die andere auf eine andere Art und eine andere Weise geigend. Daher der Name »Schrecke«; denn schrecken heißt ursprünglich schreien, schwirren, knarren. Sie sind, wie wir erwarten können, aus den ältesten Zeiten bekannt, natürlich aber vielfach mit einander vermengt worden, wie aus den Mittheilungen eines Aristoteles hervorgeht, denn dieser erzählt, daß sie ihr Zirpen durch Reiben mit den Springbeinen hervorbringen, die Eier vermittels einer Legröhre unter die Erde bringen, wo sich die Jungen entwickeln. »Kommt die junge Heuschrecke aus der Erde hervor, so ist sie klein und schwarz, bald aber zerspringt die Schale und sie wird größer.« Die heutigen Entomologen vertheilen alle Schrekken auf die drei Familien der Feld-, Laub- und Grabheuschrekken, und von diesen wollen wir uns zwei Arten später genauer ansehen.

Alle Grashüpfer, deren deutlich gegliederte Fühler die halbe Länge des gestreckten Körpers nicht überholen, deren durchaus gleich gebildete Füße aus drei Gliedern bestehen und deren hinterste Beine infolge des verdickten Schenkels und der langen Schiene zum Sprunge befähigen, gehören zu den Feldheuschrekken (Acridiodea) oder den Heuschrecken im engeren Sinne des

Wortes. Sie sind die besten Springer in der Familie und schnellen sich, wie der Floh, ungefähr um das Zweihundertfache der eigenen Länge fort. Nebenaugen fehlen nur wenigen und häufig bemerkt man wenig von den ungemein kräftigen Kauwerkzeugen. Am Hinterleibe unterscheidet man sicherer als anderswo Männchen und Weibchen; mit den Schenkeln der Hinterbeine geigen die Männchen, aber nur diese, an den Flügeldecken und bringen dadurch die schrillenden, wenig anhaltenden Töne hervor. Die Innenseite jener ist nämlich mit einer ringsum laufenden Leiste versehen, deren unterer Theil sich vorzugsweise erhebt. Unter dem Mikroskope zeigt dieselbe an ihrem Wurzeltheile eine Reihe lanzettförmiger stumpfer Zähnchen, eingesenkt in Grübchen. An den Flügeldecken springen die Längsadern, besonders eine, kantig hervor. Durch sehr rasche Reibung der Schenkel an den Flügeldecken werden diese als dünne Häute in schwirrende Bewegung gesetzt und tönen nach denselben Gesetzen, wie die mit dem Bogen gestrichene Saite. Beim Zirpen halten die Thiere ihre Flügeldecken etwas lose, wodurch der Ton heller wird. Seine Höhe richtet sich nach der Größe und Dicke der Flügeldecken, größere Schrecken tönen tiefer als kleinere, und auf die Klangfarbe wirkt wesentlich die größere und geringere Anzahl der Adern im Flügel ein. Die verschiedenen der sehr zahlreichen Arten geigen ihre eigene Weise, so daß ein auf dergleichen Dinge ge übtes Ohr eine und die andere wenigstens an ihrem Geigen erkennt. Die besten Musikanten müssen demnach diejenigen sein, deren Organe am meisten entwickelt sind. Bei den Weibchen sitzen in der Regel die Zähnchen der Schenkelleiste zu tief, als daß sie musiciren könnten.

Eine andere, höchst interessante Eigenthümlichkeit besteht ferner in der von einem Hornringe umgebenen und mit einer zarten Haut überspannten Grube, welche sich beiderseits am Hinterleibe vorfindet. Zwischen zwei Fortsätzen liegt ein zartes Bläschen, welches mit Flüssigkeit gefüllt ist und mit einem aus dem dritten Nervenknoten der Brust ausgehenden Nerv in Verbindung steht, der hier einen neuen Knoten bildet und in seine

Nervenstäbchen endigt. Nach den Untersuchungen von I. Müller, weiter ausgeführt von von Siebold, läßt sich diese Einrichtung nur auf das Gehörwerkzeug der Heuschrecken deuten.

Die Entwickelung aller Feldheuschrecken, der europäischen wenigstens, stimmt überein und läßt sich kurz in folgende Sätze zusammenfassen. Im Herbste werden vom befruchteten Weibchen die Eier theils an Grashalme, theils flach unter die Erde gelegt; die größeren Arten scheinen die letztere Versorgungsweise der ersteren vorzuziehen. Die Mutter stirbt, ihre Eier überwintern, nur in südlicheren Gegenden können die Larven vorher noch ausschlüpfen. Für gewöhnlich geschieht das aber erst im nächsten Frühlinge. Durch unbestimmte Farben, den Mangel der Flügel und etwas plumpere, kürzere Fühler unterscheiden sie sich außer der geringen Größe von der vollkommenen Schrecke, reifen aber unter mehrmaligen Häutungen Ende Juli oder im August zu solcher heran. Zu dieser Zeit beginnt ihr Gesang, welcher ihre Hochzeitsfeier ankündigt. Nur die Feldheuschrecken sind es, welche sich bisweilen so ungeheuer vermehren, daß sie in Schwärmen erscheinen und zur Geisel größerer oder kleinerer Länderstrecken werden.

Afrika scheint den Verwüstungen seitens dieser Thiere, von welchen schon die Bibel, Plinius und Pausanias berichten, von jeher besonders ausgesetzt gewesen zu sein. Als Adanson 1750 am Senegal angekommen war, erschien, während er sich noch auf der Rhede befand, früh 8 Uhr ein dickes Gewölk, welches den Himmel verfinsterte. Es war ein Schwarm Heuschrecken, welche ungefähr zwanzig bis dreißig Toisen, also sechsmal so viel Fuß, über der Erde schwebten und eine Strecke von etlichen Meilen Landes bedeckten, nachdem sie wie ein Wolkenbruch herabgefallen waren. Hier ruheten sie aus, fraßen und flogen weiter. Diese Wolke wurde durch einen ziemlich starken Ostwind herbeigeführt und zog den ganzen Morgen in der Gegend umher. Nachdem die Thiere das Gras, die Früchte und das Laub der Bäume abgefressen hatten, ließen sie selbst das Rohr nicht verschont, mit dem die Hütten gedeckt waren, so dürr es auch sein mochte. – Gegen Ende März 1724 zeigten sich in der Berberei die ersten Heuschrecken, nachdem längere Zeit Südwind geweht hatte. Mitte April hatte sich ihre Zahl derartig vermehrt, daß sie Wolken bildeten, welche die Sonne verfinsterten. Vier Wochen später breiteten sie sich in den Ebenen von Metidja und der Nachbarschaft aus, um ihre Eier abzulegen. Im folgenden Monate sah man die junge Brut hunderte von Quadratruthen bedecken. Indem sie ihren Weg geradeaus nahmen, erklommen sie die Bäume, Mauern und Häuser und vernichteten alles Laub, das ihnen in den Wurf kam. Um sie aufzuhalten, zogen die Einwohner Gräben und füllten sie mit Wasser, oder errichteten eine Linie von Holzhaufen und anderen Brennstoffen, dieselben anzündend, aber alles war vergeblich. Die Gräben füllten sich mit den Leichnamen an, die Feuer erloschen. Nach einigen Tagen folgten neue Scharen eben erst ausgekrochener Heuschrecken nach. Sie zernagten die kleinen Zweige und die Rinde der Bäume, von denen ihre Vorläufer die Früchte und Blätter gefressen hatten. So verlebten die Plagegeister ungefähr einen Monat, bis sie völlig erwachsen waren, wurden noch gefräßiger und beweglicher, doch zerstreuten sie sich nun und legten Eier.

Ein Bericht aus neuester Zeit bezieht sich auf die südafrikanische Wanderheuschrecke (Gryllus devastator Lichtensteins), welcher um so interessanter erscheint, weil er Aufschluß über die Lebensverhältnisse dieser in gewissen Zwischenräumen stets wiederkehrenden Landplage gibt. Fritsch sagt: »Die Eier der Wanderheuschrecken werden, etwa zu je dreißig bis sechzig an Zahl, eingehüllt in einen braunen, maschigen Überzug, von dem Weibchen in kleine runde Erdlöcher versenkt. Diese Röhrchen finden sich stets in großer Anzahl vereinigt an dem Abhange eines unbedeutenden Hügels oder auf einer sanften Bodenerhebung, wahrscheinlich um die Eier vor dem schädlichen Einflusse plötzlicher Regengüsse zu schützen, und geben dem Platze ein siebartiges Ansehen. Die Löcher werden wieder zugescharrt, verwehen auch, und der Boden schließt sich dicht über den länglichen Eiklumpen, welche so mehrere Jahre liegen können, ohne die Entwickelungsfähigkeit zu verlieren. Sie liefern aber auch schon nach einigen Monaten die Jungen, so daß die Gegend, welche sich kaum von den Zerstörungen dieser gefräßigen Insekten erholt hat, aufs neue überflutet wird. Die Feuchtigkeit scheint bei ihrer Entwickelung von wesentlicher Bedeutung zu sein; denn in einer Reihe von trockenen Jahren hört man nichts von den Wanderheuschrecken. Der Schafzüchter, welcher durch Wassermangel vielleicht den größten Theil seiner Herden verloren hat, begrüßt alsdann das Wiedererscheinen der Heuschrekken mit einer gewissen Freude, als ein Zeichen besserer Zeiten, in denen die periodische Trockenheit vorüber ist, und opfert lieber den geflügelten Plünderern seinen kleinen, mühsam gepflegten Garten, wenn nur die Herden gedeihen und die versiegten Quellen der Farm wieder hervorbrechen.

Im Jahre 1863 endigte eine mehrjährige Periode von Trockenheit in Südafrika, während welcher sich nirgends Heuschrecken gezeigt hatten. Von 1862 bis 1863 drohte der furchtbarste Wassermangel alles Leben zu vernichten, und weit und breit war kein Insekt auf dem tennenartigen Boden zu entdecken; trotzdem brachen am Ende des Jahres 1863, als die Regen in ungewöhnlicher Stärke einsetzten, die Heuschrecken in so zahllosen Massen hervor, wie sie kaum je vorher beobachtet worden waren, und bedeckten als Larven große Länderstrecken. Diese haben im Jugendzustande schwarze Zeichnungen auf braunrothem Grunde, erscheinen daher bunt und werden vom Bör ›Rooi Batjes‹, das heißt Rothröcke oder ›Vötganger‹, Fußgänger, genannt, weil sich bei ihnen schon in der Jugend der Wandertrieb unverkennbar ausspricht. Die erste Benennung enthält zugleich eine feine Anspielung auf die roth uniformirten englischen Soldaten, ein dem afrikanischen Bör besonders verhaßtes Geschlecht, und die Vergleichung wird um so treffender, als die jungen Heuschrecken sich ebenfalls zu Zügen ordnen und geschlossen über die Gegend marschiren. In ihnen günstigen Jahren sieht man ganze Armeen derselben auf dem Marsche, die meist eine bestimmte Richtung einhalten und dieselbe nicht gern aufgeben. Kommen die Thiere an stehendes Wasser, so pflegen sie hindurchzugehen, indem die Nachgänger ihren Weg über die Leichen der Vorgänger fortsetzen, fließendes Wasser dagegen scheuen sie. Am Abend machen die Reisenden Halt, lassen sich auf den Gesträuchen der Nachbarschaft nieder und vertilgen alles Grün. Sieht der Farmer, daß die heranrückenden Scharen eine Richtung verfolgen, welche seinem Garten gefährlich werden könnte, so sucht er dieselben von ihrem Laufe abzulenken, indem er zu Pferde von hinten her in dieselben hineinsprengt und dabei nach rechts und links ein großes Tuch schwenkt. Bei jedem Durchreiten dreht eine Anzahl der Feinde um, und jenes läßt sich so oft wiederholen, bis der ganze Schwarm abgelenkt ist. Reitet man von vorn her in den Zug hinein, so springen sie wohl zur Seite, aber die Nachfolgenden drängen die Vordermänner und es schließt sich der Strom hinter dem Reiter von neuem.

Unter mehrfachen Häutungen wachsen die ›Rothröcke‹ schnell heran, bis sie endlich bei der letzten Häutung ihre bekannte grauröthliche Färbung und die Flügel bekommen, durch welche sie ihrer Reiselust in noch viel befriedigenderer Weise Rechnung tragen können. Im vollkommenen Zustande nennt sie der Bauer ›Springhaaner‹ und schaut ängstlich nach ihnen aus, falls ihm irgend sein Garten lieb ist; denn er weiß, daß ihr Er scheinen Verderben über den Schmuck der Felder bringt. Sieht er die düsteren Wolken der Springhaaner am Horizonte auftauchen, so greift er zum letzten, verzweifelten Hülfsmittel: er zündet um seinen Garten möglichst viele Feuer an, um durch den Rauch die Heuschrecken davon abzuhalten; doch ist auch dieses Mittel häufig nur von geringem Erfolge. Weht der Wind frisch, so ziehen sie hoch und frei und können sicher bedeutende Strekken zurücklegen; denn sie lassen sich dann vollständig treiben, während sie bei mäßiger Luftströmung mehr oder weniger dagegen steuern. Bei Windstille ist ihr Flug nur ein langsames Schwärmen ohne bedeutende Erhebung vom Boden, indem sich aus den vorderen Gliedern stets ein Theil niederläßt und sich hinten wieder anschließt. Das ewige Auf- und Niedersteigen, das Schwirren der Tausende von Flügeln und das Knirschen der gefräßigen Kinnbacken am Boden verursacht ein eigenthümliches, schwer zu beschreibendes Geräusch, welches sich mit dem Rauschen eines starken Hagelschauers noch am besten vergleichen läßt. Auch die Folgen ihres Auftretens gleichen den furchtbaren Wirkungen der eben erwähnten Naturerscheinung«. Um diesen kolossalen Verlust an pflanzlichen Stoffen wieder etwas auszugleichen, bewahrheitet man an den Zerstörern den biblischen Ausspruch: »Speise ging aus von dem Fresser«, indem Menschen und Thiere dieselben als Nahrungsmittel verwerthen. Die Eingeborenen rösten die Heuschrecken schwach am Feuer und verspeisen sie in unglaublichen Mengen, Hinterbeine und Flügel oder gar nichts übrig lassend. Der Geschmack ist widerlich und die ernährende Kraft sehr gering. Bei Pferden schlagen sie jedoch besser an; denn diese werden fett davon und fressen sie auch gern; merkwürdigerweise ist der Bör ganz allgemein der Ansicht, daß der Genuß von denjenigen Weibchen, welche ihre Eier abgelegt haben, für die Pferde giftige Wirkungen hervorbringe. Schon dem Diodorus Siculus (zu Zeiten des Julius Cäsar) war diese Verwendung der Heuschrecken bekannt; denn er erzählt: »Die Heuschreckenesser sind ein afrikanischer Negerstamm an den Grenzen der Wüste, kleine, magere, außerordentlich schwarze Leute. Im Frühlinge führen ihnen die starken West- und Südwestwinde zahllose Heuschreckenschwärme aus der Wüste zu. Diese Thiere sind außerordentlich groß und ihre Flügel haben eine schmutzige Farbe. Sie geben den Eingeborenen das ganze Jahr hindurch reichliche Nahrung und werden auf folgende Art gefangen: Ein großes Thal wird mit wildem Holze, woran im Lande großer Vorrath, bedeckt. Sobald nun die Heuschreckenschwärme kommen, wird es in Brand gesetzt, wodurch ein so gewaltiger Rauch entsteht, daß die über das Thal hinfliegenden Heuschrecken zu Boden fallen. So fährt man mehrere Tage lang fort, bis sich große Haufen von Heuschrecken am Boden gesammelt haben. Diese werden nun eingesalzen und hierdurch vor

Fäulnis geschützt; das Land ist nämlich sehr salzreich. Die genannten Leute besitzen weder Vieh, noch andere Nahrungsmittel als Heuschrecken«.

Auch Amerika, besonders das südliche, ist nicht frei von jener Landplage. »Gegen Abend«, erzählt Temple in seiner peruanischen Reise, »hatten wir in einiger Entfernung von uns auf der Fläche des Landes einen ungewöhnlichen Anblick: statt der grünen Farbe des Grases und der Baumblätter in allen Schattirungen bemerkten wir eine gleichförmige rothbraune Masse, so daß einige von uns glaubten, es sei Heide, auf welche die Sonne scheine; in der Wirklichkeit waren es aber – Heuschrecken. Dieselben bedeckten buchstäblich Erde, Bäume und Sträucher so weit das Auge reichte. Die Zweige der Bäume bogen sich unter ihrer Menge wie bei starkem Schneefalle, oder wenn sie mit Früchten überladen sind. Wir passirten mitten durch den von ihnen eingenommenen Raum und brauchten eine volle Stunde, ehe wir an das Ende kamen, während wir mit unserer gewöhnlichen Schnelligkeit reisten –.« Ein Engländer besaß zu Conohos in Südamerika beträchtliche Tabakpflanzungen. Da er bei seiner Niederlassung in jener Gegend gehört hatte, daß sich dann und wann verheerende Heuschreckenschwärme in derselben gezeigt hatten, so vereinigte er alle Tabakpflanzen, vierzigtausend Stück an der Zahl, bei seinem Hause, um sie besser schützen zu können. Hier wuchsen und grünten sie vortrefflich und hatten etwa die Höhe von dreißig Centimeter erreicht, als eines Mittags der Ruf erscholl: »Die Heuschrecken kommen!« Der Pflanzer eilte vor das Haus und sah sie in eine dichte Wolke rund um dasselbe geschart. Der Schwarm verdichtete sich unmittelbar über dem Tabakfelde, fiel plötzlich in dasselbe und bedeckte es so, als wenn ein brauner Mantel darüber gebreitet worden wäre. In etwa zwanzig Sekunden, also nach keiner halben Minute, erhob sich der Schwarm ebenso plötzlich wie er gekommen war und setzte seinen Flug fort. Von den vierzigtausend Tabakpflanzen sah man aber keine Spur mehr. Keine Schilderung von der Erscheinung und den Verwüstungen dieser schrecklichen Kerfe ist so treffend und erhaben als die, welche der Prophet Joel gibt, und die dort nachzulesen einem jeden überlassen bleibt.

Nicht nur die alten Chroniken berichten aus Europa, besonders aus dessen Süden und Südosten, wiederholte Heuschrekkenverwüstungen, welche sich bis Deutschland erstreckt haben, sondern jedes Jahr bringen die Zeitungen neue Klagen. Für das südliche Rußland allein wurden aus diesem Jahrhundert folgende Jahre angemerkt: 1800, 1801, 1803, 1812–16, 1820–22, 1829–31, 1834–36, 1844, 1847, 1850, 1851, 1859–61. Überall spielt hier die Wander- oder Zugheuschrecke (Pachytylus migratorius) die Hauptrolle.

Wenn man so unerhörte Dinge über die Heuschrecken vernimmt, so könnte man vielleicht geneigt sein, mit Plinius zu glauben, es seien Thiere von drei Fuß Länge und von solcher Stärke, daß die Hausfrauen die Beine derselben als Sägen gebrauchten, oder Thiere, denen die Araber in ihrer bilderreichen Sprache die Augen des Elefanten, den Nacken des Stieres, das Geweih des Hirsches, die Brust des Löwen, den Bauch des Skorpions, die Flügel des Adlers, die Schenkel des Kamels, die Füße des Straußen und den Schwanz der Schlange zugeschrieben haben. Von alledem finden wir aber höchstens den Kopf so gestellt wie beim Pferde, worauf einige der oben erwähnten Namen hindeuten.

Die Paarung dauert zwölf bis vierundzwanzig Stunden. Sieben Tage später wird das Weibchen unruhig, frißt nicht mehr und sucht ein Plätzchen, wo es seine Eier ablegt, meist neununddreißig Millimeter tief in die Erde, welche natürlich ziemlich locker sein muß, wenn es so tief indringen soll. Ein Eiklümpchen enthält sechzig bis hundert Stück, der Eierstock im Durchschnitte hundertundfunfzig. Daraus schon geht hervor, daß es wenigstens zwei Pakete daraus machen muß, wenn es alle seine Eier unterbringen will, und es wird dies beabsichtigen, wenn unfreundliche Witterung oder Mangel an Futter nicht hinderlich in den Weg treten. Im Frühjahre erfolgt das Ausschlüpfen. Nach dieser Zeit breitet sich die Gesellschaft mehr und mehr aus und wird auch durch ihre Wirkungen in dem Maße bemerklicher, in welchem sie heranwächst, was unter noch zweimaliger Häutung ziemlich schnell geschieht. Etwa vierzehn Tage nach der vierten, mit welcher die Flügelstumpfe recht stattlich auftreten, kriechen sie an Halmen in die Höhe, hängen sich an den Hinterbeinen auf, und binnen zwanzig bis vierzig Minuten weicht das letzte Gewand und die Flügel entfalten sich. Es mag in den meisten Fällen scheinen, als wenn Futtermangel die Heuschrecken zum Abziehen nöthigte, dieser dürfte aber nicht den alleinigen Grund dazu abgeben, sondern ihnen, wie manchen anderen Kerfen, der Wandertrieb aus noch unerklärten Ursachen angeboren sein.

Das Heimchen oder die Hausgrille (Gryllus domesticus), kleiner und zierlicher ist als die vorige, von lederbrauner Farbe, an den Beinen und dem Kopfe lichter, mehr gelb, trägt auf letzterem eine braune Querbinde und auf dem Halsschilde zwei dreieckige, braune Flecken. Im geselligen Beisammensein, in den nächtlichen Ausbrüchen aus seinen Verstecken, dem Aufsuchen der Wärme und derselben Nahrungsmittel erinnert das Heimchen lebhaft an die Küchenschabe, in deren Gesellschaft es nicht selten in Backhäusern, Mühlen, Brauereien, Kasernen, wo es mitunter als »kleine Krebse« die langen Brühen der Suppen würzt, in Hospitälern und anderen ähnlichen Örtlichkeiten zu finden ist. Ein einzelnes unterbricht mit seinem melancholischen Gezirpe die nächtliche Ruhe auf nicht unangenehme Weise, die vielstimmigen Konzerte können aber diejenigen zur Verzweiflung bringen, welche sie allnächtlich mit anhören müssen. Die Töne werden von den Männchen in derselben Weise hervorgebracht wie von der Feldgrille, nur sind sie schwächer und höher infolge der geringen Größe des Musicirenden und der dichter stehenden Stege an der Schrillader.

Nie in meinem Leben hatte ich bessere Gelegenheit, die Heimchen in ihrem Treiben zu beobachten, als in meiner Kindheit, wenn ich die Hundstagsferien bei den Großeltern verbrachte. Die düstere Küche der alten Pfarrwohnung in Großgörschen war für die Heimchen eine wahre Residenz. Durch sie nahm ich dann und wann meinen Weg mit der Großmutter, wenn wir uns zur Nachtruhe begeben wollten. Tausende von Heimchen tummelten sich hier, manche noch nicht so groß wie eine Stubenfliege, kleinere und größere bis zu vollkommen Erwachsenen, je nach den verschiedenen Altersstufen. Aus allen Winkeln zirpte es. Hier füllte das Mauerloch ein dicker Kopf aus, dessen lange Fühlfäden sich scharf gegen das verrußte Gestein abgrenzten, zog sich aber scheu zurück, sobald das Licht in die Nähe kam; dort spazierte eine Herde Junge, nach Nahrung suchend, keck umher, verrieth aber bald, daß Furchtsamkeit jedem einzelnen angeboren ist. Mit den Händen eins der frei umherschweifenden Thierchen zu erhaschen war beinahe ein Ding der Unmöglichkeit, und gelang es ja, so war der blinde Zufall dabei im Spiele, welcher bei der großen Menge einmal eins zwischen die Finger trieb, auf welches es nicht abgesehen gewesen war. Sie werden in dieser Hinsicht mehr durch ihre große Gewandtheit und Schnelligkeit im Laufen geschützt, als durch das Springvermögen, welches sie natürlich auch zu Hülfe nehmen, wobei man ihnen aber ansieht, daß der feiste Körper ihnen hinderlich ist und größere Sätze ihnen sauer werden. Eine Stelle ward ausgemittelt, wo der Fang keine Schwierigkeiten hatte. Im Herde war nämlich ein kupferner Kessel eingemauert und mit einem schlecht schließenden Holzdeckel versehen. Wenn nun zu irgend einem wirtschaftlichen Zwecke hier einmal den Tag über Wasser heiß gemacht worden war, von welchem immer auf dem Boden etwas zurückblieb, nebst einer behaglichen Wärme in der Umgebung, so saßen die Heimchen in solchen Mengen im Grunde des Kessels, aus welchem sie natürlich nicht wieder heraus konnten, daß man sie mit den Händen greifen konnte. Ich verschaffte mir manchmal das Vergnügen und sperrte die auf solche Weise in meine Gewalt gekommenen über Nacht in ein Zuckerglas, welches oben wohl verwahrt wurde. Am anderen Morgen war ein heiles Heimchen eine Seltenheit. Gewöhnlich fehlten Beine, Fühler, ja selbst Stücke aus dem Leibe. Die Springbeine, welche sich die Schrecken in der Gefangenschaft leicht abstrampeln, und andere Glieder waren größtentheils verschwunden. In ihrer Gefräßigkeit und dem Ärger über das unfreiwillige enge Zusammensein hatten sie sich einander angenagt. Hätte ich damals gewußt, was ich später erfahren, so hätte ich selbst die Behauptungen anderer prüfen können: die Heimchen sollen nämlich, wie die Krebse, beschädigte oder ganz fehlende Glieder wieder aus sich heraus ersetzen können, so lange sie noch in der Häutung begriffen sind. Da meine Küchengänge und Heimchenjagden in den Juli fielen, so kann ich nach dem, was ich sah und eben erzählte, den Ansichten derjenigen nicht beipflichten, welche meinen, in diesem und dem folgenden Monate allein würden die Eier gelegt, sondern nehme an, daß es in der ganzen Zeit geschieht, während welcher sich das lebhafte Zirpen vernehmen läßt. Die Paarung erfolgt in derselben Weise wie bei der Feldgrille. Mittels seiner dünnen, geraden Legröhre bringt das Weibchen die gelblichen, länglichen Eier im Schutte, Kehrichte oder in dem lockeren Erdreiche innerhalb seiner Verstecke unter, aus ihnen schlüpfen schon nach zehn bis zwölf Tagen die Lärvchen. Sie häuten sich viermal und überwintern in ihrem unvollkommenen Zustande. Nach der dritten Häutung erscheinen die Flügelstumpfe und bei den Weibchen kurze Legröhren. Man nimmt an, daß die Lebensdauer ein Jahr nicht überschreite, während dessen das Weibchen sicherlich mehrere Male Eierhäufchen absetzt und stirbt, wenn der Vorrath im Eierstocke erschöpft ist.

Unsere Stubenfliege

Kein Thier – das kann wohl ohne Übertreibung behauptet werden – ist dem Menschen ohne sein Zuthun und ohne ihn selbst zu bewohnen, ein so treuer, in der Regel recht lästiger, unter Umständen unausstehlicher Begleiter, als die Stubenfliege (Musca domestica). Sie versteht es ebenso gut, sich im kalten Lappland häuslich einzurichten, wie die Annehmlichkeiten der Länder unter dem heißen Erdgürtel zu würdigen. Wir alle kennen ihre schlimmen Eigenschaften, die Zudringlichkeit, Naschhaftigkeit und die Sucht, alles und jedes zu besudeln; eine Tugend wird niemand von ihr zu rühmen wissen. Besonders gegen Ende des Sommers, wo sie die kühlen Nächte und Morgen massenhaft in die Häuser treiben, wird sie in den Zimmern am lästigsten, doch für den Nordländer und Bewohner des mittleren Europa noch nicht in dem Maße wie für den Südländer. »Ich traf«, erzählt A. Young in seiner interessanten Reise durch Frankreich, »zwischen Pradelles und Thuytz Maulbeeren und Fliegen zugleich. Unter dem Ausdrucke ›Fliegen‹ meine ich jene Myriaden, welche den unangenehmsten Umstand des südlichen Klimas ausmachen. Sie sind die vorzüglichsten Qualen in Spanien, Italien und den Olivendistrikten Frankreichs, nicht, weil sie beißen, stechen oder verletzen, sondern weil sie summen und necken. Mund, Augen, Ohren und Nase werden einem voll davon, sie schwärmen über alles Eßbare, Obst, Zucker, Milch. Jedes Ding wird von ihnen in solchen zahllosen Heeren angefallen, daß es unmöglich ist, eine Mahlzeit zu halten, wenn sie nicht von jemandem, der nichts anderes zu thun hat, unablässig vertrieben werden. Auf zubereitetem Papiere und mittels anderer Erfindungen werden sie mit solcher Leichtigkeit und in solcher Menge gefangen, daß es bloße Nachlässigkeit ist, wenn sie so unglaublich überhand nehmen. Wenn ich in diesen Gegenden Landwirtschaft triebe, so würde ich vier bis fünf Morgen alljährlich mit todten Fliegen düngen.« Obgleich später im Jahre eine Zeit kommt, in welcher sie verschwunden sind, erhält sich doch die eine oder andere auch während des Winters in unseren Zimmern, noch mehr aber in den warmen Ställen, und es bedarf nur einiger schönen Tage im jungen Jahre, so lassen sie sich hier und da auch im Freien von der Frühlingssonne bescheinen. Eine ganz eigenthümliche Todesart unter ihnen fällt einmal mehr, das andere Mal weniger in die Augen: mit ausgespreizten Beinen trifft man sie an den Wänden oder draußen an beliebigen Gegenständen, der Hinterleib ist ihnen angeschwollen, die Verbindungshaut seiner Glieder tritt als leistenartiger Schimmelstreifen auf, so daß der Hinterleib braun und weiß geringelt erscheint. Beim Öffnen findet man denselben hohl und gleichfalls schimmelig. Selbst die Stelle, an welcher sie sitzen, ist mit einem Anfluge jenes Pilzes überzogen, welcher den Leichnam festhält.

Die Stubenfliege hat eine bis zur Spitze beiderseits gefiederte Fühlerborste. Schwarze, roth behaarte Backen, rothgelbe Taster, schwarze Beine und ein stark weißer Schimmer am blauen Hinterleibe und an dem schwärzlichen Untergesichte machen diese kenntlich.

Wer sollte sie nicht schon gesehen und gehört haben, jene große Brummfliege, welche sich sofort einstellt, wenn sie aus weiter Ferne Fleisch wittert, um ihre Eier (Schmeiß) daran zu legen, und in unseren Wohnzimmern unter beständigem Räsonniren gegen die Fensterscheiben rennt, als wollte sie sich den Kopf einstoßen. Die Fruchtbarkeit beider Arten erreicht eine außerordentliche Höhe durch die Menge der Eier, welche die Weibchen absetzen, und durch die Schnelligkeit, mit welcher die Brut sich entwickelt. Die Stubenfliege legt deren in Klümpchen von sechzig bis siebzig Stück in Zeit einer Viertelstunde. Von Gestalt sind sie fast walzenförmig, nur vorn, wo die Made herauskommt, etwas spitzer, ihre zarte Haut glänzt wie Perlmutter. Die der Schmeißfliege haben die etwas gekrümmte Form einer Gurke und an der eingebogenen Seite eine Längsleiste, in welcher sich die Schale öffnet; auch sie werden zu zwanzig bis hundert auf ein Häuflein gelegt, bis zweihundert von jedem Weibchen, vorzugsweise an Fleisch, die der Stubenfliege besonders an Mist, jedoch sind beide Mütter nicht gerade wählerisch; die Stubenfliege verschmäht das Fleisch nicht, legt ihre Eier auch an verdorbenes Brod oder Getreide, Melonenschnitte, todte Thiere, in nicht rein gehaltene Spucknäpfe, ja an den Schnupftabak in den Dosen, wenn man sie ihr offen stehen läßt; die Schmeißfliege geht an alten Käse – die springenden Maden desselben gehören aber nicht ihr, sondern zu Piophila casei –, an Aas, irre geleitet durch ihren sehr scharfen Geruchssinn an die sonderbaren Blüten der Aaspflanzen (Stapelia) und dergleichen. In höchstens vierundzwanzig Stunden kriechen die Maden aus; sie sind weiß, kegelförmig von Gestalt, hinten gestutzt, beide aber an ihren Enden von verschiedenem Ansehen. Der flüssige Unrath, welchen die Maden von sich geben, scheint die Fäulnis ihrer Nahrung, besonders des Fleisches, zu beschleunigen. Bald sind die von ihnen bewohnten Gegenstände durchwühlt; denn, obgleich ohne Augen, fliehen sie das Licht und arbeiten sich daher schnell in jene hinein. Ein Beobachter ließ eine Schmeißfliege ihre Eier an einen Fisch legen. Am zweiten Tage nach dem Ausschlüpfen waren die Maden schon noch einmal so groß, aber immer noch klein genug, daß ihrer fünfundzwanzig bis dreißig zusammen kaum einen Gran wogen, am dritten Tage wog jede für sich schon sieben Gran, war also binnen vierundzwanzig Stunden gegen zweihundertmal schwerer geworden.

In England trug sich vor Zeiten eine grauenhafte Geschichte zu, welche von verschiedenen glaubhaften Seiten bestätigt wird, und anderwärts haben ähnliche Erfahrungen den Beweis für das schnelle Wachsthum solchen Ungeziefers und seiner Gefährlichkeit geliefert. Ein Almosenempfänger, welcher infolge seines unruhigen Wesens nicht Lust hatte, im Arbeitshause seiner Pfarrei zu bleiben, sondern es vorzog, in den benachbarten Dörfern bettelnd umherzustrolchen, erhielt milde Gaben, meist aus Brod und Fleisch bestehend. Wenn er seinen Hunger gestillt hatte, pflegte er das Übrigbleibende, besonders das Fleisch, zwischen Haut und Hemd zu stecken und auf der Brust zu tragen. Nachdem er einst einen beträchtlichen Vorrath davon gesammelt hatte, fiel er in eine Unpäßlichkeit und legte sich auf einem Feldwege nieder, wo von der Sonnenhitze jener Jahreszeit – es war Mitte Juni – das Fleisch bald in Fäulnis überging und voll Fliegenlarven wurde. Diese fuhren nicht nur fort, die unbelebten Fleischstücke zu verzehren, sondern auch der lebende Körper blieb nicht verschont. Als der Unglückliche zufällig von einigen Vorübergehenden gefunden wurde, war er so von den Maden angefressen, daß sein Tod unvermeidlich schien. Nachdem man, so gut es gehen wollte, dieses ekelhafte Geziefer entfernt hatte, führten ihn die barmherzigen Samariter in ihre Heimat und holten sogleich einen Wundarzt herbei, welcher erklärte, der Körper befände sich in solchem Zustande, daß er den Verband nur einige Stunden überleben würde. Wirklich starb der Unglückliche, angefressen von Fliegenmaden. Da die Zeit nicht angegeben ist, wie lange er dagelegen hatte, und nicht anzunehmen, daß es mehrere Tage gewesen, so dürfte hier keine der beiden Musca-Arten in Betracht kommen, sondern eine lebendig gebärende Sarcophaga. In Paraguay sind Fälle vorgekommen, wo Leute von heftigem Kopfweh nach Nasenbluten während des Schlafes befallen wurden und nicht eher Erleichterung fanden, bis sie einige Fliegenmaden herausgenießt hatten. Fieberkranke auf Jamaica müssen mit größter Sorgfalt beobachtet werden, damit ihnen nicht eine große blaue Fliege ihre Eier in die Nase oder an das Zahnfleisch lege, von wo aus einzelne Maden schon bis zum Gehirne gelangt sind und dem Unglücklichen einen entsetzlichen Tod gebracht haben. Lassen wir dahingestellt sein, ob die verderblichen Fliegenlarven gerade die hier besprochenen Arten sind, da es noch sehr viele andere gibt, welche ganz ebenso leben. Erwiesen ist z. B., daß die Maden von Sarcophaga latifrons aus Ohrgeschwüren herausgeschnitten worden sind; ich besitze deren zwei, welche durch Behandlung mit Benzin aus einem sehr schmerzhaften Ohrgeschwüre eines Knaben herausgekommen sind, und in einem anderen Falle war es mit großer Wahrscheinlichkeit eine Fleischfliegenlarve, welche den inneren Augenwinkel eines anderen Knaben, der im Freien eingeschlafen war, in einer Weise verletzt hatte, daß er die Sehkraft verlor. Unter allen Umständen geht aus den angeführten Beispielen hervor, wie gefährlich es ist, während der warmen Jahreszeit im Freien zu schlafen, da die von Seiten an sich harmloser Geschöpfe uns drohenden Gefahren größere Bedeutung haben, als wir zu glauben geneigt sind.

Vor Zeiten hat es nicht an Leuten gefehlt, welche behaupteten, dergleichen Maden entständen von selbst an faulenden Gegenständen und die einen Todten aufzehrenden sogenannten »Leichenwürmer« seien nichts weiter als die sichtlichen Zeichen seines sündhaften Lebens. Heutzutage glaubt kein vernünftiger Mensch solchen Unsinn mehr, sondern weiß, daß diese oder andere Fliegen ihre Eier an den Leichnam absetzten, wenn es auch niemand mit angesehen hat.

Je nach den Umständen: günstige Witterung und nahrhafte reichliche Kost, sind die Maden in acht bis vierzehn Tagen erwachsen. Nach durchschnittlich vierzehn Tagen hat sich im Tönnchen die Fliege so weit entwickelt, daß sie durch Aufblähen ihres Kopfes dasselbe sprengt und daraus hervorkommt, was stets am Tage, nie des Abends oder Nachts geschieht. Es versteht sich von selbst, daß die im Spätherbste erst erwachsenen Maden als Puppen überwintern, daß sie aber in milden Wintern sehr zeitig die Fliegen liefern, dürfte weniger bekannt sein, wenigstens war ich im höchsten Grade überrascht, als ich am 15. Januar 1874 früh neun Uhr in meinem Hofe eine Schmeißfliege antraf, deren noch zusammengeschrumpfte Flügel darauf hinwiesen, daß sie eben der Puppe entschlüpft sein müsse. Diese Voraussetzung wurde zur Gewißheit, als ihr, der in die warme Stube Mitgenommenen, bis Mittag die Flügel vollkommen ausgewachsen waren. Weiter geht aus dem Gesagten hervor, daß bei mehreren Bruten im Jahre das Fliegenvolk zu einer unermeßlichen Zahl heranwachsen müßte, wenn Thiere und Menschen ihm nicht aufsässig wären.

NIEDERE THIERE

Der Regenwurm

Eine neue Welt des Lebens thut sich vor uns auf, aber nur vor den Augen derjenigen, welche eifrig suchen. Das Vorhandensein der Säuger, Vögel, Fische, Insekten, theilweise auch der Krebse ist so aufdrängerisch, es ist so unmöglich, ihnen nicht zu begegnen, daß ihre Mannigfaltigkeit als etwas Selbstverständliches hingenommen wird. Der Name des Wurmes wird gebraucht, um etwas Verächtliches, Ärmliches, nicht Beachtenswerthes zu bezeichnen, und jedermann denkt dabei an den sich hülflos im trockenen Staube krümmenden Regenwurm, wenn die aus dem täglichen Leben geschöpften Erfahrungen nicht etwa noch die nicht angenehme Erinnerung an Blutegel, eine Trichinenepidemie und finniges Fleisch mit sich bringen. Das sind unschöne, zum Theile widerliche Eindrücke, die man da empfängt; sie laden nicht gerade ein zu näherer Bekanntschaft.

Mit dem Worte Wurm verbindet jedermann die Vorstellung eines seitlich symmetrischen, mehr oder weniger gestreckten Körpers, welcher bald walzenförmig ist, wie beim Regenwurm, bald eine ausgeprägtere, platte Bauchseite hat, wie beim Egel, bald völlig platt ist, wie wir an den Bandwurmgliedern sehen. Im allgemeinen sind die Hautbedeckungen von weicher Beschaffenheit, und sehr allgemein sind wenigstens in einer gewissen Lebensperiode gewisse Stellen der Oberfläche mit Flimmerhärchen versehen. Der Mangel dieser mikroskopischen Organe bei allen Insekten, Spinnen, Tausendfüßern und Krebsen gegenüber den so reichlich damit ausgestatteten Würmern ist sehr bemerkenswerth. Unmittelbar mit der Haut pflegt ein zusammenhängender Schlauch der Quere und Länge nach sich kreuzender Muskeln verbunden zu sein. Die Zusammenziehungen des Körpers, die schlängelnden Schwimmbewegungen, die Bewegungen einzelner Körperabschnitte, werden von diesem Hautmuskelschlauche und seinen Theilen besorgt, und es beruht die Möglichkeit dieser Bewegungen darin, daß nicht, wie bei den Gliederthieren, die Hautbedeckungen zu einem Skelette verhornen. Daß ein Wurm keine Beine hat, mit diesem wichtigen Charakter ist auch der Laie befreundet. In Abwesenheit derselben schlängelt eben der Körper, einige Würmer mit horizontalen Wellenbiegungen, gleich den Schlangen, andere, z. B. die Egel, mit vertikalen. Auch bedienen sich viele Würmer beim Kriechen stummelartiger Hervorragungen der Haut und des Hautmuskelschlauches, in welche einzelne Borsten oder ganze Borstenbündel eingepflanzt sind. Endlich treten Saugnäpfe als Hülfsbewegungsorgane bei parasitischen und freilebenden Würmern auf.

Das Nervensystem der höheren Würmer ist von demjenigen der Gliederthiere nicht zu unterscheiden, sobald man nur von jenem äußersten Zusammenziehen der Bauchganglienkette absieht, welche mit der Koncentration des Körpers bei Krabben, Spinnen usw. Hand in Hand geht. Zahlreiche niedere Würmer besitzen nur einen oder zwei Nervenknoten in der Nackengegend. Die Sinneswerkzeuge, namentlich die Augen, sind in dem Maße entwickelt, wie die Lebensweise der betreffenden Würmer eine mehr oder weniger freie und umherschweifende ist. Wie bei den Höhlen bewohnenden Käfern und Krebsen eine Verkümmerung des Gesichtes Platz griff, haben auch die in das Innere anderer thierischen Organismen sich zurückziehenden Würmer mit dem Bedürfnis den normalen Bestand der Sinneswerkzeuge verloren.

Die zoologischen Merkmale unserer Regenwürmer sind die zahlreichen, kurzen Segmente, ein kegelförmiger, eine Oberlippe bildender Kopflappen und die Hakenborsten. Außer jener sogenannten, die Körperspitze bildenden Lippe haben die Regenwürmer keine besonderen Sinneswerkzeuge, namentlich weder Augen noch Ohren, gleichwohl sind sie für Lichtreiz empfänglich. Hören wir, was W. Hoffmeister, welcher die Regenwürmer Deutschlands in einer Monographie geschildert hat, hierüber sagt: »Wer sich mit der Beobachtung der Lebensweise dieser Thiere beschäftigt hat, wird ein mächtiges Hindernis für die Beobachtung in der großen Empfindlichkeit der Würmer gegen Lichtreiz gefunden haben. Eine noch so vorsichtig genäherte Flamme treibt sie schnell in ihre Höhle zurück; doch scheint es immer erst einer gewissen Zeit zu bedürfen, bis der Eindruck percipirt wird. Denn im ersten Momente pflegen sie ihre Bewegungen, trotz der Lichtflamme, fortzusetzen, dann halten sie plötzlich inne, gleichsam um zu lauschen, und dann erst ziehen sie sich mit einem schnellen Rucke in ihre Löcher zurück. Ist der Eindruck einmal aufgenommen, dann kann ein rasches Fortnehmen des Lichtes den eiligen Rückzug nicht aufhalten, scheint ihn im Gegentheile durch den Kontrast noch zu beschleunigen. Nicht der ganze Körper, wie begreiflich, empfindet den Eindruck, sondern nur die zwei ersten Ringe, an denen die vom Schlundringe ausgehenden Nervenbündel liegen. Ein Wurm, der mit dem Kopfe in das Loch eines Nachbars gedrungen oder unter einem Stückchen Holze versteckt war, vertrug die allerstärkste Annäherung der Flamme, verschwand aber sogleich, sobald er den Kopf erhoben hatte. Versucht man bei Sonnenlicht die Mundtheile eines Wurmes zu zeichnen und setzt ihn zu dem Ende in eine Schale mit Wasser, so wird man allezeit finden, daß er stets nach der dem Lichte abgekehrten Seite sich wendet.«

Die meisten Regenwürmer füllen ihren weiten Darmkanal ähnlich wie die Sandwürmer, nehmen jedoch nur darum die großen Portionen humusreicher Erde zu sich, um die darin enthaltenen, in der Zersetzung begriffenen thierischen und vegetabilischen Stoffe zu ihrer Nahrung zu verwenden. Von dem Lumbricus agricola, der größten und stärksten Art Deutschlands, welche in üppigem Boden, bei nicht zu starker Dehnung, nicht selten die Länge von etwa 40 Centimeter erreicht, sagt unser Gewährsmann: »Die humusreiche Erde genügt ihnen nicht allein; sie suchen nach vermoderten Vegetabilien, und wenn sie diese nicht finden, so präpariren sie sich ihren Fraß, indem sie, was ihnen vorkommt, in ihre Löcher hinunterziehen. Jedermann weiß, daß die Strohhalme, Federn, Blätter, Papierstreifen, welche man des Morgens auf den Höfen und in den Gärten in der Erde stekken sieht, als wären sie von Kindern hingepflanzt, während der Nacht von Regenwürmern verschleppt werden. Wenige jedoch werden gesehen haben, wie mit so schwachen Werkzeugen ein Wurm im Stande ist, so große Gegenstände zu überwältigen. Wenn man jedoch den Widerstand erprobt hat, den der Wurm dem entgegensetzt, der ihn aus dem Loche hervorzuziehen versucht, so wird man sich über die Muskelkraft eines nur aus Muskeln und Haut bestehenden Thieres nicht so sehr verwundern. Ein starker Strohhalm wird in der Mitte gefaßt und so scharf angezogen, daß er zusammenknickt, und so ins Loch hinabgezogen; eine breite Hühnerfeder mit der Fahne war ohne Schwierigkeit in ein enges Loch gezerrt; ein an der Spitze gefaßtes grünes Blatt von einer Himbeerstaude wurde abgerissen«.

Die Sinnesthätigkeiten des Regenwurmes haben uns veranlaßt, schon auf seine Lebensweise einzugehen. Wir kehren jedoch nochmals zu seinen anatomischen Eigenschaften zurück, welche vielleicht mancher Leser sich von einem befreundeten Arzt oder Naturforscher an einem frischen Thiere darstellen läßt. Was wir oben über die Blutgefäße gesagt haben, erläutert sich an kleineren, weniger gut genährten Individuen unserer Regenwürmer sehr gut. Mit bloßem Auge sieht man durch die Haut die oben auf dem Darmkanale verlaufende Hauptader und ihren röthlichen Inhalt durchschimmern. Trotz seines rothen Blutes hat der Regenwurm fast zweitausend Jahre im Systeme unter den »blutlosen« Thieren figurirt, bis ihm Linné eine Stelle unter den Thieren »mit weißlichem kalten Blute und einem Herzen mit Kammer, aber ohne Vorkammer«, einräumte. So will alle Erkenntnis, auch die scheinbar nächstliegende, gezeitigt sein. Jenem Rückengefäße korrespondirt am Bauche ein zweites Hauptgefäß, mit dem ersten durch eine Reihe von Querschlingen verbunden. Eine Menge kleiner Adern kann man an einem schnell in starkem Weingeiste getödteten und geöffneten großen

Regenwurme aus den Stammgefäßen ihren Ursprung nehmen sehen, um in feinsten Vertheilungen den Körper zu durchtränken und zu ernähren. Als Athmungsorgane treten die Hautbedeckungen ein. Die Regenwürmer und Verwandte sind Zwitter. Nicht alle Gattungen der Lumbricina besitzen den drüsigen Gürtel von weißlicher oder gelblicher Farbe, welcher etwa mit dem fünfundzwanzigsten bis neunundzwanzigsten Ringe anfängt und sich vier bis zehn Glieder weit erstreckt. Er dient zum gegenseitigen Festhalten während der Begattung.

Der gemeine Regenwurm verlebt den Winter, einzeln oder mit seinesgleichen zu langem Schlafe zusammengeballt, sechs bis acht Fuß unter der Erde. Die Frühlingswärme weckt auch ihn und lockt ihn wieder empor. Er ist des Tages Freund nicht, aber in der Früh- und Abenddämmerung und bis tief in die Nacht hinein, besonders nach warmem, nicht heftigem Regen, verläßt er seinen Schlupfwinkel, theils um seiner Nahrung nachzugehen, theils um mit einem der Freunde und Nachbarn ein intimes Bündnis zu schließen.

Bei dieser Friedfertigkeit und Bescheidenheit lauert tausendfacher Tod auf die armen Regenwürmer. Unterdrückten kann man sie vergleichen, denen man selbst ihre nächtlichen, geräuschlosen Zusammenkünfte nicht gönnt. »Der Regenwurm«, sagt sein Biograph, »gehört zu den Thieren, die den meisten Verfolgungen ausgesetzt sind. Der Mensch vertilgt sie, weil er sie beschuldigt, die jungen Pflanzen unter die Erde zu ziehen. Unter den Vierfüßern sind besonders die Maulwürfe, Spitzmäuse und Igel auf sie angewiesen. Zahllos ist das Heer der Vögel, das auf ihre Vertilgung bedacht ist, da nicht bloß Raub-, Sumpf- und Schwimmvögel, sondern selbst Körnerfresser sie für raren, lekkeren Fraß halten. Die Kröten, Salamander und Tritonen lauern ihnen des Nachts auf, und die Fische stellen den Flußufer- und Seeschlammbewohnern nach. Noch größer ist die Zahl der niederen Thiere, die auf sie angewiesen sind. Die größeren Laufkäfer findet man beständig des Nachts mit der Vertilgung dieser so wehrlosen Thiere beschäftigt, die ihnen und noch mehr ihren

Larven eine leichte Beute werden. Ihre erbittertsten Feinde scheinen aber die größeren Arten der Tausendfüßer zu sein. Diesen zu entgehen, sieht man sie oft am hellen Tage aus ihren Löchern entfliehen, von ihrem Feinde gefolgt.«

Die Kopffüßer

Zu den unauslöschlichen Eindrücken einer italienischen Reise gehört nicht nur der erste Anblick der Borromäischen Inseln, der Florentiner Bauten, des Kolosseums, des Vesuvs im Hintergrunde des Golfes, der Tempelruinen von Pästum – auch der erste Besuch eines italienischen größeren Fischmarktes, wie er täglich in Triest, Genua, Livorno, Neapel usw. abgehalten wird, hat etwas Überwältigendes. Da sind sie angehäuft, die Schätze des Meeres, auf Reihen von Tischen, hinter denen die Verkäufer in Hemdsärmeln und mit der hohen rothen Mütze stehen, ihre Waare mit einem betäubenden Geschrei anpreisend. Alles ist sortirt nach Größe und Gattung. Um die feineren Speisefische drängen sich die nobleren Köchinnen, und mancher fein gekleidete Herr, dessen Hausfrau sich noch zu Hause im Bette dehnt, besorgt seinen Einkauf selbst. Auf besonderen Fleischbänken liegen die Tunfische. Weiterhin folgen die Buden, wo die Geschlechter der greulichen Rochen und Haie für die minder verwöhnten Gaumen ausliegen; der Zitterrochen ist dabei, der Meerengel und andere Unthiere. Mit großer Geschicklichkeit wird ihnen die rauhe Haut abgezogen, und das Fleisch sieht nun appetitlicher aus, als es nachher schmeckt. Aber wir verweilen heute nicht bei den zum Theile sehr schön gefärbten Fischen, eilen auch an den vielen Körben der Verkäuferinnen von Muscheln, Schnecken und anderen »frutti di mare« vorüber und halten bei ein paar Tischen, deren Vornehmheit durch das Schattendach angezeigt wird, und von welchen uns eine ganz fremdartige Waare entgegenglänzt. »Calamari! Calamari! O che bei Calamari! Seppe! Seppe! Delicatissime Sepiole!« so dröhnen die unermüdlichen Stentorstimmen in unser Ohr. Schon hat einer der Schreier uns ins Auge gefaßt. Er glaubt, daß wir unsere Küche besorgen wollen. Einige Lungerer werden fortgejagt, um uns

Platz zu machen. Wir treten heran und der Fischer hebt an den polypenartigen Armen einen fußlangen, schlanken Calamaro empor. »É tutto fresco!« Und um zu beweisen, daß das Thier noch frisch, und wenn auch nicht mehr ganz, doch noch halb lebendig, versetzt er ihm mit der Messerspitze einen leisen Stich. Was war das? Wie ein Blitz fuhr ein Farbengewölk von Gelb und Violett über die auf weißem Grunde regenbogenfarbig schillernde und fein gefleckte Haut hin. Weil wir unschlüssig stehen, wird der Calmar wieder zu dem Haufen seiner Genossen geworfen, und unter Fortsetzung seiner Anpreisung wendet sich der Händler zu einer anderen Sorte seiner Waare, den Sepien. Aus einem Fasse, welches an der Erde steht, nimmt er Stück für Stück heraus, löst mit einem Schnitte den weißglänzenden Rückenschulp aus, entfernt, das beutelförmige Wesen umkrempelnd, einen Theil der Eingeweide mit dem Dintenbeutel, spült das so ausgenommene Thier ab und legt es auf den Verkaufstisch. Wir sind längst als fremde Naturforscher erkannt und müssen die ausgewählten Exemplare, die wir im Gasthause nach unseren Büchern bestimmen und untersuchen wollen, ungefähr mit dem vierfachen Marktpreise bezahlen.

Unter den für unsere Studien mitgenommenen Werken befindet sich das Buch des Herrn Verany in Nizza über die Kopffüßer oder Cephalopoden des Mittelmeeres, worin alle im Mittelmeere vorkommenden Arten nach den jahrelangen Beobachtungen dieses Naturforschers nach Form und Lebensweise in französischer Sprache beschrieben und in meisterhafter Weise farbig abgebildet sind. Darunter ist denn auch die kleine Sepiola Rondeletii, an welcher wir uns jetzt über den Körper und die äußeren Organe der Kopffüßer orientiren wollen. Den Namen haben diese Weichthiere davon, daß ihr Körper deutlich in Rumpf und Kopf zerfällt, an welchem letzteren ein Kreis von Anhängen steht, welche als Greif- und Bewegungsorgane gebraucht werden. Der Rumpf ist von einem Mantel umgeben, der an der Rükkenseite sich unmittelbar in die Hautbedeckungen des Kopfes fortsetzt, am Bauche aber einen offenen Beutel bildet, aus welchem das enge Ende eines trichterförmigen Organes herausragt. Auch daran ist die Rückenseite zu erkennen, daß nach ihr zu die beiden großen Augen einander genähert sind. Alle diese Regionen und Theile erheischen aber eine noch nähere Betrachtung, da auf ihren Abweichungen die Eigenthümlichkeiten der verschiedenen Gruppen und Gattungen unserer Klasse beruhen. Die den Mund umgebenden Arme sind von sehr fester, muskulöser Beschaffenheit, dehnbar und sehr beweglich; ihr Spiel bei den größeren Arten gleicht den Windungen eines Haufens mit einander verflochtener Schlangen. Bei allen lebenden Kopffüßern, mit Ausnahme des Nautilus, sind sie mit Saugnäpfen besetzt, wodurch ihr Zweck, die Beute fest zu halten oder bei den Kriechbewegungen zur Dirigirung des Körpers zu dienen, in ausgezeichneter Weise erfüllt wird. Gewöhnlich sitzen sie auf einem kurzen muskulösen Stiele. Ihr Umkreis besteht aus einem knorpeligen Ringe, der von Muskelfasern ausgefüllt ist. Legt sich nun der Ring an einen flachen Gegenstand an, und zieht sich die Muskelfüllung etwas aus ihm heraus, so entsteht ein Raum mit verdünnter Luft, der den Napf so fest haften macht, daß man bei den Bemühungen, ein lebendes und frisches Thier frei zu bekommen, oft einzelne dieser Organe abreißt, und daß, wenn eine Anzahl zugleich wirkt, das Thier eher den ganzen Arm als den ergriffenen Gegenstand fahren läßt; bei manchen Gattungen werden sie unterstützt durch hornige Haken und Spitzen. »Die Bewegungen der Saugnäpfe«, sagt Collmann, »bestehen aber nicht nur im Festhalten und Loslassen, sie strecken sich auch vor und ziehen sich zurück, ohne daß eine Beute gefaßt wird. Sie schließen sich und haben dann das Aussehen einer Knospe, und öffnen sich wieder zur Hälfte oder ganz, auf der einen Seite mehr als auf der anderen, je nach der Laune des Thieres. Jeder Saugnapf hat, ausgerüstet mit einem besonderen Muskelapparat und mit besonderen, nur für seinen Bereich bestimmten Nerven, einen hohen Grad von Selbständigkeit. Während die einen sich festklammern, bleiben die übrigen frei.«

Die Arme stehen vollkommen symmetrisch und man zählt sie

vom Rücken aus, indem man vom ersten, zweiten, dritten und vierten Paare spricht, welches letztere rechts und links neben der Mittellinie des Bauches sich befindet. Am Grunde sind die Arme durch eine Haut verbunden, die bei einigen Arten sich sogar bis zur Spitze der Arme erstreckt. Diese Haut dient, wie es scheint, vorzugsweise dazu, über der von den Armen umstrickten Beute eine allseitig schließende Höhle zu bilden, in welcher das Opfer, während es von den Zähnen gefaßt wird, eher verenden muß.

Breitet man die Arme auseinander, so kommt gerade in der Mitte ihres Kreises die von mehreren kreisrunden Lippen umgebene Mundöffnung zum Vorscheine. In ihr liegen die beiden schwarzbraunen Kiefer, dem Raubthiercharakter unserer Thiere entsprechend, groß, fest, spitz und scharf. Der Unterkiefer ist breiter und tritt mehr hervor als der Oberkiefer, der in der Ruhe und beim Kauen zwischen die Seitenblätter jenes hineingleitet. Wir werden sehen, wie die Thiere im Stande sind, damit den Kopf größerer Fische bis zum Gehirne zu durchnagen. Unterhalb des Kranzes der Arme ist der Kopf an beiden Seiten und mehr nach dem Rücken zu kugelig aufgetrieben. Es ist die Stelle, an welcher im Inneren eine Art von Hirnschale und als unmittelbare Fortsetzungen derselben die beiden napfförmigen knorpeligen Augenkapseln liegen. Diese Augen erscheinen unverhältnismäßig groß und glänzen und funkeln mit unheimlichem Feuer.

An der Rückenseite des Rumpfes ist für die allgemeine Beschreibung nichts Auffälliges. An den Seiten trägt unsere Sepiola ein paar blattförmige, abgerundete Hautlappen, Flossen, welche sowohl zur stetigen Fortbewegung, als zur Regulirung der Haltung und Stellung dienen. An der Unterseite sehen wir den freien Rand des Mantels, über welchen das sich verschmälernde Ende des sogenannten Trichters hervorragt. Das Thier macht davon einen sehr wichtigen Gebrauch. Indem es den Mantelsack mit Entfernung des Randes vom Leibe öffnet, läßt es Wasser in den Grund desselben eintreten. Darauf schließt es erst die Mantelwand, wobei ein paar knorpelige Knöpfe desselben in Vertiefungen der gegenüberliegenden Leibeswand passen, und preßt alles Wasser mit großer Kraft und mit einem Ruck in die weite Mündung des Trichters, so daß es in einem Strahl aus der engen Öffnung des Trichters herausschießen muß. Der Stoß reicht hin, um die schlankeren Arten der Kopffüßer mit pfeilartiger Geschwindigkeit, das Hinterende voran, schwimmen zu lassen. Wir haben uns bei dieser Gelegenheit auch von der Lage der Athmungswerkzeuge, der Kiemen, zu überzeugen. Zu diesem Behufe ist das freie Mantelblatt der Bauchseite aufzuschneiden und zur Seite zu legen. Wir sehen dann seitlich in der offenen Höhle ein krauses Organ, in welchem das Blut die Athmungsveränderungen erfährt. Außer dem Darmkanal mündet bei den meisten Kopffüßern noch der Ausführungsgang eines anderen wichtigen Organes in den Trichter – der des Tintenbeutels, einer Drüse, welche eine schwarz-braune Masse absondert. Dieselbe wird willkürlich entleert, und nur eine kleine Quantität gehört dazu, um das Thier in eine dunkle Wolke zu hüllen, wodurch es den Augen seiner Verfolger urplötzlich entzogen wird. Es versteht sich, daß der Name der Tintenschnecken, fälschlich auch »Tintenfische«, hiervon herrührt. In der Malerei ist der Stoff als »Sepia« bekannt. Er ist selbst von vorweltlichen Arten erhalten.

Selbst noch an vielen Exemplaren, welche in den Museen in Weingeist aufbewahrt sind, nimmt man eine feine violette und bräunliche Sprenkelung der Haut wahr. Allein dies gibt natürlich keine Idee von dem wunderbaren Farbenspiele, welches die lebenden Thiere zeigen. Je nach den Zuständen, in welchen sie sich befinden, je nach der Beleuchtung, der sie ausgesetzt sind, je nachdem sie selbst angreifen oder angegriffen und gereizt werden, sind sie einem fortwährenden Wechsel brillanter Färbungen unterworfen. Der im Grunde weißlich glänzende, an den dünneren Stellen transparente Körper kann in der Ruhe und Abspannung ganz erbleicht sein, mit einem bloß röthlichen, gelblichen oder violetten Schimmer. Plötzlich, bei einer neuen Erregung, ballt sich da und dort eine Farbenwolke zusammen, intensiv braun oder violett im Centrum, flockig und durchsichtiger an den Rändern. Die Farbenwolken und Farbenstreifen fliegen über den Körper hin, vereinigen sich, breiten sich aus und sind in der Regel mit einem allgemeinen Aufglitzern und blitzartigen Erglänzen und Irisiren der gesammten Haut verbunden, – man hat ein brillantes Ungewitter des Zornes und der nervösen Aufregung vor sich. Der mechanischen Ursachen dieses ungemein schönen Farbenspiels sind zwei. In der Haut liegen Zellen, welche mit höchst fein zertheiltem Farbstoffe gefüllt sind. Wenn die Zellen im Zustande der Ruhe durch die Elasticität ihrer Hülle das kleinste Volumen angenommen haben, färbt der in kleine Klümpchen zusammengezogene Farbstoff die Oberfläche nur wenig. Durch zahlreiche, strahlenförmig an die Zellen sich ansetzende Muskelfasern können dieselben aber breit gezogen werden, mit ihnen die Farben. Zu dieser Farbstoffarbe kommen aber die Glanz- und Regenbogenfarben. Dieselben werden durch feine, dicht über einander liegende und unter den Farbzellen befindliche Blättchen hervorgerufen nach physikalischen Gesetzen, welche die Lehre von der Interferenz des Lichtes erläutert. Von der Pracht dieser Färbungen geben die Farbenlithographien von Verany eine annähernde Vorstellung. Es erhellt, daß man eigentlich die Färbung der Kopffüßer nicht beschreiben kann; doch herrschen bei den einzelnen Arten gewisse Töne vor und zeichnen sich diese vor jenen durch besonderen Glanz, Zartheit oder Beweglichkeit der Farben aus. Erst neuerdings, seit man in einigen größeren Aquarien auch Kopffüßer hält, ist auch dem Publikum dieses Schauspiel geboten.

Die Kopffüßer sind ausschließlich Meeresbewohner, wie sie es zu allen Zeiten der Erde waren. Viele Arten leben gesellig, und gerade diese machen Wanderungen, wobei sie sich aus den tieferen Meeresgründen und dem hohen Meere den Küsten zu nähern pflegen. Verany hat jedoch darauf aufmerksam gemacht, daß der Umstand, daß man gewisse Arten nur in bestimmten Monaten auf den Fischmärkten anträfe, nicht von ihrer Wanderung, sondern von dem Gebrauche gewisser, nur in jenen Monaten zur Anwendung kommender Netze abhänge. Man erhält z.B. die

Histioteuthis Rüppeli, welche in den größten Tiefen sich aufhält, nur im Mai und September, wo man zum Fange eines Fisches (des Sparus centrodontus) das Grundnetz in Tiefen von zweitausendvierhundert Fuß hinabläßt.

Alle Kopffüßer sind, wie wir schon erwähnten, räuberische Fleischfresser und vernichten eine Menge Fische, Krebse, Schnecken und Muscheln. Sie sind sogar so gefräßig, daß sie sich auf die an der Angel gefangenen Thiere ihres eigenen Geschlechtes stürzen und sich mit ihnen an die Oberfläche ziehen und ergreifen lassen. Den in der Nähe des Landes auf den Felsen und zwischen den Tangen herumkriechenden und auf Beute lauernden Arten dienen mancherlei fadenförmige Anhänge, welche sie spielen lassen, zur Anlockung ihrer Opfer. Glücklicherweise wird dieser Schaden dadurch ausgeglichen, daß eine Reihe sehr wichtiger Thiere, z. B. mehrere Wale, der Potwal, die Kabeljaus fast ausschließlich oder vorzugsweise von Kopffüßern leben, und daß mehrere Arten auch dem Menschen als Nahrungsmittel dienen.

Die Auster

Kaum ein anderes Muschelthier hat eine solche nationalökonomische Bedeutung, setzt so viele Hände in Bewegung und bringt solche Summen in Umlauf, als die Auster (Ostrea). Es gibt Austern in allen Meeren, alle folgenden näheren Mittheilungen werden sich aber nur auf die gemeine Auster (Ostrea edulis) der europäischen Küsten beziehen. Wer je der Auster seine Aufmerksamkeit geschenkt, wird mehrere bezeichnende Eigenschaften des Gehäuses bemerkt haben. Die Schalen sind unregelmäßig und ungleich. Zu so vielen anderen äußerlich schön geglätteten Schalen bilden sie durch ihre unregelmäßig blätterige Struktur und schilferige Oberfläche einen rechten Gegensatz; auch ist ihr Inneres sehr unregelmäßig, indem sich mit Wasser gefüllte Räume finden und überhaupt die ganze Schalensubstanz poröser, durchdringbarer ist, als bei den meisten Muscheln. Hiermit hängt wohl die Eigenschaft der Auster zusammen, mit ihrer dickeren Schale leicht an den verschiedensten Gegenständen anzuwachsen, was nur so erklärt werden kann, daß die Schale vermittels einer sie durchdringenden und mit dem Kalke sich innig mischenden, vom Thiere ausgeschiedenen Substanz an die Unterlage angeleimt und angekittet wird. In dem Maße, als die Muschel wächst, schwitzt im Umkreise des angekitteten Schalenstückes neue Klebmaterie aus. Zähne sind gar nicht vorhanden.

Das Öffnen der Auster, um sie zur Tafel zu bringen, geschieht bekanntlich mittels eines zwischen die Schalen eingebrachten Spatels, den man längs der inneren glatten Deckelfläche bis zum Schließmuskel vorschiebt, um diesen abzulösen. Sobald er durchschnitten, klafft das Gehäuse, und es macht keine besondere Schwierigkeit, das Ligament abzureißen.

Wir haben nun das Austerthier in seiner selbstgefertigten

Schüssel liegen und wissen, anfangs uns nur sehr schwer zurecht zu finden. Da der Mantel ganz gespalten ist, und nur am Rücken die beiden Blätter in einander übergehen, ist für die Erkenntnis von unten und oben, vorn und hinten, ein Anfang gemacht, und wir entdecken beim Zurückschlagen des vorderen Zipfels den tief verborgenen Mund. Der empfindliche und zusammenziehbare Mantel wird gewöhnlich so weit zurückgezogen, daß unter ihm die Kiemenblätter hervortreten. Eine wesentliche Abweichung der Auster von den anderen Muscheln besteht in der gänzlichen Verkümmerung des Fußes, welche eintritt, sobald die jungen Thiere sich festgesetzt haben. Ostrea gehört zu den wenigen hermaphroditischen Muscheln. Der im Thierreiche sonst so stark ausgeprägte Gegensatz der Geschlechter und der tief innerlichen physiologischen Geschlechtsthätigkeit ist bei ihr, wie bei manchen Schnecken, in dem Maße unentwickelt, daß die Eier- und Samenfädchen erzeugenden Blindsäckchen ganz durch einander liegen und sogar ein und dasselbe Drüsensäckchen halb männlich und halb weiblich sein kann. Es scheint jedoch, daß bei manchen Individuen das eine oder das andere Geschlecht bis zu einer fast gänzlichen Unterdrückung des anderen vorwalten kann, ein Fingerzeig, daß in der Natur die Trennung der Geschlechter nicht geschaffen wurde, sondern der natürlichen Züchtung und Varietätenbildung überlassen blieb. Die Doppelgeschlechtigkeit der Auster tritt jedoch, wenigstens nach den Beobachtungen von Möbius, nie in der Weise auf, daß zu gleicher Zeit im selben Individuum Eier und Same vorhanden sind, also eine Selbstbefruchtung stattfinden könnte, sondern erst nach der Eierträchtigkeit entwickelt sich der Same. Die Zahl der von einer Auster jährlich producirten Eier ist eine enorme. Aus dem Berichte, welchen Professor Möbius in Kiel über die Zustände der Austernproduktion und Austernzucht im Jahre 1870 dem preußischen Minister für die landwirtschaftlichen Angelegenheiten abstattete, entnehmen wir, daß ältere Austern zwar über eine Million Junge zeugen, jüngere dreijährige aber viel weniger. »Angenommen«, sagt Möbius, »es laichten in einem Sommer nur zehn Procent der Austern einer Bank, auf welcher hunderttausend Austern lagern, und jede laichende Auster brächte nur tausend Junge hervor, so producirten die zehn Procent Mutteraustern zusammen doch schon zehn Millionen Junge. Wenn alle diese auf der Mutterbank oder in deren Nähe Platz nähmen, so müßten sich von nun an zehn Millionen Austern dieselbe Menge Nahrung theilen, die vorher hunderttausend Austern zur Verfügung stand. Eine jede der kleinen würde zwar viel weniger Nahrung einziehen, als eine erwachsene, aber ihrer großen Zahl wegen würden sie sich sowohl gegenseitig, wie auch den erwachsenen Austern eine sehr starke Konkurrenz machen, selbst in dem großen Meere.« Die weitere Verfolgung dieser Betrachtung lehrt, daß durch die Ernährungsverhältnisse eine ziemlich enge Grenze der Vermehrung der Austern auf einer gegebenen Meeresstrecke bestimmt ist, und daß bei Zunahme der Menge der Individuen die einzelnen leiden und an Werth verlieren. Die Entwickelung, über deren Einzelheiten wir auffallenderweise noch keine genaueren Nachweise besitzen, geschieht innerhalb der Mantelhöhle des alten Thieres, welche die Jungen erst dann verlassen, wenn ihre Schale soweit ausgebildet ist, daß sie sogleich sich ankitten können. Schon nach einigen Monaten sollen sie wieder fortpflanzungsfähig sein, was wohl stark zu bezweifeln ist.

Wir haben nun das Vorkommen der Auster und ihre geographische Verbreitung an den europäischen Küsten, näher ins Auge zu fassen. Es ist nicht gut möglich, die künstlich angelegten Bänke und Zuchten dabei gänzlich unberücksichtigt zu lassen. Gehen wir vom Adriatischen Meere aus, in welchem die Auster überall wenigstens vereinzelt, an verschiedenen Stellen massenhaft, das heißt in Bänken lebt. Im äußersten, sehr flachen Winkel der Bucht von Muggia in Triest siedeln sich die Austern auf den in den Schlamm gesteckten Pfählen an. Seit Jahrhunderten hegt man sie auch in den Kanälen und Bassins des Arsenales in Venedig. Wir sehen das Thier also auf der ostlichen und der westlichen Seite des großen Golfes von Venedig unter sehr verschiedenen

Bedingungen gedeihen, dort, bei Muggia, in einem durch keinerlei oder nicht nennenswerthen Zufluß von süßem Wasser gemischten Salzwasser, hier in der Lagune. Sehr schöne große Austern habe ich im Becken von Sebenico aufgezogen. Die Lage dieser kleinen, von den dortigen Fischern nur gelegentlich ausgebeuteten Bank ist aber insofern lehrreich, als auch sie zeigt, daß entweder Flutströmungen oder, wie es dort der Fall ist, unterseeische Strömungen, welche dem hülflosen Thiere Nahrung zuführen, zuträglich und nothwendig sind. Aus einer Vergleichung der Triester und dieser Lokalität geht auch schon hervor, daß die Auster bei sehr verschiedenen Wohntiefen ihre volle Lebensthätigkeit entfalten kann, ein physiologischer Zug, der für die praktische Austernzucht von der allergrößten Bedeutung ist. Weiter unten finden sich auf der italienischen Seite schon im Alterthume berühmte Austernlager in der Nähe von Brindisi und im Golfe von Tarent. Von da zieht sich die Auster durch den ganzen östlichen und westlichen Theil des Mittelmeeres, ohne sich, wie es scheint, massenhaft anzusammeln; sie ist auch ins Schwarze Meer eingedrungen und da und dort einzeln an der Südküste der Krim angesiedelt, ein Beweis ihrer großen Akkommodationsfähigkeit.

Natürlich beherbergt auch der westliche Theil des Mittelmeeres die Auster überall da, wo Strömungs- und Bodenverhältnisse es gestatten, jedoch haben sich nirgends sehr bedeutende Bänke gebildet. Sowohl an den französischen, wie an den britischen Küsten, der Nordsee und des Atlantischen Oceans finden sich zahlreiche natürliche Austernbänke, und an der norwegischen Küste reicht die Auster bis zum fünfundsechzigsten Grade hinauf. Sie kommt im südlichen Norwegen an manchen Strecken in solchen Mengen vor, daß sie mit Brod und Butter als selbstverständlicher Nachtisch à discretion aufgetragen wird. Als ich nach einer Seefahrt von den Färöerinseln nach dem an der norwegischen Südküste gelegenen Städtchen Kragerö im dortigen Gasthause meine erste Mahlzeit hielt, machte ich diese angenehme gastronomische Entdeckung.

Zu einem sehr verbreiteten Mißverständnisse hat der Ausdruck »Holsteinische« oder »Flensburger« Austern Veranlassung gegeben. Diesen Namen führen die Austern, welche vorzugsweise in Norddeutschland bis Leipzig, Magdeburg und Berlin und weiter südlich, ferner längs der ganzen Ostseeküste bis Petersburg versandt und verzehrt werden, und deren Heimat man gewöhnlich an die holsteinische Ostseeküste verlegt. In der ganzen Ostsee lebt jetzt – früher war es anders, wie wir sehen werden – keine Auster. Die sogenannten Flensburger Austern stammen alle von der Westküste, der Strecke von Husum bis Tondern gegenüber zwischen den Inseln Sylt, Föhr usw., wo tiefe Wasserrinnen den flachen Meeresboden durchziehen. Während der Ebbe werden meilenweite Strecken des Bodens bloßgelegt, während der Flut ragen nur jene Inseln hervor. Man nennt dieses Gebiet die Watten. »Die Austernbänke liegen an den Abhängen der tiefen Rinnthäler des Wattenmeeres, in welchen die Hauptströme des Flut- und Ebbewassers mit einer Geschwindigkeit von vier bis sechs Fuß in der Sekunde laufen, also ungefähr ebenso schnell, wie der Rhein vor Bonn vorbeifließt. Auf den besten Bänken leben neben den Austern gewisse Thiere, von welchen ich (Möbius) als charakteristisch nur die Seehand, den Dreikantenwurm und den grünen Seeigel nennen will. Wo viele Miesmuscheln, Seepocken und Sandwürmer auftreten, da gedeihen die Austern weniger gut, ja sie verschwinden, wo diese Thiere die Oberherrschaft gewinnen, gänzlich.« (Möbius.) Noch schlimmer ist die Versandung und Verschlickung der Bänke, wie z. B. eine Bank bei der Insel Amrum von Jahr zu Jahr mehr unter dem überlaufenden Sande begraben worden ist.

Von hohem Interesse ist die erst vor kurzem stattgefundene natürliche Ansiedelung der Auster im Limfjord. In einer der wichtigsten Untersuchungen über die Lebensbedingungen dieses Thieres, die wir dem Altmeister der deutschen Naturwissenschaft, E. von Baer, verdanken, heißt es darüber: »Im Jahre 1825 wurde nämlich ein Uferwall durchbrochen, und dieser Durchbruch hat sich erhalten. Er ist auf den neueren Karten unter dem

Namen des Agger-Kanales sichtbar. Durch die neue Kommunikation mit der Nordsee und den Wechsel von Flut und Ebbe in derselben, der zweimal täglich Seewasser eintreibt und ebenso oft das im Fjord diluirte Seewasser wieder abfließen läßt, ist der Limfjord jetzt ein Salzwasserbecken geworden. Es sind Seefische und Austern eingewandert.«

Der Hauptgrund, warum die Auster nicht mehr in der Ostsee fortkommt, liegt offenbar in dem zu geringen Salzgehalte dieses wenigstens in seinen nördlichen und östlichen Theilen schon fast zu einem süßen Binnensee gewordenen Gewässers. Am fettesten und schmackhaftesten wird die Auster bei 20 bis 30 per Mille, daher man, abgesehen von den mittelmeerischen, auch an den Küsten des Atlantischen Oceans und der Nordsee die beliebtesten Austern an Stellen findet, wo der Salzgehalt des Meeres entweder durch einen größeren Fluß, der ins offene Meer geht, oder durch kleinere Flüsse, die sich in eine Bucht ergießen, gemildert wird: so die Austern von Havre, im Cancale-Busen, bei der Insel Ré, bei Rochelle, an den Küsten der Grafschaft Kent, im Bereiche des Themsewassers, bei Colchester, Ostende. Die Römer, die der Gastronomie so sehr huldigten, daß eine Mißachtung derselben als Mangel an Urbanität galt, holten sich die Austern aus den verschiedensten Weltgegenden und setzten sie in die Lukrinische Bucht, die damals wohl weniger ausgefüllt war, als jetzt, oder in andere, künstlich ausgegrabene Behälter, deren es in der späteren Zeit viele gab. Lassen wir die vielen Äußerungen der Alten über die Feinschmeckerei und Schlemmerei in Bezug auf die Austern ganz bei Seite, so bleibt immer beachtenswerth, daß Plinius, der sich auf solche Dinge verstand, die Austern aus der offenen See für klein und schlecht erklärt und für gute Austern den Zufluß von süßem Wasser für nöthig hält.

Wir sind aus der Naturgeschichte der Auster schon in das Austern-Essen und Pflege und Zucht der Austern hineingekommen, ein Kapitel, worüber gerade im letzten Jahrzehnte so unendlich viel sowohl in wissenschaftlichen wie in populären Werken und Zeitschriften geschrieben wurde. König Jakob von

England soll oft, wenn er sich Austern gut schmecken ließ, gesagt haben, es müsse ein muthiger Mann gewesen sein, der zuerst eine Auster gegessen habe. Keineswegs. Zu den Austern und vielen anderen auch nicht appetitlicher aussehenden Meeresfrüchten griff der Mensch, als er kaum schon diesen Namen verdiente und das Aussehen des Eßbaren ihm gewiß den geringsten Kummer machte. Den Beweis, daß schon vor Jahrtausenden die Auster ein wichtiges Nahrungsmittel eines die Küsten bewohnenden Theiles der Ureinwohner Europas gebildet, liefern die sogenannten »Küchenreste«, welche in ungeheueren Anhäufungen längs der Ostküste Jütlands und an den dänischen Inseln bis zu den Eingängen der Ostsee hin sich befinden und von den dänischen Gelehrten mit großem Scharfsinne untersucht worden sind. Sie geben zugleich, beiläufig gesagt, einen der sichersten Belege dafür, daß wenigstens der ganze südliche Theil des Kattegats, in welchem die Auster jetzt wegen des geringen Salzgehaltes nicht mehr fortkommt, damals, als dem Gedeihen der Auster sehr zuträglich, viel salzreicher gewesen sein muß, ein Umstand, der mit anderen zu höchst interessanten Schlüssen über die damalige Gestaltung Schwedens und vielleicht auch Finnlands geleitet hat.

Wenn einer nun aber meint, eine künstliche Befruchtung sei bei den Austern gar nicht erforderlich und könnte nur zerstörend wirken, da die Austern hermaphroditisch seien, so erinnern wir an die schon oben gemachte Bemerkung, daß Same und Eier sich nicht gleichzeitig in demselben Thiere entwickeln, eine Selbstbefruchtung also schon deshalb nicht stattfinden kann. Gleichwohl ist eine künstliche Befruchtung weder nothwendig, noch dürfte sie im großen durchführbar sein.

Die Austernpflege ist aber schon zwei Jahrtausende alt. Plinius sagt sehr bestimmt, daß Sergius Orata, ein Mann, der vor dem Marsischen Kriege, also wohl ein Jahrhundert vor Christo lebte, die ersten Austernbassins angelegt habe, und zwar in großem Maßstabe, um sich zu bereichern. Es wäre möglich, daß die Austernzucht noch älter ist; denn schon in den Werken des Aristoteles wird einer Versetzung von Austern erwähnt, wie einer bekannten Erfahrung, doch ohne darauf Gewicht zu legen und nur im Vorbeigehen. Dagegen war in der Zeit der römischen Kaiser die Austernzucht ein wichtiger und vielbesprochener Gegenstand der Ökonomie.

Seit den Zeiten der Römer ist die Austernzucht wahrscheinlich nie verloren gegangen, obgleich wir aus dem Mittelalter wenige Nachrichten darüber haben. Das kommt eben daher, daß die Naturwissenschaften sehr vernachlässigt wurden, und man nur etwa von großen Jagdthieren gelegentlich sprach. Die Schriftsteller waren zum großen Theile Geistliche, welche außer den Schicksalen der Kirche auch die Thaten der Fürsten oder einbrechender Feinde beschrieben. Aber die Mönche waren dabei sehr eifrige Verpflanzer von Thieren, welche zur Fastenzeit als Nahrung dienen konnten.

Die Austernparks erfüllen einen doppelten Zweck: sie sind Mastställe und Magazine. Einen Weltruf behaupten seit vielen Jahren die von Ostende, Marennes unweit Rochefort und Cancale im Norden Frankreichs. Die Austern, welche in den Pensionen von Ostende ihre höhere Erziehung erhalten sollen, kommen sämmtlich von den englischen Küsten. Die gemauerten oder gezimmerten, am Boden mit Bretern belegten Räume, in welchen sie sorgfältig überwacht werden, hängen durch Schleusen mit dem Meere zusammen und werden alle vierundzwanzig Stunden gereinigt. Etwa funfzehn Millionen Austern gelangen jährlich aus den drei Parks von Ostende auf den Markt. Die Parks von Marennes und Latremblade mit ihren berühmten grünen Zöglingen werden »Claires« genannt und nur zur Zeit der Springfluten, bei Neu- und Vollmond, mit frischem Wasser versehen. Nach den Angaben von Clavé in der »Revue des Deux Mondes«, denen wir folgen, wechselt ihr Flächeninhalt zwischen zweihundertundfunfzig bis dreihundert Quadratmeter, und sie sind gegen das Meer durch einen Damm geschützt, der mit einer Schleuse zur Regulirung der Wasserhöhe versehen ist. Man läßt zuerst das Wasser längere Zeit in den Abtheilungen, damit der Boden sich gehörig mit Salz sättige. Dann, nachdem das Wasser abgeflossen und alle sich angesetzt habenden Tange und Algen entfernt sind, wird der Boden wie eine Tenne geschlagen, aber mit erhöhter Mitte, wo die Austern liegen. Nun kommen die Austern hinein, welche von den benachbarten Bänken eingesammelt werden. Das geschieht vom September an. Sie werden aber nicht unmittelbar in die Claires versetzt, sondern erst in eine Art von Sammellokalen, die sich dadurch von den Claires unterscheiden, daß sie dem täglichen Flutwechsel unterliegen. Schon von hier aus werden die größten und schönsten Austern unmittelbar in den Handel gebracht, während die jüngeren und noch nicht fetten zur Mästung in die Claires wandern, wo, wie gesagt, nur zweimal des Monates das Wasser gewechselt wird. Ihre Abwartung verlangt von Tag zu Tag die größte Sorgfalt. Die Austernzüchter, denen mehrere Claires zur Disposition stehen, versetzen ihre Zöglinge aus einer Claire in die andere, um die entleerten zu reinigen. Wo dies nicht geschehen kann, werden die Austern einzeln aus ihren Behältern genommen und vom Schlamme befreit. Die im Alter von zwölf bis vierzehn Monaten in die Claires gekommenen Austern sind nach zwei Jahren reif, um den Delikatessenhändlern und deren Gästen sich vorzustellen. Sie haben in Marennes während dieser Zeit auch eine grüne Farbe angenommen, die ihnen bei Feinschmeckern besonderen Ruf und Beliebtheit verschafft hat. Man ist noch nicht vollständig im Reinen darüber, woher diese Färbung stamme; am wahrscheinlichsten daher, daß bei dem längeren ruhigen Verweilen des Wassers in den Claires diese sich sehr rasch mit grünen mikroskopischen Pflänzchen und Thierchen füllen, welche als Nahrung der Austern ihren Farbstoff auf letztere übertragen. Das ist jedoch nicht so zu verstehen, als ob der grüne Stoff als das Chlorophyll der Algen, Diatomeen und Infusorien sich direkt in der Auster ablagere, sondern er geht aus der assimilirten Nahrung, also aus den Blutbestandtheilen, hervor.

Der Verbrauch der Austern, welcher sich z. B. in Paris auf fünfundsiebzig Millionen jährlich belauft, würde an sich kaum eine merkliche Verringerung der Bänke herbeiführen können.

Wenn nichtsdestoweniger sowohl an den französischen Küsten als anderwärts, z.B. an der Westküste Holsteins, ein Eingehen der Austernbänke und eine sehr auffallende Verminderung des Nachwuchses bemerkt wurde, so haben hierzu eine Reihe von Ursachen beigetragen. Die Auster hat sehr viele natürliche Feinde; sie schmeckt nicht bloß den Menschen, sondern aus fast allen Thierklassen stellen sich zahlreiche Gourmands auf den Austernbänken ein. Zahllose Fische schnappen die allerdings noch viel zahlloseren jungen Austern auf; Krebse passen auf den Augenblick, wo die arme Auster ihren Deckel lüftet, um an dem süßen Fleische sich zu laben; die Seesterne wissen sie auszusaugen; mehrere Schnecken bohren mit dem Rüssel sehr geschickt Löcher in die Schalen und gehen auf diese Weise ihrer Beute zu Leibe. An anderen Stellen haben sich die Miesmuscheln in solchen Mengen auf den Austerbänken angesiedelt, daß letztere dadurch gleichsam erstickt werden; und neuerdings ist noch ein anderes Thier, welches die Franzosen Maërle nennen, wahrscheinlich ein Röhrenwurm aus der Gattung Sabellaria, als Zerstörer des kostbaren Schalenthieres aufgetreten. Doch alle diese Feinde, gewiß auch der Maërle, haben so lange schon auf Unkosten der Austern existirt, als diese selbst. Wenn sie nicht das ihrige in dem Vernichtungskriege gegen die Austern gethan, wenn nicht Milliarden von jungen, eben ausgeschlüpften Austern vom Wogenschwalle erfaßt und erdrückt oder vom Sande und Schlamme erstickt würden, so würden die Meere längst zu bloßen vollgefüllten Austernbassins geworden sein. Den größten, wirklich empfindlichen Schaden haben die Austernbänke offenbar durch die durch Menschenhände hervorgebrachte Erschöpfung gelitten und durch die Folgen eines unzweckmäßigen, mit großen Zerstörungen verbundenen Einsammelns. Wo die Bänke nicht so seicht liegen, daß man zur Ebbe die Austern mit der Hand »pflücken« kann, bedient man sich eines Netzes mit einem schweren eisernen Rahmen, dessen eine am Boden schleppende Kante mit Zähnen, gleich einer Egge, bewehrt ist. Segel und Ruder der kleinen, aber doch mit fünf bis sechs Leuten bemannten Boote werden so gestellt, daß das Fahrzeug nur ganz langsam vorwärts kommt, und das Schleppnetz, das am Seile nachgezogen wird, sich gemächlich und tief einwühlen kann. Dadurch werden förmlich tiefe Löcher und Furchen in die Bänke gerissen, und der größte Nachtheil entsteht nun, indem diese Vertiefungen in kurzer Zeit mit Schlamm ausgefüllt werden, welcher nicht nur eine fernere Ansiedelung an diesen Stellen unmöglich macht, sondern auch die umliegenden, von dem Schleppnetze verschont gebliebenen Thiere tödtet.

Wenn es gelänge, dachte Professor Coste in Paris, nur einen Theil von den unzählbaren Millionen junger Austern, welche vom Oceane verschlungen werden, ehe sie sich zu dem einen Zwecke ihres Daseins, gegessen zu werden, auch nur vorbereiten können, dadurch für dieses höhere Ziel zu retten, daß man ihr Festsetzen erleichtert, befördert und behütet, so würde man die Auster in Bälde zu einem der gemeinsten und wohlfeilsten Lebensmittel machen können. Man zählte um 1864 in den Parks von Arcachon fünfunddreißig Millionen Austern jeder Größe, welche, das Tausend zu vierzig Franken gerechnet, ein Kapital von 1 400 000 Franken repräsentirten. Auch berechnete man, daß der jährliche Ertrag sich auf sechs Millionen Austern und auf 240 000 Franken belaufen würde.

Wie Hüningen für die Süßwasser-Fischzucht, so sollte Arcachon die Musteranstalt für die Produktion der eßbaren Seethiere sein, und was die Austern betrifft, so fanden sich auch bald viele Unternehmer, welche die französische Regierung um Koncessionen zur Anlage von Zucht- und Mastparks angingen. Es hat damit in Frankreich eine eigene Bewandtnis. Das ganze Meeresgestade, welches bei der Ebbe bloßgelegt wird, also der einzige Ufergürtel, welcher sich für die Austernzuchten eignet, ist Staatseigenthum, und ferner werden alle Personen, welche sich mit irgend einer Gattung von Seefischerei beschäftigen, in die Konskriptionslisten der Marine eingetragen. Wer also in Frankreich Austern züchten will, muß erstens ein Mann von bewährter Gesinnung sein und zweitens gewärtig, daß er von seinen

Austern weg zum Flottendienste einberufen wird. Es hat sich gezeigt, daß die von Konskriptionspflichtigen und bloßen Spekulanten unternommenen Austernzuchten den gewünschten Erfolg nicht hatten, indem diese Leute theils kein wirkliches Interesse an der Sache hatten, theils ohne sonderliche Mühe in kurzer Zeit viel Geld zu machen hofften. Aber nur solche Fischer und Küstenbewohner eignen sich zu Austernzüchtern, welche jahraus jahrein täglich ihren ganzen Fleiß den Austern widmen, solche, welche einen Lebensberuf daraus machen und die Koncession nicht durch irgend welchen Gesinnungswechsel zu verlieren fürchten müssen, also arbeitsame und freie Menschen.

ANHANG

Editorische Notiz

Der Text der vorliegenden Ausgabe folgt der zweiten aktualisierten Auflage in zehn Bänden von 1882–1887, die zu großen Teilen von Alfred Brehm selbst verfasst wurde.

Die Texte wurden für diese Ausgabe zum Teil behutsam gekürzt, aber in der ursprünglichen Rechtschreibung belassen.

Daten zu Leben und Werk

1829
Am 2. Februar wird Alfred Edmund Brehm als Sohn des Pfarrers und Ornithologen Christian Ludwig Brehm und dessen zweiter Frau Bertha in Unterrenthendorf bei Neustadt/Orla geboren. Durch den Vater und dessen über 9000 Vogelbälger im Elternhaus erwacht schon früh Brehms Interesse an der Zoologie.

1844–1846
In Altenburg Ausbildung zum Maurer und Besuch der Kunst- und Handwerksschule, mit dem Ziel Architekt zu werden.

1846
Aufnahme des Architekturstudiums in Dresden.

1847–1852
Der Ornithologe Baron Johann Wilhelm von Müller nimmt Brehm als Sekretär mit auf eine Forschungsreise nach Afrika. Die Reise führt u. a. nach Ägypten und in den Sudan. 1849 wird Brehm gemeinsam mit von Müller zum Mitglied der Leopoldina (Akademie der Naturforscher) gewählt.

1853
In Jena Aufnahme des Studiums der Naturwissenschaften.

1855
Abschluss des Studiums mit der Promotion. Die Dissertation besteht in Auszügen seiner Reiseberichte aus Afrika. Veröffentlichung der *Reiseskizzen aus Nord-Ost-Afrika* in drei Bänden.

1856–1857
Brehm unternimmt eine Spanienreise mit dem Bruder Reinhold.

1858
Brehm lässt sich in Leipzig nieder und verdingt sich als freier Schriftsteller und Lehrer für Geografie und Naturgeschichte. Er schreibt unter anderem für Ernst Keils *Gartenlaube*.

1860
Forschungsreise nach Norwegen und Lappland.

1861
Heirat mit der Cousine Mathilde Reiz. *Das Leben der Vögel* erscheint.

1862
Mit Ernst II., Herzog von Sachsen-Coburg und Gotha, Reise nach Äthiopien.

1863
Brehm siedelt nach Hamburg über. Er wird Direktor des Hamburger Zoologischen Gartens. Publikation der *Ergebnisse einer Reise nach Habesch*.

1864–1867
Das mit Emil Adolf Roßmäßler verfasste, zweibändige Werk *Die Thiere des Waldes* erscheint.

1863–1869
Brehms *Illustrirtes Thierleben* erscheint in der ersten Auflage in sechs Bänden.

1866
Brehm legt aufgrund von Differenzen mit dem Verwaltungsrat sein Amt als Leiter des Hamburger Zoologischen Gartens nieder.

1867
Nach seiner Übersiedlung nach Berlin beginnt Brehm mit der Planung eines Auquariums.

1869
Brehm eröffnet das Aquarium in Berlin, dessen Leiter er bis 1874 ist.

1876
Expedition durch Westsibirien. Daraus geht *Reise zu den Kirgisen. Aus dem Sibirientagebuch* hervor.

1876–1879
Brehms Thierleben erscheint in zehn Bänden.

1878
Mit Kronprinz Rudolf von Österreich Reise ins mittlere Donau gebiet nach Ungarn.

1879
Weitere Reise mit Rudolf, nach Spanien und Portugal.

1878
Brehms Frau Mathilde stirbt.

1883/4
Kurz vor Brehms Antreten einer Vortragsreise in den USA erkranken seine vier bei ihm wohnenden Kinder an Diphterie. Da er sich die Vertragsstrafe im Falle eines Nichtantretens nicht lei-

sten kann, reist er trotzdem. Im Januar erhält er Nachricht, dass sein jüngster Sohn gestorben ist. Zu dem folgenden seelischen Leiden kommt ein Wiederaufflammen der Malaria, an der er schon vor vielen Jahren in Afrika erkrankt ist.

1884
Brehm kehrt im Mai nach Berlin zurück und siedelt im Juli nach Renthendorf über. Am 11. November stirbt Alfred Brehm daselbst.

Apuleius

Der goldene Esel

Band 90082

Schon im ›Goldenen Esel‹, diesem ersten vollständig erhaltenen Roman der Antike, dreht sich alles um Abenteuer und Liebe, Sex and Crime. Es wimmelt in ihm nur so von zwielichtigen Figuren und Lüstlingen aller Art: von sexbesessenen Priestern etwa oder frechen Ehefrauen, die ihren Liebhaber im Holzfass verstecken, während der Gatte eine moralische Rede hält. Wegen seines lebendigen Humors wurde Apuleius' Roman schnell zu einem viel gelesenen Klassiker. Vor allem das Märchen von ›Amor und Psyche‹ ist bis heute weltberühmt.

Fischer Taschenbuch Verlag

fi 90082 / 1

Hund, Katze, Maus!
Die schönsten Tiergeschichten
Herausgegeben von Lea Katharina Ostmann
Band 90090

Der Verstand unterscheidet den Menschen vom Tier, die Fähigkeit zur Sprache. Nicht so in dieser Sammlung von Fabeln, Erzählungen und Gedichten, in denen auch den Tieren alles erlaubt ist. Der Fuchs, der listige Stratege, sorgt mit Schmeicheleien am rechten Platz für sein Mittagessen. Benachbarte Frösche kommen unter die Räder, weil sie ihren Lebensstil nicht ändern wollen. Es kreucht und fleucht – und die Moral von der Geschicht? Tiere sind auch nur Menschen.

Mit Texten von Jean de la Fontaine, Friedrich Schiller, Wilhelm Busch und anderen.

Fischer Taschenbuch Verlag

fi 90090 / 1